A. Ploenes
H.-J. Ottens
T. Uhländer

Kaufmännisches Rechnen für steuer- und wirtschaftsberatende Berufe

10. Auflage

Stam 0606

Stam-Verlag Köln · München

Verlag H. Stam GmbH
Fuggerstraße 7 · 51149 Köln
Fernruf (02203) 3029-0

ISBN 3-8237-**0606**-3

Vorwort zur 10. Auflage

Die Autoren haben in dieser umgearbeiteten und ergänzten Auflage ihre Absicht beibehalten, ein Unterrichtsmittel bereitzustellen, mit dem sich arbeiten läßt. Wie bisher ist der Aufgabenteil zu jedem Kapitel umfang- und variantenreich gestaltet worden, während die explikative Einführung so gehalten ist, daß einem erfahrenen Lehrer jede Methodenfreiheit bleibt, ein unerfahrener aber hinreichende Einstiegshilfe findet.

Die Neuauflage folgt im inhaltlichen Aufbau dem „Rahmenlehrplan über die Berufsausbildung zum Fachgehilfen in steuer- und wirtschaftsberatenden Berufen" vom 18.2.1978. Die Steuergesetzgebung, die sich bis Anfang 1993 ergeben hatte, ist berücksichtigt worden.

Für Anregungen und Kritik sind wir auch in Zukunft allen Fachkollegen dankbar.

Die Verfasser

Inhaltsverzeichnis

1 Grundrechenarten in der Betriebspraxis

1.1 Einige Grundregeln für das kaufmännische Rechnen

1. Schreiben Sie Zahlenkolonnen genau untereinander. Achten Sie auf die Kommastellen.
2. Schätzen Sie das gesuchte Ergebnis. Dadurch vermeiden Sie grobe Fehler.
3. Nutzen Sie Rechenvorteile, aber verzichten Sie auf ihre Anwendung, wenn sie keinen Zeitgewinn erbringen.

1.2 Addition

Gleichartige Rechengrößen werden zu einem Ergebnis zusammengefaßt.

Aufgaben

1. Addieren Sie die Zahlen, und fassen Sie Ziffern, die sich zu 10 ergänzen, gedanklich zusammen.

a)	b)	c)
5 236,47 DM	545,27 m	87,798 kg
424,13 DM	622,72 m	23,634 kg
751,55 DM	738,48 m	9,259 kg
1 937,36 DM	648,50 m	26,378 kg
162,14 DM	525,36 m	91,521 kg
7 081,80 DM	819,24 m	8,873 kg
3 518,02 DM	167,65 m	4,879 kg
307,33 DM	439,42 m	34,678 kg
4 823,90 DM	361,65 m	20,945 kg
12 255,45 DM	945,98 m	53,267 kg
8 981,27 DM	683,13 m	14,678 kg
144,78 DM	737,89 m	3,426 kg
? DM	? m	? kg

Prüfen Sie die Ergebnisse, indem Sie auch in entgegengesetzter Richtung addieren.
Machen Sie die Probe durch gesondertes Zusammenzählen jeder Spalte.

Beispiel	Probe	
4 436,75	Hundertstel	30
708,34	Zehntel	22
1 148,26	Einer	43
996,52	Zehner	21
439,48	Hunderter	25
3026,15	Tausender	8
10 755,50	→	1075550

2. Ermitteln Sie den Wochenumsatz eines Kaufhauses, indem Sie die Abteilungsumsätze und Tagesumsätze feststellen.

	Abteilung I DM	Abteilung II DM	Abteilung III DM	Abteilung IV DM	Abteilung V DM	Tagesumsätze DM
Montag	5187,60	3482,56	863,19	9013,70	6917,49	
Dienstag	6749,55	4175,12	996,52	10115,26	5888,46	
Mittwoch	8232,39	4627,37	972,25	14247,58	7322,06	
Donnerstag	7248,76	3908,53	1218,36	13379,62	7405,27	?
Freitag	7829,45	4436,75	1554,44	15732,16	6374,33	
Samstag	3026,15	1984,42	1027,08	8653,88	10132,87	
Abteilungsumsätze DM	?	?	?	?	?	

3. Bei längeren Zahlenreihen führt man Zwischenadditionen durch. Zwischenadditionen erhöhen die Rechensicherheit. Addieren Sie mit Zwischenergebnissen.

a)		b)		c)	
563,93 DM		469,236 kg		315,67 m²	
214,28 DM		758,912 kg		512,71 m²	
665,45 DM		921,557 kg		54,70 m²	
798,27 DM		719,578 kg		735,68 m²	
819,24 DM		676,461 kg		138,65 m²	
525,36 DM	? DM	853,645 kg	? kg	893,48 m²	? m²
545,27 DM		219,105 kg		472,25 m²	
622,72 DM		481,625 kg		310,50 m²	
738,48 DM		446,934 kg		204,18 m²	
439,42 DM		348,866 kg		987,35 m²	
167,65 DM	? DM	848,754 kg	? kg	211,24 m²	? m²
648,50 DM		114,713 kg		195,82 m²	
361,65 DM		527,658 kg		424,22 m²	
945,98 DM		448,427 kg		635,58 m²	
683,13 DM		649,216 kg		254,92 m²	
737,89 DM	? DM	397,834 kg	? kg	92,15 m²	? m²
428,46 DM		583,376 kg		671,18 m²	
789,38 DM		427,483 kg		75,70 m²	
332,65 DM		125,227 kg		102,62 m²	
247,17 DM		137,125 kg		740,85 m²	
? DM ←		? kg ←		? m² ←	

4. Prüfen Sie die Richtigkeit der folgenden Kostenaufstellung.

Kostenart	Januar DM	Februar DM	März DM
Fertigungsmaterial	269460,60	237108,24	290147,55
Gemeinkostenmaterial	122994,20	98742,18	138326,16
Energie und Wasser	11217,50	9422,66	14706,40
Fertigungslöhne	129769,35	105861,95	143532,64
Hilfslöhne	38561,16	24273,50	46219,90
Gehälter	79926,42	58357,42	83654,25
Sozialkosten	47843,75	30589,77	51481,72
Instandhaltungen	20611,94	13012,35	25868,37
Steuern und Versicherungen	14462,80	10114,24	11973,—
Verschiedene Kosten	139837,05	98638,41	152005,88
Sondereinzelkosten des Vertriebs	3159,62	2267,78	6745,12
Gesamtkosten:	877934,39	688388,50	881090,39
Gesamtkosten geprüft:	?	?	?

1.3 Subtraktion

Zwischen gleichartigen Rechengrößen wird die Differenz ermittelt.

Im kaufmännischen Betrieb wird bei der Subtraktion oft die Ergänzungsmethode angewandt (auch **additive Subtraktion** genannt).

Beispiel	Rechenweg
7434,85 DM	2 + **3** = 5
⁒ 1378,62 DM	6 + **2** = 8
6056,23 DM	8 + **6** = 14
	8 + **5** = 13
	4 + **0** = 4
	1 + **6** = 7

Sind von einer Zahl mehrere Zahlen abzuziehen, so addiert man zunächst die Subtrahenden und ergänzt dann die Differenz zum Minuenden.

Beispiel	Rechenweg	
1645,— DM	8→13→15→23	+ **7** = 30
⁒ 243,50 DM	3→ 6→ 9→12→17	+ **3** = 20
⁒ 21,38 DM	2→ 5→14→22→23→26	+ **9** = 35
⁒ 148,02 DM	3→ 5→ 9→13→15→19	+ **5** = 24
⁒ 49,35 DM	2→ 3→ 4→ 6	+ **0** = 6
⁒ 123,38 DM	0	+ **1** = 1
1059,37 DM		

Aufgaben

1. Errechnen Sie die Nettogewichte nach der Ergänzungsmethode.

Bruttogewicht	243,825 t	1263,710 kg	98,32 dz	752,6 g
Tara	4,877 t	37,865 kg	1,47 dz	4,8 g
Nettogewicht	? t	? kg	? dz	? g

Bei Kontenabschlüssen wird die additive Subtraktion regelmäßig angewandt. Das Subtrahieren bei gleichzeitigem Addieren wird hier **Saldieren** genannt.

2. Saldieren Sie folgende Konten.

a) Kasse

S		H	
	2029,—		1512,—
	754,—		916,—
	1217,—		1470,—
	365,—		
	?		?

b) Forderungen A

S		H	
	8419,50		6533,20
	3647,30		2091,40
	4206,10		3765,60
	1150,70		
	664,90		
	?		?

c) Verbindlichkeiten B

S		H	
	7144,80		10875,50
	6570,—		4062,40
	660,20		3750,60
			6431,25
			8508,75
			7695,50
	?		?

d) Forderungen C

S		H	
	12874,80		9725,50
	8528,60		10341,70
	750,50		673,30
	6332,40		
	10905,20		
	5643,70		
	?		?

3. Kontrollieren Sie, ob der neue Saldo auf den Kontoauszügen richtig ermittelt worden ist.

a)

Kto.-Nr.	Datum	Umsätze	S/H
	3. 10.	257,69	S
	3. 10.	320,87	S
	3. 10.	23,75	S
	4. 10.	92,60	S
	4. 10.	150,50	S
	4. 10.	28,90	S
alter Saldo	2. 10.	1782,32	H
neuer Saldo	4. 10.	908,01	H

b)

Kto.-Nr.	Datum	Umsätze	S/H
	11. 11.	246,72	S
	11. 11.	32,61	S
	11. 11.	99,89	S
	12. 11.	43,50	S
	13. 11.	720,58	S
	14. 11.	574,95	S
	14. 11.	364,82	S
alter Saldo	10. 11.	917,56	H
neuer Saldo	14. 11.	1165,51	S

4. Errechnen Sie die Nettogehälter.

Brutto-gehalt DM	Lohn-steuer-klasse	Abzüge					Gesamt-abzüge DM	Netto-gehalt DM
		LSt	KiSt	KV	AV	RV		
2298,—	VI	571,66	51,44	147,07	72,39	203,37		
2644,—	V	632,66	56,93	169,22	83,29	233,99		
2856,—	I	417,50	37,57	182,78	89,96	252,76		
3128,—	IV	488,16	43,93	200,19	98,53	276,83		
3362,—	II/1	343,08	28,62	215,17	105,90	297,54	?	?
3541,—	III/1	283,16	23,23	226,62	111,54	313,38		
3723,—	II/2	347,41	26,76	238,27	117,27	329,49		
3945,—	I	713,91	64,25	252,48	124,27	349,13		
4218,—	III/0	500,66	45,05	269,95	132,87	373,29		
4753,—	III/2	464,16	37,27	304,19	149,72	420,64		

1.4 Multiplikation

Rechenvorteile beim Malnehmen

a) Der Rechenvorteil mit der 1

Enthält einer der Faktoren die Ziffer 1, so braucht die Multiplikation mit der 1 nicht niedergeschrieben zu werden, weil sie den Faktor selbst ergeben würde. Er wird aber bei der Schlußaddition mitgezählt.

Beispiel

$$\begin{array}{r} 246\cdot\underline{123} \\ 492 \\ 738 \\ \hline \mathbf{30258} \end{array} \quad \text{oder} \quad \begin{array}{r} 246\cdot\underline{321} \\ 492 \\ 738 \\ \hline \mathbf{78966} \end{array}$$

Dieser Vorteil ist nur dann ein **echter** Vorteil, wenn die 1 die erste oder letzte Ziffer des Faktors ist.

b) Der Rechenvorteil in der Nähe von Rangzahlen

Als **Rangzahlen** bezeichnet man die Zehnerpotenzen, also
$10^1=10$, $10^2=100$, $10^3=1\,000$, $10^4=10\,000$ usw.

Beispiele

$$\begin{array}{lrr} 23\cdot 98= & 23\cdot\ 100= & 2\,300 \\ & ./.\,23\cdot\ \ 2= & 46 \\ \hline & & \mathbf{2\,254} \end{array}$$

$$\begin{array}{lrr} 46\cdot 997= & 46\cdot 1000= & 46\,000 \\ & ./.\,46\cdot\ \ 3= & 138 \\ \hline & & \mathbf{45\,862} \end{array}$$

$$\begin{array}{lrr} 27\cdot 104= & 27\cdot\ 100= & 2\,700 \\ & +27\cdot\ \ 4= & 108 \\ \hline & & \mathbf{2\,808} \end{array}$$

Der Vorteil beim Multiplizieren in der Nähe von Rangzahlen läßt sich nur dann zeitsparend nutzen, wenn die Korrekturrechnung im Kopf vorgenommen werden kann.

c) Der Rechenvorteil beim Multiplizieren mit den Zahlen 50 und 25

Beim Multiplizieren mit 50 und 25 kann es vorteilhaft sein, statt dessen mit $\frac{100}{2}$ bzw. $\frac{100}{4}$ zu rechnen.

Beispiele

$$8\,125\cdot 25 = \frac{8\,125\cdot 100}{4} = \frac{812\,500}{4} = \mathbf{203\,125}$$

$$6\,436\cdot 50 = \frac{6\,436\cdot 100}{2} = \frac{643\,600}{2} = \mathbf{321\,800}$$

Aufgaben

1. Ein Verkaufskommissionär erhielt im letzten Monat folgende TV-Geräte von seinem Kommittenten:
   11 Stück zum Preis von 385,— DM, 22 Stück zum Preis von 823,— DM
   14 Stück zum Preis von 438,— DM, 12 Stück zum Preis von 975,— DM
   6 Stück zum Preis von 576,— DM, 18 Stück zum Preis von 1 432,— DM
   15 Stück zum Preis von 662,— DM, 8 Stück zum Preis von 1 625,— DM
   Berechnen Sie den Wert der für das Konsignationslager bestimmten Lieferung.

2. In einem Neubau soll die Büroetage mit einem PVC-Belag, der 15,60 DM je m^2 kostet, ausgelegt werden.
   Berechnen Sie die Kosten für den Fußbodenbelag je Raum.

Raum 1	**Raum 2**	**Raum 3**	**Raum 4**	**Raum 5**
5,20 m · 4,64 m	7,12 m · 5,34 m	6,44 m · 5,75 m	4,82 m · 4,16 m	8,24 m · 6,86 m

3. In das Inventurprotokoll einer Werkzeughandlung werden folgende Werkzeuge mit Stückzahl und Preis aufgenommen:

	Stück	Preis DM	Stück	Preis DM	Stück	Preis DM	Gesamt Zahl	Gesamt Preis DM
Hämmer	25	8,25	17	6,70	32	5,40	?	?
Meißel	18	3,65	24	4,20	14	5,60	?	?
Sägen	11	10,40	22	9,10	48	8,75	?	?
Zangen	8	7,45	23	10,35	42	15,85	?	?

   Stellen Sie die Gesamtstückzahl und den Gesamtwert jeder Werkzeugart fest.

4. Ein Unternehmen hat 56 Werkswohnungen vermietet, und zwar
   16 zu je 225,— DM Monatsmiete
   8 zu je 280,— DM Monatsmiete
   11 zu je 318,— DM Monatsmiete
   6 zu je 362,— DM Monatsmiete
   7 zu je 436,— DM Monatsmiete
   8 zu je 512,— DM Monatsmiete
   Berechnen Sie die jährlichen Mieteinnahmen des Unternehmens aus diesen Werkswohnungen.

5. In der Werkskantine eines Unternehmens befinden sich am Ende eines Wirtschaftsjahres folgende Vorräte:
   80 Kästen zu je 20 Flaschen à —,75 DM
   65 Kästen zu je 20 Flaschen à —,62 DM
   32 Kästen zu je 20 Flaschen à —,58 DM
   44 Kästen zu je 20 Flaschen à —,54 DM
   16 Kästen zu je 20 Flaschen à —,45 DM
   28 Flaschen zu je 12,80 DM
   31 Flaschen zu je 9,65 DM
   42 Flaschen zu je 6,90 DM
   8 Flaschen zu je 10,50 DM
   14 Flaschen zu je 14,80 DM
   Errechnen Sie den Gesamtwert der Bestände.

1.5 Division

1. Teilbarkeitsregeln

Eine Zahl ist teilbar durch
2, wenn die letzte Ziffer eine 0 oder eine gerade Zahl ist,
5, wenn die letzte Ziffer eine 0 oder eine 5 ist,
4, wenn die letzten zwei Stellen eine durch 4 teilbare Zahl bilden,
3, wenn die Quersumme durch 3 teilbar ist,
9, wenn die Quersumme durch 9 teilbar ist,
6, wenn die Quersumme durch 3 teilbar und die letzte Ziffer eine gerade Zahl ist.

2. Der Rechenvorteil beim Dividieren durch 50 und 25

Beim Teilen durch 50 ist es vorteilhafter, statt zu dividieren, mit $\frac{2}{100}$ zu multiplizieren. Ähnliches gilt für das Teilen durch 25, hier sollte man statt dessen mit $\frac{4}{100}$ multiplizieren.

Beispiele

$435:50 = 4{,}35 \cdot 2 = 8{,}70$
$2375:25 = 23{,}75 \cdot 4 = 95$

Aufgaben

1. Errechnen Sie den Preis für die Einheit.

a)			b)		
28 m	kosten	352,80 DM	245 m^3	kosten	1 293,60 DM
35 kg	kosten	166,25 DM	120 t	kosten	1 860,— DM
20 m^2	kosten	566,— DM	144 Stück	kosten	79,20 DM
42 Stück	kosten	315,— DM	60 Flaschen	kosten	379,20 DM
65 hl	kosten	540,80 DM	75 Kästen	kosten	963,75 DM

2. 15 Maurer, die in einer Woche je 40 Stunden gearbeitet haben, erhalten zusammen 9240,— DM Lohn. Wie hoch ist der durchschnittliche Stundenlohn jedes einzelnen?
3. Fünf rheinische Industriebetriebe haben von drei verschiedenen Elektrizitätsgesellschaften folgende Stromlieferungen bezogen und darüber nachstehende Jahresabrechnung erhalten:
   a) 15 627 500 kWh – 1 875 300,— DM
   b) 13 081 000 kWh – 1 569 720,— DM
   c) 10 943 600 kWh – 1 357 006,40 DM
   d) 17 135 400 kWh – 1 970 571,— DM
   e) 12 506 200 kWh – 1 500 744,— DM
   Wie hoch war jeweils der Preis für 1000 kWh?
4. Ein Stuttgarter Warenhaus erzielte im vergangenen Jahr einen Gesamtumsatz von 57 814 365,48 DM, der sich aus 1 513 643 Verkäufen ergab. Das Unternehmen beschäftigte 422 Verkäufer. Berechnen Sie
   a) die durchschnittliche Höhe des Einzelumsatzes,
   b) den durchschnittlichen Jahresumsatz pro Verkäufer,
   c) die Durchschnittszahl der Kunden je Verkäufer.
5. In einer Maschinenfabrik sind in einem Monat folgende Fertigungskosten entstanden:

Werkstatt	Fertigungskosten DM	Zahl der Arbeitsstunden	Stundensatz DM
Abstecherei	7 824,60	621	?
Dreherei	51 798,—	2 670	?
Fräserei	68 262,10	3 338	?
Schlosserei	50 002,15	2 519	?
Montage	36 390,20	1 946	?

Errechnen Sie die auf eine Arbeitsstunde entfallenden Kosten.

1.6 Bruchrechnung

Als „Bruch" bezeichnet man Teile eines Ganzen.

$$\text{Bruch} = \frac{\text{Zähler}}{\text{Nenner}}$$

Echter Bruch, wenn Zähler < Nenner, z. B. $\frac{1}{3}, \frac{3}{4}, \frac{2}{6}$.

Unechter Bruch, wenn Zähler > Nenner, z. B. $\frac{4}{3}, \frac{6}{4}, \frac{9}{7}$.

Unechte Brüche lassen sich in gemischte Zahlen verwandeln, z. B.

$\frac{5}{3} = 1\frac{2}{3}, \frac{7}{4} = 1\frac{3}{4}, \frac{10}{3} = 3\frac{1}{3}$.

Gleichnamige Brüche haben den gleichen Nenner, z. B. $\frac{1}{4}, \frac{3}{4}, \frac{7}{4}$.

Ungleichnamige Brüche haben verschiedene Nenner, z. B. $\frac{2}{3}, \frac{3}{5}, \frac{6}{7}$.

Kürzen und Erweitern

Kürzen = Zähler und Nenner durch die gleiche Zahl teilen, z. B.

$\frac{4}{6} = \frac{2}{3}$, (gekürzt durch 2) $\frac{5}{15} = \frac{1}{3}$. (gekürzt durch 5)

Erweitern = Zähler und Nenner mit der gleichen Zahl malnehmen, z. B.

$\frac{3}{5} = \frac{6}{10}$, (erweitert mit 2) $\frac{2}{3} = \frac{6}{9}$. (erweitert mit 3)

Der **Wert** eines Bruches ändert sich durch Kürzen oder Erweitern nicht.

1.6.1 Addition von Brüchen

Gleichnamige Brüche werden addiert, indem man die Zähler addiert und den Nenner beibehält.
Ungleichnamige Brüche werden zunächst gleichnamig gemacht und dann addiert.

Beispiele

$$\frac{2}{5} + \frac{4}{5} + \frac{3}{5} = \frac{2+4+3}{5} = \frac{9}{5} = \mathbf{1\frac{4}{5}}$$

$$\frac{1}{2} + \frac{2}{3} + \frac{5}{6} = \frac{3}{6} + \frac{4}{6} + \frac{5}{6} = \frac{3+4+5}{6} = \frac{12}{6} = \mathbf{2}$$

Aufgaben

1. $\frac{3}{5} + \frac{2}{5} + \frac{7}{5} + \frac{1}{5} + \frac{8}{5} =$
2. $\frac{1}{2} + \frac{2}{3} + \frac{1}{4} + \frac{5}{6} =$
3. $\frac{2}{3} + 1\frac{1}{3} + \frac{4}{5} + 2\frac{1}{5} =$
4. $\frac{1}{4} + \frac{2}{3} + 1\frac{3}{4} + 2\frac{1}{2} + 2\frac{5}{6} =$
5. $1\frac{1}{2} + 1\frac{4}{5} + 2\frac{1}{2} + 5\frac{1}{3} + 2\frac{7}{10} =$

1.6.2 Subtraktion von Brüchen

Gleichnamige Brüche werden subtrahiert, indem man die Zähler subtrahiert und den Nenner beibehält.
Ungleichnamige Brüche werden zunächst gleichnamig gemacht und dann subtrahiert.

Beispiele

$\frac{8}{11} - \frac{5}{11} = \frac{8-5}{11} = \mathbf{\frac{3}{11}}$

$\frac{5}{6} - \frac{2}{3} = \frac{5}{6} - \frac{4}{6} = \frac{5-4}{6} = \mathbf{\frac{1}{6}}$

Aufgaben

1. $\frac{9}{11} - \frac{3}{11} - \frac{4}{11} =$
2. $\frac{5}{6} - \frac{1}{4} - \frac{1}{3} =$
3. $4\frac{2}{5} - \frac{3}{5} - 1 - 1\frac{2}{5} =$
4. $24\frac{1}{3} - 18\frac{5}{6} =$
5. $5\frac{11}{16} - 3\frac{5}{8} + 4\frac{7}{9} =$

1.6.3 Multiplikation von Brüchen

Ein Bruch wird mit einem Bruch multipliziert, indem man Zähler mit Zähler und Nenner mit Nenner multipliziert.
Gemischte Zahlen werden vorher in unechte Brüche umgewandelt.
Ein Bruch wird mit einer ganzen Zahl multipliziert, indem man den Zähler des Bruches mit der ganzen Zahl multipliziert.

Beispiele

$\frac{3}{4} \cdot \frac{2}{3} = \frac{6}{12} = \mathbf{\frac{1}{2}}$

$\frac{2}{5} \cdot \frac{1}{3} \cdot \frac{3}{4} = \frac{6}{60} = \mathbf{\frac{1}{10}}$

$\frac{3}{5} \cdot 2 = \frac{3 \cdot 2}{5} = \frac{6}{5} = \mathbf{1\frac{1}{5}}$

$1\frac{1}{4} \cdot 3\frac{1}{2} = \frac{5}{4} \cdot \frac{7}{2} = \frac{35}{8} = \mathbf{4\frac{3}{8}}$

Aufgaben

Die Ergebnisse sind nach Möglichkeit zu kürzen.

1. $\frac{5}{6} \cdot \frac{7}{8} =$

2. $\frac{12}{15} \cdot \frac{2}{9} \cdot \frac{25}{30} =$

3. $1\frac{2}{3} \cdot \frac{5}{6} =$

4. $7\frac{5}{8} \cdot 3\frac{3}{4} =$

5. $\left(\frac{3}{4} + \frac{1}{5} + \frac{2}{3}\right) \cdot \left(\frac{7}{8} + \frac{5}{3}\right) =$

1.6.4 Division von Brüchen

Ein Bruch wird durch einen Bruch dividiert, indem man ihn mit dem Kehrwert des zweiten Bruches multipliziert.
Ein Bruch wird durch eine ganze Zahl dividiert, indem man den Nenner mit der ganzen Zahl multipliziert.
Eine ganze Zahl wird durch einen Bruch dividiert, indem man die ganze Zahl mit dem Kehrwert des Bruches multipliziert.

Beispiele

$\frac{2}{3} : \frac{4}{5} = \frac{2}{3} \cdot \frac{5}{4} = \frac{10}{12} = \mathbf{\frac{5}{6}}$

$\frac{3}{5} : 4 = \frac{3}{5 \cdot 4} = \mathbf{\frac{3}{20}}$

$5 : \frac{2}{3} = 5 \cdot \frac{3}{2} = \frac{15}{2} = \mathbf{7\frac{1}{2}}$

Aufgaben

1. $\frac{7}{9} : \frac{5}{6} =$

2. $3\frac{2}{3} : 4 =$

3. $14 : \frac{7}{9} =$

4. $276 : 12\frac{3}{4} =$

5. $250\frac{1}{2} : 50\frac{3}{4} =$

2 Dreisatzrechnung

Dreisatzrechnungen werden angewandt, wenn drei Größen bekannt sind und aus ihnen eine vierte errechnet werden soll. Die Lösung erfolgt in drei logischen Sätzen (oder logischen Schlüssen):

1. Bedingungssatz
2. Fragesatz
3. Schlußsatz

2.1 Einfacher Dreisatz mit geradem Verhältnis

Ändert sich die gesuchte Größe in der gleichen Weise wie die gegebene, so hat der Dreisatz ein gerades (oder direktes) Verhältnis.

Gerades Verhältnis: je mehr Ware → desto mehr Geld

Beispiel

80 l Wein kosten 336,— DM
120 l Wein kosten ? DM

Lösung

80 l Wein kosten 336,— DM

1 l Wein kostet $\frac{336}{80}$

120 l Wein kosten $\frac{336 \cdot 120}{80}$ = **504,— DM**

Man geht von den bekannten Größen aus und schließt von der Mehrheit auf die Einheit. Ohne die Einheit auszurechnen, schließt man von ihr auf die gesuchte Mehrheit.

2.2 Einfacher Dreisatz mit ungeradem Verhältnis

Ändert sich die gesuchte Größe in der umgekehrten Weise wie die gegebene, so hat der Dreisatz ein ungerades (oder indirektes) Verhältnis.

Ungerades Verhältnis: je mehr Angestellte → desto weniger Zeit

Beispiel

Die Inventurarbeiten in einer Großhandlung werden von 12 Angestellten in 4 Tagen erledigt. Wieviel Tage würden 16 Angestellte für die Inventur benötigen?

Lösung

12 Angestellte benötigen 4 Tage
16 Angestellte benötigen ? Tage

1 Angestellter benötigt 4·12, 16 Angestellte benötigen $\frac{4 \cdot 12}{16}$ =**3 Tage**

2.3 Zusammengesetzter Dreisatz (Vielsatz)

Sind mehr als drei Größen bekannt, um eine unbekannte Größe zu ermitteln, so handelt es sich um einen zusammengesetzten Dreisatz (Vielsatz).

Beispiel

3 Maurer stellen in 5 Tagen bei 7stündiger Arbeitszeit 42 m³ Mauerwerk her. In wieviel Tagen stellen 5 Maurer bei 8stündiger täglicher Arbeitszeit 48 m³ Mauerwerk her?

Lösung

Man ordnet die gegebenen Größen (Daten) zunächst nach ihren Benennungen und löst den Vielsatz in einfache Dreisätze auf.

3 Maurer ⟶ 42 m³ ⟶ 7 Stunden ⟶ 5 Tage
5 Maurer ⟶ 48 m³ ⟶ 8 Stunden ⟶ ? Tage

je **mehr** Maurer desto **weniger** Zeit	je **mehr** m³ desto **mehr** Zeit	je **mehr** tägliche Stunden desto **weniger Zeit**
↓	↓	↓
ungerades Verhältnis	**gerades Verhältnis**	**ungerades Verhältnis**

Bei der Aufstellung des Bruchsatzes beginnt man mit der erfragten Benennung und setzt deren bekannten Teil auf den Bruchstrich.

$$\frac{5 \cdot 3 \cdot 48 \cdot 7}{5 \cdot 42 \cdot 8} = \mathbf{3\ Tage}$$

Aufgaben zum Dreisatz mit geradem und ungeradem Verhältnis

1. Das Vorkontieren von 5 Buchungsbelegen dauert im Durchschnitt 40 Sekunden. Wieviel Zeit wird man benötigen, um 540 Belege zu kontieren?
2. Ein Gastwirt kauft einen Hektoliter Bier zu 280,— DM ein. Wieviel DM beträgt der Einstandspreis für ein Glas Bier von 0,2 l?
3. Für einen Imbißstand werden jeden Monat 500 kg Bratwürstchen zum Preis von 7800,— DM eingekauft. Wieviel DM beträgt der Einstandspreis eines Bratwürstchens, wenn es durchschnittlich 100 g wiegt?
4. Einer unserer Büroräume soll einen neuen Teppichboden erhalten. Der gleiche Boden wurde schon in einem anderen Raum von 38 m² verlegt und kostete 988,— DM. Mit welchen Kosten müssen wir rechnen, wenn der Raum 27 m² groß ist?
5. Einem Zulieferbetrieb für die Automobilindustrie entstehen bei achtstündiger Arbeitszeit 425 000,— DM Lohnkosten im Monat. Wegen Absatzschwierigkeiten im Automobilgeschäft wird die Produktion eingeschränkt und die tägliche Arbeitszeit auf fünf Stunden gekürzt. Welchen Betrag werden die monatlichen Lohnkosten nach Einführung der Kurzarbeit ausmachen?
6. Ein Steuerberater berechnet sein Honorar nach der jeweiligen Bilanzsumme seiner Mandanten. Dem Mandanten A berechnete er bei 500 000,— DM Bilanzsumme 2 500,— DM. Die Bilanzsumme des Mandanten B betrug 580 000,— DM. Welches Honorar ist hier zu berechnen?
7. Ein Handlungsreisender erhält von seiner Firma einen steuerfreien pauschalen Reisekostenersatz für die Benutzung seines Pkw von monatlich 832,— DM. Wieviel km hat die Firma bei der Festsetzung dieses Betrages berücksichtigt, wenn sie einen Betrag von 0,52 DM je Kilometer zugrunde legt?

8. In einem Lebensmitteleinzelhandelsgeschäft, das vier Verkäuferinnen beschäftigt, betrug der Umsatz im abgelaufenen Jahr 840000,— DM. Die Verkaufsfläche des Ladens beträgt $120\,m^2$. Berechnen Sie den Umsatz:
   a) pro m^2, b) pro Verkäuferin.

9. Ein Arzt hat mit 900000,— DM Herstellungsaufwand ein Einfamilienhaus erstellt. Die Gesamtnutzfläche beträgt $300\,m^2$, davon entfallen $120\,m^2$ auf den Wohnteil. Die im laufenden Jahr gezahlten Zinsen betrugen 30000,— DM. Welcher Anteil der Herstellungskosten und Zinsen ist dem Wohnteil zuzurechnen?

10. Eine Firma hat die Benzinkosten für die privat und betrieblich genutzten Fahrzeuge buchmäßig nicht getrennt. Sie betragen jährlich 12000,— DM. Der privat gefahrene Pkw hat eine Jahresleistung von 22000 km und verbraucht 10 l Benzin pro 100 Kilometer. Wieviel DM beträgt der Privatanteil, wenn 1 l Benzin 1,35 DM kostet?

11. Ein Angestellter führt mit seinem eigenen Pkw Dienstreisen durch. Bis zum 30.09.01 wurden ihm 0,42 DM je Fahrtkilometer steuerlich pauschal als Werbungskosten anerkannt. Am 1.10.01 ist diese Pauschale auf 0,52 DM angehoben worden. Um welchen Betrag würden seine anzurechnenden Werbungskosten steigen, wenn er im Durchschnitt der letzten Jahre 1750,— DM Werbungskosten für Dienstreisen geltend machen konnte?

12. Die Heizungskosten eines Mietwohnhauses betrugen 5400,— DM im Jahr für $300\,m^2$ Wohnfläche. Diese Kosten werden nach m^2 Wohnraum auf die Mieter umgelegt. A hat eine Wohnung von $75\,m^2$, B hat eine Wohnung von $60\,m^2$, C hat eine Wohnung von $65\,m^2$. Eine Wohnung bewohnt der Hauseigentümer. Wie hoch ist der Kostenanteil für diese Wohnung?

13. Die zentrale Datenverarbeitung belastet uns mit einer bestimmten Gebühr pro Buchung. Im Vormonat betrugen die Buchungskosten bei 1920 Buchungen 672,— DM. Wie hoch werden die Kosten in diesem Monat sein, wenn 2375 Buchungen angefallen sind?

14. Eine Firma gewährt ihren Betriebsangehörigen einen Zuschuß zum Mitagessen in Form von Wertmarken in Höhe von 1,50 DM pro Tag. Die Marken können nur in der Kantine eingelöst werden. Am Monatsende rechnet die Kantine mit der Firma die Marken ab und erhält im Januar 12150,— DM, im Februar 15600,— DM, im März 13500,— DM. Wieviel Mittagessen sind in den genannten Monaten ausgegeben worden, und wieviel DM beträgt der Umsatz der Kantine aus den Mittagessen, wenn ein Mittagessen 2,80 DM kostete?

15. Ein Gewerbetreibender hat in der Zeit vom 1.1.01 bis zum 31.5.01 einen Gewinn von 30000,— DM erzielt. Wie hoch müßte bei einer Umrechnung auf ein Jahr der Jahresgewinn angesetzt werden, wenn der durchschnittliche Gewinn für den Restzeitraum ebenso hoch bleibt?

16. Die Pkw-Kosten eines Unternehmers betragen bei einer Jahresfahrleistung von 38000 km 17100,— DM im Jahr. Von der Jahresfahrleistung entfallen 2800 km auf die einfache, im Laufe des Jahres täglich zurückgelegte Fahrtstrecke zwischen Wohnung und Betriebsstätte. Wie hoch ist demnach der Kostenanteil für die Fahrten zwischen Wohnung und Betrieb?

17. Ein Bauunternehmer kauft ein Grundstück von $680\,m^2$ für 102000,— DM. Die Nebenkosten betragen 14000,— DM. Einen Teil des Grundstücks will er als Betriebsvermögen behandeln. Welchen Betrag muß er für diese $320\,m^2$ ausweisen?

18. Ein Hauseigentümer hat laut Grundsteuerbescheid u. a. folgende Grundbesitzabgaben im Jahr zu leisten: 308,75 DM für die Beseitigung von $325\,m^3$ Abwässern. Auf welchen Betrag werden die Entwässerungskosten im nächsten Jahr steigen, wenn $450\,m^3$ zu beseitigen sind?

19. Die Inventur eines Warenhauses wird von 42 Angestellten in 2 Tagen erledigt. Wieviel Tage würden 48 gleich tüchtige Angestellte für dieselben Arbeiten benötigen?

20. Ein Großraumbüro wurde mit 180 m eines Fußbodenbelages von 2 m Breite ausgelegt. Drei Jahre später wählt man bei Renovierungsarbeiten ein anderes Muster. Der neue Belag hat 2,50 m Breite. Wieviel m benötigt man von diesem Belag?

21. 18 westfälische Brauereien führen gemeinsam eine Werbegroßaktion durch, bei der sich jede Brauerei mit 26400,— DM an den Kosten beteiligt. Um wieviel DM könnten die Kosten für jede Brauerei gesenkt werden, wenn sich sechs weitere Betriebe der Gemeinschaftsaktion anschließen würden?

22. Ein Malergeselle führt eine Arbeit in neun Tagen aus. Dieselbe Arbeit würde ein Auszubildender im 3. Ausbildungsjahr in 12 Tagen ausführen können. Wie lange dauert die Arbeit, wenn beide zusammenarbeiten?

23. Ein Industriebetrieb benötigt zur Beheizung einer Werkshalle täglich 270 l Heizöl. Bei diesem Verbrauch reicht der Ölvorrat für 90 Tage. Durch Sparmaßnahmen kann der Verbrauch auf 180 l pro Tag gesenkt werden. Für wieviel Tage reicht nun der Ölvorrat?

24. Ein Buch von 420 Seiten enthält 48 Zeilen auf jeder Seite. Um wieviel Buchseiten könnte der Umfang vermindert werden, wenn man 56 Zeilen auf jeder Seite unterbringen könnte?

25. Ein Arbeitnehmer benötigt bei einer Durchschnittsgeschwindigkeit von 45 km/h täglich 20 Minuten zur Arbeitsstelle. Wie verändert sich seine Durchschnittsgeschwindigkeit, wenn er, durch Baustellen behindert, 25 Minuten für die Fahrt braucht?

26. Ein D-Zug fährt um 10.10 Uhr von Dortmund ab und erreicht um 13.30 Uhr Frankfurt (Main). Dabei legt er 250 km zurück. Eines Tages verzögert sich seine Abfahrt um 20 Minuten. Mit welcher Geschwindigkeit muß er fahren, damit die Reisenden in Frankfurt die Anschlüsse erreichen?

27. Der Vorrat an Schreibmaschinenpapier reicht in einem Architekturbüro bei einem täglichen Verbrauch von 36 Blatt noch 60 Tage. Wie lange wird der Vorrat reichen, wenn täglich 48 Blatt verbraucht werden?

28. Die Renovierung eines Anwaltsbüros dauert bei 8stündigem Arbeitstag 5 Tage, wenn 3 Anstreicher eingesetzt werden. Da die Räume dringend benötigt werden, erklärt sich der Malermeister bereit, 4 Gesellen einzusetzen. Wie lange wird nun die Arbeit bei 8stündigem Arbeitstag dauern?

29. 4 Mitarbeiter eines Steuerberaters benötigen 10 Arbeitstage, um die Steuervoranmeldungen der Mandanten monatlich termingerecht dem Finanzamt einzureichen. Wie viele Mitarbeiter müssen noch zusätzlich damit beschäftigt werden, wenn dieselbe Arbeit infolge von Feiertagen in 8 Arbeitstagen erledigt werden muß?

30. Ein Steuerberater berechnet sein Honorar nach der jeweiligen Bilanzsumme seiner Mandanten. Bei einer Bilanzsumme von 850000,— DM stellt er dem Mandanten A 3950,— DM in Rechnung. Wieviel DM verlangt er von dem Mandanten B, dessen Bilanzsumme nur 640000,— DM ausmacht?

31. Ein Handlungsreisender erhält von seiner Firma einen steuerfreien Fahrtkostenersatz von 78,— DM pro Tag. Dabei wird unterstellt, daß er täglich im Durchschnitt 150 km dienstlich unterwegs ist. Wieviel DM wird die Firma erstatten, wenn der Vertreter pro Tag nur 130 km fährt?

32. Für das Vorkontieren von 350 Buchungsbelegen benötigt eine Angestellte erfahrungsgemäß 50 Minuten. Wieviel Zeit ist nötig, um 910 Buchungsbelege zu bearbeiten?

33. Die Heizungskosten für ein 120 m² großes Büro betrugen 2220,— DM. Welche Kosten würde unter denselben Bedingungen ein 145 m² großes Büro verursachen?

34. Ein Gewerbetreibender erzielte in der Zeit vom 1.1. bis zum 31.7. einen Umsatz von 185850,— DM. Wie hoch wird unter diesen Umständen der voraussichtliche Jahresumsatz sein?

35. Ein Unternehmer kauft ein gemischt genutztes Grundstück, das 1650 m² groß ist, zum Preis von 280500,— DM einschließlich aller Nebenkosten. Drei Viertel des Grundstücks sollen betrieblich genutzt werden. Welchen Betrag muß er als Betriebsvermögen ausweisen?

36. Eine EDV-Anlage ist in der Lage, in 15 Minuten 120 Millionen Zeichen von einem Magnetband zu übernehmen und zu verarbeiten. In welcher Zeit werden 450 Millionen Zeichen übertragen?

37. Ein 650 m² großes Grundstück kostet einschließlich aller Nebenkosten (Grunderwerbsteuer, Notariats- und Grundbuchkosten) 73450,— DM. Wie teuer wäre ein vergleichbares 820 m² großes Nachbargrundstück?

38. Im Rahmen eines Fassadenwettbewerbs wird der Außenanstrich eines Altbaus erneuert. Die Kosten für 461 m^2 Außenfläche betragen 11 709,40 DM. Wie teuer würde der Außenanstrich für zwei Nachbarhäuser von 526 m^2 und 398 m^2 Außenfläche?

39. Eine Hausfrau kommt mit ihrem Wirtschaftsgeld 30 Tage aus, wenn sie täglich 22,50 DM ausgibt. Wie viele Tage würde sie auskommen, wenn sie täglich 2,50 DM mehr ausgeben würde?

Aufgaben zum zusammengesetzten Dreisatz

1. Bei einem Einkaufszentrum wird eine Parkfläche von 160 m Länge und 80 m Breite angelegt. 14 Arbeiter arbeiten 18 Tage je 8 Std. an der Fertigstellung und setzen dabei 2 Baumaschinen ein. Wie viele Tage würden 12 Arbeiter bei 9stündiger Arbeitszeit mit 3 Baumaschinen für einen Parkplatz von 120 m × 90 m brauchen?
2. Zur Vorbereitung einer Bundestagswahl braucht ein Wahlkreisleiter 24 Helfer, die 16 Tage je 8 Std. arbeiten. Nach 4 Tagen erkranken 2 und scheiden aus. Wie viele Überstunden müssen die anderen machen, um die Arbeit termingemäß abzuschließen?
3. Die Front eines Bürohochhauses von 64 m Höhe und 36 m Breite hat eine Gesamtfensterfläche von 48 m Höhe und 24 m Breite. Zum Fensterputzen setzt eine Glasreinigungsfirma 8 Arbeiter ein, die in 4 Tagen bei 6stündiger Arbeitszeit die Frontseite reinigen. Wie viele Tage würden 6 Reiniger bei gleicher Arbeitszeit für die Schmalseite des Hauses mit einer Fensterfläche von 48 m Höhe und 16 m Breite benötigen?
4. Ein Versandhandelsunternehmen läßt durch 12 firmeneigene Lkw in 5 Tagen 4 800 t Frachtgut vom Lager zur Bahnstation befördern. Jeder Lkw wird von 2 Fahrern, die jeweils 7 Stunden zu fahren haben, abwechselnd gesteuert. In der vorweihnachtlichen Saison müssen 7 200 t befördert werden. Dazu werden 2 weitere Lkw eingesetzt und ebenfalls von 2 Fahrern abwechselnd 8 Stunden lang gesteuert. Wieviel Tage haben sie zu fahren?
5. Ein Grundstücksmakler bietet ein Grundstück von 18 m Breite und 48 m Länge für 254 880,— DM an. Wie teuer müßte ein gleichwertiges Grundstück von 26 m Breite und 44 m Länge sein?
6. Bei der zum Ende eines jeden Geschäftsjahres durchzuführenden Bestandsaufnahme in einem Betrieb wurden zuletzt 8 Angestellte 4 Tage lang täglich 5 Stunden eingesetzt. In diesem Jahr soll die Inventur in 2 Tagen abgeschlossen sein. Außerdem sollen 10 Angestellte eingesetzt werden. Wie lange müssen sie täglich arbeiten?
7. Die Mietkosten für einen 4,50 m breiten und 8,50 m langen Büroraum betragen pro Monat 573,75 DM. Wie hoch wäre die Miete unter denselben Bedingungen für einen 5,50 m breiten und 8 m langen Büroraum?
8. 6 Angestellte erledigen die wöchentliche Arbeit in 5 Tagen bei 8stündiger täglicher Arbeitszeit. Wie viele Überstunden müßten sie täglich machen, wenn die gleiche Arbeit ausnahmsweise in 4 Tagen erledigt werden muß und ein Mitarbeiter wegen Krankheit ausfällt?
9. Der Aushub einer Baugrube von 12 m Länge, 13 m Breite und 1,60 m Tiefe dauert bei Einsatz von 6 Arbeitern 5 Tage bei 9 Stunden täglicher Arbeitszeit. Ein anderer Bauherr möchte schon nach 3 Tagen mit dem Erdaushub fertig sein. Wieviel Stunden müssen 8 Arbeiter täglich arbeiten, wenn die zweite Baugrube folgende Ausmaße haben soll: 14 m Länge, 11 m Breite, 1,90 m Tiefe?
10. Eine Autobahnbaustelle soll zur Hauptreisezeit geräumt werden. Wenn weiterhin dort 40 Arbeitskräfte täglich 8 Stunden arbeiten, benötigt man für die Fertigstellung der Arbeiten noch 25 Tage, d.h. man würde erst 9 Tage nach Beginn der Reisezeit fertig. Wieviel Arbeiter müssen noch eingesetzt werden, wenn täglich 10 Stunden gearbeitet wird, damit man die Baustelle rechtzeitig aufheben kann?
11. Ein Anwaltsbüro soll neu tapeziert werden. Bisher benötigte man 12 Rollen Tapeten von 50 cm Breite und 10 m Länge. Die gewünschte Tapete ist jedoch nur in Rollen von 80 cm Breite und 7,5 m Länge vorhanden. Wieviel Rollen benötigt man?

3 Durchschnittsrechnung

Man wendet das Durchschnittsrechnen an, wenn aus mehreren gegebenen Einzelwerten ein Mittelwert – der Durchschnittswert – errechnet werden soll.

3.1 Einfacher Durchschnitt (Arithmetisches Mittel)

Beispiel
Die Heizkosten für ein Wohnhaus betrugen in den letzten vier Jahren: 3560,— DM im 1. Jahr, 4895,— DM im 2. Jahr, 4216,— DM im 3. Jahr, 5121,— DM im 4. Jahr.
Wie groß war die Heizkostenbelastung im Durchschnitt der vier Jahre?

Lösung

1. Jahr	3560,— DM	Man addiert die Werte
2. Jahr	4895,— DM	und teilt die Summe
3. Jahr	4216,— DM	der Werte durch die
4. Jahr	5121,— DM	Anzahl der Werte
Gesamtkosten der 4 Jahre . .	17792,— DM	

Durchschnittskosten je Jahr: 17792,— DM : 4 = **4448,— DM**

$$\frac{\text{Summe der Werte}}{\text{Anzahl der Werte}} = \text{einfacher Durchschnitt}$$

3.2 Gewogener Durchschnitt (Gewogenes arithmetisches Mittel)

Beispiel
Im Laufe eines Jahres wurden für die Wärmeversorgung eines Gebäudes folgende Heizölmengen eingekauft:
12000 l zum Preis von 0,395 DM je l
8000 l zum Preis von 0,433 DM je l
10000 l zum Preis von 0,408 DM je l
Wie hoch war der Durchschnittspreis für einen Liter Heizöl?

Lösung

12000 · 0,395 DM	= 4740,— DM	Menge · Einzelpreis = Gesamtpreis
8000 · 0,433 DM	= 3464,— DM	
10000 · 0,408 DM	= 4080,— DM	
30000	= 12284,— DM	

12284,— DM : 30000 l = **0,4095 ~ 0,41 DM/l**

$$\frac{\text{Summe der Einzelwerte}}{\text{Summe der Einzelmengen}} = \text{gewogener Durchschnitt}$$

Aufgaben zur Durchschnittsrechnung

1. In einem Krankenhaus beträgt der Kostensatz pro Tag für die I. Klasse 314,60 DM, für die II. Klasse 272,— DM, für die III. Klasse 245,60 DM. Wieviel DM beträgt der Tagesdurchschnittssatz?

2. Laut Umsatzsteuervoranmeldung betrugen die steuerfreien und steuerpflichtigen Umsätze in den Monaten Januar bis Juni des Jahres: 125 156,— DM, 119 840,— DM, 97 730,— DM, 105 246,— DM, 143 627,— DM, 151 477,— DM.
Wieviel DM beträgt der durchschnittliche Monatsumsatz?

3. An einem Geldspielautomaten werden im Laufe einer Woche folgende Beträge eingespielt:

Sonntag	165,— DM	Donnerstag	182,40 DM
Montag	—	Freitag	236,20 DM
Dienstag	129,— DM	Samstag	191,60 DM
Mittwoch	147,80 DM		

Wieviel DM betrug die durchschnittliche Tageseinnahme für den Aufsteller?

4. Der Warenbestand eines Unternehmens betrug Ende Januar 56 300,— DM, Ende Februar 69 475,— DM, Ende März 45 756,— DM, Ende April 49 850,— DM, Ende Mai 77 988,— DM, Ende Juni 75 230,— DM, Ende Juli 81 410,— DM, Ende August 73 125,— DM, Ende September 84 637,— DM, Ende Oktober 72 851,— DM, Ende November 68 368,— DM, und Ende Dezember 60 176,— DM.
Wieviel DM betrug der durchschnittliche Warenbestand pro Monat?

5. Ein Betrieb erzielte in den letzten fünf Jahren folgende Umsätze und Gewinne:
1. Jahr 836 900,— DM Umsatz, 127 400,— DM Gewinn
2. Jahr 1 023 500,— DM Umsatz, 129 800,— DM Gewinn
3. Jahr 1 360 000,— DM Umsatz, 122 100,— DM Gewinn
4. Jahr 1 016 800,— DM Umsatz, 138 000,— DM Gewinn
5. Jahr 1 030 920,— DM Umsatz, 144 000,— DM Gewinn
a) Wie hoch war der Durchschnittsgewinn der fünf Jahre?
b) Welchen Durchschnittsreingewinnsatz erzielte der Betrieb in den fünf Jahren?

6. Die Mieteinnahmen einer Großstadtgemeinde aus städtischen Wohnungen setzen sich folgendermaßen zusammen:
312 Wohnungen zu je 385,60 DM Monatsmiete
258 Wohnungen zu je 472,40 DM Monatsmiete
334 Wohnungen zu je 586,50 DM Monatsmiete
126 Wohnungen zu je 625,30 DM Monatsmiete
Berechnen Sie die Durchschnittsmonatsmiete:
a) nach dem einfachen Durchschnitt,
b) nach dem gewogenen Durchschnitt.

7. Am Lager einer Baustoffhandlung befinden sich am 31. Dezember noch 6 800 Stück Verblendsteine einer bestimmten Sorte. Im Laufe des Jahres schwankte der Einkaufspreis dieser Steine stark. Es wurden eingekauft:
am 2. 3. 20 000 Stück zu 860,— DM ‰[1]
am 6. 6. 14 000 Stück zu 740,— DM ‰
am 30. 7. 26 000 Stück zu 800,— DM ‰
am 7. 10. 11 500 Stück zu 820,— DM ‰
Der Jahresendbestand soll
a) zum einfachen Durchschnittspreis bewertet werden,
b) zum gewogenen Durchschnittspreis.

[1] ‰ lies: pro Tausend

8. In einem Betrieb betrugen der Warenbestand per 1. 1. . . . . 48000,— DM
die Warenzugänge lt. Einkaufskonto . . . . 374000,— DM
der Warenbestand per 31. 12. . . . . 62000,— DM
Berechnen Sie:
a) den durchschnittlichen Warenbestand,
b) die Umschlagshäufigkeit des Warenlagers,
c) die durchschnittliche Lagerdauer.

9. Aus der Betriebsstatistik eines Warenhauses sind für ein bestimmtes Jahr folgende Angaben zu entnehmen:

Warengruppe	Einkauf	Aufschlag in %
A	180440,— DM	43
B	70800,— DM	58
C	394750,— DM	60
D	260400,— DM	63
E	148500,— DM	70
F	80000,— DM	66

Wie hoch war der Durchschnittsaufschlag des Warenhauses in DM und %?

10. Eine Chemikalienhandlung kauft im Laufe eines Jahres das gleiche Produkt zu unterschiedlichen Preisen ein.
Anfangsbestand 3000 kg zu 5,— DM/kg
Einkauf 5000 kg zu 4,90 DM/kg
Einkauf 10000 kg zu 4,80 DM/kg
Einkauf 6000 kg zu 4,95 DM/kg
Einkauf 2000 kg zu 5,10 DM/kg
Der Endbestand von 4000 kg soll zum Durchschnittspreis bewertet werden:
a) nach dem einfachen Durchschnitt,
b) nach dem gewogenen Durchschnitt,
c) nach dem Fifo-Verfahren[1],
d) nach dem Lifo-Verfahren[2].

11. In einer Berufsschulklasse mit 24 Schülern ist eine Facharbeit geschrieben worden. Folgende Noten wurden für die Leistungen der Schüler erteilt: einmal sehr gut, dreimal gut, achtmal befriedigend, sechsmal ausreichend, viermal mangelhaft, zweimal ungenügend.
Berechnen Sie die Durchschnittsnote der Klasse (auf zwei Dezimalstellen).

12. Ein Sechsfamilienhaus wird durch eine Ölzentralheizung mit Wärme versorgt. Vor Beginn der Heizperiode werden 17500 l Öl zum Preis von 38,75 DM % l gekauft[3]. Im Januar und im März werden noch 7800 l bzw. 5300 l zum Preis von 48,50 DM % l bzw. 49,80 DM % l hinzugekauft.
a) Wieviel DM wurden insgesamt für den Kauf von Heizöl ausgegeben?
b) Wie teuer ist ein Liter Heizöl im Durchschnitt?

13. Ein Bauherr benötigt zur Durchführung eines größeren Bauvorhabens noch von vier Grundeigentümern Grundstücksflächen von verschiedener Größe.
Eigentümer A will 650 m² für 275,— DM/m² verkaufen
Eigentümer B will 380 m² für 280,— DM/m² verkaufen
Eigentümer C will 540 m² für 278,— DM/m² verkaufen
Eigentümer D will 160 m² für 292,— DM/m² verkaufen
a) Wieviel DM muß der Bauherr für die Grundstücke insgesamt anlegen?
b) Was kostet ihn 1 m² Grundfläche im Durchschnitt?

---

[1] Fifo = first in – first out
[2] Lifo = last in – first out
[3] % = pro 100

14. Eine Bank kauft im Auftrag eines Kunden am 17. 4. an der Börse 50 Stück A-Aktien zum Stückkurs von 156,— DM. Am 25. 6. erwirbt der Kunde weitere 30 Stück A-Aktien zum Kurswert von 145,— DM/Stück und kauft am 8. 9. noch 45 Stück A-Aktien zum Stückkurs von 138,— DM.
    a) Wieviel DM hat der Kunde insgesamt in A-Aktien angelegt?
    b) Was hat ihn im Durchschnitt eine A-Aktie gekostet?

15. Ein Kaufmann besitzt am 31. 12. 06 folgende Wertpapiere, die sich im Girosammeldepot einer Bank befinden und von der Bank verwaltet werden:

50 Stück BMW-Aktien	zu je 50,— DM Nennwert
42 Stück BASF-Aktien	zu je 50,— DM Nennwert
30 Stück Siemens-Aktien	zu je 50,— DM Nennwert

Der Kaufmann bewertet diese Papiere, die zum Betriebsvermögen gehören, in der Bilanz zum 31. 12. 06 gemäß dem Niederstwertprinzip mit den Anschaffungskosten, weil sämtliche Kurswerte höher liegen. Die Anschaffungskosten ergeben sich aus der nachstehenden Umsatzaufstellung der Bank:

Jahr 1:	gekauft	10 BMW-Aktien	für	4120,— DM
Jahr 2:	gekauft	13 BASF-Aktien	für	2418,— DM
Jahr 3:	gekauft	30 BMW-Aktien	für	11850,— DM
Jahr 3:	gekauft	18 Siemens-Aktien	für	8523,— DM
Jahr 4:	gekauft	20 Siemens-Aktien	für	10120,— DM
Jahr 5:	gekauft	40 BMW-Aktien	für	18960,— DM
Jahr 5:	gekauft	52 BASF-Aktien	für	11726,— DM
Jahr 6:	gekauft	10 Siemens-Aktien	für	6880,— DM
Jahr 1:	verkauft	2 BMW-Aktien	für	872,— DM
Jahr 2:	verkauft	—	—	
Jahr 3:	verkauft	18 BMW-Aktien	für	8820,— DM
Jahr 4:	verkauft	10 BASF-Aktien	für	2315,— DM
Jahr 5:	verkauft	10 Siemens-Aktien	für	5480,— DM
Jahr 5:	verkauft	13 BASF-Aktien	für	3094,— DM
Jahr 6:	verkauft	8 Siemens-Aktien	für	4656,— DM
Jahr 6:	verkauft	10 BMW-Aktien	für	5040,— DM

Welchen Bilanzansatz ermittelt der Kaufmann für die Wertpapiere per 31. 12. 06?

4 Währungsrechnung

Der grenzüberschreitende Handelsverkehr und der Tourismus machen den Geldumtausch notwendig.

Das Wertverhältnis der meisten Währungen zueinander ergibt sich aus den **Wechselkursen**, die sich nach Angebot und Nachfrage an den Devisenbörsen bilden.

In Ländern mit Devisenzwangswirtschaft wird der Kurs vom Staat festgelegt.

Jede Währung hat ihr Währungsgeld als gesetzliches Zahlungsmittel. Im internationalen Zahlungsverkehr unterscheidet man die einzelnen Währungen nach ihren Währungseinheiten (z. B. Pfund, Gulden, Yen) und nach ihrem Geltungsbereich (z. B. Französische Franc, Belgische Franc, Schweizer Franc).

Übersicht über einige wichtige Währungen der Welt (Stand November 1992[1])

Land	Währungseinheit	für	Kurse Geld	Kurse Brief
USA	US-Dollar ($)	1 US-$	1,5659	1,5739
Großbritannien	Pfund Sterling (£)	1 £	2,4130	2,4270
Kanada	Can. Dollar (Can. $)	1 Can $	1,2418	1,2498
Belgien	Belg. Franc (bfr)	100 bfr	4,8520	4,8720
Dänemark	Dän. Krone (dkr)	100 dkr	25,935	26,055
Finnland	Finnmark (Fmk)	100 Fmk	31,450	31,650
Frankreich	Franc (FF)	100 FF	29,405	29,565
Griechenland	Drachme (Dr)	100 Dr	0,7520	0,7920
Irland	Irisches Pfund (Ir£)	1 Ir£	2,6420	2,6560
Italien	Lira (Lit)	1000 Lit	1,1340	1,1440
Japan	Yen (Yen)	100 yen	1,2650	1,2680
Niederlande	Holl. Gulden (hfl)	100 hfl	88,790	89,010
Norwegen	Norw. Krone (nkr)	100 nkr	24,475	24,595
Österreich	Öst. Schilling (öS)	100 öS	14,196	14,236
Portugal	Escudo (Esc)	100 Esc	1,1160	1,1360
Schweden	Schw. Krone (skr)	100 skr	26,425	26,585
Schweiz	Schweiz. Franc (sfr)	100 sfr	110,58	110,78
Spanien	Peseta (Pta)	100 Pta	1,3990	1,4090

In **Deutschland** zeigt der Kurs an, wieviel DM benötigt werden, um 100 Einheiten einer bestimmten Auslandswährung zu kaufen.
Von dieser Regel ausgenommen sind die Kurse für £ und $, die den DM-Preis für eine Einheit anzeigen. – Bei italienischen Lire gibt der Kurs den DM-Preis für 1000 Lire an.
Im **Ausland** zeigt der Kurs an, wieviel ausländische Geldeinheiten benötigt werden, um 100 DM zu kaufen, um 1 £ oder 1 $ oder 1000 Lire zu kaufen.

[1] Preise am Bankschalter, keine amtlichen Kassakurse

4.1 Umrechnung von Auslandswährung in Deutsche Mark

Beispiele

1. Wieviel DM müssen beim Kauf von 2300 FF ausgegeben werden, wenn der Kurs 29,25 DM für 100 FF beträgt?

   100 FF → 29,25 DM
   2300 FF → ? DM

   Lösung nach dem Dreisatz

   $$\frac{29{,}25 \cdot 2300}{100} = \mathbf{672{,}75\ DM}$$

2. Wieviel DM müssen beim Kauf von 156 £ ausgegeben werden, wenn der Kurs 3,195 DM für 1 £ beträgt?

   1 £ → 3,195 DM
   156 £ → ? DM

   Lösung nach dem Dreisatz

   $3{,}195 \cdot 156 = \mathbf{478{,}42\ DM}$

Es wird mit **sämtlichen Dezimalstellen** des Kurses gerechnet, nur das Ergebnis wird gerundet.

An Stelle der Lösung nach dem Dreisatz können auch folgende Formeln angewandt werden:

Für £ und $	Auslandswährung · Kurs = DM
Für Lire	$\frac{\text{Auslandswährung} \cdot \text{Kurs}}{1000} = \text{DM}$
Für alle übrigen Währungen	$\frac{\text{Auslandswährung} \cdot \text{Kurs}}{100} = \text{DM}$

4.2 Umrechnung von Deutscher Mark in Auslandswährung

Beispiele

1. Wieviel S bekommt man für 1200,— DM bei einem Kurs von 14,20 DM für 100 Schilling?

   14,20 DM → 100 S
   1200,— DM → ? S

   Lösung nach dem Dreisatz

   $$\frac{100 \cdot 1200}{14{,}20} = \mathbf{8450{,}70\ S}$$

2. Wieviel $ bekommt man für 850,— DM bei einem Kurs von 1,78 DM für 1 $?

   1,78 DM → 1 $
   850,— DM → ? $

   Lösung nach dem Dreisatz

   $$\frac{850}{1{,}78} = \mathbf{477{,}52\ \$}$$

An Stelle der Lösung nach dem Dreisatz können auch folgende Formeln angewandt werden:

Für £ und $	$\frac{\text{DM}}{\text{Kurs}} = \text{Auslandswährung}$
Für Lire	$\frac{\text{DM} \cdot 1000}{\text{Kurs}} = \text{Auslandswährung}$
Für alle übrigen Währungen	$\frac{\text{DM} \cdot 100}{\text{Kurs}} = \text{Auslandswährung}$

Aufgaben zur Währungsumrechnung

1. Eine japanische Firma bietet Transistorradios frei Hamburg zum Stückpreis von 7840 Yen an. Welchem DM-Preis entspricht dieses Angebot, wenn der Kurs 1,124 DM beträgt?

2. Ein deutscher Bankkunde tauscht nach einer Reise folgende Sorten in DM um: 80 sfr in Noten und 10,30 sfr in Münzen, 480 öS in Noten und 90 öS in Münzen.
Die Münzen werden mit einem Abschlag von 30% angekauft, Sortenkurse in Frankfurt: sfr 117,20, öS 14,03. Errechnen Sie den gesamten Gegenwert in DM.

3. Eine deutsche Touristin kauft in einem Stockholmer Lederwarengeschäft eine Damenhandtasche, die mit skr 660,40 ausgezeichnet war. Welchem DM-Preis entspricht das bei einem Kurs von 26,10 DM für 100 skr?

4. Ein amerikanisches Unternehmen bietet einen Waschvollautomaten zum Preis von 472,— $ frei Hamburg an. Zu welchem DM-Preis kann das Gerät verkauft werden, wenn der Importeur $^1/_5$ vom Importpreis aufschlägt? (Kurs 1 $ ≙ 1,51 DM)

5. In Zürich notiert die DM einen Kurs von 87,74, während in Frankfurt der Kurs des Schweizer Franken auf 114,06 steht.
   a) Stellen Sie fest, welcher Kurs für den Erwerber von Franken günstiger ist.
   b) Um wieviel Promille weicht der Züricher Kurs vom Frankfurter Kurs ab?

6. Ein deutscher Urlauber tauscht in einem holländischen Ferienort 2800,— DM zum Kurs von 113,12 hfl für 100,— DM in Gulden um. Bei seiner Abreise stand in seinem Heimatort der Kurs für 100 hfl auf 88,51 DM. Hat es sich für ihn gelohnt, den Geldumtausch aufzuschieben?

7. Ein Pkw der Mittelklasse (1,5 l Hubraum) kostet in Japan 1878750 Yen, ein vergleichbarer Pkw in Großbritannien 8790 £ und in Deutschland 29820,— DM. Welches Angebot ist das preisgünstigste? (1 £ = 2,96 DM, 100 Yen = 1,11 DM)

8. Ein Importeur ausländischer Spirituosenmarken erhält auf Anfrage folgende Angebote aus dem Ausland:

0,7 l Calvados	62,65 FF	0,7 l Slivovitz	171,91 Din
0,7 l Walliser Williamsbirnenbrand	18,55 sfr	0,7 l Wachauer Marillenbrand	135,63 öS
0,7 l Armagnac	44,60 FF	0,7 l Highland-Whisky	5,58 £.

   Alle Preise verstehen sich frei Haus vollversteuert. Berechnen Sie den Gegenwert der angebotenen Artikel in DM, wenn folgende Kurse zugrunde gelegt werden: FF = 29,37 DM, sfr = 118,20 DM, Din = 10,82 DM, öS = 14,20 DM, £ = 2,83 DM.

9. Ein deutsches Automobilwerk bietet im Inland einen Pkw für 34750,— DM incl. MwSt an. Der gleiche Pkw wird auf dem amerikanischen Markt für 23500 $ verkauft. Welchem Gegenwert in DM entspricht dieser Preis? (1 $ = 1,48 DM)

10. Ein deutscher Spanienurlauber erwirbt auf Mallorca einen Ledermantel für 155696 Pta. Der gleiche Mantel hätte in Deutschland 2680,— DM gekostet. War es vorteilhaft, den Mantel in Spanien zu kaufen? (Kurs: 100 Pta = 1,58 DM)

11. Ein Engländer befindet sich auf einer Geschäftsreise in Deutschland und kauft sich bei dieser Gelegenheit eine Spiegelreflexkamera für 998,— DM. Welchem Preis in £ entspräche das, wenn 1 £ gegenwärtig mit 2,85 DM notiert wird?

12. Eine Maschinenfabrik aus Winterthur bietet eine Maschine zum Preis von 9100 sfr an. Die gleiche Maschine kostet in Brüssel 214775 bfr. Rechnen Sie beide Angebotspreise zum Vergleich in DM um. (Kurse: bfr = 4,78 DM, sfr = 117,78 DM)

13. Eine Wohnungsbaugesellschaft will mehrere Einfamilienfertighäuser errichten und holt zu diesem Zweck Angebote aus Schweden, Dänemark, den Niederlanden und Deutschland ein. Für ein schlüsselfertiges Haus von 115 m² Wohnfläche verlangt der schwedische Hersteller 795828,– skr, die dänische Firma bietet ein 105 m² großes Haus für 957454,— dkr an, der niederländische Anbieter verlangt für eine 120 m² große Wohnung 354096,— hfl, und die deutsche Fertigbaufirma will für 317500,— DM ein 125 m² großes Wohnhaus errichten. Ermitteln Sie den günstigsten Preis pro m². (Kurse: dkr = 25,81 DM, hfl = 88,56 DM, skr = 26,95 DM.)

14. Ein schwedischer Werkzeugmaschinenhersteller verkauft einer deutschen Firma eine Maschine zum Preis von 26903,44 skr frei Haus. Der deutsche Zoll erhebt 8% Zoll vom Wert des eingeführten Gegenstandes.
    a) Wieviel DM kostet die Maschine insgesamt bei einem Kurs von 26,70 DM,
    b) wieviel DM muß der deutsche Importeur an Einfuhrumsatzsteuer an das Finanzamt entrichten, wenn sich die Einfuhrumsatzsteuer nach dem Wert des eingeführten Gegenstandes und dem darauf entfallenden Zoll richtet und der Steuersatz 15% beträgt?

15. Ein deutsches Weinimporthaus kauft in Griechenland 35000 l Muskatellerwein zum Preis von 2760440 Drachmen. Auf den Wein entfallen 12% Transportkosten.
    a) Der Wert des eingeführten Muskatellers und die Transportkosten bilden die Bemessungsgrundlage für die Einfuhrumsatzsteuer. Wieviel DM Einfuhrumsatzsteuer sind zu zahlen, wenn der Wein mit 15% versteuert werden muß?
    b) Wieviel DM kostet ein Liter? (Kurs: 0,84 DM)

16. Die Apparate- und Kesselbau AG in Linz/Österreich verkauft der Schwäbischen Süßmostkelterei Stuttgart acht Hochdrucktanks aus säurebeständigem Stahl mit einem Fassungsvermögen von 20000 l je Tank zum Gesamtpreis von 2200000 öS. Der Preis versteht sich frei deutsch-österreichische Grenze. Bis zum inländischen Bestimmungsort Stuttgart entstehen noch 9500,— DM Transportkosten.
    a) Wieviel DM kostet ein Tank frei Grenze? (Kurs: 14,25 DM)
    b) Um wieviel DM verteuert sich ein Tank, wenn bei der Einfuhr noch 7% Zoll zu entrichten sind?
    c) Berechnen Sie die Kosten pro Stück bis zum Bestimmungsort.
    d) Wieviel DM Einfuhrumsatzsteuer hat die Schwäbische Süßmostkelterei zu entrichten, wenn alle bis zum Bestimmungsort entstandenen Kosten die Bemessungsgrundlage für die Einfuhrumsatzsteuer bilden?

17. Ein deutscher Kaufmann beauftragt seine Bank, 350000 Won telegraphisch nach Südkorea zu überweisen. Die Bank führt den Auftrag zum Freiverkaufskurs von 0,2250 DM für 100 Won aus. Neben einer Provision von 1,0% berechnet die Bank 52,— DM Telegrammspesen. Berechnen Sie den Betrag der Lastschrift in DM für den Bankkunden.

18. Der Geldkurs des US-$ beträgt 1,4935, der Briefkurs 1,5019. Der Sichtkurs für den Ankauf von Schecks, die auf $ lauten, wird von den Banken entweder
    – als Abschlag mit 1‰ vom Geldkurs oder
    – als Abschlag der Differenz Geldkurs/Mittelkurs vom Geldkurs berechnet.
    a) Berechnen Sie den Sichtkurs nach beiden Möglichkeiten.
    b) Berechnen Sie den Abschlag bei der Differenz-Methode in Promille.

19. Ein deutscher Geschäftsreisender erhält von der Eurocard-Organisation die Lastschrift über einen mit Eurocard bezahlten Hotelaufenthalt in Japan. Er hatte 85000 Yen bezahlt und war mit 915,50 DM belastet worden. In der Belastung ist 1% Gebühr für Auslandszahlungen enthalten. Mit welchem Kurs hatte die Kreditkartenorganisation gerechnet?

20. Ein Tourist beschwert sich bei seiner Bank, daß sein Euroscheck über 300000 Lire mit 418,65 DM zu hoch abgerechnet worden sei. Der Scheck wurde erst 25 Tage nach Ausstellung belastet, und der Bankkunde hatte sein Konto zum Zinssatz von 12% überzogen. Die Bank berechnet 1,5% Abwicklungsgebühr vom Kurswert, mindestens 5,— DM, sowie 0,25% Maklergebühr vom Kurswert, mindestens 1,— DM. Sortenkurse für Lire, Geld 1,3160/Brief 1,4160; amtliche Kassakurse, Geld 1,3615/Brief 1,3715. Überprüfen Sie die Abrechnung.

5 Kettensatz

Der Kettensatz wird hauptsächlich bei Preisberechnungen mit ausländischen Währungen, Maßen und Gewichten angewandt. Man spart durch ihn das Rechnen mit mehreren Dreisätzen. Die Kettenregel kann jedoch nur benutzt werden, wenn Dreisätze mit direktem Verhältnis vorliegen.

Beispiel

Eine englische Tuchweberei bietet einem deutschen Importeur 240 yds Anzugstoff zum Gesamtpreis von £ 3 200,— an. Was kostet 1 m dieses Stoffes bei einem Kurs von 2,90 DM für 1 £? (12 yds = 11 m)

Lösung mit mehreren Dreisätzen

a) 12 yds – 11 m
240 yds – ? m

$$? = \frac{11 \cdot 240}{12} = 220 \text{ m}$$

b) 1 £ – 2,90 DM
3200 £ – ? DM

$$? = \frac{3200 \cdot 2{,}90}{1} = 9280{,}\text{— DM}$$

c) 220 m – 9280,— DM
1 m – ? DM

$$? = \frac{9280 \cdot 1}{220} = \mathbf{42{,}18\ DM}$$

Lösung mit dem Kettensatz

1. ? DM kostet 1 m

2. wenn 11 m = 12 yds
wenn 240 yds = 3 200,— £
wenn 1 £ = 2,90 DM

Die Kette wird in Form von Gleichungen geschrieben.

$$? = \frac{1 \text{ m} \cdot 12 \text{ yds} \cdot 3200 \text{ £} \cdot 2{,}90 \text{ DM}}{11 \text{ m} \cdot 240 \text{ yds} \cdot 1 \text{ £}}$$

$$= \mathbf{42{,}18\ DM}$$

Die Kettenregel

1. Die Kette beginnt mit der gesuchten Größe.
2. Jedes folgende Glied beginnt mit der Bezeichnung, mit der das vorhergehende schließt.
3. Die Kette schließt mit der gesuchten Größe.

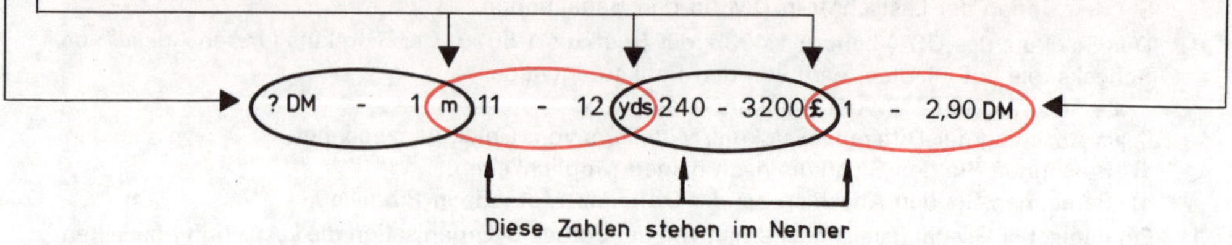

Aufgaben

1. Eine deutsche Maschinenfabrik bietet eine Spezialmaschine für die fischverarbeitende Industrie zu 168 620,— DM an. Zu welchen Preisen könnte diese Maschine in Norwegen, Portugal und Japan in der jeweiligen Landeswährung angeboten werden? (Kurse: 100 nkr = 25,40 DM, 100 Esc = 1,20 DM, 100 Yen = 1,12 DM)

2. Ein Bremer Export-Import-Kaufmann reicht seiner Bank einen Scheck über 56.460 Pesetas ein und bittet um Gutschrift des Gegenwertes in englischer Währung. An der Frankfurter Devisenbörse notieren 100 Pta = 1,58 DM, 1 £ = 2,95 DM.

3. Ein deutscher Urlauber wechselt bei einer Mailänder Bank DM-Reiseschecks in Höhe von 3500,— DM in Schweizer Franken um. In Mailand werden 100 sfr mit 91470 Lire und 100 DM mit 76925 Lire gehandelt. Umrechnungsspesen in Höhe von $^1/_4$% sind zu berücksichtigen. Wieviel sfr erhält er?

4. Ein Textilimporteur bezieht aus Manchester 480 yds Anzugstoff zu 4,82 £ für 1 yd. Wieviel DM kostet 1 m bei einem Kurs von 2,512? (12 yds = 11 m)

5. Eine (wilhelminische) 20-Mark-Goldmünze wiegt 7,96 g bei einem Feingehalt von 900/1000. Sie kostet am Bankschalter 192,60 DM. Ein Maple-Leaf wird zu 630,70 DM verkauft. Er enthält 31,1035 g Feingold. Berechnen Sie den Preis für 1 g Feingold, enthalten in einer 20-Mark-Münze, verglichen mit dem Preis für 1 g Feingold, enthalten in einem (kanadischen) Maple-Leaf.

6. Ein Kaufmann in Emden erhält eine Rechnung von seinem englischen Lieferanten, der ihm 174 lbs zu 1,85 £ je lb berechnet (1 lb = 453,6 g).
   a) Mit welchem Wert in DM belastet die Bank des deutschen Importeurs das Konto ihres Kunden, wenn sie die Überweisung bei einem Umrechnungskurs von 2,87 DM ausführt?
   b) Berechnen Sie den Verkaufspreis für 1 kg, wenn der Importeur mit einem Verkaufsaufschlag von 45% kalkuliert.

7. Ein englisches Motorschiff bringt 278 Fässer mit einem Gewicht von je 56 lbs zu einem Frachtsatz von 2,38 £ für 1 cwt nach Hamburg. Wie hoch sind die Frachtkosten in DM, wenn der Tageskurs für 1 £ = 2,97 DM beträgt? (1 cwt = 4 qrs, 1 qr = 28 lbs, 1 lb = 453,6 g).

8. Ein schwedischer Kaufmann wechselt auf der Durchreise nach Paris in Düsseldorf einen Scheck über 7625,— skr in FF um. Wieviel FF erhält er, wenn die Kurse in Düsseldorf 26,30 DM für 100 skr und 29,40 DM für 100 FF notieren?

9. Ein Importeur verpfändet einer Hamburger Bank ein Konnossement, das eine Ladung von 850 t Sojaschrot verbrieft. Der Weltmarktpreis für Sojaschrot beträgt 185 $ je shortton, 1 sht = 907,2 kg. Der US-$ notiert in Frankfurt 1,64 DM. Die Bank setzt die Sicherheit zum halben Weltmarktpreis an. Berechnen Sie den Sicherheitswert in DM.

10. Aus Japan wird ein Speziallack zu 106952 Yen je 100 kg eingeführt. Wie teuer ist eine 1-kg-Dose im Einkauf, wenn bei einem Kurs von 1,10 DM noch 12% Transportkosten zu berücksichtigen sind?

11. Eine Bremer Werft benötigt 75 t Elektrolyt-Kupfer. Sie holt zwei fob-Angebote (fob = free on board) ein:
    New York 66,15 ct je lb,
    London 950 £ je longton.
    Welches Angebot ist günstiger, wenn auf 100 kg amerikanisches Kupfer 29,60 $ und auf englisches Kupfer 2,70 £ Bezugsspesen bis Bremen kommen? (1 longton = 1016 kg, 1 $ = 1,48 DM; 1 £ = 2,92 DM)

12. In Chicago wird Weizen mit 466 ct für 1 bushel notiert. Welcher DM-Preis für 1 t ergibt sich daraus bei einem Kurs von 1,48 DM? (1 bushel = 60 lbs, 1 lb = 453,6 g)

13. Ein deutsches Chemieunternehmen verkauft 100 kg eines Granulats zu 840,— DM cif New York (cif = cost, insurance, freight). Zu welchem Preis kann 1 cwt in $ bei einem Kurs von 1,51 DM angeboten werden? (1 amerikanisches cwt = 45,359 kg)

14. Ein Hamburger Importeur bezieht aus Colombo 50 Kisten Ceylon-Tee im Bruttogewicht von 5900 lbs, Tara 16 lbs je Kiste, zum Preise von 13215 £.
    Berechnen Sie den Preis in DM für 500 g. (Kurs: 1 £ = 2,85 DM)

15. Ein deutscher Zahnarzt möchte an der Costa del Sol eine Eigentumswohnung erwerben. Ein Maklerbüro bietet ihm eine Wohnung von 65 m² zu 5805600 Pta an. Wieviel DM kostet die Wohnung je m² Wohnfläche, wenn der Kurs 1,58 DM beträgt?

6 Verteilungsrechnung

Kosten- und Gewinnverteilung

Mit Hilfe der Verteilungsrechnung werden Summen (z. B. Kosten, Gewinne) zerlegt und auf Personen oder Positionen nach einem vorgegebenen Schlüssel verteilt.

Beispiel 1

Der Jahresgewinn einer Gesellschaft bürgerlichen Rechts beträgt 80000,— DM und soll im Verhältnis der Kapitalanteile auf die einzelnen Gesellschafter verteilt werden.

Kapitalanteil des Gesellschafters A = 100000,— DM
Kapitalanteil des Gesellschafters B = 150000,— DM
Kapitalanteil des Gesellschafters C = 250000,— DM

Lösung

Das nachfolgende Verteilungsschema wird schrittweise vervollständigt. Zunächst wird das Gesamtkapital ermittelt und dem Jahresgewinn gegenübergestellt.

Kapital des Gesellschafters A = 100000,— DM
Kapital des Gesellschafters B = 150000,— DM
Kapital des Gesellschafters C = 250000,— DM

Gesamtkapital = 500000,— DM   Jahresgewinn = 80000,— DM

Durch Ausnutzen der Rechenvorteile (Kürzung der Kapitalanteile) lassen sich die folgenden Teile bilden:

	Kapital	Teile	
A	100000,— DM	2	
B	150000,— DM	3	
C	250000,— DM	5	
	500000,— DM	10	Jahresgewinn = 80000,— DM

1 Teil = 80000,— DM : 10 = 8000,— DM

Wird der Gesamtgewinn durch die Summe der Teile dividiert, so erhält man den Gewinn pro Teil. Dieser wird anschließend mit den Anteilen der einzelnen Gesellschafter multipliziert. Als Ergebnis erhält man den Gewinn für jeden Gesellschafter.

	Kapital	Teile	Gewinn pro Teil	Gewinn je Gesellschafter
A	100000,— DM	2	8000,— DM	16000,— DM
B	150000,— DM	3	8000,— DM	24000,— DM
C	250000,— DM	5	8000,— DM	40000,— DM
	500000,— DM	10	Jahresgewinn = 80000,— DM	

Beispiel 2

Der Jahresgewinn einer Gesellschaft bürgerlichen Rechts beträgt 80000,— DM. Der Gesellschafter A erhält eine Vorwegvergütung für Geschäftsführung von 8000,— DM. Der Restgewinn wird im Verhältnis der Kapitalanteile auf die Gesellschafter verteilt.
Kapital des Gesellschafters A = 100000,— DM
Kapital des Gesellschafters B = 150000,— DM
Kapital des Gesellschafters C = 250000,— DM

Lösung

Zunächst wird vom Jahresgewinn die Vorwegvergütung abgezogen und dem Gesellschafter A gutgeschrieben. Danach wird der Restgewinn den Kapitalanteilen entsprechend auf die einzelnen Gesellschafter verteilt.

1 Teil = 72000,— DM : 10 = 7200,— DM

	Kapital DM	Vorweg-vergütung DM	Teile	Restgewinn DM	Gesamtgewinn DM
A	100000,—	8000,—	2	2·7200 = 14400,—	22400,—
B	150000,—		3	3·7200 = 21600,—	21600,—
C	250000,—		5	5·7200 = 36000,—	36000,—
	500000,—	8000,—	10	Restgewinn = 72000,—	80000,—

Aufgaben zur Verteilungsrechnung

1. In einem Vierfamilienhaus entstanden im vergangenen Abrechnungszeitraum 7260,— DM Heizkosten. Die Mieter sollen entsprechend der Grundfläche ihrer Wohnung mit den Heizkosten belastet werden. Mit welchen Kosten müssen sie rechnen, wenn die Wohnung A 80 m^2, B 72 m^2, C 85 m^2 und D 93 m^2 Grundfläche hat?
2. Die Steuerberater A, B und C nutzen gemeinsam eine Datenverarbeitungsanlage. Die Mietkosten von 12000,— DM sind entsprechend der Inanspruchnahme zu verteilen. A nutzte die Anlage im abgelaufenen Zeitraum 45 Std., B 65 Std. und C 40 Std. Wieviel DM haben A, B und C von den Mietkosten zu tragen?
3. Ein Bauunternehmer hat drei Eigentumswohnungen von gleicher Ausstattung für 800000,— DM Herstellungskosten errichtet. Der Eigentümer A bekommt eine Wohnung von 75 m^2, der Eigentümer B eine von 80 m^2 und der Eigentümer C eine von 125 m^2. Welche Kosten hat der Bauunternehmer dem jeweiligen Eigentümer zu berechnen?
4. Drei Bauunternehmer haben gemeinsam Baustoffe bezogen, für die sie 448,— DM Transportkosten bezahlen mußten. Die Gesamtkosten sollen im Verhältnis zu den bezogenen Mengen aufgeteilt werden. A erhielt 6,8 t, B erhielt 4,4 t und C erhielt 1,6 t Baumaterial. Wieviel DM beträgt der Kostenanteil jedes Unternehmers?
5. Eine Erbschaft von 87000,— DM soll so auf die drei Erben verteilt werden, daß der zweite doppelt soviel und der dritte dreimal soviel erhält wie der erste. Wieviel DM bekommt jeder?
6. Ein Unternehmen mit Betriebsstätten in mehreren Gemeinden erhielt einen einheitlichen Gewerbesteuermeßbescheid von 77860,— DM. Dieser Betrag soll nach folgendem Schlüssel auf vier Gemeinden verteilt werden: Gemeinde A erhält doppelt soviel wie Gemeinde B, C 25% mehr als A und D dreimal soviel wie B. Welche Beträge entfallen auf die einzelnen Gemeinden?
7. Beim Bezug einer Sendung von drei verschiedenen Warengruppen A, B und C fallen insgesamt 579,— DM Bezugskosten an. Sie sind so auf die drei Warengruppen zu verteilen, daß B dreimal soviel wie A trägt und die Warengruppe C mit der Hälfte der Kosten von A und B belastet wird. Wie werden die Bezugskosten verteilt?
8. Vier Kaufleute gründen gemeinsam ein Unternehmen. Am Geschäftskapitel von 235000,— DM beteiligen sich die Gründer folgendermaßen: A übernimmt doppelt soviel wie B, C übernimmt 10000,— DM weniger als A und D 5000,— DM mehr als B. Wieviel Kapital bringt jeder auf?

9. Der Gewinn einer Gesellschaft von 143000,— DM soll so verteilt werden, daß A $^1/_3$ weniger bekommen soll als B, C doppelt soviel wie D und D $^1/_4$ mehr als B. Wieviel DM erhält jeder?

10. Eine Verkaufsprämie von 820,— DM soll unter 4 Verkäuferinnen so verteilt werden, daß Frl. Schmitz $^4/_5$ der Prämie von Frau Meier erhält, Frau Schulz 60,— DM mehr als Frl. Schmitz bekommt und Frl. Hansen 20,— DM weniger empfängt als Frau Schulz. Wieviel DM erhält jede Verkäuferin?

11. Der Gewinn einer Personengesellschaft wird im Rahmen der einheitlichen und gesonderten Gewinnfeststellung vom Betriebsfinanzamt auf 224600,— DM festgesetzt. Aus den Mitteilungen an die Wohnsitzfinanzämter der einzelnen Gesellschafter geht hervor, daß Nolte 15000,— DM mehr vom gemeinsamen Gewinn zugeschrieben werden als Herder, Danner bekommt $^1/_{10}$ weniger als Nolte, Zander 25000,— DM mehr als Danner und Richter erhält die Hälfte von Danner und Zander. Wieviel DM Gewinn wird jedem gutgeschrieben?

12. Die Kosten für eine Gemeinschaftswerbung beliefen sich auf 5,1 Millionen DM. Die angeschlossenen Unternehmen sollen sich ihren Umsätzen entsprechend an diesen Kosten beteiligen.
Der Umsatz des Unternehmens
A betrug 19 Millionen DM, der des Unternehmens
B betrug 26 Millionen DM, der des Unternehmens
C betrug 32 Millionen DM, der des Unternehmens
D betrug 40 Millionen DM, der des Unternehmens
E betrug 53 Millionen DM.
Welchen Kostenanteil hat jedes Unternehmen zu tragen?

13. Die Baukosten eines Parkhochhauses werden zu $^1/_3$ von einem benachbarten Warenhaus, zu $^1/_5$ von der Stadtgemeinde, zu $^1/_4$ durch einen Kredit der Stadtsparkasse aufgebracht. Den Rest in Höhe von 5616000,— DM übernimmt eine Mineralölgesellschaft, die im Erdgeschoß eine Tankstelle errichten will. Welche Kosten sind von den anderen Partnern zu tragen?

14. Ein Unternehmen bezieht drei verschiedene Waren, die gemeinsam durch einen Lkw angeliefert werden.
Die Ware A wiegt 30 kg und kostet 2184,32 DM
Die Ware B wiegt 145 kg und kostet 955,64 DM
Die Ware C wiegt 325 kg und kostet 3686,04 DM
Die Fracht betrug 62,50 DM, die Transportversicherung 374,— DM. Die Frachtkosten sind nach dem Gewicht, die Transportversicherung ist nach dem Wert der Waren auf die Waren A, B, C zu verteilen.

15. Ein Unternehmer bezieht zwei verschiedene Waren. Dabei entstehen 181,50 DM Transport- und 28,80 DM Versicherungskosten. Wieviel DM Bezugsspesen entfallen auf jede Warengruppe, wenn von Ware A 210 kg im Wert von 360,— DM, von Ware B 120 kg im Wert von 280,— DM bezogen wurden? Was kostet 1 kg jeder Warengruppe einschließlich Bezugsspesen?

16. In einem Konkursverfahren stehen den Verbindlichkeiten aus Warenlieferungen von 724600,— DM Vermögenswerte von 159900,— DM gegenüber. Die Kosten des Verfahrens (Massekosten) betragen 5140,— DM. Außerdem sind 6240,— DM rückständige Löhne und 3600,— DM rückständige Steuern bevorrechtigt.
a) Wieviel % beträgt die Konkursquote?
b) Wieviel DM verliert ein Gläubiger, dem 1170,— DM ausgezahlt werden?

17. Ein Steuerpflichtiger hinterläßt ein Vermögen, das folgendermaßen an seine Erben verteilt werden soll: dem Testament gemäß erhält die Ehefrau $^2/_5$, der erste Sohn $^1/_4$, der zweite Sohn $^1/_6$ und die Tochter 8800,— DM.
a) Wie groß war das hinterlassene Vermögen?
b) Wieviel DM bekommt jeder?

18. Ein Ehepaar lebt im gesetzlichen Güterstand (Zugewinngemeinschaft). Das Vermögen des Mannes betrug bei Eheschließung 30000,— DM, das der Frau 80000,— DM. Nach 15 Ehejahren wollen sich die Partner scheiden lassen. Das Vermögen des Mannes beträgt nun 260000,— DM, das der Frau 150000,— DM.
a) Berechnen Sie den Zugewinn.
b) Berechnen Sie den Ausgleichsanspruch der Frau.

19. Ein Erblasser hat in seinem Testament bestimmt, daß seine Tochter $^1/_4$, sein erster Sohn $^1/_3$, sein Stiefsohn $^1/_6$ und sein zweiter Sohn den Rest des Nachlasses = 162000,— DM erhalten soll. Wieviel DM erhält jeder Erbe nach der Testamentseröffnung?

20. Ein Kaufmann verfügt in seinem Testament folgendermaßen über sein Barvermögen von 139300,— DM. Seine Ehefrau soll $^3/_7$ erhalten, seine beiden Töchter und sein Sohn je $^1/_7$. Außerdem bekommt jedes Kind eine Sonderzuwendung von 10000,— DM. Von den Studienkosten des Sohnes sollen 12000,— DM mit der Erbschaft verrechnet werden, während die Aussteuer der Töchter mit je 5000,— DM auf die Erbschaft angerechnet werden soll. Den Restbetrag soll die Hausangestellte erhalten. Wieviel DM erhält jeder Erbe?

21. Drei Geschwister setzen sich als Erbengemeinschaft über das geerbte Vermögen, ein Grundstück von 2400 m^2 Größe mit einem Verkehrswert von 720000,— DM auseinander. A erhält 1000 m^2, B erhält 800 m^2, C erhält 600 m^2. Die Notariats- und Gerichtskosten betrugen 17000,— DM. Sie sollen von den Geschwistern nach Größe der erhaltenen Grundstücke übernommen werden.
a) Welchen Wert hat jeder vor Abzug der Rechtskosten erhalten,
b) wieviel DM an Rechtskosten hat jeder zu zahlen?

22. Ein Unternehmen befindet sich in Liquidation. Seinem Vermögen von 1342000,— DM stehen Verbindlichkeiten von 336000,— DM gegenüber. Der Geschäftsführer soll mit 96000,— DM, zwei ältere Angestellte mit je 24000,— DM abgefunden werden. Die Kosten des Auflösungsverfahrens betragen 14400,— DM. Das restliche Vermögen wird im Verhältnis der Kapitalanteile an die beiden Gesellschafter verteilt: Kapitalanteil A 210000,— DM, Kapitalanteil B 350000,— DM. Wieviel DM erhalten die Gesellschafter A und B?

23. Für eine Werkstatt wird eine Lohnprämie von 3000,— DM errechnet. Sie soll im Verhältnis der geleisteten Überstunden an folgende Arbeiter verteilt werden: Herr Valone 54 Überstunden, Herr Filaretti 42 Überstunden, Herr Sawitzki 30 Überstunden, Herr Zeitler 24 Überstunden. Wieviel DM Prämie erhält jeder?

24. Die gesamten Vorsteuern eines Voranmeldungszeitraums sind entsprechend den steuerpflichtigen und steuerfreien Umsätzen in abziehbare und nicht abziehbare Vorsteuern aufzuteilen.

Steuerpflichtige Umsätze:	650000,— DM
steuerfreie Umsätze:	150000,— DM
Gesamtbetrag der Vorsteuern:	64000,— DM

25. Ein Unternehmer will nach Ablauf des Geschäftsjahres eine Erfolgsprämie von 9000,— DM auf seine Mitarbeiter verteilen. Die Monatsgehälter werden als Verteilungsschlüssel zugrunde gelegt. A verdient im Monat 1600,— DM, B 1900,— DM, C 2100,— DM, D 2260,— DM, E 2380,— DM, F 2480,— DM, G 2760,— DM, H 3270,— DM. Wieviel DM Prämie bekommt jeder Mitarbeiter?

26. Die Vermietung eines Hauses erbringt jährliche Einnahmen von 37500,— DM. Den Einnahmen stehen Aufwendungen von 12300,— DM im Jahr gegenüber. Der Überschuß soll den Eigentumsverhältnissen entsprechend an die drei Eigentümer verteilt werden. Wieviel DM bekommt jeder, wenn A mit $^1/_3$, B mit $^2/_5$ und C mit dem Rest beteiligt ist?

27. Am Gewinn einer OHG von 250000,— DM sind die Gesellschafter A mit $^1/_4$, B mit $^3/_8$, C und D mit je $^3/_{16}$ beteiligt. Welcher Gewinnanteil wird jedem einzelnen Gesellschafter gutgeschrieben?

28. Eine Gesellschaft bürgerlichen Rechts erwirtschaftet 164000,— DM Gewinn. Er soll nach Köpfen an die vier Gesellschafter verteilt werden. Folgende Beträge hatten die Gesellschafter privat entnommen: A 22000,— DM, B 36000,— DM, C 28000,— DM, D 42000,— DM. Um welchen Betrag erhöht bzw. vermindert sich das Kapital der Gesellschafter?

29. An einer Kommanditgesellschaft sind A mit einem Festkapital von 100000,— DM, B mit einem Festkapital von 64000,— DM, C mit einem Festkapital von 36000,— DM beteiligt. Der Gesellschafter C will zum Ende des laufenden Wirtschaftsjahres ausscheiden. Die Gesellschafter sind nach dem Verhältnis ihrer Kapitalkonten am Gewinn beteiligt. Dasselbe gilt auch für die Verteilung der stillen Reserven beim Ausscheiden eines Gesellschafters. Für das letzte Geschäftsjahr wird ein Gewinn von 160000,— DM ermittelt. Die stillen Reserven, die anläßlich des Ausscheidens des C berechnet werden, betragen 500000,— DM.
a) Welchen Gewinnanteil erhält C,
b) welcher Anteil an den stillen Reserven steht ihm zu?

30. An einer Kommanditgesellschaft sind A, B und C mit je 50000,— DM beteiligt. Die Gesellschafter B und C haben außer ihrer Einlage der Gesellschaft ein Darlehn von je 100000,— DM zur Verfügung gestellt. Dafür erhält jeder jährlich 6000,— DM Zinsen, die als Vorwegvergütung anzusehen, aber bei der Berechnung des zu verteilenden Gewinns noch nicht berücksichtigt worden sind. Der nach Kapitalanteilen zu verteilende Gewinn betrug 282000,— DM. Welche Gewinnanteile sind den einzelnen Gesellschaftern gutzuschreiben?

31. Vier Gesellschafter gründen eine OHG. Die Einlage von A ist um $^1/_4$ höher als die von B, C übernimmt $^1/_3$ weniger als D, und D zeichnet eine Einlage, die $^1/_2$ so hoch ist wie die von A. Wieviel DM hat jeder Gesellschafter übernommen, wenn das Gesamtkapital 158000,— DM beträgt?

32. Der Gesellschafter A bringt sein bisheriges Einzelunternehmen in eine Gesellschaft mit B ein. Am Vermögen und am Gewinn sind A und B je zur Hälfte beteiligt. Der zu verteilende Gewinn beträgt 150000,— DM. Für A sind aus der bei Einbringung seines Betriebes erstellten Ergänzungsbilanz noch Sonderbetriebsausgaben von 15000,— DM zu berücksichtigen. Welche Gewinnanteile werden den beiden Gesellschaftern berechnet?

33. Eine Erbengemeinschaft bildet nach dem Tode des Einzelunternehmers eine Gesellschaft bürgerlichen Rechts, an der die Mutter zur Hälfte und die beiden Kinder zu je einem Viertel beteiligt sind. Die Mutter bewohnt in einem der Gesellschaft gehörenden Haus eine Wohnung, deren jährlicher Mietwert 8400,— DM beträgt. Dieser Mietwert soll der Mutter als Vorwegvergütung zufließen. Er ist in dem zu verteilenden Gewinn von 82000,— DM enthalten. Welche Beträge sind den einzelnen Gesellschaftern als Gewinn zuzurechnen?

34. Eine KG weist einen Gewinn von 176000,— DM aus. An der KG sind A mit 100000,— DM, B mit 60000,— DM, C mit 40000,— DM Festkapital beteiligt. A hat eine Vorwegvergütung von monatlich 3000,— DM erhalten, die die Buchhalterin zu Unrecht als Lohnkosten gebucht hat. Unter Berücksichtigung dieser Vorwegvergütung soll der Gewinn nach den Festkapitalien verteilt werden.
    a) Welcher Gewinn ist jedem Gesellschafter zuzurechnen,
    b) welche Verteilung ergäbe sich, wenn A mit 80000,— DM, B mit 40000,— DM und C mit 20000,— DM beteiligt wäre?

35. An einer OHG sind die Gesellschafter A und B mit je $^1/_4$, die Gesellschafter C, D und E mit je $^1/_6$ beteiligt. Die Gesellschafter A und B erhalten vertragsgemäß eine Tätigkeitsvergütung von 2000,— DM monatlich, die als Vorwegvergütung anzurechnen ist. Die Gesellschafter C, D und E sind berechtigt, monatlich 1000,— DM zu Lasten ihres Gewinnanteils zu entnehmen, wovon die Gesellschafter auch Gebrauch machen. Der erwirtschaftete und zu verteilende Gewinn beträgt 156000,— DM. Wie haben sich die Kapitalkonten der Gesellschafter entwickelt, wenn das Kapital am Jahresanfang bei A 166000,— DM, bei B 87000,— DM, bei C 92000,— DM, bei D 24000,— DM und bei E 36000,— DM betrug?

36. Am Gewinn einer KG sind die Gesellschafter gemäß ihren Einlagen beteiligt: Kapital A 50000,— DM, B 125000,— DM, C 125000,— DM. Die steuerlich als Betriebsausgaben anzuerkennenden Autokosten hat lt. Vertrag jeder selbst zu tragen. Die Kraftfahrzeugkosten betrugen für A 10250,— DM, für B 11500,— DM und für C 13400,— DM. Welcher Gewinnanteil entfällt bei 225000,— DM Gesamtgewinn auf jeden Gesellschafter, wenn
    a) die Autokosten bisher noch nicht als Betriebsausgaben gebucht sind,
    b) sie als Betriebsausgaben den Gewinn bereits gemindert haben?

37. An einer KG sind die Gesellschafter A, B und C mit folgenden Festkapitalien beteiligt: A mit 200000,— DM, B mit 50000,— DM, C mit 30000,— DM. Die Sonderkapitalkonten der Gesellschafter betragen bei A 180000,— DM, bei B 250000,— DM, bei C 300000,— DM. Wie ist der Gesamtgewinn von 300000,— DM zu verteilen, wenn A eine Miete von 24000,— DM, B eine Tätigkeitsvergütung von 36000,— DM als Vorwegvergütung erhält? Die Sonderkapitalkonten werden außerdem mit 6% verzinst. Der Restgewinn ist nach dem Verhältnis der Festkapitalien aufzuteilen. Berechnen Sie den Gewinnanteil für jeden Gesellschafter.

38. Eine AG mit 600 Millionen DM Grundkapital erwirtschaftet in einem Geschäftsjahr 120 Millionen DM Jahresüberschuß. Davon soll den gesetzlichen Rücklagen 5%, den freien Rücklagen 30% zugeführt werden. Die Aktionäre erhalten 9% Dividende, der Vorstand eine Tantieme von 20% vom Bilanzgewinn, der Aufsichtsrat eine Tantieme von 12% vom Bilanzgewinn abzüglich 4% Vordividende (§ 113 [3] AktG). Der Gewinnrest soll auf neue Rechnung vorgetragen werden.

39. Der Unternehmer Otto Habenicht muß nach mehreren geschäftlichen Mißerfolgen Konkurs anmelden. Der mit der Konkursabwicklung beauftragte Konkursverwalter ermittelt folgende Vermögens- und Schuldposten:

Betriebsvermögen	548000,— DM
Privatvermögen	398000,— DM
Steuerschulden	240000,— DM
Forderungen des Konkursverwalters	36000,— DM
rückständige Löhne vor Konkurseröffnung	198000,— DM
Schulden nach Konkurseröffnung entstanden (Mieten, Löhne)	47000,— DM
sonstige, nicht bevorrechtigte Forderungen (Warenschulden)	5000000,— DM

a) Ermitteln Sie die Konkursmasse.
b) Berechnen Sie die Konkursquote.

40. Die Hans Meier KG erzielte im Wirtschaftsjahr 01 einen steuerlich zutreffenden Gewinn von 128000,— DM. An der KG sind beteiligt: Vollhafter Hans Meier mit 180000,— DM, Teilhafter Otto Gemser mit 120000,— DM, Teilhafter Willi Schulz mit 60000,— DM.
Laut Gesellschaftsvertrag erhält der Vollhafter eine Tätigkeitsvergütung von 9000,— DM im Monat. Vom verbleibenden Gewinn erhalten die Gesellschafter eine 6%ige Verzinsung ihrer Kapitaleinlage. Der Restgewinn wird im Verhältnis 5:2:1 aufgeteilt. Reicht der nach Abzug der Tätigkeitsvergütung verbleibende Gewinn nicht aus, um ihn in dieser Form zu verteilen, soll der Restgewinn zu 60% nach Kapitalanteilen und zu 40% im Verhältnis 5:2:1 aufgeteilt werden.
Errechnen Sie die Gewinnanteile der drei Gesellschafter!

41. Zum Geschäftsjahresende wird eine Erfolgsprämie von 40000,— DM auf fünf Verkäufer verteilt. Die Mitarbeiter erhalten 20% der Prämie zu gleichen Teilen, 30% nach der Dauer ihrer Firmenzugehörigkeit, 50% bezogen auf die von ihnen erzielten Umsätze.

Verkäufer	**erzielter Umsatz**	**Firmenzugehörigkeit**
A	960000,—	8 Jahre
B	780000,—	17 Jahre
C	820000,—	6,5 Jahre
D	690000,—	7,5 Jahre
E	750000,—	9 Jahre

Wieviel DM Erfolgsprämie erhält jeder Verkäufer?

42. Über das Vermögen der Firma Kleinschmidt GmbH ist das Konkursverfahren eröffnet worden. Der Konkursverwalter stellt folgende Vermögenswerte fest:

- Grundstücke 120000,— DM
- Maschinen 140000,— DM
- Forderungen 180000,— DM

Kasse, Bank / Warenvorräte } 110000,— DM, davon sind 50000,— DM unter Eigentumsvorbehalt geliefert worden.

Dem stehen folgende Verbindlichkeiten gegenüber:

– Masseschulden/Massekosten	32000,— DM
– bevorrechtigte Forderungen (Löhne, Steuerschulden)	43000,— DM
– Schulden bei der Bank A	150000,— DM
– Schulden bei der Bank B	100000,— DM
– Schulden bei Lieferer C	165000,— DM
– Schulden bei Lieferer D	130000,— DM

- Die Grundstücke sind zugunsten der Bank A mit Hypotheken über 140000,— DM belastet.
- Die Maschinen hat sich die Bank B zur Sicherheit übereignen lassen.
- Lieferer C hat sich sämtliche Warenforderungen sicherheitshalber abtreten lassen.

Ermitteln Sie die Konkursquote und die Beträge, mit denen die Gläubiger abgefunden werden.

7 Prozentrechnung

Die Prozentrechnung steht im Mittelpunkt des kaufmännischen Rechnens, denn der Kaufmann denkt „in Prozenten".

Sinn der Prozentrechnung ist es, Zahlen vergleichbar zu machen, um ihren Wert besser beurteilen zu können. Bei der Prozentrechnung ist die Vergleichszahl 100.

Der Ausdruck **Prozent,** übliche Schreibweise %, kann daher als Bruch mit dem Nenner 100 angesehen werden, d. h. eine Zahl wird ins Verhältnis zu 100 gesetzt.

$$\frac{1}{100} = 1\,\%$$

$$60,\text{— DM von } 600,\text{— DM} = \frac{10}{100} = 10\,\% = 10 \text{ v. H. (vom Hundert)}$$

$$60,\text{— DM von } 300,\text{— DM} = \frac{20}{100} = 20\,\% = 20 \text{ v. H. (vom Hundert)}$$

Beispiel

Ein Einzelhändler erhält am gleichen Tage eine Rechnung über 600,— DM und eine über 300,— DM. Von beiden Rechnungen darf er vertragsgemäß 60,— DM abziehen.

Der Kaufmann setzt die **gleichen** Rabattbeträge sofort in Beziehung zu den Rechnungsbeträgen und benutzt dabei 100 als Vergleichszahl:

Berechnung I.

Von 600,— DM = 60,— DM Rabatt
von 100,— DM = ? DM Rabatt

$$? = \frac{60 \cdot 100}{600} = 10,\text{— DM oder 10 vom Hundert (v. H.)}$$

Berechnung II.

Von 300,— DM = 60,— DM Rabatt
von 100,— DM = ? DM Rabatt

$$? = \frac{60 \cdot 100}{300} = 20,\text{— DM oder 20 vom Hundert (v. H.)}$$

In der Prozentrechnung haben wir es stets mit drei Größen zu tun, von denen zwei gegeben sein müssen, damit aus ihnen die dritte errechnet werden kann.

60,— DM	=	10 %	von	600,— DM
↑		↑		↑
Prozentwert		Prozentsatz		Grundwert

7.1 Berechnung des Prozentwertes

(Prozentsatz und Grundwert müssen gegeben sein.)

Prozentwert = 1 % des Grundwertes · Prozentsatz

Beispiel

Von einer Rechnung über 560,— DM werden 20 % Rabatt abgezogen.

Lösung

$$100\,\% = 560,\text{— DM} \qquad 20\,\% = \frac{560}{5} = \mathbf{112,\text{— DM}}$$

[1] Nimmt man als Vergleichszahl 1000, so spricht man von Promillerechnung.

Aufgaben

1. Ein Kaufmann bezahlt folgende Rechnungen, von denen er noch 2% Skonto abzieht.

	Rechnungsbetrag	2% Skonto	Überweisungsbetrag
a)	7628,— DM	?	?
b)	2712,60 DM	?	?
c)	1116,— DM	?	?
d)	672,50 DM	?	?
e)	524,10 DM	?	?
f)	284,20 DM	?	?

Errechnen Sie die Skonto- und Überweisungsbeträge.

2. Ein Großhändler erhält auf nachstehende Rechnungen unterschiedliche Wiederverkäuferrabatte.

	Rechnungsbetrag	Rabattsatz	Rabattbetrag	Schuldsumme
a)	1248,50 DM	50 %	?	?
b)	6218,20 DM	45 %	?	?
c)	3960,— DM	40 %	?	?
d)	5428,— DM	35 %	?	?
e)	963,90 DM	33 1/3 %	?	?
f)	874,— DM	25 %	?	?

Errechnen Sie die Rabattbeträge und die Schuldsummen.

3. Ein Einzelhändler zieht von den folgenden Rechnungen zunächst den Wiederverkäuferrabatt und dann 3% Skonto ab.

	Rechnungsbetrag	Rabattsatz	Rabatte	3% Skonto	Überweisungsbetrag
a)	2625,— DM	40 %	?	?	?
b)	816,— DM	35 %	?	?	?
c)	3573,— DM	33 1/3 %	?	?	?
d)	964,— DM	25 %	?	?	?
e)	521,— DM	22 %	?	?	?
f)	347,— DM	18 %	?	?	?

Errechnen Sie Rabatte und Skonti sowie die Überweisungsbeträge.

7.1.1 Bequeme Prozentsätze

Die Kenntnis der folgenden Bruchteile ist bei der Lösung von Prozentaufgaben sehr nützlich.

$100\,\%$	$\hat{=}$ Grundwert	$10\,\%$	$\hat{=}\ ^1/_{10}$ des Grundwerts
$75\,\%$	$\hat{=}\ ^3/_4$ des Grundwerts	$8^1/_3\,\%$	$\hat{=}\ ^1/_{12}$ des Grundwerts
$66^2/_3\,\%$	$\hat{=}\ ^2/_3$ des Grundwerts	$6^2/_3\,\%$	$\hat{=}\ ^1/_{15}$ des Grundwerts
$50\,\%$	$\hat{=}\ ^1/_2$ des Grundwerts	$6^1/_4\,\%$	$\hat{=}\ ^1/_{16}$ des Grundwerts
$33^1/_3\,\%$	$\hat{=}\ ^1/_3$ des Grundwerts	$5\,\%$	$\hat{=}\ ^1/_{20}$ des Grundwerts
$25\,\%$	$\hat{=}\ ^1/_4$ des Grundwerts	$4^1/_6\,\%$	$\hat{=}\ ^1/_{24}$ des Grundwerts
$20\,\%$	$\hat{=}\ ^1/_5$ des Grundwerts	$3^1/_3\,\%$	$\hat{=}\ ^1/_{30}$ des Grundwerts
$16^2/_3\,\%$	$\hat{=}\ ^1/_6$ des Grundwerts	$2^1/_2\,\%$	$\hat{=}\ ^1/_{40}$ des Grundwerts
$14^2/_7\,\%$	$\hat{=}\ ^1/_7$ des Grundwerts	$1^2/_3\,\%$	$\hat{=}\ ^1/_{60}$ des Grundwerts
$12^1/_2\,\%$	$\hat{=}\ ^1/_8$ des Grundwerts	$1^1/_3\,\%$	$\hat{=}\ ^1/_{75}$ des Grundwerts
$11^1/_9\,\%$	$\hat{=}\ ^1/_9$ des Grundwerts	$1^1/_4\,\%$	$\hat{=}\ ^1/_{80}$ des Grundwerts

Aufgaben

4. Berechnen Sie den Zieleinkaufspreis, wenn auf den Listenpreis der Ware folgende Rabattsätze gewährt werden:

a)	2633,60 DM	$12^1/_2\,\%$	d) 567,36 DM	$16^2/_3\,\%$
b)	836,50 DM	$14^2/_7\,\%$	e) 69,72 DM	$25\,\%$
c)	3743,80 DM	$15\,\%$	f) 2141,07 DM	$33^1/_3\,\%$

5. Ein Verkaufskommissionär erhält auf die von ihm vermittelten Aufträge folgende Provisionssätze:

a)	6822,— DM	$3^1/_3\,\%$ Provision	d) 487,80 DM	$1^2/_3\,\%$ Provision
b)	4568,— DM	$2^1/_2\,\%$ Provision	e) 2430,— DM	$1^1/_3\,\%$ Provision
c)	924,40 DM	$2^1/_2\,\%$ Provision	f) 1416,— DM	$1^1/_4\,\%$ Provision

Berechnen Sie die Provision.

6. Berechnen Sie die Versicherungsprämie einschließlich 5% Versicherungssteuer.

a)	125800,— DM	$2^1/_2$ ‰	d) 7230,— DM	$1^2/_3$ ‰
b)	72600,— DM	$2^1/_3$ ‰	e) 8437,50 DM	$1^1/_3$ ‰
c)	136750,— DM	2 ‰	f) 64240,— DM	$1^1/_4$ ‰

7.1.2 Zerlegen unbequemer Prozentsätze

Beispiel 1

$5^7/_8\,\%$	von	1896,— DM
$6\,\%$	$\hat{=}$	113,76 DM
$-\ ^1/_8\,\%\ (^1/_{48})$	$\hat{=}$	− 2,37 DM
$5^7/_8\,\%$	$\hat{=}$	**111,39 DM**

Beispiel 2

$3^1/_6\,\%$	von	7942,— DM
$3\,\%$	$\hat{=}$	238,32 DM
$+\ ^1/_6\,\%\ (^1/_{18})$	$\hat{=}$	+13,24 DM
$3^1/_6\,\%$	$\hat{=}$	**251,56 DM**

Aufgaben

7. Wie hoch ist die Grundsteuer, wenn der Meßbetrag a) 120,— DM, b) 280,— DM, c) 324,— DM, der Hebesatz a) 245%, b) 320%, c) 350% beträgt?

8. Zu errechnen ist die Gewerbesteuer mit einem Hebesatz von: a) 240%, b) 280%, c) 300% aus dem Meßbetrag von 5% von 65300,— DM zuzüglich 2‰ von 180000,— DM.

9. Ein Kaufmann kürzt die Listeneinkaufspreise vereinbarungsgemäß um folgende Rabattsätze:
   a) 651,— DM Listeneinkaufspreis $8^1/_3$% Rabatt
   b) 876,— DM Listeneinkaufspreis $12^1/_2$% Rabatt
   c) 990,— DM Listeneinkaufspreis $6^2/_3$% Rabatt
   d) 123,— DM Listeneinkaufspreis $16^2/_3$% Rabatt

   Errechnen Sie die Zieleinkaufspreise.

10. Die Preise für leichtes Heizöl verteuerten sich gegenüber dem Vorjahr um 18%. Wieviel DM betrug die Preiserhöhung, wenn im letzten Jahr für 100 Liter 57,50 DM bezahlt werden mußten?

11. Ein Einzelhändler verauslagt im Monat Februar für seinen Pkw 380,— DM netto. Darin ist die steuerlich anerkannte private Eigennutzung mit 30% enthalten. Wie hoch ist die in der Umsatzsteuervoranmeldung für Februar zu erklärende Eigennutzung, wenn 15% MwSt zu berücksichtigen sind?

12. Auf Grund mehrerer Kostenerhöhungen sank der Gewinn eines Unternehmens gegenüber dem Vorjahr um 19%. Wieviel DM Gewinn hat das Unternehmen erzielt, wenn es im Jahr zuvor noch 196000,— DM ausweisen konnte?

13. Ein Gastwirt kauft 1 hl Bier für 240,— DM ein. Er rechnet mit einem Zapfverlust von 10%. Wieviel kostet ein Glas Bier von 0,2 l, wenn er einen Aufschlag von 200% zugrunde legt und 15% MwSt berechnet?

7.2 Berechnung des Prozentsatzes

(Grundwert und Prozentwert müssen gegeben sein.)

Prozentsatz = Prozentwert : 1% des Grundwerts

Beispiel

Der Preis eines Buches stieg von 12,— DM um 1,44 DM auf 13,44 DM.

Lösung

12,— DM ≙ 100%

$$1{,}44\ \text{DM} = \frac{1{,}44}{0{,}12} \mathrel{\hat{=}} \mathbf{12\%}$$

Aufgaben

1. Von der Belegschaft eines Betriebes waren am 10. August 2907 Personen anwesend, während 513 wegen Krankheit oder Urlaubs fehlten. Wieviel Prozent der Beschäftigten arbeiteten?

2. Der Preis für 1 m^3 Wasser betrug im Jahr zuvor noch 1,94 DM. In diesem Jahr berechnet das Wasserwerk 2,15 DM pro m^3. Um wieviel Prozent hat sich der Wasserpreis erhöht?

3. Ein Kaufmann setzt im Sommerschlußverkauf die Verkaufspreise folgendermaßen herab:

	alter Verkaufspreis	neuer Verkaufspreis
Artikel A	220,— DM	186,— DM
Artikel B	168,— DM	140,— DM
Artikel C	82,— DM	75,— DM

Die gleichen Artikel werden im Laufe des Sommerschlußverkaufs ein weiteres Mal herabgesetzt:

Artikel A auf 172,— DM   Artikel B auf 122,— DM   Artikel C auf 60,— DM

a) Um wieviel Prozent sind die einzelnen Artikel jedesmal herabgesetzt worden?
b) Wieviel Prozent betrug die Gesamtherabsetzung bei jedem Artikel?

4. Eine rheinische Brauerei verkauft einen Kasten Markenbier mit 20 Flaschen zu 19,20 DM. Sie verkauft einen gleich großen Kasten derselben Sorte über einen Supermarkt als Billigbier zu 12,40 DM. Wieviel Prozent beträgt der Preisunterschied?

5. Ein Wohn- und Geschäftshaus hat eine Gesamtnutzfläche von 920 m^2. Der Eigentümer und Gewerbetreibende nutzt davon 152 m^2 für sein Ladenlokal, 20 m^2 für eigene Bürozwecke und 50 m^2 für sein Lager. Der Rest der Nutzfläche ist als Wohnungen vermietet. Wieviel Prozent macht der eigenbetriebliche Anteil aus?

6. Errechnen Sie die steuerliche Belastung in Prozenten des Arbeitsentgelts für die Angestellten A–E.

	Monatsgehalt	Lohnsteuer
A	975,— DM	75,30 DM
B	1350,— DM	150,60 DM
C	1820,— DM	245,50 DM
D	2270,— DM	368,40 DM
E	2945,— DM	614,50 DM

7. Die Fernsprechgebühren stiegen in den vergangenen Jahren von 0,18 DM über 0,21 DM auf 0,23 DM pro Gebühreneinheit. Wie groß war die jeweilige prozentuale Steigerung?

8. Das Stammkapital einer GmbH beträgt 1 675 000,— DM. Am Jahresende wird ein Reingewinn von 217 750,— DM ermittelt. Wieviel Prozent des Stammkapitals wurden verdient?

9. Eine schärfere Überwachung der Außenstände führt in einem Kleinbetrieb zu einer verbesserten Liquidität. Von einem Quartal zum anderen erhöht sich der Durchschnittsbestand an flüssigen Mitteln von 14 734,— DM auf 15 912,72 DM. Wieviel Prozent beträgt die Steigerung?

10. Nach Abschluß des Konkursverfahrens über das Vermögen eines Kunden überweist uns der Konkursverwalter 720,— DM als Konkursdividende. Wieviel Prozent unserer Forderung von 4320,— DM sind verloren?

7.3 Berechnung des Grundwertes

(Prozentwert und Prozentsatz müssen gegeben sein.)

Grundwert = (Prozentwert : Prozentsatz) · 100

Beispiel
Eine Rechnung wurde um 2% Skonto = 16,96 DM gekürzt. Wie hoch war der Rechnungsbetrag?

Lösung
16,96 DM : 2 = 8,48 DM ≙ 1%
8,48 DM · 100 = **848,— DM ≙ 100%**

Aufgaben

1. Ein Lebensmitteleinzelhändler zahlt bei einem Einkauf 23,80 DM (7%) an Vorsteuern. Wie hoch ist der Wert der bezogenen Waren?

2. Berechnen Sie den Grunderwerbspreis, wenn die Grunderwerbsteuer a) 2695,— DM, b) 5050,92 DM, c) 1283,80 DM, d) 6912,50 DM, e) 638,40 DM ausmacht. Der Steuersatz beträgt 2%.

3. Die Beiträge eines Arbeitgebers zur Rentenversicherung eines Arbeitnehmers betrugen im abgelaufenen Jahr 9,35% des Jahresarbeitslohns = 1750,32 DM. Wieviel DM beträgt der Jahresarbeitslohn?

4. In einem Gemeindeetat wurden an einem Haushaltsposten $6^2/_3$%=87015,— DM eingespart. Wieviel DM betrug der ursprüngliche Ansatz?

5. Ein Unternehmen hatte im abgelaufenen Voranmeldungszeitraum sowohl Umsätze zum Steuersatz von 15% als auch zum Steuersatz von 7%. Wie hoch waren die einzelnen Umsätze, wenn zum Steuersatz von 15% 217684,50 DM und zum Steuersatz von 7% 37578,80 DM an Umsatzsteuern gezahlt wurden?

6. Berechnen Sie den Geldumlauf (Umsatz) in einem Geldspielautomaten, der 40% Gewinn für den Aufsteller zurückbehält. Die Leerungen innerhalb einer Woche ergaben folgenden Inhalt:

Montag	210,— DM	Donnerstag	174,— DM
Dienstag	180,— DM	Freitag	186,— DM
Mittwoch	110,— DM	Samstag	234,— DM

7. Die Auszahlung einer 1. Hypothek erfolgt zu $93^1/_2$%. Als Damnum wurden 4257,50 DM einbehalten. Wie hoch war die Darlehenssumme?

8. Ein Steuerpflichtiger hat pro Monat 325,30 DM Lohnsteuer zu zahlen. Das entspricht einer Steuerbelastung von 15,27%. Wie hoch war demnach sein Monatsgehalt?

9. Die Einkommensteuererklärungen zweier Rentner enthalten als Ertragsanteile folgende Beträge: Rentner A: 3840,— DM, Rentner B: 4580,— DM. Nach dem Alter der Rentner betragen die Ertragsanteile bei A 26%, bei B 23%. Welche Rentenbeträge haben A und B bezogen?

10. Errechnen Sie den Umsatz nach den Angaben verschiedener Gewerbetreibender über den erzielten Gewinn und nach den Reingewinnsätzen gemäß den amtlichen Richtsätzen.

	Reingewinn	Reingewinnsatz
A	16800,— DM	15%
B	37580,— DM	14%
C	74200,— DM	18%
D	24150,— DM	22%

11. Ein Unternehmer steht vor der Wahl, einen Reisenden als angestellten Außendienstmitarbeiter zu beschäftigen oder einen Vertrag mit einem Handelsvertreter abzuschließen. Der Reisende beansprucht ein monatliches Fixum von 800,— DM und 3% Umsatzprovision, der Handelsvertreter verlangt 7% Provision. Von welchem Jahresumsatz an ist es für den Unternehmer günstiger, einen Reisenden zu beschäftigen?

7.4 Prozentrechnung vom vermehrten Grundwert (Prozentrechnung auf Hundert)

Beispiel

Die Steuerschuld einschließlich des Säumniszuschlages für vier Monate (4%) beträgt 7592,— DM. Auf welchen Betrag beläuft sich die Steuerschuld?

Lösung

104% ≙ 7592,— DM

$$1\% = \frac{7592}{104}$$

100% ≙ **7300,— DM**

Aufgaben

---

1. Ein Möbelhaus bietet ein Schlafzimmer zum Bruttopreis von 6210,— DM an. Wie hoch ist der Mehrwertsteuerbetrag in diesem Preis?
2. Die Einnahmen des Staates aus der Mineralölsteuer stiegen gegenüber dem Vorjahr um 4,5% auf 49393304400,— DM. Wie hoch waren die Einnahmen im Jahr zuvor?
3. Die Baukosten eines Wohnhauses betragen lt. Endabrechnung 897525,— DM und liegen damit um 12,5% über dem Kostenvoranschlag. Wie teuer wäre das Haus geworden, wenn der Kostenvoranschlag eingehalten worden wäre?
4. Mit Beginn des neuen Jahres erhalten die Angestellten eines Steuerberaters eine Gehaltserhöhung. Wie hoch waren die alten Gehälter, wenn
   A nach 5,8% Gehaltserhöhung 1930,85 DM
   B nach 5,5% Gehaltserhöhung 2700,80 DM
   C nach 5,2% Gehaltserhöhung 3313,80 DM bezieht?
5. Die Miete für eine EDV-Anlage stieg von einem Jahr zum anderen um 10% im folgenden um 5% und im dritten um $6\frac{2}{3}$%. Gegenwärtig beträgt sie 95664,80 DM. Wieviel Miete mußte vor diesen Erhöhungen bezahlt werden?
6. Die Computerfirma Chip GmbH lieferte der Firma Stein & Co KG eine EDV-Anlage. Die KG beglich die Rechnung unter Abzug von 3% Skonto und berichtigte die Vorsteuer um 270,— DM.
   a) Wieviel DM Skonto wurden abgezogen?
   b) Auf welchen Betrag lautete die Rechnung?

7.5 Prozentrechnung vom verminderten Grundwert (Prozentrechnung im Hundert)

Beispiel

Der Buchwert einer Büromaschine beträgt 2232,— DM, nachdem 10% abgeschrieben worden sind. Wie hoch war der Anschaffungswert?

Lösung

90% ≙ 2232,— DM

$$1\% = \frac{2232,\text{—}}{90}$$

100% ≙ **2480,— DM**

Aufgaben

1. Durch Rationalisierung können an mehreren Kostenstellen eines Unternehmens Personalkosten eingespart werden.

Kostenstelle	gegenwärtige Kosten	Einsparung
Kaufmännische Verwaltung	32296,— DM	12%
Fertigung	269142,— DM	7%
Vertrieb	16435,— DM	5%

Wie hoch waren die monatlichen Personalkosten bisher?

2. Zu welchem Bruttoverkaufspreis (einschließlich 15% MwSt) kann ein Einzelhändler einen Markenartikel anbieten, den er mit 40% Wiederverkäuferrabatt zu 258,— DM einkauft?

3. Die kaufmännische Verwaltung eines Unternehmens soll mit 10 elektronischen Schreibmaschinen ausgestattet werden. Der Büromaschinenhändler räumt auf den Listenpreis 10% Mengenrabatt ein und gewährt bei Barzahlung vom Restbetrag noch 3% Skonto. Der Anschaffungspreis beträgt nach Abzug von Mengenrabatt und Skonto 20952,— DM. Wie hoch ist der Listenpreis für eine elektronische Schreibmaschine?

4. Der Umsatz eines Lebensmitteleinzelhandelsgeschäftes geht infolge der Konkurrenz eines benachbarten Supermarktes von Jahr zu Jahr zurück. Im zweiten Jahr betrug der Rückgang 12%, im 3. Jahr 15% und im 4. Jahr 19%, jeweils auf den Umsatz des Vorjahres bezogen. Im vierten Jahr betrug der Umsatz 575586,— DM. Wie hoch war der Umsatz im ersten Jahr?

5. Ein Kommissionär überwies seinem Kommittenten 6064,48 DM, nachdem er 54,30 DM Auslagen und $3^1/_3$% Provision abgezogen hatte. Berechnen Sie den Bruttoumsatz.

Aufgaben aus dem Gesamtgebiet der Prozentrechnung

1. Ein Architekt berechnet sein Honorar nach einer Bausumme von 484000,— DM. Er fordert 15% für Entwurf und Planung und 3% für Bauleitung. Auf den Rechnungspreis gewährt er 2% Nachlaß und berechnet 15% Mehrwertsteuer. Welches Honorar muß der Bauherr zahlen?

2. Im Forderungsbestand eines Mandanten befindet sich eine Forderung gegen einen Konkursschuldner von 9660,— DM einschließlich 15% USt. Es wird mit einer Konkursquote von $8^1/_3$% gerechnet. Der Restbestand der Forderungen von 253000,— DM soll branchenüblich mit 4% wertberechtigt werden. Wie hoch ist der gesamte Abschreibungsbetrag?

3. Ein Kaufmann führt genaue Aufzeichnungen über alle im Laufe des Jahres im Verkaufspreis herabgesetzten und zu dem Preis auch verkauften Waren.
   Ursprünglicher Verkaufspreis aller herabgesetzten Waren: 86500,— DM
   Herabgesetzter Verkaufspreis dieser Waren: 74200,— DM
   a) Um wieviel Prozent sind die Waren billiger verkauft worden?
   b) Der gesamte Warenumsatz betrug 366000,— DM. Wieviel Prozent davon entfallen auf die verbilligt abgegebenen Waren?

4. Ein Hauseigentümer erhöht die Miete für drei Wohnungen in seinem Hause unter Berufung auf die ortsübliche Vergleichsmiete um 11,5%, das sind 55,20 DM, 9,8%, das sind 35,28 DM und 12,5%, das sind 53,75 DM.
   a) Wie hoch waren die Mieten ursprünglich?
   b) Wie teuer sind die Wohnungen jetzt?

5. Das Bruttogehalt eines Angestellten beträgt 2325,— DM monatlich. Davon behält der Arbeitgeber folgende Abzüge ein:
   Lohnsteuer 351,70 DM, Kirchensteuer 31,65 DM, Sozialversicherungsanteil des Arbeitnehmers 409,— DM. Wieviel Prozent des Bruttogehalts werden für Lohn- und Kirchensteuer und für Sozialversicherung insgesamt einbehalten?

6. Ein Notar hat einem Mandanten ein Honorar von 1 540,— DM

		1 540,— DM
	+ 15% MwSt	231,— DM
	zusammen	**1 771,— DM** berechnet.

Der Berechnung liegt ein Satz von 5% des Verkehrswertes des beurkundeten Objekts zugrunde. Von welchem Verkehrswert ist der Notar ausgegangen?

7. Zu welchem Nettoverkaufspreis kann ein Artikel angeboten werden, der mit 25% Kundenrabatt und 2% Skonto verkauft werden soll und dessen Barverkaufspreis 264,60 DM beträgt?

8. Auf Grund einer neuen Tarifvereinbarung erhalten die Angestellten einer Firma höhere Gehälter.
A erhält 245,— DM mehr = 13,5% des ursprünglichen Gehalts
B erhält 235,— DM mehr = 17 % des ursprünglichen Gehalts
C erhält 260,— DM mehr = 12,5% des ursprünglichen Gehalts
a) Wie hoch waren die vorherigen Bezüge?
b) Wie hoch sind die neuen Gehälter?

9. Ein Pkw kostet ab Herstellerwerk 31 250,— DM netto. Für den Transport des Autos bis zum Wohnort des Käufers werden 650,— DM zusätzlich berechnet. Wieviel Prozent des Pkw-Preises betragen die Überführungskosten?

10. Die Anschaffungskosten einer Büromaschine betragen 6 424,— DM. Die Absetzung für Abnutzung (AfA) kann auf verschiedene Weise vorgenommen werden:
a) jährlich $12^1/_2$% vom Anschaffungswert oder
b) jährlich 30% vom jeweiligen Restbuchwert.
Wieviel DM beträgt der Restbuchwert nach 5 Jahren bei a) und b)? (Die AfA-Beträge sind auf volle DM aufzurunden.)

11. Eine Bank-Aktiengesellschaft zahlt $12^1/_4$% Dividende. Welchen Betrag wird sie einem Kunden gutschreiben, der 20 000,— DM Aktien-Nominalkapital besitzt und dem sie 25% Kapitalertragsteuer und 2% Bearbeitungsgebühren einbehält?

12. Die Einnahmen des Bundes aus der Tabaksteuer betrugen im Vorjahr 19591 Milliarden DM. Wie hoch werden sie im folgenden Jahre sein, wenn sie gegenüber dem Vorjahr um 11,5% steigen?

13. Wie haben sich die Betriebskosten eines Gewerbetreibenden von einem Jahr zum anderen im einzelnen prozentual entwickelt?

Miete	von 3 600,— DM	auf 4 500,— DM
Löhne	von 6 700,— DM	auf 10 800,— DM
Kraftfahrzeugkosten	von 6 450,— DM	auf 7 560,— DM
Energiekosten	von 1 860,— DM	auf 2 440,— DM

Wie groß ist die prozentuale Gesamtsteigerung aller hier aufgeführten Kosten?

14. Eine Maschine wurde bisher drei Jahre lang mit 15% vom Restbuchwert abgeschrieben und stand zuletzt noch mit 6 141,25 DM zu Buche. Wie hoch war der Anschaffungspreis?

15. Die Gewinnberechnung eines Betriebes weist folgende Zahlen auf:

Einnahmen		242 485,— DM
Ausgaben für Waren	160 500,— DM	
Löhne	32 160,— DM	
Miete	4 400,— DM	
Energiekosten	3 800,— DM	
Gewerbesteuer	1 400,— DM	
Kraftfahrzeugkosten	4 740,— DM	
AfA	2 600,— DM	
geringwertige Wirtschaftsgüter	960,— DM	210 560,— DM
Reingewinn		**31 925,— DM**

Berechnen Sie die prozentualen Kostenanteile und den Reingewinnsatz.

16. Nach einer Preiserhöhung von 6,5% wird ein Auto für 10 437,— DM verkauft. Wieviel DM kostete das Auto ursprünglich?

17. Ein Kunde überweist nach Abzug von 3% Skonto 1 207,65 DM. Über wieviel DM war die Rechnung ursprünglich ausgestellt?

18. Eine Maschine ist 3 Jahre mit 25% pro Jahr degressiv abgeschrieben worden und weist noch einen Restbuchwert von 1012,50 DM auf. Wie hoch war der Anschaffungswert der Maschine?

19. Zwei Angestellte verdienen z.Z. monatlich zusammen 4807,— DM; der erste verdient 9% mehr als der zweite. Wieviel DM bekommt jeder von beiden?

20. Eine Maschine wurde 2 Jahre lang degressiv mit 30% pro Jahr abgeschrieben. Würde man zum Restbuchwert noch 8456,— DM hinzufügen, könnte man zwei Maschinen zum ursprünglichen Anschaffungspreis bekommen. Wieviel DM kostet eine Maschine?

21. Ein Artikel wird vom Kaufmann A mit einem Kalkulationsaufschlag von 25%, vom Kaufmann B mit einem Aufschlag von 33% verkauft und ist damit bei B 19,20 DM teurer als bei A. Wie hoch war der Einstandspreis für diesen Artikel?

22. Der Umsatz eines Unternehmens hat sich gegenüber dem Vormonat um 8708,70 DM erhöht und beträgt jetzt 153853,70 DM. Um wieviel Prozent ist der Umsatz gestiegen?

23. Ein Großhandelsunternehmen arbeitet mit dem Hauptbetrieb und vier Filialen. Jeder Betrieb konnte im letzten Jahr seinen Umsatz steigern, und zwar:

A um 6 % auf 2125141,— DM	D um 8,5% auf 1341871,58 DM
B um 11 % auf 1813020,— DM	E um 12,5% auf 651627,90 DM
C um 9 % auf 824497,80 DM	

Wie hoch waren die Umsätze der einzelnen Betriebe im Vorjahr?

24. Ein Handelsvertreter erhält ein Fixum von 1500,— DM monatlich und außerdem $2^1/_2$% Provision von den vermittelten Umsätzen. Welchen Gesamtumsatz muß er erzielen, um eine Jahreseinnahme von 72000,— DM zu erreichen?

25. Ein Autohändler bietet mehrere Vorführwagen zum Kauf an, wobei er je nach der gefahrenen Kilometerleistung einen unterschiedlich hohen Preisnachlaß auf den Listenpreis einräumt.
Pkw 1 Preisnachlaß 8%, neuer Preis 20000,— DM
Pkw 2 Preisnachlaß 12%, neuer Preis 20768,— DM
Pkw 3 Preisnachlaß 15%, neuer Preis 23443,— DM
Wie hoch sind die Listenpreise dieser drei Personenwagen?

26. Die Umsätze und Reingewinne eines Gewerbebetriebes haben sich in zwei aufeinanderfolgenden Jahren folgendermaßen entwickelt:
1. Jahr: Umsatz 120500,— DM, Reingewinn 16800,— DM
2. Jahr: Umsatz 186200,— DM, Reingewinn 20400,— DM
a) Wieviel Prozent Reingewinn hat das Unternehmen in den beiden Jahren erzielt?
b) Wieviel Prozent betrug die Umsatzsteigerung?

27. Eine Schwester beerbt ihren verstorbenen Bruder und zahlt 4004,— DM Erbschaftsteuer. Ein Neffe beerbt seine verstorbene Tante und zahlt 18600,— DM Erbschaftsteuer. Wieviel DM betrug jeweils der Nachlaß, wenn das Finanzamt von der Schwester 11%, von dem Neffen 12,5% Erbschaftsteuer erhob?

28. Die Lohnsumme eines Industriebetriebes stieg im 2. Jahr um $8^1/_3$%, im 3. Jahr um 10%, im 4. Jahr um $12^1/_2$% und betrug am Ende des 4. Jahres 3314025,— DM. Wie hoch war die Lohnsumme am Ende des 1. Jahres?

29. Ein Steuerberater berechnet einem Mandanten für den Bilanzabschluß 537,— DM. Wie hoch ist die Bilanzsumme, wenn das Entgelt 3,28% davon ausmacht?

30. Ein Stahlwerk produziert monatlich 75000 t Rohstahl. Dabei müssen 30% Abbrand in Rechnung gestellt werden. Mit wieviel t Materialeinsatz muß kalkuliert werden, wenn die Produktion auf 84000 t gesteigert werden soll?

31. Ein Einzelhändler erzielte einen Jahresumsatz von 576234,56 DM. Das sind $8^1/_3$% weniger als im Vorjahr. Die Kosten stiegen im gleichen Zeitraum um 14% auf 47652,— DM. Wieviel DM betrugen Umsatz und Kosten des Vorjahres?

32. Die Zinsen für eine Anleihe betragen bei 7% vom Restwert 3829,56 DM. Die Tilgungssumme beträgt bei $1^1/_2$% vom Nennwert 846,— DM. Berechnen Sie den Nennwert und die Restschuld der Anleihe.

33. Ein Lebensmitteleinzelhändler bietet seinen Kunden im Rahmen einer Sonderaktion unter anderem folgende Artikel an:
1 Flasche Weinbrand 0,7 l zu 15,98 DM,
1 Kasten Bier mit 20 Flaschen zu 19,98 DM,
1 3-kg-Eimer Waschpulver zu 8,45 DM,
1 kg Käse am Stück zu 8,95 DM,
1 Kasten Pralinen zu 5,75 DM.
In den beiden letztgenannten Preisen sind 7% MwSt enthalten, in den übrigen 15% MwSt. Wieviel Umsatzsteuer muß der Käufer pro Artikel bezahlen?
34. Nach Abzug von 3% Skonto überweist ein Kunde noch 800,25 DM. Wie hoch war der Rechnungsbetrag?
35. Ein Industriebetrieb steigerte seinen Umsatz gegenüber dem Vorjahr um 18% auf 4307000,— DM. Wieviel DM betrug der Vorjahresumsatz?
36. Ein Angestellter erhielt eine Gehaltserhöhung von 6,5% gleich 159,25 DM. Wieviel DM bekam er vor der Gehaltserhöhung?
37. Eine Maschine ist auf $16^2/_3$% ihres ursprünglichen Anschaffungswertes abgeschrieben worden. Sie steht noch mit 2465,— DM zu Buche. Wie hoch war der Anschaffungswert?
38. In einem Unternehmen verhalten sich das Eigenkapital zum Fremdkapital wie 25:15. Mit welchen Prozentsätzen sind das Eigenkapital und das Fremdkapital an der Bilanzsumme beteiligt?
39. Ein Arbeitnehmer erhält nach Abzug von Lohn- und Kirchensteuer und seinem Sozialversicherungsanteil noch 63,5% seines Bruttoarbeitslohnes ausbezahlt. Wieviel DM beträgt sein Bruttoarbeitslohn, wenn sein Nettogehalt 1371,60 DM beträgt?
40. Ein Konkursgläubiger erhält nach Abwicklung des Konkurses noch $8^1/_3$% seiner ursprünglichen Forderung von 57180,— DM. Wieviel DM wird der Konkursverwalter an ihn überweisen?
41. Eine Gewerkschaft vereinbart mit einem Arbeitgeberverband bei Tarifverhandlungen Lohnerhöhungen von 4,5%, mindestens aber 80,— DM. In den oberen Lohngruppen soll die Lohnerhöhung auf 180,— DM begrenzt werden.
Auf Grund dieser Tarifvereinbarungen erhalten nun die Arbeitnehmer A 1590,— DM, B 2717,— DM und C 4580,— DM. Wieviel DM bekamen A, B und C vor der Lohnerhöhung?
42. Ein Steuerpflichtiger hat im Monat 565,40 DM Lohnsteuer zu zahlen. Das entspricht einer Belastung von 23,4% des Bruttogehaltes. Wie hoch ist demnach sein monatliches Bruttogehalt?
43. Ein Steuerberater berechnet seinem Mandanten für den Bilanzabschluß 786,— DM. Wie hoch ist die Bilanzsumme, wenn das Honorar 0,85% der Bilanzsumme entspricht?
44. Einer Konkursmasse von 153650,— DM stehen bevorrechtigte Forderungen von 12760,— DM und nicht bevorrechtigte Forderungen von 768940,— DM gegenüber. Mit welcher Konkursdividende ist zu rechnen?
45. Die Versicherungsprämie für ein Warenlager beträgt $2^1/_2$‰ = 136,50 DM, für ein weiteres beträgt sie $1^2/_3$‰ = 78,75 DM, für ein drittes $2^1/_3$‰ = 292,60 DM. Berechnen Sie die drei Versicherungssummen.
46. Als Einkommensteuervorauszahlungen wurden bisher 5525,20 DM an das Finanzamt überwiesen. Es bleiben noch 48% zu zahlen. Wieviel DM beträgt die Steuerschuld?
47. Berechnen Sie den Steuersatz:

zu versteuerndes Einkommen	Einkommensteuer	Steuersatz
32609,— DM	5060,— DM	?
50759,— DM	9458,— DM	?
85259,— DM	20790,— DM	?
20279,— DM	2352,— DM	?
150050,— DM	49120,— DM	?
224159,— DM	86822,— DM	?

48. Ein Gewerbetreibender erklärt einen Umsatz von 166280,— DM. Die amtlichen Richtsätze sehen einen Rohgewinn von 34% und einen Reingewinn von 16% vor. Welche Werte ergeben sich demnach für den Wareneinsatz und für die Betriebskosten?

49. Ein Reisender erhält ein monatliches Grundgehalt von 650,— DM und darüber hinaus 3,5% Provision vom Umsatz. Welchen Umsatz muß er erzielen, wenn er Jahreseinnahmen von 58000,— DM anstrebt?

50. Ein Radio- und Fernsehgerätehändler versucht technisch veraltete Geräte durch Preisminderungen abzusetzen. Auf den reduzierten Preis gewährt er noch 3% Skonto. Er verkauft folgende TV-Geräte:

	Verkaufspreis	Nachlaß
a)	776,— DM	$16^2/_3$% und 3% Skonto
b)	582,— DM	20 % und 3% Skonto
c)	494,70 DM	$14^2/_7$% und 3% Skonto
d)	407,40 DM	30 % und 3% Skonto
e)	549,99 DM	25 % und 3% Skonto

Berechnen Sie die ursprünglichen Verkaufspreise.

51. Ein Lebensmittelhändler erklärt, er habe bei 48000,— DM Lohnkosten, die 15% seines Umsatzes ausmachten, noch einen Reingewinn von 21000,— DM erzielt. Im nächsten Jahr hätten die Lohnkosten bereits 54000,— DM betragen und 18% des Umsatzes ausgemacht. Ein Reingewinn sei nicht mehr erzielt worden. Berechnen Sie den Umsatz in den beiden Jahren.

52. Der Haushaltsplan einer Stadtgemeinde schließt mit Ausgaben von 723672850,— DM und Einnahmen von 654923929,25 DM ab.
a) Um wieviel % müßten die Ausgaben gesenkt werden, damit sie den Einnahmen entsprechen?
b) Um wieviel Prozent liegt der Ausgabenvoranschlag über den Einnahmen?

53. Ein Kaufmann hat eine Darlehnsforderung von 50000,— DM, die durch eine Hypothek gesichert ist. Die Zwangsversteigerung des belasteten Grundstücks deckt wider Erwarten nur 42000,— DM der Darlehnsforderung. Mit der Restforderung nimmt der Kaufmann am Konkurs teil. Die Konkursquote beträgt 15%. Wieviel Prozent der ursprünglichen Forderung verliert der Kaufmann?

54. Die Kraftfahrzeugversicherung ist für ein Jahr im voraus fällig. Bei halbjährlicher Zahlungsweise beträgt der Aufschlag auf die Jahresprämie 4%, die Rate 336,96 DM.
a) Wie hoch ist die Jahresprämie?
b) Wieviel Prozent beträgt der Aufschlag, wenn bei vierteljährlicher Zahlungsweise 175,50 DM zu zahlen sind?

55. Die Arbeiterlöhne eines Unternehmens betrugen bislang 163450,— DM. Sie sollen einer neuen Tarifvereinbarung entsprechend um 4% erhöht werden. Die Angestelltengehälter, die bisher 70500,— DM betrugen, sollen der gleichen Vereinbarung zufolge um $2^1/_4$% angehoben werden. Welcher Mehrbetrag ist den Arbeitern und Angestellten auszuzahlen, wenn von der Steigerung 17% Sozialabgaben einzubehalten sind und sich die abzuführende Lohnsteuer bei allen von 19% auf 20% erhöht?

56. Die Herstellungskosten eines Mietwohnhauses betrugen 1962 150000,— DM bei einem Preisindex von 162 (bezogen auf 1958). Der Preisindex für den Wohnungsbau stieg in wenigen Jahren auf 185. Welchen Herstellungswert hätte das im Jahre 1962 errichtete Gebäude bei diesem Preisindex?

57. Ein Steuerpflichtiger erhält auf sein Aktienkapital nach Abzug der Kapitalertragsteuer eine Dividendengutschrift von 5760,— DM. Die Bank hat 240,— DM an Depot- und Bearbeitungsgebühren einbehalten. Wieviel DM betrug die für ihn ausgeschüttete Dividende?

58. Die Hebesätze einer Gemeinde zur Ermittlung der zu zahlenden Grundbesitzabgaben betragen für die Grundsteuer 280%, für die Entwässerung 175%, für die Straßenreinigung 65% und für die Müllabfuhr 105%. Ermitteln Sie den zu zahlenden Gesamtbetrag bei einem Grundsteuermeßbetrag von 203,— DM.

59. Zum Sommerschlußverkauf senkt ein Textilkaufhaus die Preise für Röcke um durchschnittlich 28%, für Blusen um 35%, für Anzüge um 37% und die für Hemden um 31%. Mit welchen Preisen sind die Artikel jetzt ausgezeichnet, wenn ursprünglich ein Rock 85,— DM, eine Bluse 45,— DM, ein Anzug 295,— DM und ein Hemd 20,— DM kosteten?

60. Eine Bilanz weist folgende Werte aus: Anlagevermögen: 132400,— DM, Umlaufvermögen: 220600,— DM, aktive Rechnungsabgrenzungsposten: 12500,— DM, langfristige Verbindlichkeiten: 180240,— DM, kurzfristige Verbindlichkeiten: 118400,— DM, Eigenkapital: 66860,— DM. Berechnen Sie
a) den Prozentsatz des Eigenkapitals und des Fremdkapitals vom Gesamtkapital,
b) den Prozentsatz des Anlagevermögens und des Umlaufvermögens vom Gesamtvermögen,
c) den Prozentsatz des Eigenkapitals vom Anlagevermögen.

61. Die Personalkosten eines Unternehmens betrugen im vergangenen Geschäftsjahr 786400,— DM. Um wieviel DM werden sich die Kosten bei unveränderter Beschäftigtenzahl erhöhen, wenn für das laufende Jahr Tariferhöhungen von 11,5% vereinbart worden sind?

62. Die Baukosten eines bestimmten Hauses betrugen 1964 250000,— DM. Wieviel DM würde das gleiche Haus heute mehr kosten, wenn in der Zwischenzeit die Baukosten um 87% gestiegen sind?

63. Ein Kaufmann hat Anspruch auf einen bestimmten Jahresbonus. Der Bonus beträgt bei einem Jahreseinkauf von 80000,— DM bis 100000,— DM $3^1/_3$%. Für jede weiteren angefangenen 50000,— DM werden zusätzlich $1^1/_4$% vergütet. Der Kaufmann bezog im 1. Jahr für 98000,— DM Ware, im 2. Jahr für 124000,— DM Ware, im 3. Jahr für 167000,— DM Ware, im 4. Jahr für 320000,— DM Ware. Wieviel Liefererboni hatte er in den einzelnen Jahren zu beanspruchen?

64. Am Schluß eines Geschäftsjahres sind noch folgende Absetzungen für Abnutzung auf Gegenstände des Anlagevermögens vorzunehmen:

	Buchwert	AfA-Satz	Anschaffungswert
Bebaute Grundstücke	262500,— DM	2,5 %	350000,— DM
Maschinen	130000,— DM	12,5 %	160000,— DM
Fuhrpark	54500,— DM	$16^2/_3$%	96000,— DM
Geschäftsausstattung	67600,— DM	$10^3/_4$%	148400,— DM

Ermitteln Sie die Abschreibungsbeträge und die Restbuchwerte.

65. Ein Neubau soll folgendermaßen finanziert werden:

1. Hypothek	210000,— DM
2. Hypothek	80000,— DM
3. Eigenkapital	78000,— DM
veranschlagte Bausumme	368000,— DM

Berechnen Sie die Prozentanteile der verschiedenen Kapitalien. Die 1. Hypothek wird mit 200550,— DM, die 2. mit 78200,— DM ausgezahlt. Wieviel Prozent Disagio hat die Bank jeweils einbehalten?

66. Der Preisindex im Baugewerbe ist von einem Jahr zum anderen von 160 auf 187 gestiegen. Wie hoch ist die prozentuale Steigerung?

67. Beim Konkurs eines Unternehmens erhalten die nicht bevorrechtigten Gläubiger eine Konkursquote von 15% (24%, $16^2/_3$%, $12^1/_2$%, $33^1/_3$%, $6^2/_3$%). Wieviel DM erhalten sie bei einem Forderungsbestand von insgesamt 168540,— DM (73650,— DM, 99123,— DM, 46780,— DM, 29291,— DM, 336486,— DM)?

68. Ein stiller Gesellschafter, der mit 86000,— DM Kapitaleinlage an einem Unternehmen beteiligt ist, soll jährlich 14% Gewinnanteil erhalten: im 1. Jahr von 52000,— DM Gewinn, im 2. Jahr von 64000,— DM Gewinn, im 3. Jahr von 125000,— DM Gewinn, im 4. Jahr von 168000,— DM Gewinn.
Von den Gewinnanteilen hatte der Unternehmer 25% Kapitalertragsteuer abzuführen. Außerdem war vereinbart worden, daß dem stillen Gesellschafter jeweils nicht mehr als 15% seiner Einlage ausgezahlt werden dürfe. Welche Beträge wurden in den einzelnen Jahren an den stillen Gesellschafter gezahlt?

69. In drei von Ihnen zu erstellenden Einkommensteuererklärungen sind folgende Zinserträge angegeben: 1. Fall 3840,— DM, 2. Fall 6450,— DM, 3. Fall 1700,— DM. Für die Vermögensteuer haben Sie das Kapital zu errechnen und wissen, daß im Fall 1 eine Verzinsung von 6%, im Fall 2 eine Verzinsung von 4,5%, im Fall 3 eine Verzinsung von 4% gewährt wurde.

70. Die Gewinn- und Verlustrechnung einer Unternehmung weist folgende Zahlen aus:

Aufwendungen	Gewinn- und Verlustrechnung		Erträge
Wareneinsatz	2292198,—	Verkaufserlöse	3957057,60
Personalkosten	723852,—	Zinserträge	337797,60
Betriebssteuern	241284,—	sonstige Erträge	530824,80
Werbekosten	289540,80		
Allgemeine Verwaltungskosten	193027,20		
Abschreibungen	386054,40		
neutrale Aufwendungen	96513,60		
Gewinn	603216,—		
	4825680,—		4825680,—

Berechnen Sie die Prozentanteile der einzelnen Positionen.

71. Der Umsatz eines Unternehmens erhöhte sich in den letzten drei Jahren um 18%, 25% und 33%, auf den jeweiligen Vorjahresumsatz bezogen und beträgt gegenwärtig 1471312,50 DM. Wie hoch war der Umsatz im ersten Jahr?

72. Ein Kaufmann gewährt auf seine Listenpreise Rabatte in unterschiedlicher Höhe.

	Listenpreis	Rabatt
Artikel A	214,30 DM	26 %
Artikel B	360,20 DM	$12^1/_4$%
Artikel C	450,— DM	$20^3/_4$%

Die Mehrwertsteuer von 15% bei den Artikeln A und B und von 7% bei Artikel C ist im Listenpreis noch nicht enthalten. Was hätte der Kunde für die Artikel zu zahlen, wenn er nach Rechnungseingang noch 2% Skonto abziehen dürfte?

73. Eine Gemeinde bietet einem Interessenten ein Grundstück von 21,50 m Breite und 59,80 m Tiefe zum Preise von 75,— DM/m² an. Zusätzlich sind 2% Grunderwerbsteuer vom Grundstückspreis zu entrichten. Außerdem werden nach Auskunft der Gemeinde noch Erschließungsbeiträge in Höhe von 27% des Grundstückspreises erhoben.
a) Wieviel DM betragen die Gesamtkosten des Grunderwerbs?
b) Wieviel DM kostet ein m²?

74. Ein Lieferer gewährt 25% Rabatt vom Rechnungsbetrag und 2% Skonto vom Restbetrag. Welchen Prozentsatz erhält man, wenn beide Nachlässe zu einem zusammengefaßt werden?

75. Für ein Wohnhaus mußten im abgelaufenen Versorgungszeitraum 5673,— DM an Heizkosten aufgewandt werden. Wieviel Prozent davon entfallen auf jede Wohnungseinheit, wenn die Grundflächen als Verteilungsschlüssel gewählt werden?
Wohnung A: 73 m², Wohnung B: 85 m², Wohnung C: 115 m², Wohnung D: 122 m².

76. Berechnen Sie die Prozentsätze der einzelnen Bilanzwerte.

Aktiva	Bilanz		Passiva
Anlagevermögen	1800000,—	Eigenkapital	2193750,—
Umlaufvermögen	3825000,—	Fremdkapital	3431250,—
	5625000,—		5625000,—

77. Auf Grund einer neuen Tarifvereinbarung erhalten die drei Angestellten eines Reisebüros rückwirkend vom 1. April an höhere Gehälter:

	bisheriges Gehalt	neues Gehalt
A	2195,— DM	2285,— DM
B	2580,— DM	2690,— DM
C	2890,— DM	3050,— DM

Um wieviel Prozent sind die Gehälter der drei Personen seit dem 1. April gestiegen?

78. Der Umsatz eines Einzelhandelsgeschäftes betrug in den letzten Jahren 475640,— DM, 531950,— DM, 663710,— DM und 629370,— DM. Um wieviel Prozent ist der Umsatz gegenüber dem jeweiligen Vorjahr gestiegen bzw. gesunken?

79. Aktiva — Bilanz — Passiva

Aktiva		Passiva	
Bebaute Grundstücke	75300,—	Eigenkapital	128200,—
Fahrzeuge	18910,—	Hypotheken	21000,—
Geschäftsausstattung	12570,—	Verbindlichkeiten	31640,—
Warenbestand	48480,—		
Forderungen	15830,—		
Bank	9100,—		
Kasse	650,—		
	180840,—		180840,—

Ermitteln Sie:

a) die Prozentanteile der Aktivposten an der Summe der Aktiva,

b) die Prozentanteile der Passivposten an der Summe der Passiva,

c) zu wieviel Prozent das Anlagevermögen durch das Eigenkapital gedeckt ist.

80. Die Deutsche Bundespost erhöhte ihre Gebühren

	am 1. Juli 1974 für	am 1. Januar 1979	am 1. Juli 1982	am 1. April 1989
Standardbriefe	von 40 auf 50 Pf,	von 50 auf 60 Pf,	von 60 auf 80 Pf,	von 80 auf 100 Pf
andere Briefe	von 60 auf 80 Pf,	von 80 auf 100 Pf,	von 100 auf 130 Pf,	von 130 auf 170 Pf
Postkarten	von 30 auf 40 Pf,	von 40 auf 50 Pf,	von 50 auf 60 Pf,	von 50 auf 60 Pf
Drucksachen	von 25 auf 30 Pf,	von 30 auf 40 Pf,	von 40 auf 50 Pf,	

Telefonanschlüsse von 120,— DM auf 200,— DM.

a) Berechnen Sie die prozentualen Erhöhungen zum 1.7.74, zum 1.1.79, zum 1.7.82 und zum 1.4.89, bezogen auf die jeweils vorher gültigen Gebührensätze.

b) Berechnen Sie die prozentualen Erhöhungen zum 1.4.89, bezogen auf die bis zum 30.6.74 gültigen Gebührensätze.

81. Ein Haushaltwareneinzelhändler bietet eine Einbauküche zum Barzahlungspreis von 6000,—DM an. Bei Ratenzahlung verlangt er 15% des Barzahlungspreises als Anzahlung. Der Rest ist in vierundzwanzig gleichen Monatsraten zu tilgen, wobei pro Rate 0,5% des nach der Anzahlung verbleibenden Restpreises aufgeschlagen wird. Wie hoch ist der Gesamtaufschlag in DM und Prozent?

82. Ein Unternehmer, der seinen Absatz intensivieren möchte, will einen zusätzlichen Mitarbeiter im Außendienst beschäftigen. Er kann entweder noch einen Reisenden anstellen oder einen selbständigen Handelsvertreter beauftragen. Der Reisende erhält 3% Provision, ein monatliches Fixum von 1000,— DM und 700,— DM Auslagenersatz. Der Handelsvertreter bekommt hingegen 7% Provision. Bis zu welcher Umsatzhöhe arbeitet der Handelsvertreter kostengünstiger als der Reisende?

83. Ein Industriefacharbeiter erhält einen Bruttostundenlohn von 17,30 DM, einen tariflich vereinbarten Überstundenzuschlag von 25% und für jede geleistete Arbeitsstunde eine außertarifliche Leistungszulage von 5% des Grundlohns. Berechnen Sie seinen Bruttoarbeitslohn für einen Monat, in dem er 135 Arbeitsstunden, 22 Überstunden und 34 Krankheitsstunden hatte.

84. Der ledige Steuerpflichtige Hans Reich erhält den Einkommensteuerbescheid für das letzte Kalenderjahr und stellt bei der Überprüfung fest, daß sein zu versteuerndes Einkommen im Durchschnitt mit 29,4% Einkommensteuer belastet wurde. Außerdem wurde die Kirchensteuerschuld mit 9% der zu entrichtenden Einkommensteuer festgesetzt. Wie hoch ist sein zu versteuerndes Einkommen, wenn er 2427,39 DM Kirchensteuer bezahlen muß?

85. Der Steuerpflichtige Otto Häuser ist verheiratet und hat zwei Kinder. Bei der Überprüfung seines Einkommensteuerbescheides stellt er fest, daß sein zu versteuerndes Einkommen im Durchschnitt mit 22,9% Einkommensteuer belastet wurde. Die Kirchensteuer wurde mit 9% festgesetzt; Bemessungsgrundlage ist die Einkommensteuer, vermindert um 300,— DM pro Kind. Die Kirchensteuerschuld beträgt 2167,20 DM. Wie hoch ist das zu versteuernde Einkommen?

86. Ein Unternehmer hat die Möglichkeit, zur Ausweitung seines Fuhrparks ein Fahrzeug anzumieten oder zu kaufen.
Der Mietwagen kostet: 300,—DM im Monat zuzüglich 0,90 DM je km.
Der eigene Wagen kostet: 900,—DM im Monat an fixen Kosten (wie AfA, Kfz-Steuer, Versicherung usw.) zuzüglich 10 l Benzinverbrauch je 100 km bei einem Benzinpreis von 1,50 DM pro Liter.
Bei welcher Jahresfahrleistung sind die Kosten für beide Fahrzeuge gleich?

8 Warenhandelskalkulation

Kalkulation[1] heißt Preisberechnung. Ihre Hauptaufgabe ist die Berechnung des Verkaufspreises.
Anschaffung, Lagerung und Absatz von Waren verursachen Kosten, die der Händler beim Verkauf ersetzt haben möchte; und weil es der Zweck jedes privatwirtschaftlichen Unternehmens ist, Gewinn zu erzielen, muß der Warenverkaufspreis

1. die entstandenen Kosten
2. den erstrebten Gewinn

enthalten.
Liegt der Verkaufspreis einer Ware aus Konkurrenzgründen fest, so wird durch Kalkulation ermittelt, welcher Einkaufspreis höchstens aufgewendet werden darf, damit die Kosten gedeckt werden und der angestrebte Gewinn erzielt wird.
Liegen Ein- und Verkaufspreis fest, so kann durch Kalkulation nur mehr der erzielbare Gewinn errechnet werden.

8.1 Kalkulationsschema

	Listeneinkaufspreis (netto)[2]	
⁒	Rabatt	% v H
	Zieleinkaufspreis	
⁒	Skonto	% v H
	Bareinkaufspreis	
+	Bezugskosten	DM
	Bezugspreis, Einstandspreis	
+	Geschäftskosten	% v H
	Selbstkostenpreis	
+	Gewinn	% v H
	Barverkaufspreis (Verkaufswert)	
+	Skonto	% i H
+	Vertreterprovision	% i H
	Zielverkaufspreis	
+	Rabatt	% i H
	Listenverkaufspreis (netto)[2]	

Bezugskalkulation

Selbstkostenkalkulation

Verkaufskalkulation

---

[1] calculare (lat.) = berechnen

[2] Die Mehrwertsteuer bleibt in der Kalkulation unberücksichtigt, denn sie ist nur ein durchlaufender Posten und belastet die Kostenrechnung nicht.

Beispiel

Ein Großhändler bezieht Ware für 230,— DM und verkauft sie für 345,— DM.

vom Kunden erhalten	45,— DM	Mehrwertsteuer
an den Lieferer gezahlt	⁒30,— DM	Vorsteuer
an das FA abzuführen	⁒15,— DM	Zahllast
	0,— DM	Aufwand

8.2 Bezugskalkulation

Man geht von der Bruttomenge aus und setzt zunächst die Mengenabzüge ab (Tara, Naturalrabatt). Die Nettomenge wird mit dem Preis je Einheit multipliziert, und daraus ergibt sich der **Listeneinkaufspreis.** Von ihm wird der vertraglich vereinbarte Rabatt abgezogen, und man erhält den **Zieleinkaufspreis.** Je nach Liquiditätslage folgt nun der Skontoabzug (bei sofortiger Zahlung), der zum **Bareinkaufspreis** führt, auf den die Bezugskosten (Fracht, Rollgeld, Transportversicherung, Zoll, Abschöpfungsbeträge) aufgeschlagen werden. Das Ergebnis ist der **Bezugspreis,** auch **Einstandspreis** genannt oder **Anschaffungskosten** im Sinne des EStG.

Beispiel

Ein Großhändler bezieht Waren im Bruttogewicht von 1 250 kg. Die Verpackung wiegt 50 kg. Er erhält 60 kg Naturalrabatt auf die gelieferte Warenmenge, die 2,— DM je kg kostet. Sein Wiederverkäuferrabatt beträgt 25%, außerdem darf er 2% Skonto bei Zahlung innerhalb 8 Tagen absetzen. Die Fracht kostet 62,35 DM, das Rollgeld 7,45 DM. Der Einstandspreis ist zu berechnen.

1 250 kg Brutto			
⁄. 50 kg Tara			
1 200 kg Netto			
⁄. 60 kg Naturalrabatt			
1 140 kg zu 2,— DM je kg =	Listeneinkaufspreis		2 280,— DM
	⁄. 25% Rabatt		570,— DM
	Zieleinkaufspreis		1 710,— DM
	⁄. 2% Skonto		34,20 DM
	Bareinkaufspreis		1 675,80 DM
	+ Fracht	62,35 DM	
	+ Rollgeld	7,45 DM	69,80 DM
	Einstandspreis		**1 745,60 DM**

Aufgaben

1. Berechnen Sie den Bezugspreis für die gesamte Lieferung und für eine Einheit.

	Bruttomenge	Mengenabzüge	Preis je Einheit DM	Rabatt	Skonto	Bezugskosten
a)	500 kg	20 kg	1,80/kg	25%	2%	68,40 DM
b)	1 800 t	—	326,— DM/% t	$33^{1}/_{3}$%	—	12,— DM % t
c)	124 m²	—	48,50/m²	10%	3%	38,60 DM
d)	750 Stück	10 Stück	2,15	5%	$2^{1}/_{2}$%	57,82 DM
e)	648 m³	—	154,70/m³	$12^{1}/_{2}$%	2%	frei Haus
f)	236 hl	2 hl	312,40/hl	35%	$2^{1}/_{4}$%	10,25 DM % hl
g)	8 600 Sack	1 Sack %	22,35/Sack	12%	3%	0,07/Sack
h)	480 l	5%	5,42/l	—	$1^{1}/_{2}$%	5,60 DM/% l

2. Ein Supermarkt bezieht 5 000 Dosen Gemüsekonserven ab Fabrik zum Listenpreis von 3 600,— DM, auf den 25% Rabatt und $2^{1}/_{2}$% Skonto gewährt werden. Fracht und Rollgeld betragen zusammen 248,63 DM. Berechnen Sie den Einstandspreis je Dose.

3. Ein Haushaltwareneinzelhändler bezieht frei Bestimmungsbahnhof 30 Gartenschläuche von je 25 m Länge zum Preis von 2,05 DM je lfd. Meter. Er erhält 20% Rabatt und 2% Skonto und hat 4,50 DM Rollgeld zu zahlen. Auf welchen Bruttobetrag lautet die Rechnung? Wie teuer ist ein Gartenschlauch?

4. Ein Heimwerker-Center erhält von einer Farbenfabrik ein Angebot über Deckenfarbe in Kunststoffeimern. Der Listenpreis für einen Eimer (15 kg netto) beträgt 4,86 DM ab Werk. Bei Einzelbezug werden 20% Rabatt, bei Abnahme von mindestens 50 Eimern 25%, bei Abnahme von mindestens 100 Eimern $33^1/_3$% Rabatt gewährt. Die Verpackung wird mit 0,80 DM je Eimer berechnet, die Anlieferungskosten sind mit 44,45 DM % Eimer angegeben.
   a) Berechnen Sie den Einstandspreis für eine Lieferung von 60 Eimern und den Preis für einen Eimer.
   b) Berechnen Sie den Einstandspreis für eine Lieferung von 110 Eimern und den Preis für einen Eimer.
5. Ein Großhändler bezieht Waren im Bruttogewicht von 5250 kg. Der Listeneinkaufspreis beträgt 278,— DM für 100 kg br./n. Der Hersteller gewährt 15% Rabatt und $1^1/_2$% Skonto. An Bezugskosten sind zu berücksichtigen: Fracht 32,— DM je 100 kg, Rollgeld 18,60 DM, Zoll 42,— DM für 100 kg netto (Zolltara 6%), Transportversicherung 2‰ vom deklarierten Warenwert 14500,— DM zuzüglich 10% für imaginären Gewinn. Berechnen Sie den Bezugspreis.

8.3 Selbstkostenkalkulation

Bei der Bezugskalkulation ist es möglich, der eingekauften Ware Fracht, Rollgeld, Transportversicherung etc. **direkt** zuzurechnen, da es sich um **Einzelkosten** handelt. Dieses Verfahren kann bei den allgemeinen Geschäftskosten wie Personalkosten, Mieten, Werbekosten, allgemeine Verwaltungskosten usw. jedoch nicht angewandt werden, weil es sich bei ihnen um **Gemeinkosten** handelt. Sie können nur mit Hilfe eines Schlüssels verteilt werden. Zum Zwecke der Zurechnung setzt man sie in Beziehung zu den Einstandspreisen der in einem bestimmten Zeitraum (z. B. Wirtschaftsjahr) verkauften Waren und drückt sie als Prozentsatz dieses **Wareneinsatzes** aus. Addiert man den zugehörigen Prozentwert zu dem Einstandspreis, so erhält man die Selbstkosten der Ware.

Einstandspreis
+ Geschäftskosten
= **Selbstkosten**

Beispiel

30 Wareneinkauf

Anfangsbestand	56000,—	Rücksendungen	6500,—
Einkäufe	420000,—	Endbestand	48500,—
Bezugskosten	7000,—	Wareneinsatz	428000,—
	483000,—		483000,—

93 Gewinn und Verlust

50	32020,—	80	128400,—
51	12000,—		
52	6700,—		
55	5800,—		
57	10700,—		
58	12500,—		
59	23000,—		
08	25680,—		
	128400,—		128400,—

Der Wareneinsatz beträgt 428000,— DM. Die Summe der Kosten in der Kontenklasse 5 beträgt 102720,— DM.

428000,— DM = 100%
102720,— DM = ? %

$$? = \frac{102720 \cdot 100}{428000} = \mathbf{24}\,\%$$

Der Prozentsatz der Geschäftskosten beträgt 24%.
Dieser Zuschlagsatz muß im Interesse einer richtigen Kalkulation laufend überprüft werden.

Aufgaben

1. Errechnen Sie den Zuschlagsatz der Geschäftskosten aus folgenden Angaben:

	Wareneinsatz	Summe der Geschäftskosten
a)	172750,— DM	19866,25 DM
b)	96430,— DM	8437,63 DM
c)	345980,— DM	62276,40 DM
d)	1261820,— DM	320502,28 DM
e)	756312,— DM	172817,29 DM

2. Aus dem Wareneinkaufskonto eines Einzelhändlers gehen folgende Zahlen hervor:

Soll	Wareneinkauf		Haben
Warenanfangsbestand	123400,— DM	Rücksendungen	18470,— DM
Wareneinkäufe	972600,— DM	Warenendbestand	106230,— DM
Bezugskosten	13750,— DM		

Die Geschäftskosten betragen lt. Gewinn- und Verlustkonto 164175,— DM. Errechnen Sie den Zuschlagsatz der Geschäftskosten.

3. Ein Einzelhändler kauft für seinen SB-Laden 960 kg Zucker zu 94,56 DM je 100 kg b/n. Für Stückgutfracht wurden 136,60 DM und für Rollgeld 27,40 DM aufgewendet. Im letzten Wirtschaftsjahr betrug der Wareneinsatz 412480,— DM, die Summe der Handlungskosten 62696,96 DM. Berechnen Sie die Selbstkosten für 1 kg.

4. Die Bäuerliche Bezugs- und Absatzgenossenschaft Münster eG bezieht 10000 Ballen Düngetorf zum Listenpreis von 5,10 DM je Ballen und erhält darauf $12^1/_2$% Mengenrabatt und $2^1/_2$% Skonto. Die Bezugskosten je 100 Ballen betragen 85,40 DM. Die Geschäftskosten werden mit 14,6% kalkuliert. Berechnen Sie die Selbstkosten je Ballen.

5. Eine Frankfurter Lederwarengroßhandlung bezieht 5000 Brieftaschen, Modell S 404, von einer Offenbacher Lederwarenfabrik zum Stückpreis von 29,40 DM. Auf diesen Preis erhält sie $33^1/_3$% Mengenrabatt und bei vorzeitiger Zahlung 2% Skonto. Die Bezugskosten betragen 403,80 DM. Die Handlungskosten wurden bisher mit 15,8% kalkuliert, doch ergeben sich aus der neuesten Betriebsstatistik 5043955,80 DM Geschäftskosten bei einem Wareneinsatz von 27562600,— DM. Berechnen Sie die Selbstkosten für die gesamte Lieferung und pro Stück.

8.4 Verkaufskalkulation

Jeder Kaufmann erstrebt Gewinn. Der läßt sich jedoch nur erzielen, wenn für die Waren mehr als die Selbstkosten erlöst werden können.

Der **Gewinnzuschlag** kann nicht beliebig festgesetzt werden, weil er von der Konkurrenzsituation am Markt abhängt. Der Gewinn als solcher ist keine einheitliche Größe, sondern setzt sich zusammen aus:

Unternehmerlohn, also einem Entgelt für die vom Kaufmann geleistete Arbeit,

Kapitalzins, welcher der Wirkung des im Unternehmen angelegten Eigenkapitals zuzurechnen ist, und einer

Risikoprämie, einem Ausgleich für die Gefahr des Vermögensverlustes, die jede unternehmerische Tätigkeit begleitet.

Der Zuschlag des als Prozentsatz vom Selbstkostenpreis errechneten Gewinns auf die Selbstkosten führt zum **Barverkaufspreis**, der zuweilen auch als **Verkaufswert** oder **Reinerlös** bezeichnet wird.

Selbstkosten + Gewinn = Verkaufswert

In vielen Fällen endet die Verkaufskalkulation aber nicht beim Barverkaufspreis, sondern wird mit den Zuschlägen für Verkaufsabzüge fortgesetzt (vgl. 18.1. Kalkulationsschema). Das gilt besonders für die Kalkulation im Großhandel, weil dort die Käufer in aller Regel Wiederverkäufer sind.

Verkaufswert + Verkaufsabzüge = Verkaufspreis (netto)

Die Mehrwertsteuer ist, wie bereits erklärt, kein Kostenbestandteil und bleibt auch in der Verkaufskalkulation außer Ansatz. Sie ist in **allen** Rechnungen, die für Kaufleute ausgestellt werden, als Betrag oder Prozentsatz (bis 100,— DM) auszuweisen und geht in den kalkulierten Preis nicht ein.

Aufgaben

1. Ein Großhändler kauft 150 Damenhandtaschen ein zu einem Listenpreis von 5430,— DM, auf den er 25% Rabatt und 2% Skonto erhält. Die Bezugskosten betragen 49,28 DM, die Geschäftskosten werden mit $14^2/_7$%, der Gewinn mit 30% kalkuliert. Dem Wiederverkäufer werden 2% Skonto und 15% Rabatt eingeräumt. Zu welchem Stückpreis kann ihm eine Tasche angeboten werden?
2. Ein Lebensmittelgroßhändler kauft 500 Kartons zu je 12 Dosen Erbsen zum Preis von 5,40 DM je Karton. Die Konservenfabrik gewährt ihm 20% Rabatt, die Lieferung erfolgt frei Haus. Der Handlungskostenzuschlag beträgt $16^2/_3$%, der Gewinnzuschlag 24%. Der Wiederverkäufer erhält 15% Rabatt und bei Zahlung des Rechnungsbetrages innerhalb 8 Tagen 3% Skonto. Zu welchem Preis kann einem Supermarkt der ganze Warenposten angeboten werden?
3. Ein deutscher Importeur von Finnlandmöbeln bezieht 10 Sitzgruppen cif Kiel zum Preis von 18500,— DM. Die Bezugskosten betragen 696,— DM. Die Handlungskosten werden mit $12^1/_2$%, der Gewinn mit 28% zugeschlagen. Für Kundenskonto werden 2%, für Vertreterprovision 5% und für Kundenrabatt 15% berechnet. Kalkulieren Sie den Preis, zu dem eine Sitzgruppe einem Möbeleinzelhändler angeboten werden kann.
4. Ein Elektrogerätegroßhändler bezieht fünf Kühlautomaten zum Listenstückpreis von 387,— DM. Das Herstellerwerk räumt ihm $33^1/_3$% Wiederverkäuferrabatt ein. Die gesamten Bezugskosten betrugen 22,77 DM. Die Handlungskosten werden mit $14^2/_7$%, der Gewinn mit $27^1/_2$% kalkuliert. Zu welchem Preis kann ein Kühlautomat einem Einzelhändler angeboten werden, wenn der Kunde 20% Rabatt und $1^1/_2$% Skonto erhält und für die Tätigkeit des Vertreters 6% Provision einzurechnen sind?
5. Eine Lampenfabrik bietet einer Großhandlung Langfeldleuchten zum Listenstückpreis von 124,— DM abzüglich 40% Rabatt frei Haus an. Der Großhändler kalkuliert mit 18% Geschäftskosten und 26% Gewinn. Als Verkaufsabzüge sind 7% Vertreterprovision und 20% Wiederverkäuferrabatt zu berücksichtigen. Zu welchem Preis kann der Großhändler diese Leuchte weiterverkaufen?

Die **Verkaufskalkulation des Einzelhandels** unterscheidet sich von der des Großhandels dadurch, daß sie bis zum Bruttoverkaufspreis kalkuliert, die Mehrwertsteuer also nicht offen ausweist, sondern sie im Auszeichnungspreis versteckt (Inclusivpreis). Der Grund dafür liegt darin, daß die Endverbraucher keine Möglichkeit haben, die beim Einkauf gezahlte Mehrwertsteuer als Vorsteuer abzuziehen, denn die Mehrwertsteuer ist als allgemeine Verbrauchsteuer gedacht. Sie muß auf Verlangen angegeben werden.

6. Ein Einzelhändler bezieht 160 m^2 Teppichboden, 4 m breite Auslegeware, zum Preis von 5472,— DM frei Haus. Auf diesen Preis gewährt der Hersteller 25% Rabatt. Der Einzelhändler rechnet mit 23% Geschäftskosten und 27% Gewinn. Bei sofortiger Zahlung erhalten die Kunden 3% Skonto. Zu welchem Quadratmeterpreis kann der Teppichboden angeboten werden?
7. Ein Glas- und Porzellanwareneinzelhändler kauft 25 gläserne Aschenbecher zum Stückpreis von 9,68 DM, zahlbar sofort bei Rechnungserhalt, abzüglich 2% Skonto. Für Verpackung werden 6,50 DM berechnet, die Transportkosten betragen insgesamt 9,34 DM. Die Handlungskosten werden mit 15%, der Gewinn mit 22%, die MwSt mit 15% kalkuliert. Mit welchem Preis könnte ein Aschenbecher im Schaufenster ausgezeichnet werden?
8. Ein Hobbymarkt kauft 50 Heimwerker-Werkzeugkästen zum Preise von 3457,50 DM, abzüglich $33^1/_3$% Rabatt und $2^1/_2$% Skonto frei Haus ein. Der Handlungskostenzuschlag beträgt $23^1/_2$%, der Gewinnzuschlag $26^1/_2$%. Die Kunden erhalten bei Barzahlung 3% Skonto. Mit welchem Preis kann ein Werkzeugkasten ausgezeichnet werden, wenn 15% Mehrwertsteuer zu berücksichtigen sind?

8.5 Kalkulatorische Rückrechnung

Bei funktionierendem Wettbewerb bestimmt der Markt den Preis. In dem Fall erübrigt sich eine Kalkulation des Verkaufspreises, weil er nicht mehr zu errechnen, sondern aus Konkurrenzgründen vom Markt zu übernehmen ist. Für den Händler wird damit die Frage bedeutsam, welchen Einkaufspreis er höchstens aufwenden darf, um auf seine Kosten zu kommen und einen Gewinn zu erzielen. Die Kalkulation verläuft also in umgekehrter Richtung und wird als **kalkulatorische Rückrechnung** bezeichnet. Bei dieser Rechnung ist vor allem zu beachten, ob die Prozentwerte im, vom oder auf Hundert abzuziehen oder zuzuzählen sind.

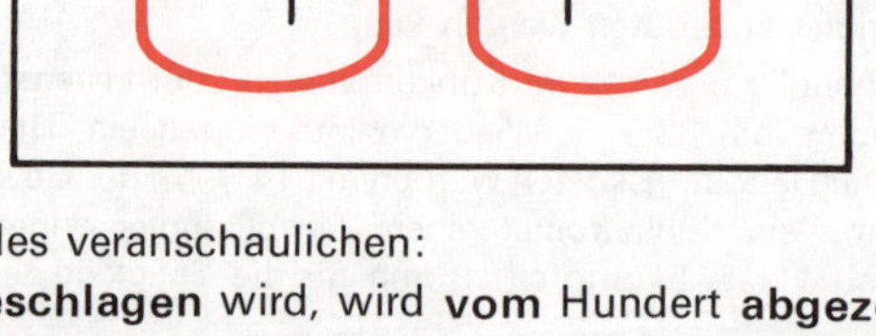

Die Skizze soll folgendes veranschaulichen:
Was **im** Hundert **zugeschlagen** wird, wird **vom** Hundert **abgezogen;**
was **vom** Hundert **zugeschlagen** wird, wird **auf** Hundert **abgezogen.**
Die Sätze sind in folgender Weise umkehrbar:
Was **vom** Hundert abgezogen wird, wird **im** Hundert zugeschlagen;
was **auf** Hundert abgezogen wird, wird **vom** Hundert zugeschlagen.

Die Ausgangsbasis für die rückwärtsschreitende (retrograde) Kalkulation ist der Auszeichnungspreis.

Im **Großhandel** geht die kalkulatorische Rückrechnung vom **Nettoverkaufspreis** aus.

Im **Einzelhandel** geht die kalkulatorische Rückrechnung vom **Bruttoverkaufspreis** aus.

Beispiel

Der Inhaber eines Sportfachgeschäfts verkauft Fußballstiefel eines bestimmten Modells aus Konkurrenzgründen zu 43,95 DM. Welchen Einkaufspreis (netto) darf er höchstens aufwenden, wenn er mit 15% MwSt, 5% Vertreterprovision, 20% Gewinn, 15% Handlungskosten, 2% Einkaufsskonto und 20% Einkaufsrabatt zu kalkulieren hat?

Listeneinkaufspreis, netto	33,56 DM
20% Rabatt	+ 6,71 DM
Zieleinkaufspreis	26,85 DM
2% Skonto	+ 0,54 DM
Einstandspreis	26,31 DM
15% Handlungskosten	⁒ 3,95 DM
Selbstkosten	30,26 DM
20% Gewinn	⁒ 6,05 DM
Barverkaufspreis	36,31 DM
5% Vertreterprovision	⁒ 1,91 DM
Nettoverkaufspreis	38,22 DM
15% Mehrwertsteuer	⁒ 5,73 DM
Bruttoverkaufspreis	43,95 DM

Aufgaben

I. Rückwärtskalkulation im Einzelhandel

1. Ein Elektrohändler bietet eine Heimsonne für 186,— DM an. Er kalkuliert mit 15% MwSt, 2% Kundenskonto, 15% Gewinn, $16\frac{2}{3}$% Geschäftskosten, 3,40 DM Bezugskosten pro Stück, 30% Wiederverkäuferrabatt. Welchen Listeneinkaufspreis darf er für diesen Gegenstand höchstens anlegen?
2. Ein Warenhaus verkauft ein Strandkleid für 78,— DM. In diesem Preis sind 15% MwSt, 25% Gewinn, $12\frac{1}{2}$% Geschäftskosten, 2% Liefererskonto und 30% Wiederverkäuferrabatt enthalten. Zu welchem Stückpreis darf das Kleid höchstens eingekauft werden?
3. Ein Lebensmitteleinzelhändler bietet eine Flasche Weinbrand zum Preis von 14,95 DM an. Er kalkuliert mit 15% MwSt, 24% Gewinn, $14\frac{2}{7}$% Geschäftskosten, 42 Pf. Bezugskosten und 25% Wiederverkäuferrabatt. Welchen Preis darf er beim Einkauf des Weinbrands äußerstenfalls akzeptieren, damit seine Kalkulation richtig bleibt?

II. Rückwärtskalkulation im Großhandel

4. Ein Großhändler verkauft einen Gartentisch zum Wiederverkäuferpreis von 140,— DM, auf den der Kunde 10% Rabatt erhält. Außerdem kalkuliert er mit 4% Vertreterprovision, 15% Gewinn, $8\frac{1}{3}$% Geschäftskosten, 3,09 DM Bezugskosten und 20% Liefererrabatt. Zu welchem Listenpreis darf der Tisch höchstens eingekauft werden?
5. Ein Maschinengroßhändler bietet Elektromotoren zum Preis von 1265,— DM an. Er rechnet mit 20% Kundenrabatt, 2% Kundenskonto, $16\frac{2}{3}$% Gewinn, $12\frac{1}{2}$% Geschäftskosten, 12,63 DM Bezugskosten pro Stück, 2% Liefererskonto und 25% Liefererrabatt. Welchen Listeneinkaufspreis darf er höchstens akzeptieren, um seine Kalkulation halten zu können?
6. Ein Werkzeug- und Fahrzeuggroßhändler bietet ein Klapprad zum Preis von 152,— DM an. Er kalkuliert mit 25% Kundenrabatt, 2% Kundenskonto, $12\frac{1}{2}$% Gewinn, $16\frac{2}{3}$% Geschäftskosten, 2% Liefererskonto und 30% Liefererrabatt. Zu welchem Listenpreis darf er das Rad höchstens einkaufen, wenn er seine Kalkulation halten will?

8.6 Differenzkalkulation (Gewinnkalkulation)

Zahlreiche Waren werden mit einer Richtpreisempfehlung des Herstellers verkauft. Der Erzeuger gewährt dem Großhändler und der Großhändler dem Einzelhändler einen Wiederverkäuferrabatt, der hinreichen muß, um Kosten, Gewinn und Verkaufsabzüge zu decken. Weil die Prozentsätze für Geschäftskosten und Verkaufsabzüge festliegen, bleibt dem Händler nur die Möglichkeit, den Gewinn als Differenz zwischen Selbstkosten und Barverkaufspreis zu kalkulieren.

Beispiel

Ein Farbfernsehgerät wird zu einem Ladenverkaufspreis von 1 775,— DM einschließlich MwSt angeboten. Es wird vom Erzeuger frei Haus geliefert bei 40% Wiederverkäuferrabatt und 2% Liefererskonto. Der Großhändler kalkuliert mit 18% Geschäftskosten und räumt dem Einzelhändler 25% Kundenrabatt und 2% Skonto ein. Wieviel Gewinn bleibt ihm in DM und Prozent?

Ladenverkaufspreis		1 775,— DM	
15% MwSt	⁒	231,52 DM	
Nettorechnungspreis		1 543,48 DM	↓
40% Wiederverkäuferrabatt	⁒	617,39 DM	
Zieleinkaufspreis		926,09 DM	
2% Liefererskonto	⁒	18,52 DM	
Einstandspreis		907,57 DM	
18% Geschäftskosten	+	163,36 DM	
Selbstkosten		1 070,93 DM	
Gewinn		63,53 DM	5,93%
Barverkaufspreis		1 134,46 DM	
2% Kundenskonto	⁒	23,15 DM	↑
Zielverkaufspreis		1 157,61 DM	
25% Kundenrabatt	⁒	385,87 DM	
Nettorechnungspreis		1 543,48 DM	
15% MwSt	+	231,52 DM	
Ladenverkaufspreis		1 775,— DM	

Aufgaben

1. Ein Radio-Recorder soll zu einem empfohlenen Richtpreis von 368,— DM verkauft werden. Welchen Gewinn in DM und Prozent macht ein Großhändler, der nach Abzug der Mehrwertsteuer 35% Wiederverkäuferrabatt und 2% Skonto erhält und 1,12 DM Bezugskosten pro Stück in Rechnung stellen muß? Er kalkuliert mit 14% Geschäftskosten und 20% Kundenrabatt.
2. Berechnen Sie Gewinn oder Verlust in DM und Prozent.

	Empf. Ladenverkaufspreis DM	Rabatte		Skonti		Bezugskosten DM	Geschäftskosten
		Einkauf	Verkauf	Einkauf	Verkauf		
a)	240,—	40%	25%	2%	2%	3,60	15%
b)	984,—	50%	30%	1,5%	2%	14,38	9%
c)	12723,—	15%	—	1,5%	—	206,40	$14^2/_7$%
d)	2360,—	25%	15%	2,5%	2%	46,35	$12^1/_2$%
e)	1575,—	20%	15%	2%	—	—	$16^2/_3$%

3. Ein Facheinzelhändler bezieht 26 vierteilige Eßbestecke aus Edelstahl zum empfohlenen Ladenverkaufspreis von 44,— DM, auf den er 44% Wiederverkäuferrabatt erhält. Bezugs- und Verpackungskosten für ein Besteck betragen 2,60 DM. Er rechnet mit 38,6% Geschäftskosten und 14% Mehrwertsteuer. Wie hoch ist sein Gewinn in DM und Prozent?

4. Ein Gartengrill soll zum empfohlenen Richtpreis von 275,— DM an Konsumenten verkauft werden. Der Großhändler erhält 35% Rabatt und 10% Mengenrabatt zusätzlich bei einer Mindestabnahme von 20 Geräten, dazu 2% Skonto. Dem Großhändler wird der Weiterverkauf an den Facheinzelhandel mit 20% Nachlaß empfohlen.
Ein Großhändler bezieht 24 Geräte. Für den Transport zahlt er 48,— DM. Er kalkuliert mit $12^1/_2$% Handlungskosten und 2% Kundenskonto. Wieviel DM und % verdient er an einem Stück, wenn die Skonti ausgenützt werden?

5. Ein Deo-Spray soll zum Ladenverkaufspreis von 3,60 DM angeboten werden. Außer der MwSt sind in dem Preis 35% Wiederverkäuferrabatt enthalten. Ferner kann er 2% Skonto abziehen. Die Geschäftskosten werden mit 15% kalkuliert. Das Unternehmen hat die Wahl zwischen zwei neuen interessanten Angeboten:
   1. Lieferung ab Werk: bei 10000 Stück 1872,— DM ‰, bei kleineren Mengen 5% Zuschlag, 3% Skonto, Bezugskosten 8,20 DM ‰.
   2. Lieferung frei Lager: 2052,— DM ‰, bei Abnahme von mindestens 10000 Stück 5% Mengenrabatt, 3% Skonto.

   Kalkulieren Sie von jedem Angebot eine Rechnung für 1000 Stück bei einer Abnahme von 10000 Stück durch. Welches Angebot erbringt den höheren Gewinn?

8.7 Kalkulationsvereinfachungen

8.7.1 Kalkulationszuschlag

Die Prozentsätze für Geschäftskosten, Gewinn und Verkaufsabzüge bleiben häufig über längere Zeit unverändert. Dadurch ergibt sich die Möglichkeit, die etwas umständliche Zuschlagskalkulation zu vereinfachen, indem man alle Einzelzuschläge vom Einstandspreis an zu einem Gesamtprozentsatz zusammenfaßt. Im **Großhandel** rechnet man vom Bezugspreis bis zum **Listenverkaufspreis,** im **Einzelhandel** bis zum **Ladenverkaufspreis.**

Beispiel

Ein Großhändler kalkuliert mit 14% Geschäftskosten, 22% Gewinn, 2% Kundenskonto und 20% Kundenrabatt. Wie hoch ist der Kalkulationszuschlag?

Bezugspreis			100,— DM	← (gesetzte Größe)
Geschäftskosten	14% vH	+	14,— DM	Kalkulationszuschlag
Selbstkosten			114,— DM	
Gewinn	22% vH	+	25,08 DM	
Barverkaufspreis			139,08 DM	
Kundenskonto	2% iH	+	2,84 DM	
Zielverkaufspreis			141,92 DM	
Kundenrabatt	20% iH	+	35,48 DM	
Listenverkaufspreis			**177,40 DM**	←
Listenverkaufspreis			177,40 DM	
⁒ Bezugspreis			100,— DM	
Differenz			77,40 DM	

100,— DM ≙ 100%
77,40 DM ≙ x %

$$x = \frac{100 \cdot 77{,}4}{100}$$

x = 77,40% (= Kalkulationszuschlag)

Der Kalkulationszuschlag ist der Unterschied zwischen Bezugspreis und Listenverkaufspreis, ausgedrückt in Prozenten des Bezugspreises.

8.7.2 Kalkulationsfaktor

Bei der Ermittlung des Kalkulationszuschlages geht man üblicherweise von einem Bezugspreis von **100,— DM** aus. Würde man statt dessen von **1,— DM** ausgehen, so erhielte man den **Kalkulationsfaktor.**
In dem oben angeführten Beispiel entspricht einem Bezugspreis von 100,— DM ein Verkaufspreis von 177,40 DM. Einem Bezugspreis von 1,— DM entspräche ein Verkaufspreis von 1,774 DM. Diese Zahl nennt man **Kalkulationsfaktor.**

Der Kalkulationsfaktor ist die Zahl, mit der man den Bezugspreis multiplizieren muß, um den Verkaufspreis zu erhalten.

8.7.3 Handelsspanne

Führt man das bei der Ermittlung des Kalkulationszuschlags angegebene Beispiel (8.7.1) in **Rückwärtskalkulation** aus, so ergeben sich folgende Zahlen:

Beispiel

Listenverkaufspreis			177,40 DM	Handelsspanne
Kundenrabatt	20% vH	⁒	35,48 DM	
Zielverkaufspreis			141,92 DM	
Kundenskonto	2% vH	⁒	2,84 DM	
Barverkaufspreis			139,08 DM	
Gewinn	22% aH	⁒	25,08 DM	
Selbstkosten			114,— DM	
Geschäftskosten	14% aH	⁒	14,— DM	
Bezugspreis			100,— DM	

Listenverkaufspreis	177,40 DM
⁒ Bezugspreis	100,— M
Differenz	77,40 DM

177,40 DM ≙ 100%
77,40 DM ≙ x %

$$x = \frac{77{,}4 \cdot 100}{177{,}4}$$

x = 43,63% (= Handelsspanne)

Die Handelsspanne ist der Unterschied zwischen dem Listenverkaufspreis und dem Bezugspreis, ausgedrückt in Prozenten des Listenverkaufspreises.

Bezugspreis	Listenverkaufspreis
+ Kalkulationszuschlag (%)	⁒ Handelsspanne (%)
= Listenverkaufspreis	= Bezugspreis

8.7.4 Rechnerischer Zusammenhang zwischen Kalkulationszuschlag, Kalkulationsfaktor und Handelsspanne

Die oben behandelten Kalkulationsvereinfachungen stehen in folgenden Beziehungen zueinander:

1. Bezugspreis + Kalkulationszuschlag = Listenverkaufspreis
2. Bezugspreis · Kalkulationsfaktor = Listenverkaufspreis
3. Listenverkaufspreis − Handelsspanne = Bezugspreis
4. Kalkulationszuschlag = Handelsspanne · Kalkulationsfaktor
5. $\text{Kalkulationsfaktor} = \dfrac{\text{Kalkulationszuschlag}}{\text{Handelsspanne}}$
6. $\text{Handelsspanne} = \dfrac{\text{Kalkulationszuschlag}}{\text{Kalkulationsfaktor}}$

Weil der Bezugspreis stets gleich 100 gesetzt werden kann, genügt die Kenntnis **einer** Größe, um die anderen Größen zu berechnen.

Aufgaben

1. Eine Großhandlung rechnet mit 45% Kalkulationszuschlag. Wieviel % beträgt ihre Handelsspanne?
2. Ein Einzelhändler kalkuliert mit einer Handelsspanne von 36%. Berechnen Sie den Kalkulationszuschlag und den Kalkulationsfaktor.
3. Errechnen Sie die Handelsspanne, den Kalkulationszuschlag und den Kalkulationsfaktor.

	Listenverkaufspreis DM	Geschäftskosten	Gewinn	Skonto	Rabatt
a)	540,—	15%	12%	2%	20%
b)	3640,—	$12^1/_2$%	$8^1/_3$%	—	10%
c)	426,—	22%	18%	3%	15%
d)	38,40	18%	21%	$2^1/_2$%	25%
e)	164,20	$16^1/_2$%	24%	2%	30%

4. Am Ende eines Geschäftsjahres ermittelt ein Einzelhändler folgende Zahlen in seiner Buchhaltung:

Warenanfangsbestand	67860,— DM	Alle Preise sind Netto-Preise (ohne USt).
Warenendbestand	62920,— DM	
Wareneingang	384380,— DM	
Bezugskosten	4870,— DM	
Warenausgang	492737,50 DM	

Berechnen Sie
a) den Kalkulationszuschlag,
b) den Kalkulationsfaktor,
c) die Handelsspanne.

5. Zur Ermittlung seines Kalkulationszuschlages geht ein Großhändler von den Zahlen des letzten Jahresabschlusses aus:

Netto-Sollumsatz	888 249,60 DM
allgemeine Geschäftskosten	82 245,33 DM

Gewinnzuschlag 8%
Verkaufsabzüge waren nicht vorgenommen worden.

Errechnen Sie
a) den Wareneinsatz,
b) die Handelsspanne (Kalkulationsabschlag),
c) den Kalkulationszuschlag (Kalkulationsaufschlag).

Aufgaben aus dem Gesamtgebiet der Warenhandelskalkulation

1. Eine Ware wird zum Listenpreis von 242,50 DM verkauft. Der Bezugspreis betrug 164,50 DM.
   Errechnen Sie
   a) den Kalkulationszuschlag,
   b) den Kalkulationsfaktor,
   c) die Handelsspanne.
2. Ein Kaufmann bezieht von einem Lieferer zwei verschiedene Waren:
   1. Ware, 280 kg brutto, Einkaufspreis 5 310,— DM.
   2. Ware, 160 kg brutto, Einkaufspreis 1 830,— DM.
   Für Fracht und Rollgeld (Gewichtspesen) wurden 84,70 DM (netto) ausgegeben, für Versicherung (Wertspesen) 142,80 DM.
   Rechnen Sie die Spesen den Waren zu, und errechnen Sie den Einstandspreis für 1 kg jeder Ware.
3. Eine Ware kostet im Einkauf 628,— DM je Dtzd. Die Bezugskosten betragen $2^1/_2$%, die allgemeinen Geschäftskosten werden mit 18%, der Gewinn mit $8^1/_3$% kalkuliert.
   Berechnen Sie
   a) den Barverkaufspreis je Stück,
   b) den Kalkulationsfaktor (auf 4 Dezimalstellen).
4. Ein Bürofachhändler bezieht 18 Schreibmaschinen zum Einkaufspreis von 6480,— DM. Auf diesen Betrag bekommt er 5% Mengenrabatt. Die Bezugskosten belaufen sich auf 259,29 DM. Für Handlungskosten sind $33^1/_3$% zu berücksichtigen. Bei Barzahlung werden den Kunden 2% Skonto gewährt. Der Verkaufspreis einer Maschine beträgt 598,— DM.
   Berechnen Sie
   a) die Selbstkosten der gesamten Lieferung,
   b) den Gewinnzuschlag,
   c) die Handelsspanne.
5. Ein Einzelhändler verkauft einen Markenartikel zu 350,— DM. Der Bareinkaufspreis beträgt 225,40 DM, die Bezugskosten 15,40 DM. Wieviel verdient er in DM und %, wenn er 22% Geschäftskosten und 15 % MwSt zu berücksichtigen hat?
6. Aus der Buchhaltung eines Mandanten entnehmen wir folgende Zahlen:

Warenanfangsbestand	18 200,— DM
Wareneingang (Anschaffungskosten)	213 900,— DM
Warenausgänge (netto)	337 280,— DM
Warenendbestand	21 300,— DM

   Berechnen Sie
   a) den Wareneinsatz,
   b) den Kalkulationszuschlag (Kalkulationsaufschlag),
   c) den Kalkulationsfaktor,
   d) die Handelsspanne (Kalkulationsabschlag).

7. Ein Einzelhändler bezieht Ware zum Preis von 122,25 DM, die Frachtkosten betragen 14,50 DM. Er kalkuliert mit 27,4% Geschäftskosten, $8^1/_3$% Gewinn.
Berechnen Sie
   a) den Kalkulationszuschlag,
   b) den Ladenverkaufspreis (unter Einbeziehung von 15% MwSt).

8. Beim Einkauf eines Markenartikels zahlt ein Einzelhändler 180,— DM für ein Dutzend und 7,20 DM Bezugskosten. Die Ware wird zum empfohlenen Richtpreis von 26,50 DM pro Stück verkauft. Der Kaufmann hat $16^2/_3$% Handlungskosten und 15% MwSt zu berücksichtigen. Wie hoch ist sein Gewinn in DM und %?

9. Ein Baustoffgroßhändler bezieht von den Westzementwerken AG Zement zum Listenpreis von 3,80 DM je 50 kg. Hierauf gewährt der Hersteller 15% Rabatt und 3% Skonto. Zu welchem Preis kann der Händler einen 50-kg-Sack Zement anbieten, wenn er $16^2/_3$% Geschäftskosten, $6^1/_3$% Gewinnaufschlag, 4% Vertreterprovision und 2% Skonto berücksichtigt?

10. Ein Lebensmitteleinzelhändler bezahlt für eine 0,7-l-Flasche Weizenkorn bei seinem Lieferer 7,95 DM zuzüglich 15% MwSt. Bei Barzahlung kann er noch 3% Skonto abziehen. Zu welchem Preis wird die Flasche im Einzelhandel angeboten, wenn der Händler mit 20% Geschäftskosten und 10% Gewinn rechnet?
Was kostet eine Flasche als Sonderangebot, wenn bei der Preisgestaltung auf einen Gewinnzuschlag verzichtet wird?

11. Ein Warenhaus bietet einen elektronischen Taschenrechner für 69,50 DM an. Bei der Kalkulation wurden neben der MwSt noch 20% Gewinnaufschlag und 25% Geschäftskosten berücksichtigt. Zu welchem Preis kauft das Warenhaus diesen Taschenrechner ein?
Ein bekanntes Versandhausunternehmen bietet einen gleichwertigen Taschenrechner schon für 59,50 DM an. Deshalb senkt das Warenhaus den Preis auf ebenfalls 59,50 DM. Wie ändert sich der Gewinn in DM und %, wenn Bareinkaufspreis und Geschäftskosten gleichbleiben?

12. Ein Getränkemarkt muß aus Konkurrenzgründen einen Kasten Markenbier für 16,95 DM im Einzelhandel verkaufen. Welchen Einkaufspreis darf er höchstens aufwenden, wenn er mit 5% Gewinn und 10% Geschäftskosten rechnet?

13. Eine Warengruppe wird mit 50% Kalkulationsaufschlag angeboten. Wegen veränderter Marktlage muß ein Preisabschlag von $16^2/_3$% vorgenommen werden. Die Handlungskosten betragen 20%.
Berechnen Sie
   a) die bisherige Handelsspanne,
   b) die Handelsspanne nach der Preissenkung,
   c) den bisherigen Gewinnprozentsatz,
   d) den neuen Gewinnprozentsatz.

14. Der Lebensmitteleinzelhändler Alfons Brodmann hat anläßlich der letzten Umsatzsteuererhöhung von 14% auf 15% seine Nettopreise zusätzlich um 3% erhöht. Die Handelsspanne für eine Flasche Sekt betrug bisher einschließlich 14% MwSt 36,7%.
   a) Berechnen Sie den Kalkulationsfaktor nach der Erhöhung des bisherigen Verkaufspreises um 3% und des Umsatzsteuersatzes von 14% auf 15%.
   b) Der heutige Ladenverkaufspreis beträgt 16,50 DM. Zu welchem Preis wurde ursprünglich die Flasche Sekt verkauft?

15. Ein Einzelhändler erhöht seine Ladenverkaufspreise (einschließlich MwSt) um 4%, da die Einstandspreise um 6% gestiegen sind. Der alte Kalkulationsfaktor betrug 1,6.
Berechnen Sie den neuen Faktor.

9 Zinsrechnung

Zinsen sind der Preis, der für die Überlassung einer Geldsumme für eine bestimmte Zeit zu zahlen ist. Zinssätze werden in Prozenten angegeben. Zinsrechnung ist Prozentrechnung unter Berücksichtigung der Zeit.

9.1 Berechnung von Jahreszinsen

Üblicherweise geht man von der Berechnung der Jahreszinsen aus und wendet dabei die „Kip-Formel" an:

Z_i = Jahreszinsen
K = Kapital
i = Jahre
p = Prozentsatz (Zinssatz oder Zinsfuß)

$$Z_i = \frac{Kip}{100}$$

Beispiel
Ein Sparer besitzt am 1. Januar ein Sparguthaben von 2000,— DM, das von der Sparkasse mit 5% im Jahr verzinst wird. Wieviel DM Zinsen werden ihm am Jahresende gutgeschrieben?

Berechnung (unter Anwendung der Kip-Formel)

$$Z_i = \frac{2000 \cdot 5}{100} = \mathbf{100,— DM}$$

Aufgaben

1. Berechnen Sie die Jahreszinsen für

	Kapital	Zinssatz		Kapital	Zinssatz
a)	320,— DM	4 %	f)	254,— DM	6 %
b)	740,— DM	$4^1/_2$%	g)	522,— DM	$6^1/_2$%
c)	930,— DM	$3^2/_3$%	h)	870,— DM	$6^2/_3$%
d)	1280,— DM	5 %	i)	1490,— DM	$7^1/_2$%
e)	2750,— DM	$5^1/_2$%	k)	3644,— DM	$6^3/_4$%

2. Berechnen Sie die Zinsen für

	Kapital	Zinssatz	Zeit		Kapital	Zinssatz	Zeit
a)	180,— DM	$4^1/_2$%	4 Jahre	f)	1948,— DM	$3^1/_2$%	8 Jahre
b)	260,— DM	$4^3/_4$%	6 Jahre	g)	4367,— DM	$3^1/_3$%	4 Jahre
c)	684,— DM	$5^1/_3$%	3 Jahre	h)	5980,— DM	$2^3/_4$%	3 Jahre
d)	712,— DM	$5^1/_2$%	7 Jahre	i)	7448,— DM	$4^1/_4$%	5 Jahre
e)	1172,— DM	$5^3/_4$%	2 Jahre	k)	8182,— DM	$6^1/_4$%	6 Jahre

9.2 Berechnung von Monatszinsen

Beispiel

Die Volksbank Bochum gewährt der Firma Fritz Steiner einen Kredit von 12300,— DM für 7 Monate zum Zinssatz von 8%. Wieviel DM Zinsen hat die Firma Steiner zu zahlen?

Berechnung (in Abwandlung der Kip-Formel)

$$\text{Zinsen für 1 Jahr} = \frac{12300 \cdot 8}{100}$$

$$\text{Zinsen für 1 Monat} = \frac{12300 \cdot 8}{100 \cdot 12}$$

$$\text{Zinsen für 7 Monate} = \frac{12300 \cdot 8 \cdot 7}{100 \cdot 12} = \mathbf{287,\!— \ DM}$$

Z_m = Monatszinsen
m = Monate

$$Z_m = \frac{K \cdot p \cdot m}{100 \cdot 12}$$

Aufgaben

3. Berechnen Sie die Monatszinsen für

	Kapital	Zinssatz	Zeit
a)	175,— DM	9 %	4 Monate
b)	244,— DM	$6^1/_4$%	5 Monate
c)	438,— DM	$5^1/_2$%	8 Monate
d)	690,— DM	$7^1/_2$%	2 Monate
e)	736,— DM	$4^1/_6$%	6 Monate

	Kapital	Zinssatz	Zeit
f)	562,— DM	$6^2/_3$%	7 Monate
g)	958,— DM	$8^1/_3$%	3 Monate
h)	1170,— DM	$3^3/_4$%	11 Monate
i)	3432,— DM	9 %	10 Monate
k)	5614,— DM	$5^3/_4$%	9 Monate

9.3 Berechnung von Tageszinsen

Beispiel

Der Kaufmann Bruno Fuchs überzieht sein Bankkonto um 6500,— DM vom 15. März bis zum 21. April. Die Bank berechnet ihm 9% Sollzinsen.

Berechnung (in Abwandlung der Kip-Formel)

$$\text{Zinsen für 1 Jahr} = \frac{6500 \cdot 9}{100}$$

$$\text{Zinsen für 1 Tag} = \frac{6500 \cdot 9}{100 \cdot 360}$$

$$\text{Zinsen für 36 Tage} = \frac{6500 \cdot 9 \cdot 36}{100 \cdot 360} = \mathbf{58,50 \ DM}$$

Z_t = Tageszinsen
Tg = Tage

$$Z_t = \frac{K \cdot p \cdot Tg}{100 \cdot 360}$$

9.3.1 Berechnung der Zinstage

In der **bürgerlichen Zinsrechnung** zählt man das **Jahr zu 365** (366) Tagen und **jeden Monat genau.**

In der **kaufmännischen Zinsrechnung** rechnet man das **Jahr zu 360** Tagen und **jeden Monat zu 30 Tagen.** Der 31. eines Monats gilt als der 30. Läuft der Zinszeitraum „Ende Februar" ab, so wird dieser Monat genau berechnet, also zu 28 bzw. 29 Tagen. In allen anderen Fällen rechnet man den Februar zu 30 Tagen.

Von der deutschen Art der Zinsberechnung sind die französische und die englische Art zu unterscheiden, die auch in anderen Staaten angewandt werden, z. B.

Berechnungsart	Jahr	Monat	angewandt in
deutsche	360 Tage	30 Tage	Deutschland, Dänemark, Norwegen, Schweden, Schweiz, UdSSR
französische	360 Tage	genau	Frankreich, Belgien, Holland, Italien, Spanien, Österreich
englische	365 (366) Tage	genau	Großbritannien, USA

Aufgaben

4. Berechnen Sie die Zinstage.

a)	2. 1.–16. 6.	f)	9. 5.–20. 7.
b)	17. 3.–24. 5.	g)	21. 6.– 3. 8.
c)	25. 1.–30. 9.	h)	12. 7.– 5. 11.
d)	12. 4.–22. 8.	i)	14. 8.–26. 12.
e)	10. 2.–15. 10.	k)	23. 11.–31. 12.

5. Berechnen Sie die Zinstage für:

a)	400,— hfl	vom 15. 1.–24. 5.
b)	650,— DM	vom 12. 2.–17. 9.
c)	820,— dkr	vom 21. 3.–18. 6.
d)	1.200,— S	vom 18. 4.–27. 10.
e)	2.750,— £	vom 26. 5.–31. 12.

6. Berechnen Sie die Zinsen für folgende Kapitalien.

	Kapital	Zinssatz	Zeit
a)	2450,— DM	$7\frac{1}{2}$%	12. 1.–27. 10.
b)	1720,— DM	8 %	5. 3.–20. 9.
c)	940,— DM	$8\frac{1}{4}$%	8. 2.–10. 7.
d)	3160,— DM	$6\frac{3}{4}$%	14. 4.–18. 8.
e)	810,— DM	$5\frac{2}{3}$%	23. 5.–11. 12.
f)	4380,— DM	$8\frac{1}{3}$%	7. 6.–29. 7.
g)	370,— DM	$4\frac{1}{2}$%	2. 4.–31. 12.
h)	565,— DM	$7\frac{1}{4}$%	18. 7.– 1. 10.
i)	1386,— DM	$3\frac{3}{4}$%	29. 8.–31. 10.
k)	2950,— DM	$5\frac{1}{2}$%	24. 11.– 2. 3. n. J.

7. Eine Baufirma erhält am 20. Februar von der Stadtsparkasse einen Überbrückungskredit von 32500,— DM, den sie am 13. Juni zuzüglich $7^3/_4$% Zinsen zurückzahlt. Berechnen Sie den Rückzahlungsbetrag.
8. Ein Textilgroßhändler berechnet seinem Kunden $9^1/_2$% Verzugszinsen für die Zeit vom 25.4. bis 8.6. für eine Rechnung über 2600,— DM. Berechnen Sie die Zinsen.
9. Ein Hypothekarkredit von 25000,— DM wurde am 15.6. ausgezahlt und bis zum 15.10. zu $7^3/_4$% verzinst. Am 15.10. wurden die Zinsen auf $8^1/_2$%, am 1.4. des nächsten Jahres auf 9% erhöht. Wieviel Zinsen erbrachte das Kapital im ersten Jahr?
10. Die Niederrheinische Stahlhandels GmbH in Duisburg hat eine Rechnung über 16500,— DM bei der Rheinischen Hüttenunion zu begleichen. Die Zahlungsbedingungen lauten: zahlbar innerhalb 8 Tagen, abzüglich 2% Skonto oder innerhalb 30 Tagen netto. Um den Skonto ausnutzen zu können, muß die Stahlhandels GmbH einen Kredit von 15000,— DM zu $9^1/_2$% Zinsen für 20 Tage in Anspruch nehmen. Wieviel DM würde der Zinsvorteil in diesem Fall betragen?

9.3.2 Kaufmännische Zinsformel

Beispiel

Ein Kaufmann hat von seiner Bank folgende Kredite zu 9% Zinsen erhalten. Berechnen Sie die Zinsen.

Berechnung

1. 3620,— DM für 240 Tage $Z_t = \frac{3620 \cdot 240 \cdot 9}{100 \cdot 360} = 217{,}20$ DM
2. 1800,— DM für 164 Tage $Z_t = \frac{1800 \cdot 164 \cdot 9}{100 \cdot 360} = 73{,}80$ DM
3. 2525,— DM für 136 Tage $Z_t = \frac{2525 \cdot 136 \cdot 9}{100 \cdot 360} = 85{,}85$ DM

376,85 DM

Bei der Verzinsung **mehrerer** Beträge zum **gleichen** Zinssatz vereinfacht der Kaufmann die Errechnung der Zinsen dadurch, daß er die Tageszinsformel umwandelt.

Das Beispiel zeigt, daß $\frac{9}{360}$ in den drei Termen unverändert bleibt. Sie bestehen demnach aus einem **konstanten** und einem **variablen** Teil. Es ist sinnvoll, beide für sich in folgender Weise zu **konzentrieren,** z. B.

$$Z_t = \frac{3620 \cdot 240}{100} \cdot \frac{9}{360}$$

Hier wird ein Bruch mit einem zweiten multipliziert. Zu dem gleichen Ergebnis gelangt man, wenn man den ersten Bruch durch den Kehrwert des zweiten dividiert:

$$Z_t = \frac{3620 \cdot 240}{100} : \frac{360}{9}$$

Bei der Tageszinsformel ist es zweckmäßig, so vorzugehen, weil dadurch die stets größere Zahl 360 in den Zähler rückt.

Allgemein lautet die Formel $Z_t = \frac{K \cdot Tg}{100} : \frac{360}{p}$

Für die so gewonnenen Brüche gibt es eigene Bezeichnungen:

$$\frac{K \cdot Tg}{100} = \text{Zinszahl (Symbol \#)}$$

$$\frac{360}{p} = \text{Zinsteiler oder Zinsdivisor}$$

Kaufmännische Zinsformel $$Z_t = \frac{\text{Zinszahl}}{\text{Zinsteiler}}$$

Beispiel

Die Lösung der Beispielaufgabe kann mit Hilfe der kaufmännischen Zinsformel vereinfacht werden.

Lösung

DM	Tg	#
3620,—	240	8688
1800,—	164	2952
2525,—	136	3434

15074 : 40 = **376,86 DM**

Man addiert die errechneten Zinszahlen und teilt die Summe durch den gemeinsamen Zinsteiler.

Merke: Zinszahlen sind immer ganze Zahlen. Stellen nach dem Komma werden nach den allgemeinen Grundsätzen auf- oder abgerundet.

Die kaufmännische Zinsformel läßt sich aber auch bei der Verzinsung einzelner Beträge vorteilhaft anwenden, wenn sich der Zinssatz p bequem gegen 360 kürzen läßt.

9.3.3 Bequeme Zinsteiler

Zinssatz	Zinsteiler
1 %	360
$1^1/_8$ %	320
$1^1/_5$ %	300
$1^1/_4$ %	288
$1^1/_3$ %	270
$1^1/_2$ %	240
$1^2/_3$ %	216
2 %	180
$2^1/_4$ %	160
$2^1/_2$ %	144
$2^2/_3$ %	135
3 %	120
$3^1/_3$ %	108

Zinssatz	Zinsteiler
$3^3/_5$ %	100
$3^3/_4$ %	96
4 %	90
$4^1/_2$ %	80
$4^4/_5$ %	75
5 %	72
6 %	60
$6^2/_3$ %	54
$7^1/_2$ %	48
8 %	45
9 %	40
10 %	36
12 %	30

9.3.4 Zerlegen unbequemer Zinsteiler

Beispiel

Wieviel DM Zinsen erbringt ein Kapital von 3600,— DM zu $5\frac{1}{2}\%$, das vom 15.4. bis 15.6. ausgeliehen wird?

Lösung

1. Möglichkeit

$5\frac{1}{2}\% = 5\% + \frac{1}{2}\%$

$5\%\left(\frac{36 \cdot 60}{72}\right) = 30,\text{— DM}$

$+\frac{1}{2}\%\left(= \frac{1}{10} \text{ von } 5\%\right) = 3,\text{— DM}$

Zinsen **33,— DM**

2. Möglichkeit

$5\frac{1}{2}\% = 6\% - \frac{1}{2}\%$

$6\%\left(\frac{36 \cdot 60}{60}\right) = 36,\text{— DM}$

$-\frac{1}{2}\%\left(= \frac{1}{12} \text{ von } 6\%\right) = 3,\text{— DM}$

Zinsen **33,— DM**

Aufgaben

Zerlegen Sie folgende unbequeme Zinssätze.

$1\frac{3}{4}\%$; $2\frac{1}{3}\%$; $2\frac{3}{4}\%$; $3\frac{1}{2}\%$; $3\frac{2}{3}\%$; $4\frac{1}{4}\%$; $4\frac{1}{3}\%$; $4\frac{3}{4}\%$; $5\frac{1}{4}\%$; $5\frac{1}{3}\%$; $5\frac{1}{2}\%$; $5\frac{2}{3}\%$; $6\frac{1}{4}\%$; $6\frac{1}{3}\%$; $6\frac{1}{2}\%$; $6\frac{3}{4}\%$; 7%; $7\frac{1}{4}\%$; $7\frac{2}{3}\%$; $7\frac{3}{4}\%$; $8\frac{1}{4}\%$; $8\frac{1}{3}\%$; $8\frac{1}{2}\%$; $8\frac{2}{3}\%$; $8\frac{3}{4}\%$; $9\frac{1}{4}\%$; $9\frac{1}{3}\%$; $9\frac{1}{2}\%$.

9.4 Summarische Zinsrechnung

Ihr eigentliches Anwendungsgebiet findet die kaufmännische Zinsformel in der summarischen Zinsrechnung, bei der **mehrere** Beträge zum **gleichen** Zinssatz verzinst werden. Dabei wird die Formel in folgender Weise variiert:

$$\text{Zinsen} = \frac{\text{Summe der Zinszahlen}}{\text{Zinsteiler}}$$

Beispiel

Ein Baustoffhändler nimmt bei einer Bank einen Überbrückungskredit von 10000,— DM auf, über den er folgendermaßen verfügt:

5000,— DM am 20. 7.
2000,— DM am 15. 10.
3000,— DM am 10. 12.

Die Bank belastet ihn mit 9% Zinsen. Wie hoch ist seine gesamte Bankschuld am 31. Dezember?

Lösung

DM	31. 12.	Tg	#
5000,—	20. 7.	160	8000
2000,—	15. 10.	75	1500
3000,—	10. 12.	20	600
10000,—			10100 : 40 = 252,50 DM
+ 252,50 Zinsen			
10252,50 DM Bankschuld zum 31. 12.			

Aufgaben

11. Ein Kaufmann überzieht sein Bankkonto um folgende Beträge, für die ihm die Bank 8% Sollzinsen berechnet:

    860,— DM vom 2. 7. bis 27. 8.
    1 500,— DM vom 6. 9. bis 16. 10.
    1 720,— DM vom 4. 11. bis 28. 12.

    Mit welchem Zinsbetrag belastet ihn die Bank per 31. Dezember?

12. Ein Einzelhändler hat folgende Rechnungen zu begleichen:

    2900,— DM, fällig am 8. 4.
    1 880,— DM, fällig am 27. 4.
    750,— DM, fällig am 10. 5.

    An den Fälligkeitstagen ist er nicht in der Lage zu zahlen. Er läßt sich die Beträge bis zum 8. 7. stunden und zahlt dafür $7^1/_2$% Verzugszinsen. Wieviel DM hat er am 8. Juli einschließlich Zinsen zurückzuzahlen?

13. Eine Schuld von 25000,— DM, fällig am 24. Oktober, konnte am Fälligkeitstage nicht beglichen werden. Der Schuldner überwies

    5650,— DM am 10. 11.
    4700,— DM am 5. 12.
    12350,— DM am 15. 1. n. J.

    Berechnen Sie den Restbetrag, der einschließlich 8% Verzugszinsen am 30. Januar überwiesen werden muß.

14. Ein Sparer zahlt auf sein Konto im Laufe des Jahres folgende Beträge ein, die von der Sparkasse mit $3^3/_4$% verzinst werden:

    1 650,— DM am 15. 3. 525,— DM am 18. 6.
    720,— DM am 28. 3. 1 145,— DM am 7. 9.

    Wie hoch ist sein Guthaben am Jahresende?

15. Die Spar- und Darlehnskasse Düren räumt ihrem Kunden Max Fischer am 20. 3. einen Kredit von 25650,— DM ein, der von Herrn Fischer wie folgt beansprucht wird:

    2600,— DM am 22. 3. 7500,— DM am 22. 7.
    8000,— DM am 20. 4. 3050,— DM am 5. 8.
    4500,— DM am 12. 5.

    Die Bank berechnet $6^2/_3$% Zinsen. Wie hoch ist die Gesamtschuld am 31. Dezember?

16. Am 6. Februar schließt ein Bausparer einen Bausparvertrag ab, der ihn zur Zahlung einer monatlichen Sparrate von 125,— DM, fällig am 1. jedes Monats, verpflichtet. Die erste Rate ist am 1. März zu zahlen. Außerdem leistet der Sparer folgende Sonderzahlungen:

    800,— DM am 8. 2. 500,— DM am 10. 8.
    600,— DM am 15. 3. 700,— DM am 8. 9.

    Die Bausparkasse verzinst die Einlagen mit 3%. Wie hoch ist das Guthaben am 31. 12.?

Die Beispielaufgabe kann auch nach der **Staffelmethode** gelöst werden:

Lösung

Wert	DM	Tg	#
20. 7.	5000,—	85	4250
15. 10.	2000,—		
	7000,—	55	3850
10. 12.	3000,—		
31. 12.	10000,—	20	2000
	+ 252,50		10100 : 40 = 252,50 DM
	10252,50		

Lösen Sie auch die Aufgaben 14, 15 und 16 nach der Staffelmethode.

9.5 Berechnung des Kapitals, des Zinssatzes und der Zeit

Die allgemeine Tageszinsformel $Z_t = \frac{K \cdot Tg \cdot p}{100 \cdot 360}$ kann so umgeformt werden, daß das Kapital, der Zinssatz oder die Zeit jeweils isoliert sind.

Durch Multiplikation beider Seiten mit dem Nenner des Bruches und Division durch den Zähler-Rest erhalten wir folgende Formeln:

$$\text{Kapital} = \frac{\text{Zinsen} \cdot 100 \cdot 360}{p \cdot Tg}$$

$$\text{Zinssatz} = \frac{\text{Zinsen} \cdot 100 \cdot 360}{K \cdot Tg}$$

$$\text{Tage} = \frac{\text{Zinsen} \cdot 100 \cdot 360}{p \cdot K}$$

Merke: In den drei Formeln ist der Zähler gleich.

Aufgaben

17. Welches Kapital bringt
    a) vom 12. 1. bis 20. 4. bei 3 % 24,50 DM Zinsen?
    b) vom 1. 3. bis 7. 5. bei 4 % 30,80 DM Zinsen?
    c) vom 8. 2. bis 13. 6. bei $4^1/_2$% 98,75 DM Zinsen?
    d) vom 9. 5. bis 7. 9. bei $6^1/_4$% 56,— DM Zinsen?
    e) vom 28. 6. bis 14. 11. bei $1^1/_2$% 8,50 DM Zinsen?
18. Zu welchem Zinssatz wurden
    a) 1 740,— DM am 16. 4. ausgeliehen, wenn am 1. 7. 1 769,— DM
    b) 650,— DM am 21. 7. ausgeliehen, wenn am 9. 9. 653,47 DM
    c) 1 420,— DM am 10. 2. ausgeliehen, wenn am 10. 5. 1 444,85 DM
    d) 800,— DM am 15. 8. ausgeliehen, wenn am 25. 11. 813,89 DM
    e) 2400,— DM am 22. 6. ausgeliehen, wenn am 4. 9. 2440,80 DM
    zurückgezahlt wurden?
19. Berechnen Sie den Tag der Rückzahlung für
    a) 840,— DM, ausgeliehen zu $3^1/_2$% am 7. 3. und mit 849,80 DM
    b) 1 360,— DM, ausgeliehen zu $4^1/_2$% am 18. 4. und mit 1 371,73 DM
    c) 860,10 DM, ausgeliehen zu 9 % am 22. 2. und mit 906,45 DM
    d) 950,60 DM, ausgeliehen zu $6^1/_2$% am 6. 6. und mit 962,87 DM
    e) 3280,— DM, ausgeliehen zu 7 % am 21. 8. und mit 3329,70 DM
    zurückgezahlt.

Aufgaben aus dem gesamten Gebiet der Zinsrechnung

1. Ein Kunde bezahlt eine am 29. November fällige Rechnung über 1 250,— DM am 28. Februar des nächsten Jahres zuzüglich $7^1/_2$% Verzugszinsen. Wieviel DM muß er überweisen?
2. Ein Kaufmann benötigt einen Bankkredit über 15000,— DM für die Zeit vom 11. Juni bis 3. September. Die Bank berechnet 9% Zinsen und 2% Bearbeitungsgebühren. Wieviel DM muß der Kaufmann am 3. September zurückzahlen?

3. Ein Kommissionär verkauft für seinen Auftraggeber
am 31. 3. Waren für 2580,— DM, Ziel 30 Tage
am 18. 5. Waren für 1930,— DM, netto Kasse
am 6. 7. Waren für 2250,— DM, abzüglich 2% Skonto
am 11. 8. Waren für 1170,— DM, Ziel 60 Tage

Wieviel DM muß er am 31. 10. überweisen, wenn sein Auftraggeber 8% Zinsen beansprucht und 6% Verkaufsprovision und $2^1/_2$% Delkredereprovision gewährt?

4. Ein Darlehen über 5000,— DM wurde am 15. März ausgeliehen und mit $7^1/_2$% verzinst. Es wurde in fünf Raten zurückgezahlt:

am 10. 4. 900,— DM	am 8. 7. 600,— DM
am 15. 5. 1000,— DM	am 31. 8. 1650,— DM
am 24. 6. 850,— DM	

Wieviel DM Zinsen mußte der Darlehensnehmer am 31. 8. bezahlen, wenn jeweils nur die Restschuld verzinst wurde?

5. Eine Rechnung über 1876,— DM, fällig am 13. Mai, wird am 8. August einschließlich Zinsen und 2,95 DM Mahngebühren mit 1909,96 DM beglichen. Wieviel Prozent Verzugszinsen wurden berechnet?

6. Ein privates Finanzierungsinstitut bietet ein Darlehen über 8000,— DM für die Zeit vom 13. Januar bis zum 31. Juli zu folgenden Bedingungen an: Zinssatz 0,8% pro Monat, 2% Bearbeitungsgebühr, 6,50 DM für Porti und sonstige Kosten.
   a) Wieviel DM müssen am 31. 7. einschließlich Zinsen und sonstiger Kosten zurückgezahlt werden?
   b) Wie hoch ist der tatsächliche Zinssatz?

7. In einer Tageszeitung steht folgende Kleinanzeige: „Suche dringend 6200,— DM. Zahle 6800,— DM nach neun Monaten zurück. Sicherheiten können gestellt werden." Mit wieviel Prozent würde sich das Kapital verzinsen?

8. Ein Lieferer schickt seinem Kunden eine Rechnung über 3780,— DM. Die Zahlungsbedingungen lauten: Zahlbar innerhalb 10 Tagen, abzüglich 2% Skonto oder innerhalb 30 Tagen netto. Welchem Jahreszinssatz entspricht der Skonto?

9. Zwei Konkurrenzfirmen bieten einen Markenartikel zum selben Preis an. Firma A gewährt innerhalb von acht Tagen 2% Skonto oder 20 Tage Ziel. Firma B räumt 3% Skonto ein bei sofortiger Zahlung oder 25 Tage Ziel. Wie hoch sind die Jahreszinssätze?

10. Ein stiller Teilhaber trat am 1. Juni in ein Einzelunternehmen ein und zahlte die vereinbarte Kapitaleinlage von 50000,— DM am 25. Juni. Zu Beginn des nächsten Jahres erhält er 4282,40 DM Gewinnanteil. Mit welchem Zinssatz hat sich sein Kapital verzinst?

11. Ein Unternehmer ist in Zahlungsschwierigkeiten geraten und benötigt kurzfristig einen Kredit von 75000,— DM für die Zeit vom 16. November bis 1. März. Zu welchem Zinsfuß nimmt er den Kredit auf, wenn er einschließlich Zinsen 77078,13 DM zurückzuzahlen hat?

12. Ein Unternehmer erhält eine Rechnung über 1650,— DM. Die Zahlungsbedingungen lauten: zahlbar innerhalb 8 Tagen abzüglich 3% Skonto oder innerhalb 30 Tagen netto Kasse.
    a) Welchem Zinsfuß entsprechen die 3% Skonto?
    b) Um den Skonto ausnutzen zu können, muß der Unternehmer einen Bankkredit zu 12% in Anspruch nehmen. Lohnt sich unter diesen Umständen der Skontoabzug?

13. Ein Gewerbetreibender nimmt am 20. April ein Darlehn von 50000,— DM auf, das spätestens nach einem Jahr zurückgezahlt werden soll. Er leistet folgende Tilgungsraten:

am 15. 6.	5000,—DM
am 31. 8.	8000,—DM
am 20. 12.	7000,—DM
am 20. 4. des nächsten Jahres den Rest zuzüglich Zinsen	33640,—DM

Welcher Zinssatz war mit dem Gläubiger vereinbart worden?

14. Ein Bürobote hat einen Kleinkredit von 3000,— DM in Anspruch genommen, für den er von der Kreditsumme 0,75% Zinsen je Laufzeitmonat und eine einmalige Bearbeitungsgebühr von 2% zu zahlen hat.

a) Wie hoch sind die Kreditkosten bei 18 Monaten Laufzeit?

b) Wie hoch ist die durchschnittliche Kreditsumme, wenn der höchste Schuldsaldo 3000,— DM und der niedrigste 200,— DM beträgt?

c) Wieviel Prozent betragen die Kreditkosten, bezogen auf die Durchschnittsschuld und die Laufzeit?

15. Ein Finanzmakler hat ein Kapital zu 9%, ein weiteres, um 5000,— DM höheres, zu 10% Zinsen ausgeliehen. Von beiden zusammen erhält er jährlich 4300,— DM Zinsen. Wieviel DM betragen die beiden Kapitalien?

16. Ein Lieferer berechnet seinem Kunden für die Zeit vom 1. März bis zum 25. August 93,89 DM = $10^1/_2$% Verzugszinsen. Wie hoch war die ursprüngliche Schuld?

17. Ein Gewerbetreibender zahlt für ein Lagergebäude für die Zeit vom 1. 10. bis zum 31. 12. 3375,— DM Pacht. Der Eigentümer rechnet mit $7^1/_2$% Verzinsung des angelegten Kapitals. Welcher Grundstückswert war der Pachtberechnung zugrunde gelegt worden?

18. Ein Bauherr versäumt es, die am 30. September fälligen Quartalszinsen für ein Hypothekendarlehn zu zahlen. Deshalb fordert die Bank am 6. November von ihm 11% Verzugszinsen in Höhe von 16,50 DM.

a) Berechnen Sie die am 30. September fälligen Zinsen.

b) Wie hoch ist die mit $7^1/_2$% zu verzinsende Hypothek?

19. Ein Steuerpflichtiger verkauft am 23. August $8^1/_2$%ige festverzinsliche Wertpapiere mit laufendem Zinsschein. Für den Zinszeitraum vom 1. 4. bis 23. 8. berechnet er dem Käufer 251,46 DM Stückzinsen. Berechnen Sie den Nennwert der verkauften Papiere.

20. Ein Sparer eröffnet ein Sparkonto mit einer Einzahlung von 1600,— DM. Bis zum 31. 8. wird das Guthaben mit 5% verzinst. Am 1. 9. wird der Zinsfuß auf $4^1/_2$% gesenkt. Zum Jahresende werden dem Sparer 56,— DM Zinsen gutgeschrieben. Wann hat er das Konto eröffnet?

21. Ein Gewerbetreibender erhält von einem Lieferer am 20. Mai folgende Mahnung:

fällige Rechnung	2364,— DM
+11% Verzugszinsen	56,23 DM
Ihre Schuld per 18. 5.	2420,23 DM

Die Rechnung ist am 14. Februar ausgestellt worden; ein Zahlungsziel von 30 Tagen war vereinbart. Prüfen Sie die rechnerische Richtigkeit der Mahnung.

22. Ein Kaufmann läßt durch seine Bank 23600,— DM zu 8% Zinsen anlegen. Wie lange muß er das Kapital der Bank überlassen, damit er 25000,— DM ausbezahlt bekommt?

23. Für eine Rechnung über 7250,— DM wurde ein Zahlungsziel von 30 Tagen gewährt. Am 20. Juli wurden zuzüglich $10^1/_2$% Verzugszinsen 7402,25 DM überwiesen. An welchem Tage ist die Rechnung ausgestellt worden?

24. Ein Rentner erhält von der Bundesversicherungsanstalt für Angestellte (BfA) eine monatliche Rente von 875,— DM. Welches Kapital müßte er in 7%igen festverzinslichen Wertpapieren anlegen, um den gleichen Ertrag zu erhalten?

25. Welches Kapital bringt vom 12. 2. bis zum 12. 8. zu 6% genausoviel Zinsen wie ein Kapital von 2250,— DM zu 12% vom 16. 5. bis 16. 9.?

26. Ein Rechtsanwalt will ein Mietwohnhaus für 450000,— DM erwerben. Für den Kauf stehen ihm 115000,— DM Eigenkapital zur Verfügung. Der verbleibende Betrag soll durch zwei Hypotheken finanziert werden. Die zweite Hypothek beträgt 210000,— DM und ist mit $7^1/_2$% zu verzinsen. Sie wird zugunsten einer Bausparkasse eingetragen. Die erste Hypothek soll bei einem örtlichen Kreditinstitut aufgenommen werden. Welcher Zinssatz darf höchstens vereinbart werden, wenn die monatliche Belastung 2250,— DM insgesamt nicht übersteigen soll?

27. Drei Kapitalien erbringen zusammen 120,— DM Zinsen.

960,— DM wurden zu	$7^1/_2$% Zinsen ausgeliehen
1500,— DM wurden zu	6 % Zinsen ausgeliehen
2400,— DM wurden zu	5 % Zinsen ausgeliehen

Das zweite Kapital erbrachte doppelt so viel und das dritte Kapital dreimal so viel Zinsen wie das erste. Wie lange war jedes Kapital ausgeliehen?

28. An welchem Tage wurde ein Kredit von 7200,— DM ausgezahlt, der am 5. September zuzüglich 7% Zinsen mit 7363,80 DM zurückgezahlt wird?

29. In welcher Zeit wächst ein Kapital von 4830,— DM auf 4956,45 DM an, wenn eine Verzinsung von $6^1/_2$% zugrunde gelegt wird?

30. Ein Sparguthaben wächst bei $5^1/_2$%iger Verzinsung in der Zeit vom 1. April bis zum 31. Dezember auf 2648,— DM an. Wie hoch war das Kapital am 1. April, wenn seitdem weder Einzahlungen noch Abhebungen vorgenommen wurden?

31. Ein Wohnungsbaudarlehen in Höhe von 90000,— DM soll mit 5% verzinst und mit 7% getilgt werden. Die durch die Tilgung ersparten Zinsen sollen dem jährlichen Tilgungsbetrag zugerechnet werden, so daß jährlich gleichbleibend 12% des Anfangsdarlehens gezahlt werden müssen. Wie hoch ist die Restschuld nach 3 Jahren?

32. Eine Bank gewährt einem Unternehmer ein Hypothekendarlehen und schreibt ihm nach Abzug eines Damnums von 8% 165600,— DM gut. Gleichzeitig wird vereinbart, daß vierteljährlich 3870,— DM Zinsen zu zahlen sind.
    a) Wie hoch war die Darlehenssumme?
    b) Zu welchem Prozentsatz wird das Darlehen verzinst?

33. Nach den Einzahlungsbelegen sind auf ein Sparkonto folgende Beträge zu folgenden Terminen (= Wertstellung) eingetragen worden:

3860,— DM	19. 6.01
4320,— DM	6. 9.01
7750,— DM	10.10.01

    Darüber hinaus sind noch 6490,— DM eingezahlt worden, aber das Datum ist nicht bekannt, da der Beleg verlorenging. Wann wurde dieser Betrag eingezahlt, wenn das Konto am 31.12.01 einschließlich 3% Zinsen ein Guthaben von 22598,49 DM ausweist?

34. Die ABC-Bank in Köln bietet ihrem Kunden Günter Maier eine Kapitalanlage zu 9% an. Sein Konto weist am 31.12.03 ein Guthaben von 145779,87 DM einschließlich Zinsen auf.
    Welchen Betrag hat Maier der Bank zum 1.10.01 zur Verfügung gestellt?

35. Ein Sparer, der zum 10.5.01 ein Sparguthaben von 12000,— DM, zum 15.7.01 ein Guthaben von 20000,— DM und zum 31.8.01 ein drittes Sparkonto von 40000,— DM gekündigt hat, möchte die freiwerdenden Beträge zu diesen Terminen zinsgünstig neu anlegen. Seine Bank bietet einen Zinssatz von 7,5%, ein Finanzmakler verspricht eine sichere Geldanlage zu 11%, verlangt aber eine einmalige Bearbeitungsgebühr von 1,5% von der gesamten Kapitalanlage, fällig zum 10.5.01, dem Termin der ersten Einzahlung.
    Über welche Beträge könnte der Sparer bei beiden Geldanlagen zum 31.12.01 verfügen?

36. Die Intercity-Bank bietet ihren Kunden u.a. folgende Geldanlagemöglichkeit: Einzahlung 50000,— DM, Rückzahlung nach sechs Jahren 77165,07 DM, Wertsteigerung insgesamt 54,33%. Die jährliche Wertsteigerung soll nach Aussagen der Bank 9,06% betragen. Die Konkurrenzbanken behaupten, die Verzinsung betrage nur 7,50%.
    Weisen Sie anhand einer Proberechnung nach, wer recht hat.

37. Ein Möbelhändler bietet eine Einbauküche zu folgenden Bedingungen an: Barpreis 9990,— DM oder Ratenkauf bei 1305,— DM Anzahlung plus 6 Monatsraten zu je 1500,— DM.
    Welchem Zinssatz entspricht der Aufpreis beim Ratenkauf?

38. Anton Doppler hatte im Rahmen der Finanzierung seines Einfamilienhauses mit der Bau-und-Boden-Bank für fünf Jahre einen festen Hypothekenzinssatz vereinbart. Ende Juli lief die Zinsbindung ab. Die Bau-und-Boden-Bank verlangt nun 8,8% Zinsen. Die örtliche Volksbank ist bereit, einen Kredit, bei Sicherung durch eine Grundschuld, zu 7,4% Zinsen, 3,5% Disagio und 2% Tilgung zu gewähren. Doppler entschließt sich daher, den Kredit bei der Volksbank aufzunehmen und das alte Darlehn abzulösen. Die Umschuldung verzögert sich jedoch um 14 Tage, wofür die Bau-und-Boden-Bank 308,— DM Zinsen berechnet.
    a) Berechnen Sie den Betrag der Restschuld bei der Bau-und-Boden-Bank.
    b) Berechnen Sie den Betrag der Geundschuld bei der Volksbank, die zur Ablösung des alten Darlehns nötig ist.
    c) Mit welchem Betrag wird Doppler künftig monatlich belastet?

9.6 Effektivverzinsung

Merke: Realverzinsung oder wirkliche Verzinsung oder Rendite oder Effektivverzinsung = Reinertrag : 1 % des Kapitals

Aufgaben

1. Ein Immobilienmakler bietet ein Haus zum Kauf an. Auf dem Haus lastet eine Hypothek von 80000,— DM, die mit 6% verzinst wird. Außerdem sind vierteljährlich 650,— DM Grundbesitzabgaben zu entrichten. Die restlichen Unterhaltungskosten werden auf 2000,— DM jährlich geschätzt. Die Mieteinnahmen betragen 1500,— DM monatlich. Wieviel DM darf ein Käufer höchstens anlegen, wenn er eine 8%ige Eigenkapitalverzinsung erzielen möchte?

2. Die Baukosten für ein Mehrfamilienhaus betragen 555000,— DM. Zur Finanzierung nimmt der Bauherr eine I. Hypothek über 180000,— DM auf, die mit 8%, und eine II. Hypothek über 120000,— DM, die mit 9% zu verzinsen ist. Die restlichen Baukosten sind durch Eigenmittel gedeckt. Die monatlichen Mieteinnahmen belaufen sich auf 4000,— DM. Für die Unterhaltskosten des Hauses (Reparaturen, Grundbesitzabgaben etc.) können 7500,— DM pro Jahr angenommen werden. Mit welchem Prozentsatz verzinst sich das investierte Eigenkapital?

3. Ein Steuerpflichtiger hat ein Mietwohngrundstück für 640000,— DM gekauft. Der Grund- und Bodenanteil beträgt 18%. Für den Erwerb hat er eine I. Grundschuld von 120000,— DM zu 7% Zinsen und eine II. Grundschuld von 250000,— DM zu 8% Zinsen aufgenommen. An Steuern und Gebühren sind vierteljährlich 785,— DM zu entrichten. Die Reparaturen werden mit 5% der jährlichen Mieteinnahmen kalkuliert. Vom Gebäudewert werden jährlich 2% abgeschrieben. Die monatlichen Einnahmen betragen 3750,— DM Miete und 450,— DM Reklamepacht. Berechnen Sie die Effektivverzinsung des Eigenkapitals.

4. Ein Unternehmer hat ein bebautes Grundstück gekauft. Im Kaufpreis ist eine I. Grundschuld über 110000,— DM zu $7^1/_2$% Zinsen und eine II. Grundschuld über 50000,— DM zu 5% Zinsen enthalten. Vierteljährlich sind 215,— DM an Steuern und Gebühren zu zahlen. Die Reparaturkosten betrugen im Jahr der Anschaffung 1170,— DM. Jährlich werden vom Gebäudewert von 210000,— DM 2% abgeschrieben. Die monatlichen Mieteinnahmen betragen 1883,75 DM. Das investierte Eigenkapital verzinst sich mit $6^1/_4$%. Zu welchem Preis ist das bebaute Grundstück erworben worden?

5. Welchen effektiven Zinsertrag in Prozenten bringt einem Kreditinstitut ein Kleinkredit von 1200,— DM mit einer Laufzeit von sechs Monaten bei 0,6% Zinsen vom ursprünglichen Kredit, der in monatlichen Raten zu tilgen ist, und einer einmaligen Bearbeitungsgebühr von 2%?

6. Eine Bank bietet einem Privatkunden einen Ratenkredit von 5000,— DM zu folgenden Bedingungen an: 0,5% Zins p.m., 2% Gebühren, 6 Monate Laufzeit vom 30.6. bis 31.12. Ermitteln Sie den effektiven Jahreszins.

7. Ein Kredit von 18000,— DM ist bei 97% Auszahlung mit $7^1/_2$% zu verzinsen. Seine Laufzeit beträgt 6 Jahre, an deren Ende er in einer Summe zurückgezahlt wird. Berechnen Sie die Rendite.

8. Ein Darlehn von 15000,— DM wird zu 96% ausgezahlt und ist mit 6% verzinslich. Es wird in fünf Jahresraten auf den Schluß des Jahres zurückgezahlt. Wie hoch ist die wirkliche Verzinsung?

9. Ein Steuerpflichtiger gibt in der Schlußbilanz zum 31.12.01 Vermögenswerte in Höhe von 586450,— DM an. Das Fremdkapital ist mit 235620,— DM ausgewiesen. Die Aufwendungen betrugen im Geschäftsjahr lt. Gewinn- und Verlustrechnung 1245630,— DM und die Erträge 1360540,— DM. Die Privatentnahmen des gesamten Kalenderjahres betrugen 51355,— DM.
   a) Wie hoch ist das Eigenkapital am 1.1.01?
   b) Wie hat es sich im Jahre 01 verzinst?

10. Ein Steuerpflichtiger schließt einen Bausparvertrag über eine Vertragssumme von 100 000,— DM ab. Er zahlt für diesen Vertrag am 18.9.01 10 000,— DM auf das Konto der Bausparkasse, die 1 % der Vertragssumme als Abschlußgebühr berechnet und die Restzahlung vom 1.10.01 an mit 3 % verzinst.
Die gesamte Bausparleistung einschließlich der Zinsen kann im Jahr 01 als Sonderausgabe geltend gemacht werden. Dadurch spart der Steuerpflichtige gegenüber seiner ursprünglichen Steuerbelastung $9\frac{1}{11}$ % an Steuern ein. Er muß schließlich noch 19 600,— DM Steuern zahlen.
1. Ermitteln Sie a) den Betrag der Zinsgutschrift zum 31.12.01
b) den Betrag der Steuerersparnis!
2. Berechnen Sie den Prozentsatz, mit dem sich die Bausparleistung verzinst hat, wenn Sie die Abschlußgebühr, die Zinsgutschrift und die Steuerersparnis berücksichtigen!

11. Ein Steuerpflichtiger erwarb ein Mehrfamilienhaus mit einer Wohnfläche von 700 m² zum Anschaffungspreis von 840 000,— DM. Den Kaufpreis finanzierte er durch Aufnahme einer I. Hypothek über 200 000,— DM zu 8 % Zinsen und einer II. Hypothek über 150 000,— DM zu 9,5 % Zinsen und bestritt den Rest durch eigene Mittel.
Die Grundbesitzabgaben betragen vierteljährlich 560,— DM, für Reparaturen müssen jährlich 3 500,— DM angesetzt werden. Die Absetzung für Abnutzung ist mit 2 % jährlich, die Eigenkapitalverzinsung mit 5 % jährlich zu berücksichtigen.
Wie hoch ist die monatliche Miete pro Quadratmeter?

12. Ein Unternehmer nimmt bei seiner Hausbank einen Kredit von 150 000,— DM zu folgenden Bedingungen auf:
Zinssatz 8,5 %, Auszahlung 95 %, Provision von der Darlehenssumme $\frac{5}{8}$ %, einmalige Bearbeitungsgebühr 200,— DM. Der Kredit ist nach 6 Jahren zurückzuzahlen. Wie hoch ist der effektive Zinssatz?

13. Ein Steuerpflichtiger erwirbt ein Mietwohnhaus zum Preis von 950 000,— DM. Hierfür bringt er 405 000,— DM aus eigenen Mitteln auf und finanziert den Rest über eine I. Hypothek von 350 000,— DM zu 9 % Zinsen bei 96 % Auszahlung und eine II. Hypothek, die zu 95 % ausgezahlt wird. Die jährliche Belastung durch Hypothekenzinsen soll 52 400,— DM nicht übersteigen. Welcher Zinssatz darf für die II. Hypothek vereinbart werden?

14. Ein Steuerpflichtiger erwirbt ein mit einem Mehrfamilienhaus bebautes Grundstück zum Preis von 1 150 000,— DM. Der Grund- und Bodenanteil hat einen Wert von 160 000,— DM. Zur Finanzierung wurde das Grundstück mit einer Hypothek von 750 000,— DM belastet, Zinssatz 8,6 % bei 100 % Auszahlung. Der Restkaufpreis wird aus Eigenmitteln beglichen.
Die voraussichtlichen Mieteinnahmen betragen pro Monat 8 400,— DM. Die nicht umlagefähigen Hauskosten (ohne AfA) betragen pro Jahr ca. 10 500,— DM. Die Gebäude-AfA ist mit 2 % anzusetzen.
a) Berechnen Sie die Eigenkapitalrendite.
b) Berechnen Sie den Prozentsatz, um den die Miete erhöht werden müßte, wenn der Steuerpflichtige eine Eigenkapitalrendite von mindestens 5 % erzielen möchte.

10 Diskontrechnung

Die Diskontrechnung ist eine angewandte Form der Zinsrechnung und beinhaltet die Abzinsung des **Zeitwerts** einer Wechselforderung auf ihren **Barwert.**

Wechselsumme ⁒ Diskont = Barwert

Ein Wechsel hat erst am Verfalltag seinen vollen Wert: die Wechselsumme (auch Zeitwert genannt). Vorher ist der Wechsel weniger wert, und zwar am Ausstellungstag am wenigsten. Von da an nimmt sein Wert (Barwert) bis zur Fälligkeit täglich zu.

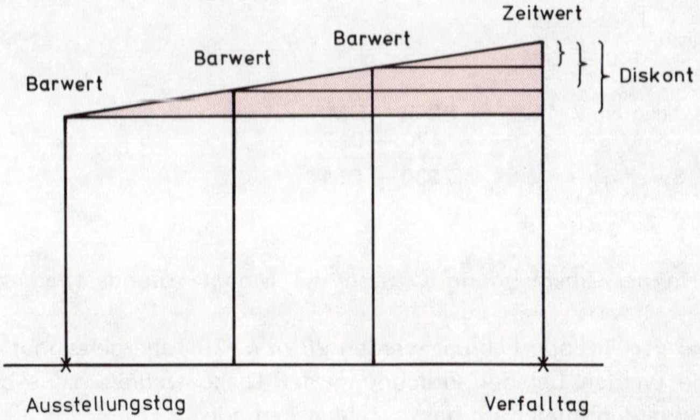

10.1 Berechnung des Diskonts im kaufmännischen Verkehr

Im Unterschied zum bürgerlichen Diskontrechnen (Diskont auf Hundert), das auch im behördlichen Verkehr angewandt wird, berechnet man im kaufmännischen Verkehr den Diskont vom Hundert, d. h. der Zeitwert wird gleich 100% gesetzt.
Der Diskont hängt ab vom Wechselbetrag, der Restlaufzeit des Wechsels bis zum Verfalltag und dem Diskontsatz. Seine Berechnung erfolgt auf die gleiche Weise wie die der Tageszinsen, deren Berechnungsformel nur verbal abgewandelt wird:

$$\text{Diskont} = \frac{\text{Diskontzahl}}{\text{Diskontteiler}}$$

Diskontzahl (#) = 1% der Wechselsumme · Tage
Diskontteiler = 360 : Diskontsatz

Der Diskontsatz der Geschäftsbanken richtet sich nach dem Diskontsatz der Deutschen Bundesbank (Rediskontsatz), nach der Vertrauenswürdigkeit der Kunden, nach der Wechselsumme und danach, ob der Wechsel an einem Bankplatz (Ort mit einer Niederlassung der LZB) oder Nebenplatz zahlbar gestellt ist. Im allgemeinen berechnen die Banken **2,— DM Mindestdiskont** je Wechsel.

10.2 Wechseldiskontierung bei Geschäftsbanken

10.2.1 Diskontierung eines einzelnen Wechsels

Eine Bank kauft einen Wechsel vor seiner Fälligkeit an und gewährt dadurch dem Einreicher des Wechsels einen Kredit bis zum Verfalltag des Wechsels. Für diese Kreditgewährung berechnet die Bank Zinsen, die sie sofort einbehält und als Diskont von der Wechselsumme abzieht.

Beispiel

Der Autohändler Otto Schmidt zieht am 7.8. einen Wechsel über 8000,— DM, fällig am 7.11., auf seinen Kunden Heinrich Grüter. Der Wechsel wird am 12.8. bei der Handelsbank AG diskontiert, Diskontsatz 9%.

Lösung

Diskont $= \frac{80 \cdot 85}{40} =$ **170,— DM**

Wechselsumme, fällig am 7. 11.	8000,— DM
Diskont 85/9	./. 170,— DM
Barwert am 12. 8.	**7830,— DM**

Merke: Wie in der Zinsrechnung werden die Monate grundsätzlich zu 30 Tagen gerechnet.
Ausnahme: bei Verfall Ende Februar werden 28 bzw. 29 Tage gerechnet.
Pfennigbeträge werden bei der Errechnung der Diskontzahlen nicht berücksichtigt.
Diskontzahlen werden immer auf ganze Zahlen gerundet.
Verfällt ein Wechsel an einem Samstag, Sonntag oder Feiertag, so wird der Diskont bis zum nächsten Werktag gerechnet.
In der Bankpraxis wird die Diskontabrechnung häufig über die Datenverarbeitungsanlage erstellt, die die Feiertage des entsprechenden Jahres bereits gespeichert hat.

Aufgaben

1. Die Stadtsparkasse Dortmund kauft folgende Wechsel an:

	Wechselsumme	Ankaufstag	Verfalltag	Diskontsatz	Auslagen
a)	1250,— DM	8. 4.	25. 6.	5 %	1,50 DM
b)	837,50 DM	10. 7.	31. 8.	$6^1/_2$%	—
c)	5491,20 DM	30. 12.	28. 2.	$4^3/_4$%	2,80 DM
d)	1836,— DM	13. 6.	3. 8.	6 %	1,10 DM
e)	768,35 DM	21. 2.	30. 4.	$7^1/_2$%	—

Errechnen Sie den Betrag der jeweiligen Gutschrift!

2. Die Firma Huber & Rösch, Köln, sendet der Firma Arnold Schreiber, Düsseldorf, zum Ausgleich einer Schuld über 3875,30 DM, fällig am 17.4., einen Wechsel in gleicher Höhe, fällig am 3.6. Wieviel DM müssen Huber & Rösch noch überweisen, wenn der Wechsel am 17.4. zur Bank gegeben und zu 5,5% diskontiert wird?

3. Rudolf Schiller & Co schulden uns zum 21. 1. 6375,— DM. Zum teilweisen Ausgleich erhalten wir einen Wechsel über 6250,— DM, fällig am 31. 3., den wir am 21. 1. bei unserer Bank zu 7% diskontieren lassen. Über den Restbetrag wollen Schiller & Co am 15. 2. einen Verrechnungsscheck schicken. Über welchen Betrag muß dieser Scheck ausgestellt werden, wenn wir 6% Verzugszinsen berechnen?

4. Peter Neuber, Duisburg, sendet uns am 18. 11. zum Ausgleich einer Schuld über 3637,45 DM, ebenfalls am 18. 11. fällig, einen Verrechnungsscheck über 1200,— DM und einen Wechsel über 1400,— DM, fällig am 3. 2. des nächsten Jahres. Den Restbetrag will er uns am 15. 12. überweisen. Wieviel DM schuldet er uns noch, wenn die Bank den Wechsel am 18. 11. zu $7^{1}/_{2}$% diskontiert, 2,50 DM Auslagen berechnet und wir unsere Kunden mit 5% Verzugszinsen belasten?

5. Schnell & Co schulden uns aus verschiedenen Warenlieferungen:
   875,40 DM, fällig am 9. 4.
   1320,70 DM, fällig am 31. 5.
   1195,15 DM, fällig am 23. 6.

   Am 10. 6. erhalten wir eine Überweisung über 2000,— DM. Über den Restbetrag schicken uns Schnell & Co am 30. 6. einen Dreimonatswechsel, der am selben Tag von der Bank zu 7% diskontiert wird. Wieviel DM haben wir noch zu fordern, wenn wir 6% Verzugszinsen in Rechnung stellen?

10.2.2 Diskontierung mehrerer Wechsel zum gleichen Diskontsatz

Wenn mehrere Wechsel zum selben Diskontsatz gemeinsam abgerechnet werden sollen, empfiehlt es sich, die Abrechnung nach dem von der summarischen Zinsrechnung her bekannten Schema vorzunehmen.

Beispiel

Die Maschinenfabrik Alfred Weiler reicht ihrer Bank am 25. 2. vier Kundenwechsel zum Diskont ein, Diskontsatz $8^{1}/_{2}$%.

Nr. 1: 6450,— DM, fällig am 14. 3.
Nr. 2: 1370,— DM, fällig am 8. 4.
Nr. 3: 4631,50 DM, fällig am 29. 4.
Nr. 4: 820,— DM, fällig am 19. 5.

Lösung

Betrag	Wert	Tage	#
6450,— DM	14. 3.	19	1226
1370,— DM	8. 4.	43	589
4631,50 DM	29. 4.	64	2964
820,— DM	19. 5.	84	689
13271,50 DM	Gesamtbetrag		5468
·/. 129,10 DM	Diskont 8,5%		
13142,40 DM	Barwert am 25. 2.		

Diskontberechnung

5468 : 45 = 121,51 DM ≙ 8 %
+ $^{1}/_{16}$ von 121,51 = 7,59 DM ≙ 0,5%
129,10 DM ≙ 8,5%

Aufgaben

1. Die Betonwerke Stein GmbH lassen am 23. 10. folgende Wechsel bei der Commerzbank AG diskontieren:

	Wechselsumme	Verfalltag	Auslagen
a)	3673,20 DM	15. 11.	2,— DM
b)	1528,— DM	9. 12.	1,50 DM
c)	5169,— DM	31. 12.	—
d)	2416,25 DM	6. 1.	1,80 DM
e)	9320,— DM	21. 1.	—

Die Wechsel werden zu 6,5% abgerechnet. Über wieviel DM lautet die Gutschrift?

2. Die Volksbank Mayen eG diskontiert am 16. 1. folgende Wechsel zu $9^1/_2$% und berechnet der einreichenden Firma Schnell & Jülicher 8,50 DM Auslagen:

2136,40 DM, fällig am 26. 1.
1783,— DM, fällig am 8. 2.
4220,60 DM, fällig am 22. 2.
3065,— DM, fällig am 12. 3.
787,50 DM, fällig am 6. 4.

Auf welchen Betrag lautet die Gutschrift der Bank?

3. Ermitteln Sie den Barwert folgender Wechsel, die am 29. 1. zu $7^1/_2$% diskontiert werden.

	Wechselsumme	Verfalltag	Auslagen
a)	827,60 DM	6. 2.	1,10 DM
b)	1268,30 DM	28. 2.	1,50 DM
c)	15430,45 DM	13. 3.	—
d)	952,25 DM	31. 3.	1,50 DM
e)	24890,— DM	9. 4.	—

4. Die Firma Pilgauer KG läßt am 8. 4. bei der Bayerischen Hypotheken- und Wechselbank in Fürth folgende Wechsel diskontieren:

2542,— DM, fällig am 27. 4. (Sa.) in Nürnberg
1837,80 DM, fällig am 17. 5. in Ansbach
3715,40 DM, fällig am 11. 6. in Altdorf (N)
930,— DM, fällig am 2. 7. in Röthenbach (N)

Die Bank berechnet für Platzwechsel $7^1/_2$% und für Nebenplatzwechsel 9% Diskont. Berechnen Sie die Gutschrift der Bank.

5. Die Maschinen- und Apparatebau GmbH, Hagen, reicht am 3. 5. bei der Deutschen Bank AG, Hagen, folgende Wechsel zum Diskont ein:

Wechselsumme	Verfalltag	Auslagen
826,30 DM	24. 5.	1,10 DM
1678,40 DM	29. 5.	1,50 DM
5940,65 DM	30. 6.	3,— DM
16221,90 DM	31. 7.	3,50 DM
9530,— DM	20. 8.	3,— DM

Die Bank berechnet für Wechsel bis 1000,— DM 8,5% Diskont,
Wechsel bis 5000,— DM 8 % Diskont,
Wechsel über 5000,— DM 7,5% Diskont.

Wieviel DM werden der Maschinen- und Apparatebau GmbH gutgeschrieben?

6. Für ihren Kunden Wilfried Klinkmann rechnet die Stadtsparkasse Hamm am 19. 7. folgende Handelswechsel ab:

1 850,— DM, fällig am 2. 8. a/Pelkum (N)
2480,— DM, fällig am 29. 8. a/Dortmund
1 625,60 DM, fällig am 7. 9. (Sa.) a/Soest
3144,— DM, fällig am 23. 9. a/Hamm
2735,80 DM, fällig am 11. 10. a/Heessen (N)

Platzwechsel rechnet die Sparkasse zu 6½% ab, Nebenplatzwechsel zu 8%. Fertigen Sie die Abrechnung an.

7. Die Firma Emil Bruns, Hamburg, hat gegenüber ihrem Kunden Alfred Schulte, Elmshorn, folgende Forderungen:

3480,— DM, fällig am 8. 9.
1 325,— DM, fällig am 21. 9.
4643,— DM, fällig am 31. 10.

Zum teilweisen Ausgleich schickt Schulte am 15. 9. einen Verrechnungsscheck über 3000,— DM. Am 1. 11. erhält Bruns außerdem drei Wechsel über

1 500,— DM, fällig am 1. 12.
2000,— DM, fällig am 18. 12.
1 800,— DM, fällig am 31. 12.

Die Wechsel werden am 2. 11. bei der Dresdner Bank AG in Hamburg zu $7^1/_2$% diskontiert. Über den Restbetrag will Schulte am 15. 11. einen Scheck schicken. Bruns berechnet 8% Verzugszinsen. Welche Forderung macht Bruns am 15. 11. geltend?

8. Die Firma Manfred Brinkmann schuldet ihrem Lieferer zum 16. 9. 12380,40 DM. Zum teilweisen Ausgleich reicht sie am 15. 10. drei Wechsel ein, die dem Lieferer am 16. 10. zu 7% Diskont gutgeschrieben werden:

1. 3680,— DM, fällig am 29. 10.
2. 2946,— DM, fällig am 31. 10.
3. 4230,— DM, fällig am 13. 12.

a) Wie hoch ist der Barwert der Wechsel?
b) Welche Restforderung hat die Lieferfirma am 15. 11. noch, wenn sie 8,5% Verzugszinsen berechnet?

9. Ein Sparkasse diskontiert am 17.12.01 folgende Wechsel zu $6^1/_2$%;

13 419,20 DM, fällig am 28.1.02 (Sa)
7165,10 DM, fällig am 12.2.02 (So)
872,50 DM, fällig am 28.2.02
6253,40 DM, fällig am 11.3.02 (Sa)

Berechnen Sie die Gutschrift auf dem Bankkonto.

10. Der Papiergroßhändler Walter Wiesner schuldet der Papierfabrik Feldmühle AG 16725,— DM zum 20. 5. Zum teilweisen Ausgleich dieser Schuld schickt er am 20. 4. drei Wechsel über

4450,— DM, fällig am 18. 6.
6770,— DM, fällig am 2. 7.
3860,— DM, fällig am 19. 7.

Die Feldmühle belastet ihn mit 9% Diskont vom Verfalltage an zuzüglich 7,50 DM Spesen und MwSt. Wie hoch ist Wiesners Restschuld am 20. 5.?

11. Ottmar Huber, Inhaber einer Getränkegroßhandlung, plant den Kauf eines neuen Lastwagens zum Preis von 60000,— DM einschließlich MwSt. Bei Sofortkasse soll er 3% Skonto erhalten. Er hat zwei Möglichkeiten:

a) Aufnahme eines Bankkredits zu 9,5% Zinsen, rückzahlbar in drei gleichen Monatsraten vom aufgenommenen Kredit. Die Zinsen für die Dauer der Kreditinanspruchnahme werden nach Ablauf der drei Monate von der Bank erhoben.

oder

b) Finanzierung über drei Wechsel zu je 20000,— DM, fällig nach einem, zwei und drei Monaten, Diskontsatz 6%. Den Diskont muß Huber tragen, außerdem verliert er den Anspruch auf Skontoabzug.

Bei welcher Möglichkeit steht sich Huber finanziell günstiger?

12. Die Firma Gerhard Kühnert in Schwerte schuldet der Lüdenscheider Gesenkschmiede GmbH 60000,— DM lt. Rechnung vom 25.4., die innerhalb 14 Tagen mit 2% Skonto oder mit 60 Tagen Ziel zahlbar ist. Kühnert reicht seinem Lieferer am 8.5. folgende Wechsel zahlungshalber ein:

12840,— DM, fällig am 22. 5.	8200,— DM, fällig am 21. 6.
14450,— DM, fällig am 28. 5.	4500,— DM, fällig am 27. 6.
9650,— DM, fällig am 9. 6.	4850,— DM, fällig am 4. 7.

Den Rest begleicht er durch einen Verrechnungsscheck. Auf welchen Betrag muß der Scheck lauten, wenn der Diskont für Wechsel unter 5000,— DM 9%, für Wechsel von 5000,— DM bis 10000,— DM $8^1/_2$% und für Wechsel über 10000,— DM 8% beträgt?

10.2.3 Mindestdiskont

Bei kurzer Restlaufzeit oder geringem Wechselbetrag können die betrieblichen Bearbeitungskosten nicht immer aus dem Zinsnutzen allein gedeckt werden. Darum verlangen die Banken zum Ausgleich entweder eine zusätzliche Abrechnungsgebühr je Wechsel oder Abrechnung, oder sie verlangen einen Mindestbetrag für den Diskont. Dann ist für jeden Wechsel zu prüfen, ob die errechneten Zinszahlen den verlangten Mindestdiskont ergeben:

$$\text{Mindestdiskontzahl} = \frac{\text{Mindestdiskont} \cdot 360}{\text{Diskontsatz}}$$

Die so errechnete Zinszahl kann in die summarische Abrechnung eingesetzt werden. Ein Hinweis auf die Mindestdiskontzahl ist üblich (MZ).

Aufgaben zum Mindestdiskont

1. Eine Bank diskontiert am 15.5.01 folgende Wechsel zu $7^3/_4$% und 5,— DM Mindestdiskont je Wechsel:

   720,— DM, fällig am 31.5.01
   5210,10 DM, fällig am 5.6.01
   376,40 DM, fällig am 10.6.01.

   Erstellen Sie die Diskontabrechnung.

2. Eine Sparkasse diskontiert am 10.11.01 folgende Wechsel zu $5^1/_4$% und berechnet 6,— DM Mindestdiskont. Für nicht domizilierte Wechsel[1] erhebt sie 2‰ Domizilprovision.

   6274,34 DM, fällig am 26.11.01
   422,70 DM, fällig am 28.11.01
   2300,12 DM, fällig am 30.11.01 (Sa.)
   1970,50 DM, fällig am 4.12.01 (nicht domiziliert)

   Erstellen Sie die Diskontabrechnung.

[1] Wechsel, die nicht bei einer Bank zahlbar gestellt sind (nicht domizilierte Wechsel), müssen dem Bezogenen direkt vorgelegt werden. Dafür wird eine besondere Domizilprovision berechnet.

10.3 Wechseldiskontierung bei den Landeszentralbanken

Die Geschäftsbanken können, da ihre liquiden Mittel begrenzt sind, in den meisten Fällen die von ihren Kunden aufgekauften Wechsel nicht bis zum Verfalltag aufbewahren, um sie dann den Bezogenen zur Einlösung vorzulegen. Sie können, um wieder zu Bargeld zu kommen, die Wechsel an die Landeszentralbank verkaufen, die die Wechsel zum jeweils gültigen Diskontsatz der Deutschen Bundesbank (Bankrate) rediskontiert. Die eingereichten Wechsel müssen jedoch bundesbankfähig sein, d. h. folgenden Anforderungen genügen:

1. Sie sollen gute Handelswechsel sein.
2. Sie müssen spätestens drei Monate nach Ankauf fällig sein.
3. Sie sollen Unterschriften von drei als zahlungsfähig bekannten Verpflichteten tragen.
4. Sie müssen an einem Bankplatz zahlbar gestellt sein, d. h. an einem Ort, wo sich eine Niederlassung der LZB befindet.

Merke: Die Landeszentralbank berechnet:

1. 5 Mindestdiskonttage,
2. neben dem Diskont noch 2,— DM Gebühr für jeden Wechsel, dessen Restlaufzeit 10 oder weniger Tage beträgt.
3. Beträgt die Restlaufzeit bei Wechseln, die sonst bundesbankfähig sind, mehr als drei Monate, so wird nur für die darüber hinausgehende Laufzeit der jeweils höhere Diskontsatz angewandt.

Beispiel

Die Stadtsparkasse Essen reicht der Landeszentralbank am 15. 8. folgende Wechsel zum Diskont zu 4% ein:

1640,— DM, fällig am 18. 8. in Bochum
850,— DM, fällig am 22. 8. in Essen
6310,— DM, fällig am 25. 8. in Gelsenkirchen
2580,— DM, fällig am 17. 9. in Recklinghausen
630,— DM, fällig am 10. 10. in Münster

Lösung

Wechselsumme	Zahlungsort	Verfalltag	Tage	#	Gebühren
1640,— DM	Bochum	18. 8.	5 (3)	82	2,— DM
850,— DM	Essen	22. 8.	7	60	2,— DM
6310,— DM	Gelsenkirchen	25. 8.	10	631	2,— DM
2580,— DM	Recklinghausen	17. 9.	32	826	—
630,— DM	Münster	10. 10.	55	347	—
				1946	6,— DM

12010,— DM Gesamtbetrag
– 21,62 DM Diskont
– 6,— DM Gebühren

11982,38 DM Barwert am 15. 8.

Diskontberechnung

1946 : 90 = 21,62 DM

Aufgaben

1. Die Handelsbank AG, Essen, reicht am 8.12. folgende Wechsel bei der LZB zum Rediskont ein:

   8750,— DM, fällig am 10. 12.
   1325,— DM, fällig am 12. 12.
   4890,— DM, fällig am 17. 12.
   3610,— DM, fällig am 18. 12.
   5430,— DM, fällig am 31. 12.

   Welchen Betrag schreibt die LZB der Handelsbank gut, wenn der Diskontsatz $4^1/_2$% beträgt?

2. Die Kreissparkasse Schwäbisch Hall läßt am 18.4. bei der LZB folgende Wechsel zu $4^1/_2$% rediskontieren:

Wechselbetrag	Zahlungsort	Verfall
1500,— DM	Stuttgart	20. 4.
4350,— DM	Karlsruhe	22. 4.
970,— DM	Ludwigsburg	28. 4.
2640,— DM	Darmstadt	8. 5.
3230,— DM	Tübingen	15. 5.

   Führen Sie die Abrechnung durch.

3. Die Privatbank Stein & Reich in Düsseldorf reicht der LZB am 5.1. folgende Wechsel zum Rediskont ein:

   6480,— DM, fällig am 9. 1.
   3120,— DM, fällig am 14. 1.
   8756,— DM, fällig am 31. 1.
   2570,— DM, fällig am 28. 2.
   15145,— DM, fällig am 1. 3.

   Welchen Betrag schreibt die LZB der Privatbank gut, wenn der Diskontsatz $5^1/_2$% beträgt?

4. Berechnen Sie den Barwert der Wechsel, die am 8.2. von der Stadtsparkasse Fulda bei der LZB zum Rediskont eingereicht und mit 5% abgerechnet werden.

Wechselsumme	Verfall
3367,— DM	12. 2.
2642,— DM	2 Monate nach Sicht (akzeptiert am 21. 1.)
850,— DM	9. 4. (Karsamstag)
1728,— DM	24. 4. (So)

5. Die Bayerische Hypotheken- und Wechselbank, München, diskontiert am 11. 8. folgende Wechsel zu $7^1/_2$% Diskont und reicht sie am 12. 8. der LZB zum Rediskont zu $4^1/_2$% ein:

   16480,— DM, fällig am 14. 8.
   9370,— DM, fällig am 16. 8.
   24140,— DM, fällig am 20. 8.
   17630,— DM, fällig am 31. 8.
   3850,— DM, fällig am 21. 9.

   Welcher Gewinn bleibt der Bank?

6. Die LZB Baden-Württemberg rediskontiert am 26.1.01 zum Diskontsatz von 4,5% folgende Wechsel für die Sparkasse Freiburg:

   21374,80 DM, fällig am 2.2.01
   14977,80 DM, fällig am 27.2.01 (Sa), Schaltjahr
   9800,— DM, fällig am 6.3.01 (So)
   23470,— DM, fällig am 13.3.01
   19370,60 DM, fällig am 26.4.01 (Sa)

   Berechnen Sie den Gutschriftsbetrag.

7. Eine Bank diskontiert zum 10.1.01 vier Wechsel zu folgenden Bedingungen: bundesbankfähige Wechsel zu $4^3/_4$%, andere Wechsel zu $5^1/_2$%, Mindestdiskont je Wechsel 5,— DM.

   2587,40 DM, fällig am 1.2. (Nebenplatz)
   3883,40 DM, fällig am 28.2. (Sa, Schaltjahr)
   11417,85 DM, fällig am 13.3. (Sa)
   2112,50 DM, fällig am 15.4.

   Berechnen Sie den Gutschriftsbetrag.

10.4 Diskontrechnung im Hundert

10.4.1 Umwandeln fälliger Buchforderungen in später fällige Wechselforderungen

Der Wechsel gilt im kaufmännischen Verkehr nicht nur als Zahlungsmittel, sondern vor allem auch als Kredit- und Sicherungsmittel. Gläubiger und Schuldner vereinbaren, daß die fällige Forderung durch einen Wechsel beglichen wird, den der Gläubiger auf den Schuldner zieht. Der Wechsel ist zu einem festgesetzten späteren Zeitpunkt von dem Schuldner einzulösen. Dadurch gewährt der Gläubiger dem Schuldner einen Kredit bis zum Einlösungstermin. Gleichzeitig wird aber seine Kaufpreisforderung durch die strengen Bestimmungen des Wechselgesetzes stärker abgesichert.

Bei der Ausstellung des Wechsels bieten sich zwei Möglichkeiten an:

a) der Wechsel wird über die ursprüngliche Schuldsumme ausgestellt. Der von der Bank einbehaltene Diskont wird dem Kunden gesondert in Rechnung gestellt (Regelfall in der Praxis);

b) die Wechselsumme umfaßt die Schuldsumme und die später von der Bank zu berechnenden Diskontspesen (Diskontrechnung im Hundert). Dabei ist darauf zu achten, daß die Weiterbelastung des Kunden mit Auslagen einen umsatzsteuerpflichtigen Vorgang darstellt. (Die bisherige Rechtsprechung des BFH zur umsatzsteuerlichen Behandlung von Verzugszinsen ist im Hinblick auf das EuGH-Urteil vom 1. 7. 1982 nicht mehr anzuwenden. Verzugszinsen, Fälligkeitszinsen und Prozeßzinsen sind als Schadenersatz und nicht als Teil des Entgelts für eine Leistung zu behandeln. Nach Auskunft des BdF ist die Belastung mit Diskont nach wie vor ein umsatzsteuerpflichtiger Vorgang, falls nicht ein separates Kreditgeschäft vereinbart wurde, vgl. auch Abschn. 29a, Abs. 1 und 6 UStR).

Beispiel

zur Diskontrechnung im Hundert

Die Süd-Zement AG zieht vereinbarungsgemäß einen Wechsel auf ihren Kunden, den Baustoffhändler Otto Zimmer, zum Ausgleich einer am 18. 9. fälligen Forderung über 20000,— DM. Auf welchen Betrag muß der Wechsel ausgestellt werden, wenn 8% Diskont einzurechnen sind und der Wechsel eine Laufzeit von 90 Tagen haben soll?

Lösung

Wechsel, fällig am 18. 12.	20470,83 DM	100 %
·/. Diskont $^{90}/_{8}$%	409,42 DM	2 %
·/. 15% USt auf den Diskont	61,41 DM	0,3 %
Barwert des Wechsels am 18. 9.	**20000,— DM**	**97,72%**

Lösungsweg

① Der Forderungsbetrag ist als Barwert anzusetzen.

② Von der zu errechnenden Wechselsumme wird der Diskont abgezogen. Die Wechselsumme wird daher = 100% gesetzt. Die Differenz ergibt den Barwert.

③ Die Wechselsumme kann nur über die Prozentrechnung ermittelt werden. Es ist daher nötig, eine Verbindung zwischen Diskontrechnung und Prozentrechnung zu schaffen. Übereinstimmung herrscht nur dann, wenn der Faktor „Zeit" in der Diskontrechnung gleich 1 (ein Jahr, 360 Tage) gesetzt werden kann. Daher ist zu fragen, welchem Prozentsatz vom Wechselbetrag entsprechen 8% Diskont über 90 Tage?

Lösung mit Hilfe des Dreisatzes: $\frac{8 \cdot 90}{360} = 2\%$

④ Ermitteln des anteiligen Umsatzsteuerprozentsatzes: 15% von 2% = 0,3%

⑤ Barwert = Differenz zwischen Wechselsumme, Diskont und USt = 97,7%

⑥ Berechnung der Wechselsumme mit Hilfe der Prozentrechnung (im Hundert)

$$x = \frac{20000 \cdot 100}{97{,}7} = 20470{,}83\ \text{DM}$$

⑦ Errechnen des Nettodiskonts:

$$x = \frac{20470{,}83 \cdot 2}{100} = 409{,}42\ \text{DM}$$

⑧ Umsatzsteuer = 15% von 409,42 DM = 61,41 DM

Aufgaben

1. Eine Forderung über 8320,— DM, fällig am 13.7., soll durch einen Wechsel beglichen werden, der zum 13.9. zahlbar gestellt ist. Auf welchen Betrag muß der Wechsel lauten, wenn 6% Diskont eingerechnet werden sollen?
2. Folgende Buchforderungen sollen in Wechselforderungen umgewandelt werden:

	Schuld	Fälligkeit	Wechselverfall	Diskontsatz in %
a)	1700,— DM	18. 1.	30. 3.	6
b)	4615,— DM	1. 3.	11. 5.	$7^1/_5$
c)	2170,— DM	14. 2.	14. 5.	7
d)	3485,— DM	22. 2.	28. 5.	$8^1/_4$
e)	5320,— DM	8. 4.	26. 5.	$7^1/_2$

Errechnen Sie die Wechselbeträge.

3. Auf welchen Betrag muß ein am 21.6. fälliger Wechsel lauten, mit dem eine am 21.4. fällige Schuld von 2250,— DM beglichen werden soll? Der Schuldner akzeptiert den Wechsel, der mit 7½% Diskont abgerechnet wird.
4. Eine am 4.3. fällige Forderung über 4550,— DM soll am 20.3. durch einen Wechsel, fällig am 20.6., ausgeglichen werden. Der Gläubiger berechnet 6% Verzugszinsen. Über welche Summe muß der Wechsel ausgestellt werden, wenn 7% Diskont mit eingerechnet werden?
5. Die Firma Hans Grüne schuldet seit dem 19.5. einen Rechnungsbetrag von 4215,— DM. Der Lieferer Manfred Schlüpmann belastet den Schuldner daher mit $7^1/_2$% Verzugszinsen und zieht am 4.7. auf ihn einen Wechsel, fällig am 4.9., unter Einbeziehung von 8% Diskont und 6,80 DM Auslagen. Wie hoch ist die Wechselsumme?
6. Knapp & Co schulden ihrem Lieferer zum 15.10. 7380,— DM. Am 31.10. überweisen sie 3000,— DM und bitten, den Rest (einschließlich $6^1/_2$% Verzugszinsen) mit einem Dreimonatswechsel zahlen zu dürfen, der am 31.1. fällig ist. Über welchen Betrag wird die Lieferfirma den Wechsel ausstellen, wenn $7^1/_2$% Diskont eingerechnet werden?
7. Der Kaufmann Rudolf Bender hat für gelieferte Waren 6300,— DM am 28.5. zu fordern. Da der Schuldner nicht zahlen kann, zieht Bender vereinbarungsgemäß am 28.5. einen Wechsel auf ihn, fällig zwei Monate nach dato, unter Einrechnung von 7% Diskont. Berechnen Sie die Wechselsumme.
8. Die Firma Schuldenreich GmbH & Co KG bittet ihren Lieferer, die Treu & Glauben OHG, eine am 20.7. fällige Forderung über 6500,— DM bis zum 30.9. bei 7% Verzugszinsen zu stunden und am 30.9. einen Wechsel auf die Gesamtschuld (einschließlich 9½ Diskont) auszustellen, der am 31.12. zahlbar ist. Auf welchen Betrag lautet der Wechsel?

10.4.2 Wechselprolongation

Prolongation bedeutet das Hinausschieben des Wechselverfalltages auf einen späteren Zeitpunkt. Wenn ein Bezogener am Verfalltag einen Wechsel nicht einlösen kann, bittet er den Aussteller zur Vermeidung eines Wechselprotests um Verlängerung der Laufzeit des Wechsels. Hierfür gibt es zwei Möglichkeiten, je nachdem, ob der Wechsel weitergegeben worden ist oder nicht:

1. Der Wechsel ist noch im Besitz des Ausstellers.
   a) Durchstreichen des Verfalltages und Einsetzen eines neuen Datums (der Wechsel verliert seine Zentralbankfähigkeit),
   b) Vernichtung des alten Wechsels und Ausstellen eines neuen Wechsels.

2. Der Wechsel ist nicht mehr im Besitz des Ausstellers (Regelfall).
   Der Aussteller streckt das Geld für die Einlösung des alten Wechsels vor und läßt sich vom Bezogenen einen neuen Wechsel akzeptieren. Der Diskont kann entweder gesondert berechnet oder in den neuen Wechsel eingerechnet werden.

Beispiel

Ein Bezogener bittet den Aussteller eines am 29.4. fälligen Wechsels über 1 500,— DM um Prolongation. Auf welchen Betrag lautet der neue Wechsel, der eine Laufzeit von 30 Tagen hat, wenn 6% Diskont eingerechnet werden?

Lösung

Wechsel, fällig am 29.5.	1 508,67 DM	100 %
./. Diskont $^{30}/_{6}$ %	7,54 DM	0,5 %
./. 15% USt auf den Diskont	1,13 DM	0,075%
Barwert des Wechsels am 29.4.	**1 500,— DM**	99,425%

Lösungsweg siehe 10.4.1

Aufgaben

1. Prolongieren Sie am 11.8. einen am 15.8. fälligen Wechsel über 2486,— DM bis zum 15.10. Die Summe des neuen Wechsels soll 6⅔% Diskont einschließen.
2. Auf einen Wechsel über 7418,— DM werden bei Verfall am 14.11. 4000,— DM gezahlt, der Restbetrag einschließlich 6¾% Diskont wird bis zum 18.1. n.J. prolongiert. Wie hoch ist die Summe des Ausgleichswechsels?
3. Auf Ersuchen des Bezogenen verlängert der Aussteller einen am 25.3. fälligen Wechsel über 7500,— DM bis zum 19.5. Auf welchen Betrag lautet der Prolongationswechsel, wenn in seine Summe $9^{1}/_{3}$% Diskont einbezogen werden?
4. Ein am 7.9. fälliger Wechsel über 1500,— DM kann vom Bezogenen nicht eingelöst werden. Um einen Wechselprotest zu vermeiden, bittet der Bezogene den Aussteller um drei Monate Prolongation. Über welchen Betrag wird der neue Wechsel ausgestellt, wenn 7% Diskont eingerechnet werden?
5. Auf Grund unvorhersehbarer finanzieller Schwierigkeiten ist der sonst pünktliche Zahler Reinhard Ehrlich nicht in der Lage, sein am 31.12. fälliges Akzept über 2400,— DM in voller Höhe einzulösen. Er selbst kann nur 1000,— DM aufbringen und bittet den Aussteller, einen neuen Dreimonatswechsel auf ihn zu ziehen. Auf welchen Betrag lautet der neue Wechsel, wenn $6^{1}/_{2}$% Diskont eingerechnet werden?

6. Ein am 4. 5. fälliger Wechsel über 1800,— DM kann vom Bezogenen nicht eingelöst werden. Auf Bitten des Bezogenen löst der Aussteller den Wechsel ein und zieht am 7. 5. einen neuen Wechsel, fällig am 4. 7., auf den Bezogenen. Über welchen Betrag lautet der Wechsel, wenn 8% Diskont mit eingerechnet werden?
7. Der Bezogene eines Wechsels über 10800,— DM, fällig am 14. 11., teilt dem Aussteller am 7. 11. mit, daß er den Wechsel am Verfalltag nicht einlösen, sondern nur eine Teilzahlung von 8000,— DM leisten könne. Er bittet um Überweisung des Restbetrages und Ausstellung eines Prolongationswechsels. Der Aussteller kommt der Bitte nach und prolongiert den Restbetrag zuzüglich $8^2/_3$% Diskont und 10,— DM Auslagen um 60 Tage. Berechnen Sie die Wechselsumme.

10.4.3 Ausgleichswechsel

Beispiel

Die Firma Siegfried Löwe schuldet der Uwe Körner KG 12500,— DM zum 26. 3. und sendet ihr zum teilweisen Ausgleich drei Wechsel über 1900,— DM, fällig am 17. 4., 4300,— DM, fällig am 5. 5., 2800,— DM, fällig am 9. 6. Sie bittet die Firma Uwe Körner, über den Restbetrag einen Ausgleichswechsel auszustellen, der am 26. 6. fällig sein soll. Auf welchen Betrag muß dieser Wechsel ausgestellt werden, wenn alle Wechsel zu 8% diskontiert werden?

Lösung

a) summarischer Diskont der zum teilweisen Schuldausgleich eingereichten Wechsel

Wechselsumme	Verfalltag	Tage	#
1900,— DM	17. 4.	21	399
4300,— DM	5. 5.	39	1677
2800,— DM	9. 6.	73	2044
9000,— DM ⁒ 91,56 DM Diskont 8% **8908,44 DM Barwert am 26. 3.**			4120 : 45 = **91,56 DM**

b) Berechnen der Restforderung zum 26. 3.

12500,— DM	Forderung am 26. 3.
– 8908,44 DM	Barwert der Wechsel am 26. 3.
3591,56 DM	**Restforderung am 26. 3.**

c) Berechnung der Summe des Ausgleichswechsels

Wechsel, fällig am 26. 6.	3676,11 DM	100 %
⁒ Diskont $^{90}/_{8}$%	73,52 DM	2 %
⁒ 15% USt auf den Diskont	11,03 DM	0,3%
Barwert des Wechsels am 26. 3.	3591,56 DM	97,7%
⁒ Diskont (weiterbelastet)	79,62 DM	
⁒ 15% USt auf Diskont	11,94 DM	
Restschuld ohne Diskont	**3500,— DM**	

Aufgaben

1. Eine am 19. 1. fällige Schuld von 21600,— DM wird durch drei Wechsel teilweise bezahlt:
   5200,— DM, fällig am 16. 2.
   4900,— DM, fällig am 28. 2.
   5500,— DM, fällig am 8. 3.
   Die Restschuld einschließlich 7½% Diskont soll durch einen Wechsel, fällig am 13. 4., beglichen werden. Berechnen Sie die Summe des Ausgleichswechsels.

2. Zum Ausgleich einer Rechnung vom 25. 7. über 8350,— DM erhält der Gläubiger am 25. 7. einen Scheck über 1 000,— DM und je einen Wechsel über 1 500,— DM, fällig am 4. 9., 2100,— DM, fällig am 18. 9., 3000,— DM, fällig am 1. 10.
Über den Restbetrag stellt der Gläubiger vereinbarungsgemäß einen Wechsel aus, fällig am 25. 10. Über welchen Betrag lautet der Ausgleichswechsel, wenn er wie die anderen Wechsel zu 7½% diskontiert und der Diskont eingerechnet wird?

3. Der Bauunternehmer Norbert Backhaus kauft am 12. 9. von der Firma Hermann Eisenreich für 18500,— DM Baustahl. Die Zahlungsbedingungen lauten: innerhalb 8 Tagen abzüglich 3% Skonto oder innerhalb 30 Tagen netto Kasse. Am 12. 10. reicht er zum teilweisen Ausgleich drei Wechsel ein über:
4580,— DM, fällig am 25. 10.,
5930,— DM, fällig am 31. 10.,
6750,— DM, fällig am 21. 11.,
die noch am selben Tage von der Firma Eisenreich zum Diskont eingereicht werden. Über den Restbetrag einschließlich Diskont stellt die Lieferfirma einen Ausgleichswechsel aus, der am 12. 1. n. J. zahlbar ist. Über welche Summe lautet der Ausgleichswechsel, wenn alle Wechsel zu 7% Diskont abgerechnet werden?

4. Der Großhändler Erwin Kropp bezieht am 13. 9. Waren für 14240,— DM, zahlbar innerhalb 8 Tagen abzüglich 2% Skonto oder mit 60 Tagen Ziel. Am 9. 12. erhält der Lieferer Fritz Cordes zwei Wechsel über 6850,— DM, fällig am 13. 12., und 4000,— DM, fällig am 19. 1., die er am 10. 12. bei seiner Bank einreicht, den ersten zum Inkasso, den zweiten zum Diskont zu 7%.
Am 14. 12. zieht Cordes auf Kropp einen Zweimonatswechsel, dessen Summe die Restschuld, 7% Verzugszinsen und Diskont einschließt. Berechnen Sie den Wechselbetrag.

5. Neumann & Co schulden zum 15. 2. aus Warenlieferungen 9200,— DM. Nach mehreren Mahnungen reichen sie ihrem Gläubiger am 28. 3. zum teilweisen Ausgleich drei Wechsel ein, und zwar über
2400,— DM, fällig am 19. 4.
1 950,— DM, fällig am 9. 5.
3100,— DM, fällig am 31. 5.
Die Wechsel werden am 28. 3. der Bank eingereicht und mit $6^1/_2$% diskontiert. Am selben Tage zieht der Gläubiger auf Neumann & Co einen Ausgleichswechsel über die Restschuld einschließlich 6% Verzugszinsen. Über welchen Betrag muß der Ausgleichswechsel lauten, wenn er am 28. 6. fällig ist, ebenfalls zu $6^1/_2$% diskontiert wird und neben der Restschuld und den Verzugszinsen auch den Diskont enthält?

6. Der Gewerbetreibende Jürgen Seifert hat am 15. 1. bei der Stadtsparkasse einen Überbrückungskredit von 20000,— DM aufgenommen, der mit $7^1/_2$% zu verzinsen und bis zum 30. 6. zurückzuzahlen ist. Er leistet folgende Rückzahlungen:
4500,— DM am 20. 2.
1 000,— DM am 25. 3.
3400,— DM am 10. 4.
5100,— DM am 28. 5.
Die Restschuld begleicht Seifert am 30. 6. mit einem Wechsel, der 8⅓ Diskont einschließt und am 6. 8. fällig ist. Berechnen Sie die Wechselsumme.

7. Zum Teilausgleich einer am 16. 10. fälligen Verbindlichkeit von 15500,— DM schickt der Schuldner am 20. 10. zwei Wechsel über 7300,— DM, fällig am 8. 11. und 4000,— DM, fällig am 19. 11.
Der Gläubiger läßt die Papiere noch am gleichen Tage bei der Spar- und Darlehnskasse eG zu 8% und bei 3,— DM Spesenabzug diskontieren und stellt über die Restschuld einen Ausgleichswechsel aus, fällig am 26. 1., unter Einrechnung von 8% Diskont. Wie hoch ist die Wechselsumme?

11 Terminrechnung

In der Terminrechnung ist für mehrere an unterschiedlichen Tagen fällige Beträge ein

gemeinsamer Verfalltag = mittlerer Verfalltag

zu errechnen, durch den weder Gläubiger noch Schuldner einen Zinsgewinn oder einen Zinsverlust haben.

11.1 Terminrechnung mit gleichen Beträgen

Beispiel

Ein Gewerbetreibender hat am 20. 5. ein Darlehn von 8000,— DM aufgenommen, das in vier gleichen Raten nach 3, 6, 9 und 12 Monaten zurückzuzahlen ist. Wann kann der Schuldner die Rückzahlung ohne Zinsschaden oder -nutzen in einer Summe leisten?

Lösung

$$\frac{3+6+9+12}{4} = \frac{30}{4} = 7^1/_2 \text{ Monate} = 225 \text{ Tage}$$

mittlerer Verfall = 20. 5. + 225 Tage = **5. 1. n. J.**

$$\text{mittlere Verfallzeit} = \frac{\text{Summe der Zeit}}{\text{Anzahl der Raten}}$$

Aufgaben

1. Der Rentner Hermann Stahl kauft am 30. September ein Farbfernsehgerät für 1920,— DM. Der Betrag soll in zwölf gleichen Monatsraten, fällig jeweils am 15. eines Monats, gezahlt werden. Die erste Rate ist am 15. Oktober fällig. Wann könnte Stahl den Gesamtbetrag in einer Summe zahlen?
2. Der Großhändler Hugo Schulze erhält von einem Kunden auf Grund einer Teilzahlungsvereinbarung am 15. 2. sechs Wechsel über je 2750,— DM, fällig am 1. 3., 15. 3., 15. 4., 30. 4., 15. 5. und 1. 6. Seine Bank schreibt die Wechsel zum mittleren Verfalltag gut. Wann ist das?
3. Der Gewerbetreibende Erich Klatt kauft am 20. 4. einen Kombi-Lieferwagen für 18400,— DM und zahlt $^1/_4$ des Kaufpreises an. Der Rest ist in acht gleichen Raten, fällig jeweils am 20. eines Monats, zu zahlen. Wann könnte die Restzahlung ohne Zinsschaden oder -nutzen für Käufer und Verkäufer geleistet werden?
4. Ein Unternehmer kauft am 15. 7. eine Maschine zum Bruttopreis von 79920,— DM und zahlt sofort 20% an. Der Restbetrag soll in sechs gleichen Raten am 30. 8., 15. 10., 30. 11., 15. 1. n. J., 15. 3. und 15. 4. bezahlt werden. Da der Unternehmer unvorhergesehen den Gesamtbetrag flüssig machen kann, will er ihn in einer Summe am mittleren Verfalltag entrichten. An welchem Tage ist das?
5. Die Hausfrau Jenny Meißner kauft am 20. 3. einen Waschautomaten für 1200,— DM und zahlt 300,— DM an. Der Rest soll in sechs Raten zu je 174,— DM gezahlt werden, die am 20. 5., 20. 7., 20. 9., 20. 10., 20. 11. und 20. 12. fällig sind.
   a) Wann könnte sie die Restschuld auf einmal bezahlen?
   b) Wie hoch ist der Ratenaufschlag in DM und Prozent?
   c) Welcher Verzinsung entspricht der Ratenaufschlag?

11.2 Terminrechnung mit ungleichen Beträgen

Sind die geschuldeten Beträge verschieden, so empfiehlt sich folgender Lösungsweg:

1. Man schreibt die Beträge ihrer Fälligkeit nach untereinander.
2. Man wählt den frühesten Verfalltag als Ausgangstag, auf den man alle Beträge bezieht, und berechnet Tage und Zinszahlen. (Es ist möglich, aber unzweckmäßig, einen anderen Ausgangstag zu wählen, z. B. den letzten Verfalltag.)
3. Man teilt die Summe der Zinszahlen durch 1 % des Gesamtbetrages.

Beispiel

Der Baustoffhändler Thomas Kalkstein reicht am 10. 9. bei der Stadtsparkasse vier Wechsel ein und bittet um Gutschrift des Wechselgesamtbetrages zum mittleren Verfalltag.

1. Wechsel 1800,— DM, fällig am 15. 9.
2. Wechsel 4200,— DM, fällig am 2. 10.
3. Wechsel 3400,— DM, fällig am 27. 10.
4. Wechsel 2800,— DM, fällig am 17. 11.

Lösung

DM	fällig	Tage	#
1800,—	**15. 9.**	0	0
4200,—	2. 10.	17	714
3400,—	27. 10.	42	1428
2800,—	17. 11.	62	1736
12200,—			3878 : 122 = 31,786 ~ 32 Tage

Der mittlere Verfalltag liegt also 32 Tage nach dem Ausgangstag.

15. 9. + 32 = 17. 10. mittlerer Verfalltag

Abrundungsverfahren: Bei der Errechnung der Tage werden die Stellen nach dem Komma vom Gläubiger grundsätzlich **ab**gerundet, auch über 0,5, weil er das Geld früher zurückhaben will, während der Schuldner grundsätzlich **auf**rundet, weil er das Geld länger behalten will.

Erklärung: Würde der Wechselgesamtbetrag am Ausgangstag gutgeschrieben, so hätte die Firma Kalkstein einen Zinsvorteil von 3878 #, der sich jeden Tag, um den die Gutschrift später erfolgt, um 122 # vermindert. Die Sparkasse verzögert also die Gutschrift um so viel Tage, bis der Zinsvorteil ausgeglichen ist:

3878 : 122 = 32 Tage

$$\# = \frac{K \cdot Tg}{100} \qquad \frac{\#}{\frac{K}{100}} = \frac{K \cdot Tg \cdot 100}{100 \cdot K} = Tg$$

$$\text{mittlere Verfallzeit} = \frac{\text{Summe der Zinszahlen}}{1\,\%\ \text{des Kapitals}}$$

mittlerer Verfalltag = Ausgangstag + mittlere Verfallzeit

Aufgaben

1. Der Gläubiger Manfred Kruse errechnet den mittleren Verfalltag folgender Forderungen:

   a) 546,50 DM, fällig am 20. 11.
   1 720,— DM, fällig am 24. 11.
   2 658,40 DM, fällig am 16. 12.
   3 162,— DM, fällig am 28. 12.
   1 323,— DM, fällig am 10. 1.

   b) 820,50 DM, fällig am 8. 5.
   2 967,— DM, fällig am 25. 5.
   1 416,— DM, fällig am 12. 6.
   3 812,60 DM, fällig am 26. 6.
   2 219,— DM, fällig am 17. 7.

2. Der Schuldner Peter Delbrück errechnet den mittleren Verfalltag folgender Verbindlichkeiten:

   a) 350,— DM, fällig am 20. 7.
   925,— DM, fällig am 13. 8.
   1 695,— DM, fällig am 26. 8.
   3 328,40 DM, fällig am 12. 9.
   2 456,80 DM, fällig am 21. 9.

   b) 1 650,50 DM, fällig am 14. 2.
   922,— DM, fällig am 1. 3.
   5 828,60 DM, fällig am 19. 4.
   7 162,— DM, fällig am 29. 4.
   4 347,20 DM, fällig am 9. 5.

3. Die Commerzbank Ludwigshafen schreibt ihrem Kunden Karl-Heinz Wirth folgende Wechsel zum mittleren Verfalltag gut:

   6 250,— DM, fällig am 26. 4.
   4 725,— DM, fällig am 10. 5.
   3 840,— DM, fällig am 25. 5.
   862,— DM, fällig am 8. 6.
   1 464,— DM, fällig am 17. 6.
   2 318,50 DM, fällig am 30. 6.

   Bestimmen Sie den mittleren Verfalltag.

4. Der Kommissionär Lothar Jahnke verkauft für seinen Kommittenten Hans Kupsch Büromaschinen zu folgenden Preisen und Bedingungen:

   7 615,— DM am 11. 5. mit zwei Monaten Ziel
   4 338,50 DM am 23. 5. mit einem Monat Ziel
   2 155,— DM am 12. 6. gegen bar mit 2% Skonto
   5 040,80 DM am 29. 6. mit drei Monaten Ziel
   3 572,— DM am 12. 7. gegen bar mit 3% Skonto
   6 481,— DM am 19. 7. mit einem Monat Ziel.

   a) Berechnen Sie den mittleren Verfalltag für diese Verkäufe.
   b) Welchen Betrag hat Jahnke an den Kommittenten zu überweisen, wenn er 5% Provision und 2% Delkredereprovision zu beanspruchen hat und 247,80 DM Auslagen abzieht?

5. Die Großhandlung Adolf Hellmann KG verkauft einen Teil ihrer Forderungen an eine Factoring-Gesellschaft:

   1 942,50 DM, fällig am 12. 7.
   6 063,— DM, fällig am 21. 7.
   837,60 DM, fällig am 13. 8.
   4 178,— DM, fällig am 29. 8.
   3 752,20 DM, fällig am 7. 9.
   5 227,80 DM, fällig am 21. 9.
   2 412,— DM, fällig am 10. 10.

   Die Gutschrift soll zum mittleren Verfalltag erfolgen. Berechnen Sie diesen Termin.

6. Ein stiller Gesellschafter tritt am 20. April in ein Einzelunternehmen ein. Die vertraglich vereinbarte Einlage von 75 000,— DM soll er in vier ungleichen Raten an folgenden Tagen leisten:

   15 000,— DM am 15. 5.
   18 000,— DM am 1. 6.
   20 000,— DM am 15. 8.
   22 000,— DM am 1. 10.

   a) An welchem Tage könnte der Gesellschafter die Gesamtsumme ohne Zinsschaden oder -nutzen einzahlen?
   b) Für den Rest des Geschäftsjahres erhält er 5 887,50 DM als Gewinnanteil. Mit welchem Zinssatz hat sich sein Kapital verzinst?

7. Dem Kunststoffhersteller Fred Jablonski wird am 20.6. eine Spezialmaschine für 124800,— DM zu folgenden Zahlungsbedingungen angeboten: $^1/_4$ bei Bestellung, $^1/_3$ bei Lieferung, der Rest wird in zwei gleichen Teilbeträgen 30 Tage und 60 Tage nach Montage fällig. Jablonski bestellt am 28.6. und erhält am 3.7. eine Auftragsbestätigung, in der der 4.10. als verbindlicher Liefertermin genannt wird. Gleichzeitig bietet ihm der Maschinenhersteller an, die noch ausstehenden Beträge am mittleren Verfalltag in einer Summe zu zahlen. Berechnen Sie diesen Termin.

8. Die Bauunternehmung Helmke schuldet der Ziegelei Schwarzbach KG folgende Beträge:

   6425,— DM, fällig am 15. 8.
   8972,80 DM, fällig am 20. 8.
   4286,40 DM, fällig am 12. 9.
   3540,— DM, fällig am 26. 9.
   2170,60 DM, fällig am 11. 10.

   Bis zum 31.10. ist noch keine Zahlung erfolgt und keine Bitte um Stundung eingetroffen. Deshalb berechnet die Ziegelei 9% Verzugszinsen vom mittleren Verfalltag an. Berechnen Sie die Zinsforderung für den Gesamtbetrag.

9. Die WoBaMa, Wohnungsbaugenossenschaft Marburg eG, hat am 24.11. ein Baugrundstück für 255000,— DM zu folgenden Bedingungen erworben: $^1/_3$ des Kaufpreises ist am 1.12. fällig, $^1/_5$ am 20.1. Der Rest soll am 21.3. gezahlt werden. Infolge der Erkrankung eines Geschäftsführers ist die Zahlung der ersten Rate unterblieben. Die WoBaMa bietet deshalb dem Veräußerer die Zahlung der Gesamtsumme mit einem Wechsel zum mittleren Verfalltag an. Die Wechselsteuer trägt die Genossenschaft. Wann ist der Wechsel fällig?

10. Die Rhenus GmbH reicht am 1.9. bei der Bank für Gemeinwirtschaft in Koblenz folgende Besitzwechsel zur Gutschrift am gemeinsamen Verfalltag ein:

    2260,— DM, fällig am 21. 9.
    1850,— DM, fällig am 2. 10.
    6725,— DM, fällig am 26. 10.

    a) Wann schreibt die Bank den Gesamtbetrag gut?
    b) Der Wechsel über 6725,— DM wird am Verfalltag nicht eingelöst. Die Rhenus GmbH hat aber bereits am mittleren Verfalltag über den Gesamtbetrag verfügt. Welchen Betrag schuldet die Rhenus GmbH der Bank per 26. 10., wenn die Bank 9% Sollzinsen und $^1/_2$% Habenzinsen berechnet?

       (Lösungshinweis: der mittlere Verfalltag der einwandfreien Wechsel ist gesondert zu berechnen. Die 6725,— DM sind als Kredit anzusehen.)

11. Ein stiller Gesellschafter tritt im Laufe eines Jahres in eine Unternehmung ein und leistet eine Einlage von 90000,— DM. Die Einlage wird vertragsgemäß vom Eintrittstage an mit 8% verzinst. Vom 1.11. an wird die Einlage auf Grund einer Vertragsänderung mit 10% verzinst. Am Jahresende bekommt der Gesellschafter 6300,— DM Zinsen gutgeschrieben. An welchem Tage ist er in die Unternehmung eingetreten?

11.3 Berechnung des Restzahlungstermins

Beispiel 1 (eine Vorauszahlung)

Ein Einzelhändler schuldet einem Großhändler 12000,— DM zum 10.6. Er zahlt aber schon am 10.5. 8000,— DM. Wann ist der Restbetrag fällig, wenn weder dem Gläubiger noch dem Schuldner ein Zinsschaden oder Zinsnutzen entstehen soll?

Lösung

DM	fällig	Tage	#
12000,—	10. 6.	30	3600
⁒ 8000,—	**10. 5.**	0	0
4000,—			3600 : 40 = 90

10. 5. + 90 Tage = **10. 8. Restzahlungstermin**

Erklärung: Der Schuldner hat zwei Zahlungsmöglichkeiten:

1. die vertraglich vereinbarte Zahlungsmöglichkeit, 12000,— DM am 10. 6. zu zahlen oder
2. die von ihm bevorzugte Zahlungsmöglichkeit mit Vorauszahlung.

Sollen Gläubiger und Schuldner weder Vor- noch Nachteil haben, so müssen beide Möglichkeiten gleichwertig sein.

In obigem Beispiel erhält der Gläubiger durch die Vorauszahlung einen Vorteil von 2400 # (8000,— DM für 30 Tage). Zum Ausgleich darf der Schuldner die Restzahlung um so viel Tage hinauszögern, bis 2400 # erreicht sind: 2400 : 40 = 60. Er darf den Rest also 60 Tage nach der vereinbarten Fälligkeit zahlen.

Beispiel 2 (mehrere Vorauszahlungen)

Ein Großhändler schuldet einem Fabrikanten

2300,— DM zum 16. 3.
3425,— DM zum 5. 5.
4750,— DM zum 20. 6.

Auf diese Verbindlichkeiten hat er folgende Anzahlungen geleistet:

5000,— DM am 20. 3.
3000,— DM am 28. 5.

Lösung

DM	fällig	Tage	#
2300,—	**16. 3.**	0	0
3425,—	5. 5.	49	1678
4750,—	20. 6.	94	4465
10475,—			6143
⁒ 5000,—	20. 3.	4	⁒ 200
⁒ 3000,—	28. 5.	72	⁒ 2160
2475,—			3783 : 24,75 = 152,848 ~ 153 Tage

16. 3. + 153 Tage = **19. 8. Restzahlungstermin**

$$\text{mittlere Verfallzeit} = \frac{\text{Saldo der Zinszahlen}}{1\,\%\text{ der Restschuld}}$$

Aufgaben

1. Eine Rechnung über 11875,60 DM ist am 15. 5. fällig. Der Schuldner leistet am 22. 4. eine Vorauszahlung von 7600,— DM. Wann kann der Rest ohne Nachteil für Schuldner oder Gläubiger gezahlt werden?
2. Die Firma Wolters hat am 15. 7. eine Maschine für 27000,— DM gekauft und $^1/_3$ des Preises angezahlt. Der Restbetrag ist am 30. 9. fällig. Zum teilweisen Ausgleich erhält der Hersteller einen Wechsel über 7500,— DM, fällig am 20. 8. Berechnen Sie das neue Fälligkeitsdatum der Restschuld.
3. Die Hafenbauverwaltung von Bremerhaven hat am 12. 7. von Krook & Sohn ein Grundstück für 785600,— DM gekauft und folgende Zahlungen vereinbart:
   425000,— DM am 1. 8.
   200000,— DM am 15. 10.
   160600,— DM am 1. 12.
   Die Zahlung der ersten Rate wird jedoch versäumt und der Betrag erst am 1. 9. überwiesen. Die zweite Rate wird deshalb vorgezogen und bereits am 21. 9. geleistet. Wann ist nun der Restbetrag fällig?
4. Die Firma Konrad Ehlers hat von einem Lieferer folgende Rechnungen erhalten:
   2350,— DM, fällig am 18. 2.
   3422,80 DM, fällig am 14. 4.
   966,50 DM, fällig am 22. 4.
   1872,— DM, fällig am 9. 5.

   Auf diese Rechnungen sind bisher folgende Zahlungen geleistet worden:

   2300,— DM am 2. 2.
   2200,— DM am 10. 3.
   500,— DM am 28. 3.

   Berechnen Sie die Fälligkeit des Saldos.
5. Die Stadt Hartenfeld ist als Gesellschafterin an einem regionalen E-Werk beteiligt. Die vereinbarte Kapitaleinlage von 5675000,— DM soll in folgenden Raten geleistet werden:
   675000,— DM am 5. 1.
   1325000,— DM am 1. 3.
   1840000,— DM am 10. 5.
   1835000,— DM am 30. 6.
   Tatsächlich werden überwiesen:
   1500000,— DM am 20. 1.
   1700000,— DM am 20. 3.
   Wann ist der Restbetrag fällig?
6. Die Maschinenfabrik Schröder hat von ihrem Kunden Kahlke 12640,— DM am 18. 6. zu fordern. Diese Forderung wird von Kahlke durch vier Wechsel über je 2955,— DM, fällig am 20. 5., 28. 5., 6. 6. und 18. 6. teilweise ausgeglichen.
   a) An welchem Tage könnte Schröder den Rest frühestens verlangen?
   b) Kahlke möchte den Rest bereits zum 30. 6. begleichen, verlangt dafür aber, $7^1/_2$% Diskont abziehen zu dürfen. Wieviel DM hat er noch zu zahlen, wenn Schröder zustimmt?

12 Kontokorrentrechnung

Banken und Sparkassen haben in unserer Volkswirtschaft den geschäftlichen Zahlungsverkehr fast völlig übernommen. Er wird in laufender Rechnung (=conto corrente, ital.) über Girokonten (Guthabenkonten) und Kontokorrentkonten (Konten mit wechselndem Schuldverhältnis) abgewickelt. Ein Kontokorrentvertrag kann nur geschlossen werden, wenn einer der Beteiligten Kaufmann ist (§ 355 HGB).
Die Geldinstitute berechnen im Kontokorrentverkehr Zinsen, Provisionen und sonstige Auslagen, deren Richtigkeit für den Kontoinhaber nachprüfbar sein muß.
Die Verzinsung erfolgt in **Staffelform**, d. h. der jeweilige Saldo wird verzinst, und die Tage werden von Wertstellung zu Wertstellung gerechnet. Die Konten werden üblicherweise halbjährlich abgeschlossen, doch kann für stark bewegte Konten vierteljährlicher oder monatlicher Abschluß vereinbart werden. Der Abschlußsaldo muß vom Kunden geprüft und anerkannt werden.

12.1 Provisionsfreie Girokonten

Ein Girokonto darf nicht ohne vertragliche Vereinbarung mit dem Geldinstitut überzogen werden, so daß die Bank immer Schuldner des Kunden bleibt. Die Banken verzinsen diese Guthaben mit niedrigen Sätzen und verzichten deshalb in der Regel auf die Erhebung von Provisionen.

Beispiel

Buch.-Dat.	Vorgang	Wert	Soll DM	Haben DM
1. 7.	Saldovortrag	30. 6.		1 500,—
12. 8.	Überweisung von Lind	12. 8.		860,—
7. 9.	Scheck Nr. 231 798	7. 9.	970,—	
15. 10.	Überweisung an Knoll	15. 10.	590,—	
24. 11.	Scheck a/Köln	26. 11.		1 200,—

Das Konto soll zum 31. 12. abgeschlossen werden. Die Bank zahlt $^1/_2$% Habenzinsen und berechnet 1,80 DM Auslagen.

Lösung

Wert	S/H	Betrag DM	Tage	#
30. 6.	H	1 500,—	42	630
12. 8.	H	860,—		
	H	2 360,—	25	590
7. 9.	S	970,—		
	H	1 390,—	38	528
15. 10.	S	590,—		
	H	800,—	41	328
26. 11.	H	1 200,—		
31. 12.	H	2000,—	34	680
			180	2756
31. 12.	H	3,83 Habenzinsen		
	H	2003,83		
	S	1,80 Auslagen		
31. 12.	H	**2002,03**		

Zinsberechnung
2756 : 720 = 3,827 DM
≙ 3,83 DM

Aufgaben

1. Das zum 1. 4. eröffnete Girokonto eines ausländischen Bankkunden soll zum 30. 6. abgeschlossen werden, Habenzinsen $^{3}/_{8}$%, Auslagen 2,60 DM.

Datum	Vorgang	Wert	Soll DM	Haben DM
2. 4.	Einzahlung	2. 4.		300,—
6. 4.	Überweisung	6. 4.	280,—	
8. 4.	Scheck a/Köln	10. 4.		134,—
16. 4.	Lastschrift	16. 4.	67,—	
28. 4.	Überweisung	28. 4.		1 892,60
2. 5.	Abhebung	2. 5.	1 200,—	
16. 5.	Überweisung	16. 5.		96,40
30. 5.	Überweisung	30. 5.		1 783,50
1. 6.	Abhebung	1. 6.	1 800,—	
10. 6.	Überweisung	10. 6.	556,70	

2.

Datum	Text	Wert	Soll DM	Haben DM
1. 7.	Saldovortrag	30. 6.		2480,—
22. 7.	Überweisung	22. 7.	1654,—	
10. 8.	Überweisung	10. 8.		1420,—
13. 8.	Lastschrift	13. 8.	516,—	
18. 9.	Scheck a/Bonn	20. 9.		250,—
12. 10.	Abhebung	12. 10.	1870,—	
25. 10.	Einzahlung	25. 10.		2165,—
2. 11.	Überweisung	2. 11.	417,—	
24. 11.	Scheck a/Bremen	27. 11.		636,—
19. 12.	Scheck Nr. 420637	19. 12.	1952,—	

Das vorstehende Girokonto ist zum 31. 12. mit $^{1}/_{4}$% Habenzinsen und 3,60 DM Auslagen abzuschließen

3.

Datum	Text	Wert	Soll DM	Haben DM
2. 1.	Saldovortrag	31. 12.		2814,50
3. 1.	Abhebung	3. 1.	1 500,—	
4. 1.	Lastschrift	4. 1.	748,—	
12. 1.	Überweisung an Born	12. 1.	256,40	
29. 1.	Scheck a/Aachen	1. 2.		2475,20
2. 2.	Abhebung	2. 2.	1 800,—	
15. 2.	Scheck Nr. 481013	15. 2.	700,—	
23. 2.	Bareinzahlung	23. 2.		1125,—
25. 2.	Lastschrift	25. 2.	420,—	
1. 3.	Scheck a/Rheydt	3. 3.		1724,60
6. 3.	Abhebung	6. 3.	2500,—	
18. 3.	Scheck Nr. 481016	18. 3.	210,—	

Das Konto ist zum 31. 3. mit $^{2}/_{3}$% Habenzinsen und 2,10 DM Auslagen abzuschließen.

12.2 Provisionspflichtige Kontokorrentkonten

Für Kontokorrentkonten werden nicht nur Zinsen, sondern auch Provisionen berechnet.

12.2.1 Umsatzprovision

Die Umsatzprovision ist als Entgelt für die Kontoführung anzusehen. Sie wird berechnet entweder

a) vom reinen Umsatz, d. h. von der Kontoseite, die nach Abzug des Saldovortrags und der Frankoposten die größere ist (Regelfall)

oder

b) als Jahres-Prozentsatz vom in Anspruch genommenen Kredit, also aus den Soll # (bei umsatzschwachen Konten)

oder

c) als Postengebühr, z. B. 40 Pf für jede Buchung (bei umsatzschwachen Konten).

Frankoposten sind deshalb frei, weil für sie bereits eine Provision berechnet worden ist, z. B. beim An- und Verkauf von Effekten und Devisen. Der Saldo ist franko, weil er schon in der vorangegangenen Periode provisioniert worden ist.

12.2.2 Kreditprovision

Nach der Zinsverordnung von 1965 konnten die Banken die zusätzliche Kreditprovision (zusätzlich zu den Sollzinsen) auf zweierlei Weise berechnen, entweder **vom eingeräumten Kredit,** ohne Rücksicht darauf, ob er in Anspruch genommen wurde, oder vom **nicht beanspruchten Teil des eingeräumten Kredits.** Diese Praxis ist auch nach der Aufhebung der Zinsverordnung (1. 4. 1967) beibehalten worden.

1. Methode (Vorausbelastung)
Wird die Kreditprovision **vom zugesagten Kredit** berechnet, unabhängig von der Inanspruchnahme, so ermäßigen sich die Sollzinsen um den Satz der Kreditprovision (z. B. von 9% um 3% auf 6%).

2. Methode (Zinszahlenverfahren)
Wird die Kreditprovision **vom nicht ausgenutzten Teil des Kredits** erhoben, so berechnet man die Zinszahl für den gesamten Kredit, bezogen auf die vereinbarte Laufzeit, und zieht davon die Summe der Soll # ab. Die Differenz wird durch den Zinsteiler (z. B. bei 3% = 120) geteilt, der Quotient ist dann die Kreditprovision.

Beispiel

Eine Bank räumt einem Kunden am 31. 10. einen Kredit von 5000,— DM für zwei Monate ein. Die Sollzinsen betragen 9%, die Kreditprovision 3%.

Berechnung nach der 1. Methode

# für den eingeräumten Kredit = 3000	
Kreditprovision 3%	3000 : 120 = 25,— DM
Sollzinsen (9% − 3%) 6%	
Soll # lt. Staffel (angenommener Wert)	2420 : 60 = 40,33 DM
	65,33 DM

Berechnung nach der 2. Methode

# für den eingeräumten Kredit	3000	
Soll # lt. Staffel	2420	
Differenz (= # für den nicht beanspruchten Kredit)	580	
Kreditprovision 3%		580 : 120 = 4,83 DM
Sollzinsen 9%		2420 : 40 = 60,50 DM
		65,33 DM

Die Gesamtbelastung des Schuldners mit Zinsen und Provision ist also gleich.

12.2.3 Überziehungsprovision

Die Überziehungsprovision wird berechnet, wenn ein Kunde

a) ohne Vereinbarung mit der Bank sein Konto um mehr als den vereinbarten Betrag überzieht,

b) den zugesagten Kredit über die vereinbarte Zeit hinaus in Anspruch nimmt.

Beispiel

Eine Bank räumt einem Kunden einen Kredit von 5000,— DM für zwei Monate ein und berechnet 9% Sollzinsen, 3% Kreditprovision und $1^1/_2$% Überziehungsprovision.

Wert	S/H	DM	Tage	Soll #	Überz. #
31. 10.	S	4000,—	4	160	
4. 11.	S	2000,—			
	S	6000,—	21	1260	210
25. 11.	H	2500,—			
	S	3500,—	25	875	
20. 12.	S	4000,—			
31. 12.	S	7500,—	10	750	250
			60	3045	460

Sollzinsen	3045 : 40 = 76,125 DM ≙ **76,13 DM**
Überziehungsprovision	460 : 240 = $1{,}91\overline{6}$ DM ≙ **1,92 DM**

Kreditprovision (Zinszahlenverfahren)

a) # für den ganzen Kredit = 50·60 = 3000

b) Soll #	3045
./. Überziehungs #	460
	2585

c) Gesamtkredit #	3000
./. (Soll # – Überz. #)	2585
	415 : 120 = 3,458 DM ≙ **3,46 DM**

Die Soll # müssen deshalb um die Überziehungs # gekürzt werden, weil sonst der Kunde, der sein Konto über die Vereinbarung hinaus überzieht, infolge der höheren Soll # weniger Kreditprovision zahlen müßte als der, der sich an die Vereinbarung hält.

12.2.4 Kontokorrent mit Provisionen und gleichbleibenden Zinsen

Eine Bank rechnet ein Kunden-Kontokorrent zum 30. 6. ab mit 9% Sollzinsen, $^3/_4$% Habenzinsen, $^1/_4$% Umsatzprovision von der größeren Kontoseite, 3% Kreditprovision, 1% Überziehungsprovision und 3,10 DM Spesen. Kreditgrenze 3000,— DM für die Abrechnungsperiode.

Buch.-Dat.	Text	Wert	Soll DM	Haben DM
2. 1.	Saldovortrag	31. 12.	3800,—	
8. 1.	Scheck a/Mainz	10. 1.		2200,—
15. 2.	Überweisung von Roth	15. 2.		4250,—
24. 2.	Inkassowechsel	1. 3.		1400,—
26. 3.	Überweisung an Balk	26. 3.	3100,—	
16. 4.	Abhebung	16. 4.	2800,—	
2. 5.	Lastschrift	2. 5.	670,—	
10. 6.	Akzepteinlösung	10. 6.	2230,—	

Wert	S/H	DM	Tage	Soll #	Haben #	Überziehungs #
31. 12.	S	3800,—	10	380		80
10. 1.	H	2200,—				
	S	1600,—	35	560		
15. 2.	H	4250,—				
	H	2650,—	16		424	
1. 3.	H	1400,—				
	H	4050,—	25		1013	
26. 3.	S	3100,—				
	H	950,—	20		190	
16. 4.	S	2800,—				
	S	1850,—	16	296		
2. 5.	S	670,—				
	S	2520,—	38	958		
10. 6.	S	2230,—				
30. 6.	S	4750,—	20	950		350
			180	3144	1627	430
30. 6.	S	123,88	Saldo der Abschlußposten			
30. 6.	S	**4873,88**	Saldo per 30. 6.			

Abschlußrechnung zum 30. 6. 19..		Soll DM	Haben DM
$^3/_4$% Habenzinsen aus	1627 #		3,39
9 % Sollzinsen aus	3144 #	78,60	
3 % Kreditprovision aus	2686 #	22,38	
1 % Überziehungsprovision aus	430 #	1,19	
$^1/_4$% Umsatzprovision aus 8800,— DM		22,—	
Spesen		3,10	
		127,27	3,39
Saldo der Abschlußposten		123,88	
Rohsaldo lt. Staffel		4750,—	
Neuer Saldo, Wert 30. 6. 19..		**4873,88**	

Aufgaben

1. Die Bank schließt das Kontokorrent zum 30. 6. ab und berechnet 9% Sollzinsen, $^1/_2$% Habenzinsen, $^1/_4$% Umsatzprovision von der größeren Seite und 4,20 DM Auslagen. Ermitteln Sie den Saldo per 30. 6.

	Buch.-Dat.	Vorgang	Wert	DM
Soll	1. 1.	Saldovortrag	31. 12.	365,—
	14. 2.	Scheck Nr. 723914	14. 2.	875,—
	2. 4.	Überweisung an Baltus	2. 4.	1540,—
	18. 5.	Abhebung	18. 5.	1125,—
	29. 6.	Überweisung an Korn	29. 6.	681,—
Haben	13. 1.	Scheck a/Mainz	15. 1.	722,—
	8. 3.	Überweisung von Klatt	8. 3.	1238,—
	28. 4.	Wechseldiskont	29. 4.	1317,—
	4. 6.	Überweisung von Schmidt	4. 6.	994,—

2. Die Bank schließt das Kontokorrent zum 30. 6. ab und berechnet 8$^1/_2$% Sollzinsen, 1% Umsatzprovision aus den Sollzinszahlen und 2,60 DM Auslagen. Ermitteln Sie den Saldo per 30. 6.

	Buch.-Dat.	Vorgang	Wert	DM
Soll	1. 1.	Saldovortrag	31. 12.	3675,—
	28. 2.	Scheck Nr. 203617	28. 2.	521,—
	29. 3.	Überweisung an Busch	29. 3.	738,—
	7. 4.	Barabhebung	7. 4.	300,—
Haben	19. 1.	Überweisung von Schulz	19. 1.	988,—
	1. 2.	Dividendengutschrift	1. 2.	136,—
	25. 3.	Bareinzahlung	25. 3.	1200,—
	6. 5.	Zinsgutschrift	7. 5.	90,—

3. Das Konto ist zum 31. 12. abzuschließen. Die Bank berechnet 8% Sollzinsen, $^3/_8$% Habenzinsen, $^1/_4$% Umsatzprovision, 3% Kreditprovision, bereitgestellter Kredit 7500,— DM, Auslagen 3,50 DM. Ermitteln Sie den Saldo per 31. 12.

	Buch.-Dat.	Vorgang	Wert	DM
Soll	1. 7.	Saldovortrag	30. 6.	3600,—
	28. 7.	Akzepteinlösung	28. 7.	1750,—
	12. 9.	Überweisung an Spillat	12. 9.	514,50
	15. 11.	Scheck Nr. 856233	15. 11.	2170,—
	7. 12.	Abhebung	7. 12.	1000,—
	20. 12.	Überweisung an Bolte	20. 12.	4236,—
Haben	6. 7.	Überweisung von Fischer	6. 7.	2250,—
	3. 8.	Scheck a/Berlin	6. 8.	1620,—
	14. 10.	Wechseldiskont	14. 10.	2725,40
	29. 10.	Überweisung von Linke	29. 10.	1550,—

4. Die Bank schließt das Konto zum 31. 12. ab und berechnet 9% Sollzinsen, $^3/_8$% Habenzinsen, $^1/_4$% Umsatzprovision, 2,50 DM Auslagen. Ermitteln Sie den Saldo per 31. 12.

	Buch.-Dat.	Vorgang	Wert	DM
Soll	1. 7.	Saldovortrag	30. 6.	1325,—
	24. 7.	Scheck Nr. 618142	24. 7.	569,—
	16. 8.	Überweisung an Richter	16. 8.	885,—
	30. 11.	Wertpapierkauf	2. 12.	2000,—
Haben	1. 8.	Überweisung von Pohl	1. 8.	1950,—
	29. 8.	Wechseldiskont	30. 8.	1435,—
	15. 9.	Dividendengutschrift	15. 9.	186,—
	1. 11.	Bareinzahlung	1. 11.	1500,—

5. Die Bank schließt das Kontokorrent wegen Kontenauflösung zum 14. 5. ab und berechnet $7^1/_2$% Sollzinsen, $^1/_4$% Habenzinsen, Umsatzprovision 0,40 DM je Buchung und 3,50 DM Auslagen. Führen Sie den Abschluß durch.

	Buch.-Dat.	Vorgang	Wert	DM
Soll	7. 1.	Wechseleinlösung	7. 1.	2530,—
	6. 3.	Überweisung an Blank	6. 3.	1846,—
	21. 3.	Scheck Nr. 728069	21. 3.	1690,—
	2. 5.	Überweisung an Lech	2. 5.	759,—
Haben	1. 1.	Saldovortrag	31. 12.	4961,—
	29. 1.	Scheck von Ostermann	1. 2.	489,—
	31. 3.	Dividendengutschrift	1. 4.	250,—
	17. 4.	Bareinzahlung	17. 4.	800,—

6. Die Bank schließt das Konto zum Jahresende ab und berechnet 7% Sollzinsen, $^1/_4$% Umsatzprovision, 3% Kreditprovision, 2,95 DM Auslagen, Kreditlimit 6000,— DM. Berechnen Sie den Saldo zum Jahresende.

	Buch.-Dat.	Vorgang	Wert	DM
Soll	1. 7.	Saldovortrag	30. 6.	3150,—
	13. 8.	Überweisung an Stumm	13. 8.	2634,—
	1. 9.	Scheck Nr. 183256	1. 9.	1759,—
	28. 11.	Barscheck	28. 11.	800,—
Haben	19. 7.	Einzahlung	19. 7.	1500,—
	31. 7.	Dividendengutschrift	1. 8.	420,—
	14. 10.	Wechseldiskont	16. 10.	2973,—
	3. 11.	Scheck von Kolle	3. 11.	1245,—

7. Die Bank schließt das Konto zum 30. 6. ab und berechnet $8^1/_2$% Sollzinsen, $^3/_8$% Habenzinsen, $^1/_4$% Umsatzprovision, 3% Kreditprovision, $1^1/_2$% Überziehungsprovision und 2,10 DM Auslagen, eingeräumter Kredit: 3000,— DM für den Abrechnungszeitraum. Berechnen Sie den Saldo zum Halbjahresabschluß.

	Buch.-Dat.	Vorgang	Wert	DM
Soll	29. 1.	Wechseleinlösung	29. 1.	2419,—
	28. 2.	Überweisung an Strunk	28. 2.	1615,—
	19. 4.	Scheck Nr. 911847	19. 4.	2968,—
	4. 5.	Überweisung an Kohl	4. 5.	220,—
Haben	1. 1.	Saldovortrag	31. 12.	1680,—
	5. 1.	Zinsgutschrift	6. 1.	150,—
	16. 3.	Wechseldiskont	18. 3.	1476,—
	9. 6.	Einzahlung	9. 6.	2500,—

8. Die Bank schließt das Konto zum 30. 6. ab und berechnet $8^{1}/_{2}$% Sollzinsen, $^{1}/_{2}$% Habenzinsen, 1% Umsatzprovision aus den Sollzinszahlen, 3% Kreditprovision, vereinbarter Höchstkredit 8000,— DM. Ermitteln Sie den Saldo zum 30. 6.

	Buch.-Dat.	Vorgang	Wert	DM
Soll	10. 1.	Überweisung an das Finanzamt	10. 1.	5750,—
	27. 3.	Scheck Nr. 657141	27. 3.	1596,—
	2. 4.	Effektenkauf, fr.	2. 4.	6328,—
	9. 5.	Akzepteinlösung	9. 5.	3500,—
	4. 6.	Überweisung an Bieler	4. 6.	980,40
Haben	2. 1.	Saldovortrag	31. 12.	2420,—
	2. 3.	Überweisung von Lohr	2. 3.	4673,80
	24. 4.	Einzahlung	24. 4.	2147,60
	22. 5.	Scheck a/Essen	25. 5.	4200,—

9. Das Darlehen eines Kommanditgesellschafters entwickelt sich im Laufe eines Jahres folgendermaßen:

31.12.01 Saldovortrag . . . . 75000,— DM
28. 2.02 Teilrückzahlung . . . . 12500,— DM
16. 6.02 Teilrückzahlung . . . . 8800,— DM
31. 7.02 Teilrückzahlung . . . . 26900,— DM
15.11.02 Einlage . . . . 16400,— DM

Der Zinssatz beträgt 7,5%
Errechnen Sie die Jahreszinsen und den Saldo des Darlehenskontos zum 31.12.02!

10. Auszug aus der Zinsstaffel eines Kontokorrentkredits per 31.12.01:

Wert	S/H	DM	Tage	Soll #	Haben #
31.12.	H	26478,85	90	28717	6328

a) An welchem Tag wurde das Konto letztmalig abgerechnet?
b) Nach Abrechnung aller Zinsen, Gebühren und Auslagen ergab sich ein Habensaldo von 25782,90 DM. Die Auslagen wurden mit 26,70 DM ausgewiesen, die Habenzinsen mit 0,5% berechnet. Mit welchem Sollzinssatz wurde das Konto abgerechnet?

12.2.5 Kontokorrent mit Zinssatzänderungen

Der Soll-Zinssatz der Geschäftsbanken richtet sich nach dem Diskontsatz der Deutschen Bundesbank, der zur Unterstützung der Konjunkturpolitik des Bundes erhöht oder ermäßigt wird. Seit der Aufhebung der Zinsverordnung (1. 4. 67) ist die Bankrate nicht mehr Richtschnur, aber noch immer Signal für die Bankzinsen, die folglich dem jeweiligen Diskontsatz angepaßt werden.

Im Kontokorrent berücksichtigt man Zinssatzänderungen durch getrennte Addition der Zinszahlen bis zum Stichtag und vom Stichtag bis zum Abschlußtag.

Beispiel

Die Bank schließt das Kontokorrent zum 30. 6. ab. Die Sollzinsen betrugen bis zum 20. 4. 8%, danach $7^{1}/_{2}$%, die Habenzinsen bis zum 20. 4. $^{3}/_{8}$%, danach $^{1}/_{4}$%.

Wert	S/H	DM	Tage	Soll #	Haben #
31. 12.	H	3680,—	8		294
8. 1.	S	1940,—			
	H	1740,—	48		835
26. 2.	S	2450,—			
	S	710,—	9	64	
5. 3.	S	1525,—			
	S	2235,—	39	872	
14. 4.	S	620,—			
	S	2855,—	6	171	
20. 4.		—,—		1107	1129
	S	2855,—	22	628	
12. 5.	H	3290,—			
	H	435,—	11		48
23. 5.	H	835,—			
	H	1270,—	25		318
18. 6.	S	1070,—			
30. 6.	H	200,—	12		24
			180	628	390
30. 6.	S	36,23			
30. 6.	H	**163,77** Saldo			

Zinsberechnungen

1107 : 45 = 24,60
628 : 48 = 13,08
Sollzinsen **37,68 DM**

1129 : 960 = 1,18
390 : 1440 = 0,27
Habenzinsen **1,45 DM**

Zinssaldo S = **36,23 DM**

Aufgaben

1. Die Bank schließt das Kontokorrent zum Jahresende ab und berechnet bis zum 20. 10. 9%, dann $8^{1}/_{2}$% Sollzinsen, bis zum 20. 10. $^{3}/_{8}$%, dann $^{1}/_{4}$% Habenzinsen und $^{1}/_{4}$% Umsatzprovision von der größeren Kontoseite. Berechnen Sie den Jahresschlußsaldo.

Buch.-Dat.	Text	Wert	Soll DM	Haben DM
1. 7.	Saldovortrag	30. 6.		4320,—
14. 7.	Überweisung an Klein	14. 7.	2100,—	
27. 7.	Abhebung	27. 7.	2000,—	
4. 8.	Scheck a/Worms	6. 8.		545,—
29. 8.	Überweisung an Martin	29. 8.	1130,—	
15. 9.	Inkassowechsel	23. 9.		1962,—
25. 10.	Scheck Nr. 34725613	25. 10.	2417,50	
14. 11.	Überweisung von Weber	14. 11.		3725,80
29. 11.	Abhebung	29. 11.	3100,—	
18. 12.	Akzepteinlösung	18. 12.	1652,20	

2. Die Bank schließt das Kontokorrent zum Jahresende ab und berechnet bis zum 20. 9. $8^1/_2$%, dann $9^1/_2$% Sollzinsen, bis zum 20. 9. 1%, dann $1^1/_4$% Habenzinsen und $^1/_4$% Umsatzprovision von der größeren Kontoseite. Berechnen Sie den Saldo zum 31. 12.

Buch.-Dat.	Text	Wert	Soll DM	Haben DM
1. 7.	Saldovortrag	30. 6.		1100,—
19. 7.	Scheck Nr. 12364860	19. 7.	2400,—	
30. 7.	Überweisung von Schlicht	30. 7.		1500,—
21. 8.	Überweisung an Kühne	21. 8.	680,—	
29. 8.	Abhebung	29. 8.	1200,—	
7. 9.	Scheck a/Trier	10. 9.		2126,—
25. 9.	Diskontnota	25. 9.	84,60	
11. 10.	Akzepteinlösung	11. 10.	3850,—	
28. 10.	Effektenverkauf, fr.	28. 10.		5273,—
10. 11.	Überweisung von Holz	10. 11.		1925,—
26. 11.	Scheck Nr. 35701608	26. 11.	2247,—	
15. 12.	Überweisung an Wilke	15. 12.	3752,40	

3. Die Bank schließt das Konto zum 30. Juni ab und berechnet bis zum 20. 4. $7^1/_2$%, dann 7% Sollzinsen, bis zum 20. 4. $^3/_8$%, dann $^1/_4$% Habenzinsen, $^1/_4$% Provision vom Umsatz, 3% Kreditprovision, eingeräumter Kredit 5000,— DM, Auslagen 4,70 DM. Berechnen Sie den Saldo zum 30. 6.

Buch.-Dat.	Text	Wert	Soll DM	Haben DM
1. 1.	Saldovortrag	31. 12.	1575,—	
18. 1.	Überweisung an Albers	18. 1.	843,—	
3. 2.	Scheck von Ebel	5. 2.		985,—
15. 3.	Bareinzahlung	15. 3.		2000,—
29. 4.	Wechseleinlösung	29. 4.	3460,—	
8. 5.	Überweisung von Troll	9. 5.		1426,—
3. 6.	Scheck Nr. 648309	3. 6.	596,—	
19. 6.	Wechseldiskont	21. 6.		3116,—

4. Die Bank schließt das Kontokorrent zum Jahresende ab und berechnet bis zum 10. 9. 9%, dann $8^1/_2$% Sollzinsen, bis zum 10. 9. $^3/_8$%, dann $^1/_4$% Habenzinsen, 1% Umsatzprovision aus den Sollzinszahlen, 3% Kreditprovision, 1% Überziehungsprovision, eingeräumter Kredit 2000,— DM. Berechnen Sie den Jahresschlußsaldo.

Buch.-Dat.	Text	Wert	Soll DM	Haben DM
1. 7.	Saldovortrag	30. 6.		860,—
20. 8.	Überweisung von Leber	21. 8.		559,—
28. 8.	Scheck Nr. 1125	28. 8.	1785,—	
23. 9.	Überweisung an Barth	23. 9.	1923,—	
9. 10.	Einzahlung	9. 10.		1500,—
17. 11.	Wertpapierkauf, fr.	18. 11.	2400,—	
30. 11.	Darlehnszinsen	1. 12.	550,—	
14. 12.	Scheck von Sommer	14. 12.		3675,—

5. Die Bank schließt das Konto zum 30. 6. ab und berechnet bis zum 18. 2. 8%, dann 9% Sollzinsen, bis zum 18. 2. $^3/_8$%, dann $^1/_2$% Habenzinsen, $^1/_4$% Provision vom Umsatz, $1^1/_2$% Überziehungsprovision, 3% Kreditprovision, Kreditlimit 10000,— DM, Auslagen 6,40 DM. Berechnen Sie den Saldo zum 30. 6.

Buch.-Dat.	Vorgang	Wert	Soll DM	Haben DM
1. 1.	Saldovortrag	31. 12.	7800,—	
6. 1.	Inkassowechsel	15. 1.		15200,—
24. 1.	Überweisung an Friese	24. 1.	8475,—	
8. 2.	Scheck a/München	11. 2.		3130,—
26. 2.	Lastschrift	26. 2.	800,—	
11. 3.	Scheck Nr. 57310948	11. 3.	3300,—	
9. 4.	Überweisung von Ernst	9. 4.		2085,—
22. 4.	Wechseldiskont	22. 4.		1542,—
6. 5.	Überweisung an Wiener	6. 5.	12618,50	
19. 5.	Scheck a/Freiburg	21. 5.		1730,—
7. 6.	Abhebung	7. 6.	3000,—	
21. 6.	Überweisung von Busch	21. 6.		3972,50

6. Dem Gesellschafter Fritz Meier der Meier OHG steht nach dem Gesellschaftsvertrag eine Verzinsung seines Kapitalkontos zu, die 5% über dem Diskontsatz liegt. Der Diskontsatz betrug vom 1.1. bis 31.5. 3%, ab 1.6. 4%. Das Kapitalkonto entwickelte sich folgendermaßen:

Saldo zum	31.12.01	80000,— DM
Einlage	30. 3.02	15000,— DM
Entnahme	18. 4.02	8000,— DM
Entnahme	15. 6.02	3000,— DM
private Steuern	27. 9.02	6000,— DM
Einlage	12.11.02	5000,— DM

Errechnen Sie die Jahreszinsen und den Stand des Kapitalkontos zum 31.12.02 unter Einbeziehung der Jahreszinsen.

12.2.6 Kontokorrent mit nachfälligen Posten

Unter nachfälligen Posten versteht man Vorgänge, deren Wertstellung nach dem Kontoabschluß liegt, z. B. Schecks und Wechsel. Sie werden in die Abrechnung einbezogen und in der Zinsstaffel in der Weise berücksichtigt, daß die Tage bis zu ihrer jeweiligen Wertstellung weitergezählt werden. Der Endsaldo wird dann auf den Abschlußtag zurückdiskontiert.

Beispiel

Wert	S/H	DM	Tage	Soll #	Haben #
30. 6.	H	2000,—	15		300
15. 7.	S	1500,—			
	H	500,—	55		275
10. 9.	S	2700,—			
	S	2200,—	62	1364	
12. 11.	H	1650,—			
	S	550,—	38	209	
20. 12.	H	2100,—			
	H	1550,—	14		217
4. 1.	S	750,—			
	H	800,—	16		128
20. 1.	S	1200,—			
31. 12.	S	400,—	⁒ 20	⁒ 80	
			180	1493	920

Die zweite Lösungsmöglichkeit soll hier außer acht bleiben, sie ist nicht nur komplizierter, sondern führt auch zu einer Abweichung von den Grundsätzen der Zinsstaffel (Saldenverzinsung).

Aufgaben

1. Die Sparkasse rechnet das folgende Konto zum 31. 12. ab mit $8^2/_3$% Sollzinsen, $1^1/_3$% Habenzinsen, 1% Umsatzprovision vom beanspruchten Kredit und 5,45 DM Auslagen. Berechnen Sie den Saldo zum 31. 12.

Buch.-Dat.	Vorgang	Wert	Soll DM	Haben DM
1. 7.	Saldovortrag	30. 6.	4500,—	
27. 7.	Überweisung von Klaas	27. 7.		1750,—
9. 8.	Scheck Nr. 390543	9. 8.	800,—	
17. 8.	Einzahlung	17. 8.		2435,60
31. 8.	Überweisung an Grote	31. 8.	2154,—	
13. 9.	Inkassowechsel	19. 9.		3468,—
8. 10.	Scheck a/Kiel	10. 10.		1225,—
30. 10.	Lastschrift	30. 10.	960,—	
14. 11.	Überweisung an Welk	14. 11.	3920,—	
23. 11.	Scheck Nr. 422105	23. 11.	1582,—	
6. 12.	Rimesse	15. 1.		2275,—
30. 12.	Scheck a/Lübeck	7. 1.		750,—

2. Die Bank schließt das Konto zum 30. 6. ab und berechnet $8^1/_2$% Sollzinsen, $^3/_8$% Habenzinsen, $^1/_4$% Umsatzprovision, 3% Kreditprovision, 3000,— DM eingeräumter Kredit, 2,75 DM Auslagen. Berechnen Sie den Saldo zum 30. 6.

Buch.-Dat.	Vorgang	Wert	Soll DM	Haben DM
1. 1.	Saldovortrag	31. 12.	1896,—	
24. 1.	Überweisung von Feller	24. 1.		735,—
8. 2.	Scheck von Rüther	9. 2.		1160,—
17. 3.	Scheck Nr. 381609	17. 3.	457,—	
29. 3.	Bareinzahlung	29. 3.		2000,—
16. 4.	Überweisung von Nuber	18. 4.		936,—
3. 5.	Barabhebung	3. 5.	500,—	
27. 6.	Wechseleinlösung	11. 7.		1840,—

3. Die Volksbank schließt das Konto zum 31. 12. ab und berechnet 7% Sollzinsen, $^1/_4$% Habenzinsen, $^1/_4$% Umsatzprovision, 3% Kreditprovision, eingeräumter Kredit 2000,— DM, $1^1/_2$% Überziehungsprovision, 3,30 DM Auslagen. Berechnen Sie den Saldo zum 31. 12.

Buch.-Dat.	Text	Wert	Soll DM	Haben DM
1. 7.	Saldovortrag	30. 6.		580,—
17. 7.	Überweisung an Gerber	17. 7.	1430,—	
6. 9.	Scheck Nr. 256014	6. 9.	2375,—	
29. 9.	Einzahlung	29. 9.		2000,—
16. 10.	Scheck von Mander	18. 10.		729,—
5. 11.	Darlehnszinsen	5. 11.	860,—	
3. 12.	Überweisung von Schulte	3. 12.		973,—
27. 12.	Wechseleinlösung	12. 1.	1100,—	

4. Die Commerzbank schließt das Konto zum 30. 6. ab und berechnet $8^1/_4$% Sollzinsen, 1% Habenzinsen, $^1/_4$% Umsatzprovision von der größeren Kontoseite. Berechnen Sie den Saldo zum Halbjahresende.

Buch.-Dat.	Text	Wert	Soll DM	Haben DM
2. 1.	Saldovortrag	31. 12.		1800,—
14. 1.	Scheck a/Kassel	17. 1.		2465,—
31. 1.	Überweisung an Fricke	31. 1.	844,—	
8. 2.	Lastschrift	8. 2.	720,—	
14. 2.	Abhebung	14. 2.	1550,—	
1. 3.	Überweisung von Kehl	1. 3.		562,80
20. 3.	Scheck Nr. 376124	20. 3.	2370,—	
8. 4.	Akzepteinlösung	8. 4.	3105,—	
13. 5.	Effektenverkauf, fr.	13. 5.		5656,—
29. 5.	Überweisung an Blank	29. 5.	935,40	
14. 6.	Besitzwechsel	25. 7.		3758,—
27. 6.	Scheck a/Fulda	9. 7.		1642,—

5. Die Raiffeisenkasse schließt das Konto zum 30. 6. ab und berechnet $7^1/_2$% Sollzinsen, $^3/_4$% Habenzinsen, $^1/_4$% Umsatzprovision, $1^1/_2$% Überziehungsprovision, 3% Kreditprovision, eingeräumter Kredit 5000,— DM. Ermitteln Sie den Saldo zum 30.6.

Buch.-Dat.	Text	Wert	Soll DM	Haben DM
2. 1.	Saldovortrag	31. 12.	3800,—	
18. 1.	Überweisung von Berg	18. 1.		1570,—
20. 2.	Überweisung an Diehl	20. 2.	3400,—	
30. 3.	Gewinnanteil	31. 3.		7250,—
12. 5.	Scheck Nr. 420917	14. 5.	825,—	
21. 6.	Inkassowechsel	15. 7.		2500,—
28. 6.	Scheck a/Berlin	6. 7.		900,—
29. 6.	Überweisung an Coers	29. 6.	2775,—	

13 Wertpapierrechnung

13.1 Grundlagen

Vertretbare Kapitalwertpapiere (Wertpapiere im engeren Sinne) nennt man „Effekten".

Man unterscheidet		Effekten	
nach dem Ertrag, den sie erbringen		**Zinspapiere** Wertpapiere mit festem Ertrag	**Dividendenpapiere** Wertpapiere mit veränderlichem Ertrag
nach dem Recht, das sie verbriefen		Gläubigerpapiere	Teilhaberpapiere
nach den Emittenten	öffentliche Hand	Anleihen	
	Pfandbriefanstalten	Pfandbriefe	
	private Wirtschaftsunternehmen	Obligationen	
	Aktiengesellschaften		Aktien
	Kapitalanlagegesellschaften		Investmentzertifikate

Wer ein Wertpapier kauft, stellt langfristiges Geld zur Verfügung. Das Besondere an dieser Kapitalanlage ist, daß das erworbene Wertpapier verkehrsfähig ist, d. h. von seinem Eigentümer verkauft werden kann. Für Angebot und Nachfrage von Wertpapieren bestehen eigene Märkte – die Wertpapierbörsen. In der Bundesrepublik bestehen 7 Wertpapierbörsen: Bremen, Düsseldorf, Frankfurt, Hamburg, Hannover, München, Stuttgart. Hinzu kommt die Wertpapierbörse in Berlin.

Die Umsätze erfolgen zum **Kurswert,** d. h. zu dem Wert, den die Papiere auf Grund des **Prozentkurses** oder des **Stückkurses** haben.

Nennwert ist der **aufgedruckte Wert** des Papiers. Von ihm werden Dividenden und Zinsen gerechnet. Der Mindestnennwert bei Aktien beträgt 50,— DM. Höhere Nennwerte *müssen* auf volle 100,— DM lauten.

Kurs:

a) Prozentkurs
   ein Prozentsatz, der auf den Nennwert (= 100%) bezogen ist und bei festverzinslichen Wertpapieren zur Errechnung des Kurswertes dient.

b) Stückkurs
   bei Aktien und Investmentzertifikaten wird der Preis pro Stück berechnet.

13.2 Berechnung von Kurswerten

13.2.1 Prozentnotierungen

Festverzinsliche Wertpapiere werden zu Prozentkursen gehandelt, d. h. sie beziehen sich auf 100,— DM Nennwert.

$$\text{Kurswert} = \frac{\text{Nennwert}}{100} \cdot \text{Kurs}$$

Beispiel

Die Kursangabe für
8% Anleihe der Bundespost Em. 84 = 111,70
bedeutet:
100,— DM Nennwert dieser Anleihe kosten 111,70 DM.

Aufgaben

1. Ermitteln Sie den Kurswert folgender festverzinslicher Papiere.

	Nennwert	Anleihe	Kurs in %
a)	500,— DM	6,5% Land Hessen von 88	97,25
b)	1600,— DM	6,5% Land Niedersachsen von 86	97,65
c)	800,— DM	$7\frac{1}{4}$% Freistaat Bayern von 85	102,25
d)	2300,— DM	$6\frac{5}{8}$% Deutsche Bundespost von 85	99,30
e)	4700,— DM	$6\frac{3}{4}$% Berlin von 86	100,40
f)	3400,— DM	$5\frac{7}{8}$% Montanunion von 87	96,50
g)	1400,— DM	$5\frac{5}{8}$% Bundesrepublik Deutschland von 86	81,70
h)	5200,— DM	$6\frac{1}{2}$% Land Schleswig-Holstein von 86	99,60
i)	2600,— DM	$6\frac{1}{4}$% Freie und Hansestadt Bremen von 87	96,75
k)	7900,— DM	$6\frac{1}{4}$% Deutsche Bundesbahn von 87	96,55

13.2.2 Stücknotierungen

Aktien werden zu Stückkursen gehandelt. Die Kurse werden im allgemeinen für 50,— DM oder 100,— DM Nennwert notiert. In Ausnahmefällen (z. B. bei Versicherungsaktien) bezieht sich der Kurs auch auf andere Stückelungen.

$$\text{Kurswert} = \text{Stückzahl} \cdot \text{Stückkurs}$$

Aufgaben

2. Ermitteln Sie den Kurswert folgender Aktien.

	Nennwert	Papier	Kurs DM
a)	2800,— DM	BASF Badische Anilin-und-Soda-Fabrik	212,50
b)	1200,— DM	Bayerische Hypothekenbank	411,—
c)	1600,— DM	Binding Brauerei	522,—
d)	2400,— DM	Continental Gummiwerke	201,—
e)	3200,— DM	Degussa	295,—
f)	4800,— DM	Hochtief AG	982,—
g)	2200,— DM	Karstadt AG	516,—
h)	1800,— DM	Mannesmann AG	205,20
i)	2500,— DM	Salamander AG	252,—
k)	800,— DM	Schering AG	681,—

13.3 Bilanzierung der Wertpapiere

Am Ende eines Wirtschaftsjahres sind die vorhandenen Wertpapiere zum **Niederstwert** zu bilanzieren. Hierbei müssen der Buchwert und der Kurswert am Bilanzstichtag verglichen werden. Die Wertpapiere sind mit dem niedrigeren von beiden Werten anzusetzen.

Aufgaben

3. Bewerten Sie folgende Aktien zum 31. Dezember.

	Stückzahl	Emittent		Buchwert DM	Stückkurs zum 31.12. DM
a)	36	Adlerwerke	●	19152,—	535,—
b)	15	Bremer Vulkan	●	1065,—	69,—
c)	24	Buderus	●	8760,—	370,—
d)	45	Edelstahl Witten	●●	12780,—	279,—
e)	18	Hutschenreuther	●	5004,—	270,—
f)	50	Siemens	●	28100,—	557,—

● Stückelungen zu 50,— DM ●● Stückelungen zu 100,— DM

4. Bewerten Sie folgende Rentenpapiere zum 31. Dezember.

	Stückzahl	Wertpapierbezeichnung	Buchwert DM	Prozentkurs zum 31.12.
a)	20	9,5 % Daimler v. 90	2025,—	103,60
b)	15	$6\frac{1}{8}$ % Degussa v. 87	1447,50	95,15
c)	25	$7\frac{3}{8}$ % Schenker v. 85	2475,—	98,—
d)	15	$6\frac{3}{4}$ % Thyssen v. 85	1451,25	98,25
e)	12	$6\frac{3}{4}$ % Viag v. 87	1194,—	96,75
f)	20	5,5 % Volkswagen AG v. 89	1970,—	97,25

13.4 Ausmachender Betrag

Der Erwerber eines festverzinslichen Papiers erhält außer dem eigentlichen Wertpapier (Mantel) einen Zinsscheinbogen, bestehend aus 20 Zinsscheinen und einem Erneuerungsschein. Der Einreicher des fälligen Zinsscheins erhält die Stückzinsen für das abgelaufene Halbjahr. (Bei zahlreichen Emissionen der letzten Jahre werden die Zinsen nur noch an einem Zinstermin – nachträglich – ausgeschüttet.)

Übliche halbjährliche Zinstermine (Zinszahlungstage) sind:

J/J = 2. Januar und 1. Juli
M/S = 1. März und 1. September
A/O = 1. April und 1. Oktober[1]

Wird ein festverzinsliches Wertpapier während einer Zinsperiode verkauft, so erwirbt der Käufer auch den Zinsscheinbogen **mit** laufendem Zinsschein. Ihm werden also die Zinsen für die **gesamte** Periode ausgezahlt, obwohl ihm nur der Zinsanteil vom Ankaufsdatum bis zum Periodenende zusteht. Dieser Sachverhalt wird beim Verkauf dadurch berücksichtigt, daß dem Verkäufer sein Zinsanteil (Stückzinsen) ausgezahlt wird. Der Erwerber hat folglich zu zahlen:

Kurswert + Stückzinsen = ausmachender Betrag

Grundsätzlich werden Effektengeschäfte **zwei Börsentage** nach dem Ausführungsdatum (Schlußtag) den Auftraggebern belastet bzw. gutgeschrieben.
Vom 1. Juli 1986 an[2] stehen dem Verkäufer festverzinslicher Wertpapiere Stückzinsen bis (einschließlich) zu dem Kalendertag zu, der der Erfüllung (Valutierung) vorangeht.

Zinstag: 1 Kalendertag vor Valuta

Beispiel 1

Vertragsabschluß an der Börse (Schlußtag) . . . . 10. Januar 19 . .
Vertragserfüllung (Valuta) . . . . 12. Januar 19 . .
Zinstag. . . . . 11. Januar 19 . .

Beispiel 2

	Schlußtag	Valuta	Zinstag
Donnerstag	26.1.	30.1.	29.1.
Freitag	27.1.	31.1.	30.1.

Beispiel 3

Verkauf am Donnerstag, 15.4.93, mit laufendem Zinsschein:
nom. 500,— DM 6% Anleihe Freistaat Bayern von 1987 J/J zu 94,80%.
(In diesem Fall wäre der 18.4.93 der Zinstag).

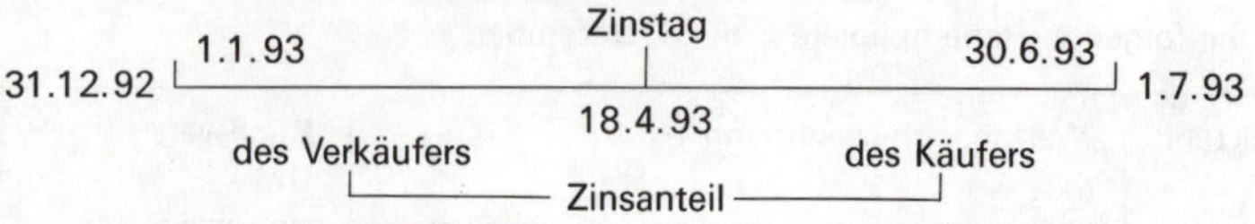

500,— DM (Nennwert) zu 95,80% Kurs. . . . . 479,— DM Kurswert
+6% Zinsen für 108 Tage . . . . 9,— DM Stückzinsen
488,— DM ausmachender Betrag

[1] Der Berechnungszeitraum entspricht der bankenüblichen Wertstellung (z. B. 31.12.–30.6.).
[2] gem. § 20 (2) der „Einheitlichen Geschäftsbedingungen der deutschen Wertpapierbörsen"

Zwei Wochen vor dem jeweiligen Zinstermin trennen die Banken, in deren Depots die Wertpapiere liegen, den fälligen Zinsschein ab, so daß er beim Verkauf nicht mitgeliefert werden kann. In diesem Fall zahlt der Käufer

Kurswert ⁒ Stückzinsen = ausmachender Betrag

Beispiel 4

Verkauf am Montag, 20. September 1993, ohne laufenden Zinsschein nom. 800,— DM, $6^1/_4$% Anleihe der Deutschen Bundesbahn von 1987 A/O zu 96,60%.

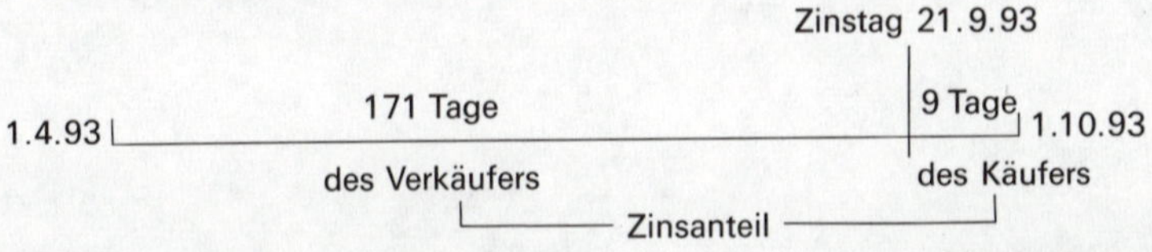

800,— DM (Nennwert) zu 96,60% (Kurs)	772,80 DM	Kurswert
⁒ $6^1/_4$% Zinsen für 9 Tage	1,25 DM	Stückzinsen
	771,55 DM	ausmachender Betrag

Bei Dividendenpapieren schwankt der Wertpapierertrag, so daß beim Verkauf kein Ertragsanteil gesondert berechnet und bezahlt werden kann. Die Dividendenerwartung kommt jedoch im Kurs zum Ausdruck. Nach Abtrennung der fälligen Dividendenscheine nimmt die Börse einen Dividendenabschlag vor (Notierung „ex Dividende"). Für Dividendenpapiere gilt folglich:

Kurswert = ausmachender Betrag

Aufgaben

5. Berechnen Sie den ausmachenden Betrag für folgende Wertpapierumsätze:

	Nennwert DM	Umsatz am . . . Bezeichnung des Wertpapiers	Kurs in %
a)	600,—	Dienstag, 26.1.93 6,5% Anleihe Land Hessen 1988 J/J + 1.7.93	96,20
b)	1 000,—	Montag, 23.11.92 $5^1/_4$% McDonald's 1988 1.3. gzj + 1.3.93	97,75
c)	800,—	Mittwoch, 22.9.93 5,5% Helaba 1988 A/O – 1.10.93	96,30
d)	1 500,—	Dienstag, 12.1.93 $6^1/_8$% Europarat 1986 1.3. gzj + 1.3.93	97,60
e)	2 300,—	Donnerstag, 18.2.93 $6^1/_4$% Deutsche Lufthansa 1986, M/S – 1.3.93	93,95
f)	1 800,—	Freitag, 27.8.93 $6^1/_8$% Nordrhein-Westfalen 1987 A/O + 1.10.93	95,80

Die Berücksichtigung der Kapitalertragsteuer bei Wertpapierabrechnungen

Stückzinsen unterliegen als Einkünfte aus Kapitalvermögen der Einkommensteuer (§ 2 Abs. 3, § 20 Abs. 2 EStG). Es ist zu beachten, daß bereits bei der Zahlung der Stückzinsen an den Kunden von der Bank Kapitalertragsteuer gemäß § 43 Abs. 1 EStG einbehalten wird. Eine Ausnahme hiervon bilden die Wertpapiere, die nach § 3 EStG steuerfrei sind.

Die steuerliche Behandlung festverzinslicher Wertpapiere wird in den amtlichen Kursblättern in einer Zusatznotiz festgehalten.

13.5 Kostenberechnung bei An- und Verkauf von Wertpapieren

Die Kreditinstitute betätigen sich als **Kommissionäre:** sie nehmen Kundenaufträge zum An- oder Verkauf von Wertpapieren entgegen und leiten sie zur Börse weiter, wo sich Angebot und Nachfrage treffen. Der Abschluß der Kaufverträge wird von **Maklern** vermittelt.

Bei diesem Geschäft entstehen folgende Spesen:

Spesen	Rentenpapiere Anleihen; Pfandbriefe; Obligationen	Dividendenpapiere Aktien; Bezugsrechte
Provision auf volle 5 Pf aufrunden	0,5% vom **Nennwert** (bei Kursen von 50–100%) 0,5% vom **Kurswert** (bei Kursen über 100%) mindestens 20,— DM	1% vom **Kurswert** mindestens 20,— DM
Maklergebühr (Courtage) auf volle 10 Pf aufrunden	Mindestgebühr 0,75‰ vom Nennwert (bis 50 000,— DM): 0,50 DM 0,50‰ (bis 100 000,— DM): 37,50 DM 0,35‰ (bis 250 000,— DM): 50,— DM danach gelten gestaffelte Sätze	0,8‰ vom Kurswert mindestens 0,50 DM

Beispiel 1

Aktien-Kauf am 15.10.1993
Abrechnung der Dresdner Bank

1 000,— DM	BMW-Aktien zu 490,— DM (1 Stück = 50,— DM)		9 800,— DM
0,8‰	Courtage	7,90 DM	
1%	Provision	98,— DM	
. . . .			105,90 DM
Lastschrift an den Kunden			**9 905,90 DM**

Beispiel 2

Kauf von Obligationen am 20.10.1992 Abrechnung der Commerzbank

1 500,— DM $6\frac{1}{8}$% Degussa, Anleihe von 1987			
	J/J zu 93% + 1.1.93ff.		1 395,— DM
	Stückzinsen für 111 Tage (Zinstag: 21.10.1992)		28,33 DM
	ausmachender Betrag		1 423,33 DM
$\frac{3}{4}$‰	Maklergebühr	1,20 DM	
$\frac{1}{2}$%	Provision (mindestens)	10,— DM	11,20 DM
Lastschrift an den Kunden			**1 434,53 DM**

Beispiel 3

Verkauf von Aktien am 18.10.1993 Abrechnung der Stadtsparkasse

2 400,— DM	Aachen-Münchener Versicherung		
	Aktien zu 375,— DM (1 Stück = 50,— DM)		18 000,— DM
0,8‰	Courtage	14,40 DM	
1%	Provision	180,— DM	194,40 DM
Gutschrift an den Kunden			**17 805,60 DM**

Beispiel 4

Verkauf von Anleihen am 21.10.1993 (Donnerstag) Abrechnung der Kreissparkasse

1 200,— DM	7% Anleihe Deutsche Bundespost von 1985		
	J/J zu 99,20% + 1.1.94ff.		1 190,40 DM
	+ Stückzinsen für 114 Tage (Zinstag: 24.10.93)		26,60 DM
	ausmachender Betrag		1 217,— DM
$\frac{3}{4}$‰	Maklergebühr	0,90 DM	
$\frac{1}{2}$%	Provision	10,— DM	10,90 DM
Gutschrift an den Kunden			**1 206,10 DM**

Aufgaben

6. Ankauf von Aktien
   Fertigen Sie die Abrechnung der Bank an.
   a) 50 Stück Allianz Versicherung Aktien zu 1 150,— DM/St (1 Stück = 50,— DM)
   b) 30 Stück Holsten Brauerei 505,— DM/St. (1 Stück = 50,— DM)
   c) 18 Stück Main-Kraftwerk Aktien zu 472,— DM/St. (1 Stück = 100,— DM)
   d) 64 Stück Farbwerke Hoechst Aktien zu 223,— DM/St. (1 Stück = 50,— DM)
   e) 32 Stück Siemens Aktien zu 548,— DM/St. (1 Stück = 50,— DM)

7. Verkauf von Aktien
   Fertigen Sie die Abrechnung der Bank an.
   a) 60 Stück VW Aktien zu 256,— DM (1 Stück = 50,— DM)
   b) 10 Stück Salamander Aktien zu 268,— DM (1 Stück = 50,— DM)
   c) 14 Stück Preussag Aktien zu 312,— DM (1 Stück = 100,— DM)
   d) 14 Stück Lufthansa Aktien zu 89,— DM (1 Stück = 50,— DM)
   e) 26 Stück Mannesmann Aktien zu 210,— DM (1 Stück = 100,— DM)

8. Ankauf von Anleihen
   Fertigen Sie die Abrechnung der Bank an.
   a) am Montag, 27.9.93
      1 200,— DM 6% Bundesrepublik Deutschland Anleihe von 1987
      J/J + 1.1.94ff. zu 95,40%
   b) am Donnerstag, 18.2.93
      800,— DM $6\frac{1}{4}$% Deutsche Bundesbahn Anleihe von 1987
      M/S ·/. 1.3.93 zu 97,25%

c) am Dienstag, 24.8.93
1 500,— DM 6,5% Land Niedersachsen Anleihe von 1986
1. April (ganzjährig) mit laufendem Zinsschein zu 94,50%

d) am Mittwoch 10.11.93
2000,— DM 7% Hansestadt Hamburg Anleihe von 1989
1. Juli (ganzjährig) mit laufendem Zinsschein zu 96.40%

9. Verkauf von Anleihen
Fertigen Sie die Abrechnung der Bank an.

a) am Dienstag, 18.5.93
1 600,— DM 6% Deutsche Bundesbahn von 1986
J/J + 1.7.93ff. zu 94,50%

b) am Mittwoch, 10.2.93
3800,— DM 6% Schleswig-Holstein Anleihe von 1987
A/O + 1.4.93ff. zu 97,50%

c) am Dienstag, 17.8.93
500,— DM $7\frac{3}{8}$% Euratom Anleihe von 1983
M/S ·/. 1.9.93 zu 99,65%

d) am Dienstag, 26.10.93
900,— DM $8\frac{3}{4}$% Anleihe der Weltbank 1991
J/J + 1.1.94ff. zu 100,40%

13.6 Berechnung des Bezugsrechts

Kapitalerhöhungen werden bei Aktiengesellschaften und Kommanditgesellschaften auf Aktien durch Ausgabe neuer (junger) Aktien vorgenommen. Die (Alt)Aktionäre und (Alt)Kommandit-Aktionäre haben bei Kapitalerhöhungen ein gesetzliches Vorrecht auf den Erwerb der jungen Aktien (§ 186 AktG). Dieses Bezugsrecht können die Aktionäre verkaufen, wenn sie es nicht ausüben wollen. Der Kurs wird in DM je Stück ausgedrückt.

13.6.1 Rechnerischer (innerer) Wert des Bezugsrechts

a) Das **Bezugsverhältnis** ergibt sich aus dem Verhältnis des bisherigen Grundkapitals zu dem Umfang der Kapitalerhöhung.

Beispiel

Grundkapital	50 000 000,— DM
Kapitalerhöhung	10 000 000,— DM
neues Grundkapital	60 000 000,— DM

$$\text{Bezugsverhältnis} = \frac{50\,000\,000,\text{— DM}}{10\,000\,000,\text{— DM}} = \mathbf{5:1 \text{ oder } \frac{5}{1}}$$

Der Inhaber von **fünf** alten Aktien hätte demnach die Möglichkeit, **eine** junge Aktie zu erwerben, oder anders gesagt, zum Erwerb **einer** jungen Aktie sind **fünf** Bezugsrechte erforderlich.

b) Der Besitzer **einer** alten Aktie kann von seinem Bezugsrecht keinen Gebrauch machen, er kann es aber verkaufen. Wer vier alte Aktien besitzt, kann ebenfalls noch keinen Gebrauch von seinen Bezugsrechten machen, er wird aber daran interessiert sein, das zum Erwerb einer jungen Aktie fehlende hinzuzukaufen. Der Preis dafür läßt sich folgendermaßen berechnen:

Kurs der alten Aktien	180,— DM/Stück
Kurs der jungen Aktien	120,— DM/Stück

5 alte Aktien zu 180,— DM/Stück	900,— DM
1 junge Aktie zu 120,— DM/Stück	120,— DM
6 Aktien	1020,— DM
1 Aktie	170,— DM

Kurs der alten Aktie	180,— DM/Stück
neuer Durchschnittskurs der Aktien	170,— DM/Stück
Differenz = Wert des Bezugsrechts	10,— DM/Stück

Bezugsrecht = Kurs der alten Aktien ⁒ neuer Durchschnittskurs der Aktien

Aufgaben

10. Bestimmen Sie das Bezugsverhältnis.

	Grundkapital vor der Erhöhung	Grundkapital nach der Erhöhung	Verhältnis
a)	8000000,— DM	10000000,— DM	
b)	12000000,— DM	16000000,— DM	?
c)	65000000,— DM	78000000,— DM	?
d)	960000000,— DM	1080000000,— DM	?
e)	560000000,— DM	640000000,— DM	?

11. Die Hauptversammlung einer bayerischen Brauerei beschließt die Erhöhung des bisherigen Grundkapitals von 35 Millionen auf 42 Millionen DM. Die alten Aktien werden an der Börse mit 320,— DM/Stück notiert. Die jungen Aktien sollen zu 230,— DM/Stück ausgegeben werden. Berechnen Sie
    a) das Bezugsverhältnis,
    b) den Wert des Bezugsrechts.

12. Ein Aktionär kauft fünf Bezugsrechte zum Stückkurs von 26,— DM. Wie lautet die Kaufabrechnung der Bank?

13. Eine Aktiengesellschaft stockt ihr Grundkapital von 185 Millionen DM auf 222 Millionen DM auf. Die Börse notiert den Kurs der alten Aktien mit 132,— DM/Stück. Die jungen Aktien werden zum Kurs von 72,— DM/Stück ausgegeben. Ein Altaktionär besitzt 27 Aktien und möchte unter Verkauf seiner „Spitze" junge Aktien beziehen. Fertigen Sie die Abrechnungen über
    a) den Verkauf der Bezugsrechte,
    b) den Bezug der jungen Aktien an.

14. Eine Aktiengesellschaft erhöht ihr Grundkapital von 16800000,— DM auf 22400000,— DM. Die letzte Börsennotierung der alten Aktien betrug 209,20 DM/Stück. Die jungen Aktien werden zum Stückkurs von 135,— DM emittiert.
    a) Berechnen Sie den inneren Wert eines Bezugsrechts.
    b) Fertigen Sie die Abrechnung für einen Altaktionär an, der sieben Aktien besitzt und unter Verkauf der „Spitze" junge Aktien beziehen möchte.

13.7 Rentabilität der Wertpapiere

13.7.1 Die Rendite von Wertpapieren

Die Renditeberechnung ermittelt das Verhältnis von Ertrag zu Kapitaleinsatz, bezogen auf 100,— DM und auf ein Jahr.

$$\text{Grundformel: Rendite} = \frac{\text{Jahresertrag} \cdot 100}{\text{Kapitaleinsatz}}$$

Folgende Faktoren bestimmen den Jahresertrag der Effekten:
- laufende Ertragszahlungen,
  - Dividenden bei Aktien,
  - Steuergutschriften auf Dividenden,
  - Zinsen bei Rentenpapieren,
- Kursgewinne oder -verluste aus Verkäufen,
- Rückzahlungsgewinne oder -verluste bei Rentenpapieren,
- Zusatzerträge (z. B. aus dem Verkauf von Bezugsrechten),
- Kosten des Handels, der Verwahrung und Verwaltung,
- Steuern auf Erträge, Kursgewinne und Vermögen.

Bezieht sich die Verhältnisrechnung nur auf die erhaltenen Erträge, so spricht man von „laufender Rendite" oder „Barrendite", bezieht sie sich auf alle Bestimmungsfaktoren, die Steuern ausgenommen, so spricht man von „Anlagenrendite". Bei festverzinslichen Wertpapieren bezieht sich die Nominalverzinsung auf das Verhältnis von festem Zins zum Nennwert, die Effektivverzinsung auf das Verhältnis von Nominalzins und Kursveränderungen zum Kapitaleinsatz. – Die Begriffe „Rendite" und „Effektivverzinsung" werden häufig ohne Unterschied gebraucht.

Beispiel

Der kaufmännische Angestellte Edgar Streng kaufte am 12.12.1991 100 Stück Karstadt-Aktien zu 518,— DM/St. und verkaufte sie am 22.5.1992 zu 532,— DM/St. In der Zwischenzeit kassierte er 12,— DM Dividende je Stück. Bei Kauf und Verkauf wurden jeweils 1,06% Spesen vom Kurswert berechnet. Edgar Streng ist in der BR Deutschland unbeschränkt steuerpflichtig und erhält eine Steuergutschrift aus der von der AG bezahlten Körperschaftsteuer.
Wie hat sich die Aktienanlage rentiert?

Ankauf

100 St. Karstadt AG zu 518,— DM/St.	51 800,— DM
+ 1,06% Ankaufspesen (aufgerundet)	549,10 DM
Kapitaleinsatz	52 349,10 DM

Verkauf

100 St. Karstadt AG zu 532,— DM/St.	53 200,— DM
– 1,06% Verkaufsspesen (aufgerundet)	564,— DM
Verkaufserlös	52 636,— DM

Kursgewinn

Verkaufserlös	52 636,— DM
– Kapitaleinsatz	52 349,10 DM
Kursgewinn	286,90 DM

laufender Ertrag

Bruttodividende	1 200,—	
+ Steuergutschrift (KSt)	675,—	1 875,— DM
Gesamtertrag		2161,90 DM

Rendite

Gesamtertrag vom 12.12.91 bis 22.5.92 (in 160 Tagen) . . . . 2161,90 DM

Jahresertrag $\frac{2161{,}9 \cdot 360}{160} =$ . . . . 4864,28 DM

Rendite $= \frac{4864{,}28 \cdot 100}{52349{,}1} =$ **9,29%**

13.7.2 Die Wirkung der Steuern

Dividenden und Zinsen gehören einkommensteuerlich zu den Einkünften aus Kapitalvermögen. Kursgewinne aus Aktienverkäufen gehören zu den sonstigen Einkünften, wenn die Aktien innerhalb von 6 Monaten nach Erwerb veräußert werden. Die Einkünfte unterliegen dem vom zu versteuernden Einkommen abhängigen „Spitzensteuersatz" (z. Zt. höchstens 53%). Steuerfrei bleiben Gesamtgewinne aus Spekulationsgeschäften von weniger als 1 000,— DM im Jahr. Wenn die Effekten zu einem Betrtiebsvermögen gehören, sind alle realisierten Kursgewinne Erträge. Andererseits können auch nicht realisierte Kursverluste als Aufwand verbucht werden. Wegen der in jedem Einzelfall unterschiedlichen steuerlichen Situation kann bei allen Renditevergleichen die Steuer nicht berücksichtigt werden, wenn sie auch bei einer individuellen Anlage eine bedeutende Rolle spielt.

Fortsetzung des Beispiels

Der persönliche Grenzsteuersatz von Edgar Streng sei 42%.

Kursgewinn	286,90 DM
Dividendenerträge	
– zu versteuernde Einnahmen	1 875,— DM
– Einkommensteuer	787,50 DM
Nettoertrag	1 087,50 DM
Gesamtertrag nach Steuern in 160 Tagen	1 374,40 DM
in 360 Tagen	3092,40 DM

Rendite nach Steuern $= \frac{3092{,}4 \cdot 100}{52349{,}1} =$ **5,91%**

Aufgaben zur Wertpapierrechnung

1. Ein Unternehmer besitzt 70 Aktien der Horten AG, die mit 16 590,— DM zu Buche stehen. Der Stückkurs zum 31. 12. beträgt 234,— DM. Mit welchem Wertansatz sind die Papiere zu bilanzieren?
2. Eine Aktiengesellschaft erhöht ihr Grundkapital von 18,4 Millionen DM auf 23 Millionen DM. Die alten Aktien notieren an der Börse 145,60 DM/Stück. Die jungen Aktien werden zum Kurs von 85,— DM/Stück ausgegeben.
   a) Errechnen Sie den inneren Wert eines Bezugsrechts.
   b) Ein Altaktionär besitzt 6 Aktien und möchte zwei junge Aktien erwerben. Erstellen Sie die Bankabrechnung über den Kauf der jungen Aktien und über die zusätzlichen Bezugsrechte.

3. Ein freiberuflich Tätiger, der Geld in Aktien anlegen will, wünscht eine effektive Mindestverzinsung von 8%. Die zum Erwerb vorgesehenen Aktien erbrachten im letzten Wirtschaftsjahr eine Nominalverzinsung von $12^1/_2$%. Zu welchem Kurs darf der Interessent höchstens kaufen, wenn er die erstrebte Verzinsung erzielen will?
4. Die $8^1/_4$%ige Bundesbahnanleihe von 1984 notiert am Ankaufstage 113,05%.
   a) Wie hoch ist die Effektivverzinsung (ohne Ankaufspesen)?
   b) Wie hoch ist die Rendite (mit Ankaufspesen)?
5. Eine Erbengemeinschaft will am 10. Februar 75000,— DM in 9%igen Staatsanleihen anlegen, die an der Börse mit 96,5% notiert werden. Die Zinstermine sind 1. Januar, 1. Juli, die Stückelung beträgt 100,— DM.
   a) Berechnen Sie den Kaufpreis für ein Stück und den Gesamtkaufpreis (Spesen nach Tabelle).
   b) Wie viele Stücke können gekauft werden?
   c) Erstellen Sie die Kaufabrechnung für 1 Stück bei einem Kauf mit laufendem Zinsschein.
6. Ein Steuerpflichtiger kauft am 20. 4. 01 40 Stück A-Aktien mit einem Nennwert von je 50,— DM zum Stückkurs von 240,— DM.

Ankaufskosten:	Provision	1 % vom Kurswert
	Maklergebühr	0,8‰ vom Kurswert

   Die Aktien werden aus privaten Sparguthaben gekauft und gehören zum Privatvermögen.
   Am 5.10.01 verkauft der Steuerpflichtige alle Aktien zum Kurs von 280,— DM/Stück. Die Verkaufskosten sind in gleicher Weise zu ermitteln wie die Ankaufskosten.
   Wie hoch ist der Veräußerungsgewinn?
   Erklären Sie, ob er einkommensteuerliche Auswirkungen hat.
7. Bei einem Effektenkauf über einen Nennwert von 100000,— DM wurden Stückzinsen von 175,— DM abgezogen. Die Papiere werden mit 7% p.a. verzinst. Der Zinstermin war Montag, der 1.8. d. J. An welchem Datum fand der Kauf statt?
8. Bei einem Effektenkauf von $7^3/_4$%-igen Bundesanleihen 1.4. gzj. im Nennwert von 140000,— DM wurden dem Verkäufer 6027,78 DM Stückzinsen zugerechnet. Ermitteln Sie das Datum des Verkaufs.
9. Ein Unternehmer will einen Kredit von 100000,— DM durch Verkauf von Aktien, die zur Zeit mit 620,— DM/St. gehandelt werden, tilgen. Er muß bei Verkauf mit 1% Provision und 0,6‰ Courtage rechnen. Wieviel Stück Aktien muß er verkaufen?
10. Ankauf einer 9%-igen Kommunalobligation, Zinstermin 1.4.,

am 20.3.90, 20000,— DM nom. zu 101%		20200,— DM
./. Stückzinsen		50,— DM
ausmachender Betrag		20150,— DM
+ Provision 0,5%	101,— DM	
+ Courtage 0,75‰	15,— DM	126,— DM
Gesamtbetrag		20276,— DM

    Am 15.8.92 wurden die Papiere zum Kurs von 110% + 1.4.ff. verkauft (Stückzinsenverrechnung zum 16.8.).
    a) Fertigen Sie die Verkaufsabrechnung an.
    b) Ermitteln Sie die Effektivverzinsung.

14 Gewinnverteilungsrechnung

Gemäß § 15 Abs. 1 Ziff. 2 EStG gehören zu den Einkünften aus Gewerbebetrieb auch die Gewinnanteile der Gesellschafter einer OHG, einer KG und einer anderen Gesellschaft, bei der der Gesellschafter als Unternehmer (Mitunternehmer) anzusehen ist, und die Vergütungen, die der Gesellschafter im Dienste der Gesellschaft oder für die Hingabe von Darlehn oder für die Überlassung von Wirtschaftsgütern bezogen hat.

Diese Gewinnanteile sind nur im Wege der Verteilung des Gesamtgewinns der Gesellschaft, entsprechend den vertraglichen Vereinbarungen, zu ermitteln. Zum Gesamtgewinn gehören auch die angeführten Vergütungen, die der Gesellschafter im Dienst der Gesellschaft erhalten hat.

Beispiel

Eine OHG mit den zu je $^1/_3$ beteiligten Gesellschaftern A, B, C hat in der Bilanz zum 31. Dezember einen Gewinn von 75000,— DM ausgewiesen. Für die Überlassung eines Grundstücks sind an den Gesellschafter A monatlich 2000,— DM (= 24000,— DM im Jahr) gezahlt und über das Konto Hausaufwendungen gebucht worden.
Der Gesamtgewinn der Gesellschaft berechnet sich folgendermaßen:

Gewinn lt. GuV-Konto	75000,— DM
+ zu Unrecht über Aufwand gebuchte Vergütungen an A	24000,— DM
Gesamtgewinn	99000,— DM

Gewinnverteilung

Gesellschafter	A	B	C	
Vorwegvergütung vertragl. Gewinnanteil ($^1/_3$)	24000 25000	— 25000	— 25000	24000 75000
Gesamtgewinn	49000	25000	25000	99000

Aufgaben zur Gewinnverteilung

1. An einer OHG sind die Gesellschafter A, B und C beteiligt. Ihre Kapitalkonten weisen zum 31. Dezember folgende Salden auf:

   Kapital A 50624,— DM
   Kapital B 80783,— DM
   Kapital C 140640,— DM

   Folgende Gewinnverteilung ist vertraglich vereinbart:

   a) 6% Verzinsung der Kapitalanteile,
   b) vom verbleibenden Gewinn erhalten A 60%, B und C je 20%.

   Die Steuerbilanz zum 31. Dezember weist einen Gewinn von 180000,— DM aus. Ermitteln Sie die Gewinnanteile der einzelnen Gesellschafter.

2. An der ABC-OHG sind beteiligt die Gesellschafter

A mit 300000,— DM
B mit 200000,— DM
C mit 100000,— DM.

Im Gesellschaftsvertrag sind keine ausdrücklichen Vereinbarungen über die Verteilung von Gewinnen und Verlusten getroffen worden. Aus den Zahlen der Buchführung wurde für das abgelaufene Wirtschaftsjahr – alternativ –

a) ein Gewinn von 90000,— DM
b) ein Gewinn von 20000,— DM
c) ein Verlust von 18000,— DM ermittelt.

Nehmen Sie zu a), b) und c) die Gewinn- bzw. die Verlustverteilung vor.

3. An einer GmbH & Co KG sind die GmbH mit einem haftenden Kapital von 50000,— DM, der Gesellschafter A mit einem Kommanditanteil von 150000,— DM, der Gesellschafter B mit einem Kommanditanteil von 50000,— DM beteiligt. Die Sonderkapitalkonten betragen am 1. Januar GmbH 1402,— DM, Teilhafter A 60480,— DM, Teilhafter B 25421,— DM. Nach dem Gewinnverteilungsschlüssel erhält die GmbH eine Vergütung für die Geschäftsführertätigkeit, die auf 36000,— DM festgesetzt ist, ferner eine Verzinsung ihres Kapitalanteils von 6%. Vom Restgewinn erhält sie 3%. Die Kommanditisten sind im Verhältnis ihrer Kapitalkonten am Restgewinn beteiligt. Der Bilanzgewinn per 31. Dezember betrug 250000,— DM. Die Vergütung für die Geschäftsführung ist im Wirtschaftsjahr nicht an die GmbH gezahlt und deshalb auch noch nicht verbucht worden.
Entwickeln Sie
a) die Gewinne der einzelnen Gesellschafter,
b) die Sonderkapitalkonten der Gesellschafter unter Berücksichtigung folgender Privatentnahmen: A 24000,— DM, B 16000,— DM.

4. Eine KG weist in der Bilanz zum 31.12. 01 folgende Kapitalkonten aus:

Festkapital Komplementär A	300000,— DM
Festkapital Kommanditist B	100000,— DM
Festkapital Kommanditist C	80000,— DM
Festkapital Kommanditist D	20000,— DM
Sonderkapital Komplementär A	67840,— DM
Sonderkapital Kommanditist B	80380,— DM
Sonderkapital Kommanditist C	44250,— DM

Der Komplementär hat der Gesellschaft ein Grundstück zur Nutzung überlassen. Dafür ist eine vertragliche Vergütung von monatlich 3000,— DM im voraus zu entrichten. Der Betrag von 36000,— DM für 02 ist dem Sonderkapitalkonto des Komplementärs gutgeschrieben worden.
Die Gewinnverteilung ist folgendermaßen geregelt:
a) DieKapitalkonten sind jeweils mit 6% nach dem Stand vom vorangegangenen Bilanzstichtag zu verzinsen.
b) Der Restgewinn wird nach dem Verhältnis des haftenden Eigenkapitals verteilt.
Der Bilanzgewinn zum 31.12. 02 beträgt 420000,— DM.

Ermitteln Sie die Gewinne der einzelnen Gesellschafter.

5. Eine KG, bestehend aus den Gesellschaftern A, B, C und D, hat für das Wirtschaftsjahr einen Bilanzgewinn von 240000,— DM ausgewiesen. Zu Lasten des Gewinns sind verbucht worden
a) Zinsen von 3800,— DM für ein Darlehen, das der Gesellschafter B der Gesellschaft gewährt hat,
b) Geschäftsführervergütungen von 36000,— DM für den Gesellschafter A.
Die Gesellschafter sind vertragsgemäß im Verhältnis ihrer haftenden Einlagen am Gewinn beteiligt. Die Kapitalien betragen für

A	220000,— DM,	C	85000,— DM,
B	130000,— DM,	D	65000,— DM.

Nehmen Sie die Gewinnverteilung vor.

6. Eine KG weist in der Bilanz zum 31. Dezember einen Verlust von 100000,— DM aus. Das haftende Kapital beträgt 1 Million DM, das sich folgendermaßen auf die Gesellschafter verteilt:

Komplementär A	150000,— DM,				
Kommanditisten B	50000,— DM,	H	70000,— DM,	O	55000,— DM,
C	50000,— DM,	J	80000,— DM,	P	38000,— DM,
D	30000,— DM,	K	75000,— DM,	Q	42000,— DM,
E	65000,— DM,	L	100000,— DM,	R	65000,— DM.
F	20000,— DM,	M	40000,— DM,		
G	25000,— DM,	N	45000,— DM,		

Die Gewinnverteilungsabreden sehen vor, daß die Kapitalkonten mit 6% zu verzinsen sind. Am Gewinn und Verlust nehmen die Gesellschafter im Verhältnis ihrer Kapitalkonten teil. Nehmen Sie die Verlustverteilung vor.

7. An der Fliesengroßhandlung Stein & Bein OHG sind die Gesellschafter Aloys Stein mit 240000,— DM und Kurt Bein mit 160000,— DM beteiligt. Im Wirtschaftsjahr 01 erzielte die OHG einen handelsrechtlichen Verlust von 22500,— DM. Aloys Stein erhielt ein Geschäftsführergehalt von 7000,— DM monatlich, das als Betriebsausgabe gebucht wurde. Die monatliche Pacht von 1400,— DM für ein Lagergrundstück, das Kurt Bein der OHG überlassen hat, wurde ebenfalls als Betriebsausgabe gebucht. Gesellschafter Stein entnahm im Wirtschaftsjahr 01 für private Zwecke 10000,— DM, Gesellschafter Bein 24000,— DM.
Ermitteln Sie
a) den handelsrechtlichen Gewinn- bzw. Verlustanteil eines jeden Gesellschafters nach den Vorschriften des HGB.
b) den steuerrechtlichen Gewinn der Gesellschaft sowie die Gewinn- und Verlustanteile ihrer Gesellschafter.
c) die Höhe der Kapitalkonten von Aloys Stein und Kurt Bein zum 31.12.01.

8. Eine OHG weist für das abgelaufene Geschäftsjahr einen Gewinn von 87000,— DM aus. Vertragsgemäß stehen den Gesellschaftern A, B und C 5% Verzinsung auf ihre Einlage zu von 80000,— DM, 60000,— DM und 120000,— DM zu. Außerdem erhält Gesellschafter A vorab 20000,— DM für Geschäftsführertätigkeit. Der Rest soll nach Köpfen verteilt werden. Zu Lasten des Gewinns wurden bereits 6000,— DM verbucht, die dem Gesellschafter B vertraglich für die Überlassung eines Bürogebäudes ausgezahlt wurden. Die Kosten für das Grundstück in Form von Grundbesitzabgaben und sonstigen Unterhaltungskosten von jährlich 1800,— DM, trägt der Gesellschafter selbst. Der Gesellschafter C stellte der OHG ein Darlehen von 50000,— DM zur Verfügung und bekam dafür 4000,— DM Zinsen, die ebenfalls zu Lasten des Gewinns verbucht wurden.
Gesellschafter A hat privat 12000,— DM, B 8000,— DM, C 6000,— DM entnommen.
a) Ermitteln Sie den Gewinnanteil jedes Gesellschafters.
b) Ermitteln Sie den Stand der Kapitalkonten.

9. An der Meier und Müller OHG sind die Gesellschafter Meier mit 180000,— DM, Müller mit 150000,— DM und Schmitz mit 90000,— DM beteiligt. Der steuerliche Verlust zum 31.12.01 beträgt 35853,— DM. Nach dem Gesellschaftsvertrag erhalten die Gesellschafter folgende Vorabvergütungen:
- Meier als Geschäftsführer monatlich 5500,— DM, von August an 6500,— DM.
- Müller für ein der OHG vom 1.7.01 an gewährtes Darlehen von 50000,— DM 8,5% Zinsen,
- Schmitz für eine der OHG vom 1.3.01 an überlassene Lagerhalle 900,— DM monatlich.

Der Restgewinn/-verlust ist im Verhältnis der Kapitalanteile zu verteilen.

Ermitteln Sie den Gewinn/Verlust je Gesellschafter und den neuen Stand des Kapitals.

10. Eine KG weist für das abgelaufene Geschäftsjahr einen nach handelsrechtlichen Grundsätzen ermittelten Gewinn von 57000,— DM aus. An der Gesellschaft sind A mit 80000,— DM, B mit 40000,— DM und C mit 50000,— DM beteiligt. Der Komplementär A erhielt vorweg für Geschäftsführertätigkeit 15000,— DM, die bereits zu Lasten des Gewinns verbucht worden sind. Der Kommanditist B hat bei Geschäftsgründung der KG Maschinen zur Verfügung gestellt, für die er monatlich 800,— DM Pacht zu Lasten des Gewinns erhält. Der Gesellschafter C hat ein Lagergebäude an die KG vermietet. Die Gesellschaft überweist dafür vierteljährlich 4500,— DM, die als Mietaufwendungen erfaßt werden. Laut Vertrag steht den Gesellschaftern 6% Verzinsung auf ihre geleistete Einlage zu; der Rest soll im Verhältnis 3 : 2 : 1 auf die drei Gesellschafter verteilt werden. Gesellschafter A hat privat 20000,— DM entnommen. C zahlte aus eigenen Mitteln die Kosten für den Unterhalt des Lagergebäudes in Höhe von 5000,— DM.

   a) Ermitteln Sie den Gewinnanteil jedes Gesellschafters.
   b) Wie entwickeln sich die Konten der Gesellschafter, wenn keine weiteren Privatentnahmen vorgenommen werden, um die Finanzkraft der KG zu stärken?
   c) Wie hoch ist der steuerliche Gewinn der KG?
   d) Welche Einkünfte aus Gewerbebetrieb erzielen die einzelnen Gesellschafter?

11. Eine KG weist für das abgelaufene Geschäftsjahr einen Gewinn von 65000,— DM aus. An der KG sind Vollhafter A mit 50000,— DM, Vollhafter B mit 80000,— DM und Teilhafter C mit 70000,— DM beteiligt. Vereinbarungsgemäß haben A und B je 15000,— DM für Geschäftsführertätigkeit vorweg erhalten, die als Kosten erfaßt worden sind. Außerdem hat A im Laufe des Geschäftsjahres 6000,— DM, B 5000,— DM privat entnommen. Die Beträge sind zu Lasten des Gewinns verbucht worden. C hat das Recht, eine betriebseigene Wohnung kostenlos zu nutzen. Der Nutzungswert von 5000,— DM pro Jahr ist buchmäßig nicht berücksichtigt worden. Außerdem stellte C der KG ein Erweiterungsgrundstück zur Verfügung und erhielt dafür von der Gesellschaft 12000,— DM Pachtzinsen, die bei der KG als Mietkosten erfaßt wurden. Die Grundstückskosten des Gesellschafters betrugen im Kalenderjahr 3000,— DM und sind von der KG zu Lasten des Gewinns verbucht worden. Der verbleibende Gewinn ist laut Vertrag folgendermaßen zu verteilen: 5% Verzinsung der Kapitalanteile, der Rest im Verhältnis 4 : 3 : 1.

   a) Ermitteln Sie den Gewinnanteil jedes Gesellschafters.
   b) Wie hoch ist der steuerliche Gewinn der KG?
   c) Wie entwickeln sich die Kapitalkonten der Gesellschafter, wenn weitere Privatentnahmen unterbleiben?

12. Die Bilanz einer OHG weist zum Ende des Wirtschaftsjahres einen Gewinn von 145000,— DM aus. An der Gesellschaft sind vier Gesellschafter beteiligt, A mit 60000,— DM, B mit 80000,— DM, C mit 50000,— DM und D mit 30000,— DM. Vertragsgemäß erhält A für Geschäftsführertätigkeit 18000,— DM vorab. Der ausgewiesene Gewinn ist um diesen Betrag bereits gekürzt worden. Die vertragliche Gewinnverteilung sieht vor, daß alle Gesellschafter 8% auf ihre Einlage erhalten, während der Rest nach Köpfen verteilt wird. A benutzt den Pkw des Geschäfts mit Zustimmung der anderen Gesellschafter auch für private Zwecke. Die gesamten Pkw-Kosten beliefen sich im abgelaufenen Geschäftsjahr auf 16800,— DM und wurden über Konto Fuhrparkkosten gebucht. Gesellschafter A hat den Pkw nach eigenen Angaben zu etwa 30% privat genutzt. Gesellschafter D hat keinen eigenen Telefonanschluß. Für seine privaten Telefongespräche steht ihm ein Betriebstelefon zur Verfügung. Die Telefonkosten betrugen im letzten Geschäftsjahr 2800,— DM. Davon entfielen ca. 20% auf die private Telefonnutzung. Gesellschafter C hat der OHG über seine Einlage hinaus noch ein privates Darlehen über 40000,— DM gewährt. Hierfür wurden ihm 7% Zinsen ausbezahlt, die über Konto Zinsaufwand gebucht wurden. Der Gesellschafter A hat für sich privat 10000,— DM, B 8000,— DM, C 6000,— DM und D 5000,— DM entnommen. Mit diesen Beträgen wurden die Privatkonten der Gesellschafter belastet.

   a) Ermitteln Sie den Gewinnanteil jedes Gesellschafters.
   b) Wie hoch ist der steuerliche Gewinn der OHG?
   c) Wie entwickeln sich die Kapitalkonten der einzelnen Gesellschafter?

13. An der Firma Otto Schulze, Augsburg, ist Heinrich Möllenbrink seit dem 1. Januar als stiller Gesellschafter mit 50000,— DM beteiligt. Laut Vertrag erhält er pro Jahr 20% vom handelsrechtlichen Gewinn. Außerdem hat er das Recht, bei seinem Austritt aus der Gesellschaft nicht nur seine Einlage zurückzufordern, sondern auch anteiligen Liquidationserlös zu beanspruchen.
Der Gewinn der Firma Otto Schulze beträgt für das Wirtschaftsjahr 86000,— DM. Zu Lasten des Gewinns wurden 24600,— DM verbucht, die Möllenbrink als Pacht für die Überlassung eines Lagergebäudes zugeflossen sind. Die Grundsteuer und die sonstigen Grundstücksaufwendungen in Höhe von 6400,— DM trägt die Firma selbst.
Schulze hat im Laufe des Geschäftsjahres 6000,— DM in bar für sich privat entnommen, die, wie sich erst jetzt herausstellt, als Betriebsausgaben verbucht worden sind. Die Personenfahrzeugkosten beliefen sich im Wirtschaftsjahr auf 12000,— DM. Die private Pkw-Nutzung durch Otto Schulze in Höhe von 30% der Kosten ist bisher nicht erfaßt worden.
Heinrich Möllenbrink bezog am 1. Oktober eine Wohnung im Geschäftshaus der Firma Otto Schulze und zahlte dafür 300,— DM monatlich. Andere Mieter im Geschäftshaus mußten für vergleichbare Wohnungen 600,— DM monatlich entrichten.
Ermitteln Sie den Gewinnanteil des stillen Gesellschafters.

14. An der Schulze KG sind beteiligt:
- Heinrich Schulze als Vollhafter mit 500000,— DM,
- August Müller als Teilhafter mit 250000,— DM,
- Franz Lang, ebenfalls als Teilhafter, mit 150000,— DM,
- Ulrich Schmidt als typischer stiller Gesellschafter mit 100000,— DM

Der vorläufige Gewinn der Schulze KG wird mit 85000,— DM ausgewiesen. Aus den Buchführungsunterlagen geht unter anderem hervor:
- Schulze erhielt eine Vergütung für Geschäftsführertätigkeit von monatlich 7000,— DM, vom 01.10. an von 8000,— DM.
  Diese Zahlungen wurden als Personalkosten gebucht.
- Müller stellte während des ganzen Jahres der KG neben seiner Kapitaleinlage noch ein Darlehn von 200000,— DM zum Zinssatz von 8% zur Verfügung. Die an Müller überwiesenen Zinsen buchte die KG als Zinsaufwand.
- Lang vermietete der KG ab 01.04. des Jahres eine Lagerhalle. Dafür zahlte die KG monatlich 4000,— DM und buchte sie als Mietaufwand.
- Schmidt stellt der KG schon seit Jahren einige Büroräume zur Verfügung, insgesamt 150 m² zu 8,50 DM/m². Die Grundbesitzabgaben von 1200,— DM jährlich werden vereinbarungsgemäß von der KG übernommen und direkt an die Stadtkasse überwiesen. Diese Zahlungen werden als Mietaufwand gebucht.
  Schmidt erhält vereinbarungsgemäß 8% vom steuerlichen Gewinn der KG vor Abzug seines Gewinnanteils, mindestens 15000,— DM. Die Gesellschafter Schulze, Müller und Lang teilen den Restgewinn im Verhältnis 5 : 3 : 2 unter sich auf. Ermitteln Sie den steuerlichen Gewinn der KG und den Gewinnanteil jedes Gesellschafters.

15 Industriekalkulation

Die Industriekalkulation hat ebenso wie die Handelskalkulation das Ziel, den Verkaufspreis für Leistungen zu ermitteln. Im Gegensatz zur Handelskalkulation liegen jedoch die Schwerpunkte auf der Ermittlung der Kosten (Kostenartenrechnung), Verteilung von Kosten auf Kostenstellen (Kostenstellenrechnung) und Zuordnung von Kosten auf Kostenträger (Kostenträgerrechnung oder Kalkulation).

15.1 Kostenartenrechnung

Kosten lassen sich nach verschiedenen Gesichtspunkten einteilen. So unterscheidet man z. B. Grundkosten und Zusatzkosten, fixe und variable Kosten. Für die Kalkulation ist es jedoch wichtig zu wissen, wie sich die einzelnen Kosten den erzeugten Leistungen zuordnen lassen. Man unterscheidet hier zwei große Gruppen von Kostenarten:

Einzelkosten (direkte Kosten) – Gemeinkosten (indirekte Kosten)

Einzelkosten sind Kosten, die sich einem Produkt direkt zuordnen lassen, wie z. B. Fertigungslöhne und Fertigungsmaterial. Daneben kennt man noch **Sondereinzelkosten der Fertigung** (z. B. Modell-, Patent- und Lizenzkosten, Spezialwerkzeuge u. a.) und Sondereinzelkosten des Vertriebs (z. B. Ausgangsfrachten, Vertreterprovision, Verpackung).
Gemeinkosten sind Kosten, die für mehrere Erzeugnisse aufgewandt werden und daher einem Produkt nicht direkt zugerechnet werden, weil es entweder unmöglich (z. B. Gehälter oder Energiekosten) oder unwirtschaftlich wäre (z. B. Leim oder Lack in einer Möbelfabrik). Gemeinkosten können nur anteilmäßig mit Hilfe von **Zuschlagsätzen** über die Kostenstellenrechnung **(Betriebsabrechnungsbogen)** auf Kostenträger verteilt werden.

Man unterscheidet folgende Gemeinkosten:
Materialgemeinkosten: Kosten, die durch Einkauf, Verwaltung und Ausgabe von Materialien entstehen.
Fertigungsgemeinkosten: Kosten, die bei der Fertigung entstehen (Abschreibungen, Hilfslöhne, Strom, Gas, Wasser).
Verwaltungsgemeinkosten: Kosten der kaufmännischen Verwaltung.
Vertriebsgemeinkosten: Versandkosten, Verpackungskosten, Kosten der Verkaufsabteilung.

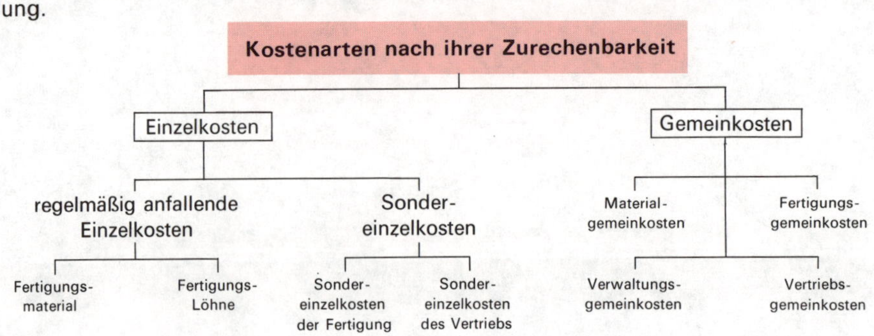

15.2 Kostenstellenrechnung

Das Ziel der Kostenstellenrechnung ist es,

a) die Gemeinkosten auf Kostenstellen bzw. -bereiche zu verteilen,

b) die Zuschlagsätze zu ermitteln, nach denen Gemeinkosten in Prozentsätzen der Einzelkosten auf Kostenträger verteilt werden können und

c) die Kostenentwicklung in den einzelnen Kostenstellen zu kontrollieren.

Zu diesem Zweck wird der Betrieb in eine Reihe von Kostenentstehungsbereichen = Kostenstellen aufgeteilt. Man kennt zumindest vier Hauptkostenbereiche:

Materialbereich – Fertigungsbereich – Verwaltungsbereich – Vertriebsbereich.

Der Fertigungsbereich selbst wird häufig noch aufgeteilt in Fertigungshauptstellen und Fertigungshilfsstellen.

Fertigungshauptstellen wie Stanzerei, Presserei, Schlosserei sind unmittelbar an der Fertigung beteiligt, Fertigungshilfsstellen wie z. B. Reparaturwerkstätten dienen nur mittelbar der Fertigung. Außerdem gibt es noch Allgemeine Kostenstellen, wie z. B. die Heizungszentrale, die allen anderen Kostenstellen dienen.

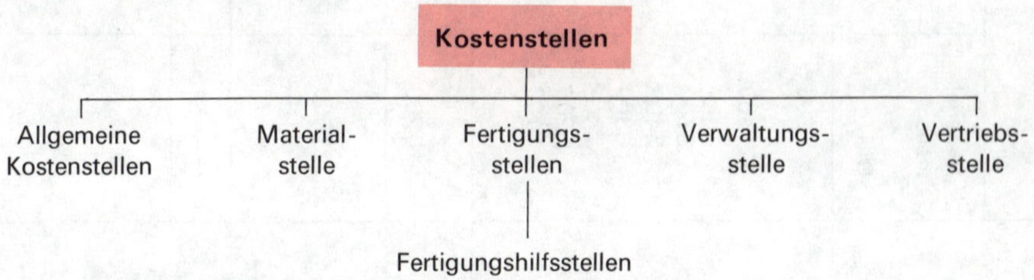

Bei der Verteilung der Gemeinkosten auf Kostenstellen kommt es darauf an, die Gemeinkosten möglichst **verursachungsgetreu** den einzelnen Kostenstellen zuzuordnen. Als Verteilungsschlüssel bieten sich einerseits Belege und Meßuhren an (Lohnkosten, Materialentnahmescheine, Strom-, Gas- und Wasserzähler), andererseits Verteilungsschlüssel (z. B. Heizungskosten nach Anzahl der Heizrippen).

Der Betriebsabrechnungsbogen (BAB) als Mittel zur Verteilung von Gemeinkosten auf Kostenstellen

Der Betriebsabrechnungsbogen dient der Verteilung von Gemeinkostenarten auf Kostenstellen. Senkrecht sind die Gemeinkostenarten und waagerecht die Kostenstellen aufgeführt. Die Zahlen der Buchhaltung werden in den BAB übernommen und nach entsprechenden Schlüsseln auf die Kostenstellen verteilt.

15.2.1 Einfacher Betriebsabrechnungsbogen mit Ermittlung der Gemeinkostenzuschlagsätze

Beispiel

Kostenarten (Gemeinkosten)	Zahlen aus der Buchhaltung DM	Verteilungs-schlüssel	Kostenstellen					
			Material-stelle	Fertigungsstellen			Verwaltungs-stelle	Vertriebs-stelle
			DM	A DM	B DM	C DM	DM	DM
Gemeinkosten-Material	37500,—	Entnahme-scheine	1800	14500	6300	8800	1600	4500
Energie-verbrauch	2900,—	kW/h	400	1300	200	300	200	500
Gehälter	21600,—	Gehaltsliste	3500	4200	1100	1500	9700	1600
Hilfslöhne	18300,—	Lohnliste	2400	9800	1500	1900	500	2200
Sozialkosten	5700,—	Lohn- und Gehaltsliste	800	2100	400	500	1400	500
Versicherungen	1200,—	Belege	200	500	100	100	200	100
Abschreibungen	4400,—	Inventur-verzeichnis	1100	2100	300	300	400	200
Summe Gemein-kostenarten	91600,—		10200	34500	9900	13400	14000	9600
Zuschlagsgrundlagen (100%)								
1. Fertigungsmaterial:			127500					
2. Fertigungslöhne:				30000	13200	16750		
3. Herstellkosten:							255450	255450
Fertigungsmaterial:	127500 DM							
+ Materialgemeinkosten:	10200 DM							
+ Fertigungslöhne:	59950 DM							
+ Fertigungsgemeinkosten:	57800 DM							
= Herstellkosten:	**255450 DM**							
Zuschlagssätze für Gemeinkosten			8%	115%	75%	80%	5,48%	3,76%

Lösungshinweise

Zunächst sind die Gemeinkosten nach einem vorgegebenen Verteilungsschlüssel auf die Kostenstellen zu verteilen. Dann sind die Material- und Fertigungsgemeinkosten dem Fertigungsmaterial und den Fertigungslöhnen gegenüberzustellen, um die prozentualen Gemeinkostenzuschlagssätze zu ermitteln. Nach Addition der Kosten für das Fertigungsmaterial, der Materialgemeinkosten, der Fertigungslöhne und der Fertigungsgemeinkosten bilden die Herstellkosten die Zuschlagsgrundlage für die Ermittlung der Zuschlagssätze der Verwaltungs- und Vertriebsgemeinkosten.

Aufgaben

1. Aus der Buchhaltung eines Unternehmens können folgende Gemeinkosten entnommen werden.

Kostenarten	DM	Verteilungsschlüssel			
		Material	Fertigung	Verwaltung	Vertrieb
Gemeinkostenmaterial	36000	7	22	4	3
Energiekosten	19000	5	24	6	3
Hilfslöhne	45000	3	9	1	2
Gehälter	53000	6	11	32	4
Sozialkosten	15000	8	24	21	7
sonstige Kosten	35000	10	18	29	13

Im selben Zeitraum sind 37000,— DM Kosten für Fertigungsmaterial und 98000,— DM Fertigungslöhne angefallen. Verteilen Sie mit Hilfe des BAB die Gemeinkosten auf Kostenstellen, und ermitteln Sie die Zuschlagsätze.

2. Aus der Buchhaltung und dem BAB der Haushaltgerätefabrik Heinrich Blechschneider GmbH sind folgende Zahlen vom letzten Monat bekannt: Materialverbrauch 3540000,— DM, Materialgemeinkosten 240720,— DM, Fertigungslöhne 2490000,— DM, Fertigungsgemeinkosten 2178750,— DM, Verwaltungsgemeinkosten 1098431,10 DM, Vertriebsgemeinkosten 490069,26 DM.
Berechnen Sie die Zuschlagsätze für die Gemeinkosten.

3. Die Möbelfabrik Holzmann OHG hat im vergangenen Rechnungszeitraum folgende Gemeinkosten verbucht, die laut nachstehendem Schlüssel auf Kostenstellen verteilt werden sollen:

Kostenarten	DM	Material	Fertigung I	Fertigung II	Verwaltung	Vertrieb
Gemeinkostenmaterial	68000,—	4	14	9	4	3
Energiekosten	45000,—	25	46	9	6	4
Hilfslöhne	82000,—	9	19	7	1	5
Gehälter	105000,—	5	8	4	17	1
Sozialkosten	28000,—	5	9	4	8	2
sonstige Kosten	78000,—	7	16	2	11	3

Weiterhin wurden für den abgelaufenen Zeitraum gebucht:
Materialverbrauch 650000,— DM, Fertigungslöhne Fertigungsstelle I 220000,— DM, Fertigungslöhne Fertigungsstelle II 65000,— DM. Verteilen Sie die Gemeinkosten auf die Kostenstellen, und ermitteln Sie die Zuschlagsätze.

15.2.2 Erweiterter Betriebsabrechnungsbogen mit Berücksichtigung von Bestandsveränderungen

Beispiel

Kostenarten (Gemeinkosten)	Zahlen aus der Buchhaltung DM	Verteilungsschlüssel	Kostenstellen							
			Allg. Ko.-St. DM	Materialstelle DM	Fertigungs-Hauptstellen A DM	Fertigungs-Hauptstellen B DM	Fertigungs-Hauptstellen C DM	Fertigungs-Hilfsstellen DM	Verwaltungsstelle DM	Vertriebsstelle DM
Gemeink.-Mat.	65000,—	Ent.-Sch.	8000	3000	5000	20000	12000	10000	4000	3000
Energieverbr.	8000,—	kW/h	2000	500	300	3000	800	1200	100	100
Gehälter	34000,—	Geh.-L.	2500	1800	800	2100	1100	1600	19000	5100
Hilfslöhne	29000,—	Lohn-L.	3100	2600	2500	8500	3300	7500	500	1000
Sozialkosten	9000,—	L.+G.-L.	700	600	500	1600	600	1400	2700	900
Summe Gemeinkosten: 145000,—			16300	8500	9100	35200	17800	21700	26300	10100
1. Umlage der allgemeinen Ko.-Stellen			⟶	1300	1500	7700	2500	2400	400	500
				9800	10600	42900	20300	24100	26700	10600
2. Umlage der Fertigungs-Hilfsstellen					3500	14000	6600	⟵		
Gemeinkosten der Hauptkostenstellen				9800	14100	56900	26900		26700	10600
Zuschlagsgrundlagen: 1. Fertigungsmaterial 2. Fertigungslöhne 3. Herstellungskosten des **Umsatzes**				196000	14800	35562,50	21520		385000	385000
Zuschlagssätze für Gemeinkosten				5%	75%	160%	125%		6,94%	2,75%

Herstellkosten der Rechnungsperiode . . . . = 379582,50 DM
± Minder-/Mehrbestand an Halb- und Fertigerzeugnissen . . . . =+ 5417,50 DM[1]
= Herstellkosten des Umsatzes (der verkauften Erzeugnisse) . . . . = 385000,— DM

[1] lt. Inventur

Lösungshinweise

1. Zunächst sind die Kosten der allgemeinen Kostenstellen nach dem Grade der Inanspruchnahme auf die anderen Kostenstellen zu verteilen. Dabei wird unterstellt, daß die allgemeinen Kostenstellen nur Leistungen an andere Kostenstellen abgeben, aber selbst keine Leistungen empfangen.
2. Die Kosten der Fertigungs-Hilfsstellen sind nach Belegen oder anderen geeigneten Verteilungsschlüsseln auf die Fertigungs-Hauptstellen zu übertragen.
3. Die Kosten für die Verwaltung und den Vertrieb werden in erster Linie durch die Verkaufstätigkeit beeinflußt und müssen auch durch den Umsatz der Rechnungsperiode getragen werden. Zuschlagsgrundlage für die Verwaltungs- und Vertriebsgemeinkosten können daher nur die Herstellkosten der **verkauften** Erzeugnisse und nicht die Herstellkosten der gefertigten Erzeugnisse sein. Bei der Ermittlung der Herstellkosten des Umsatzes müssen Bestandsmehrungen von den Herstellkosten der gefertigten Erzeugnisse abgezogen und Bestandsminderungen zu den Herstellkosten der gefertigten Erzeugnisse hinzugezählt werden.

Aufgaben

1. Ein Betrieb weist folgende Zahlen aus: Fertigungsmaterial 148600,— DM, Fertigungslöhne 195100,— DM, Materialgemeinkosten 8321,60 DM, Fertigungsgemeinkosten 233144,50 DM, Verwaltungskosten 45360,— DM, Vertriebskosten 32890,— DM, Bestandsveränderungen: unfertige Erzeugnisse + 6450,— DM, Fertigerzeugnisse ⁒ 1950,— DM.
   Berechnen Sie die Zuschlagsätze für die Material- und Fertigungsgemeinkosten. Ermitteln Sie die Herstellungskosten der Erzeugung und des Umsatzes. Wieviel % betragen die Verwaltungs- und Vertriebsgemeinkosten?
2. In einem Fertigungsbetrieb sind den Kostenstellen folgende Gemeinkostenbeträge zugeordnet: Allg. Kostenstelle 0950,— DM, Materialverwaltung 3300, DM, Fertigungsstelle A 45700,— DM, Fertigungsstelle B 18500,— DM, Verwaltung 15250,— DM, Vertrieb 9600,— DM.
   Die Kosten der Allgemeinen Kostenstelle sind nach m^2 Grundfläche auf die anderen Kostenstellen zu verteilen.
   Die Materialverwaltung beansprucht 3800 m^2, die Fertigungsstelle A 10505 m^2, die Fertigungsstelle B 4900 m^2, die Verwaltung 720 m^2 und der Vertrieb 2450 m^2.
   In demselben Abrechnungszeitraum wurden folgende Einzelkosten verbucht: Fertigungsmaterial 68400,— DM, Fertigungslöhne A 59300,— DM, Fertigungslöhne B 21500,— DM.
   Gleichzeitig haben sich die Bestände an unfertigen Erzeugnissen um 4800,— DM vermindert und die Bestände an Fertigerzeugnissen um 7150,— DM erhöht.
   a) Berechnen Sie die Gemeinkostenzuschläge für das Fertigungsmaterial und die Fertigungslöhne.
   b) Wieviel DM betragen die Herstellkosten der Erzeugung und des Umsatzes?
   c) Wie hoch sind die Verwaltungs- und Vertriebsgemeinkostenzuschlagsätze?
3. Die Kunststoffabrik A. Schmelzer hat im abgelaufenen Monat folgende Gemeinkosten verbucht: Allgemeine Kostenstelle (Gebäude) 16500,— DM, Heizungszentrale 25100,— DM, Materialverwaltung 6300,— DM, Fertigungsstelle I 121600,— DM, Fertigungsstelle II 55200,— DM, Fertigungshilfsstelle 18900,— DM, Verwaltung 42500,— DM, Vertrieb 36700,— DM. Die Kosten der Allgemeinen Kostenstelle sind nach m^2 Grundfläche zu verteilen: Heizungszentrale 280 m^2, Materialverwaltung 650 m^2, Fertigungsstelle I 2300 m^2, Fertigungsstelle II 960 m^2, Fertigungshilfsstelle 720 m^2, Verwaltung 580 m^2, Vertrieb 510 m^2.
   Die Kosten der Heizungszentrale sind nach dem Energieverbrauch zu verteilen: Materialverwaltung 36844 kJ, Fertigungsstelle I 248277 kJ, Fertigungsstelle II 68664 kJ, Fertigungshilfsstelle 52963 kJ, Verwaltung 63849 kJ, Vertrieb 70966 kJ.
   Die Kosten der Fertigungshilfsstelle werden im Verhältnis 2:1 aufgeteilt. Fertigungsmaterial 151500,— DM, Fertigungslöhne I 157790,— DM, Fertigungslöhne II 65578,— DM.
   a) Ermitteln Sie die Zuschlagsätze für die Material- und Fertigungsgemeinkosten.
   b) Stellen Sie fest, wie hoch die Herstellkosten der Erzeugung und des Umsatzes sind, wenn sich die Bestände an unfertigen Erzeugnissen um 3700,— DM und die Bestände an Fertigerzeugnissen um 2100,— DM erhöht haben.
   c) Stellen Sie fest, mit welchen Zuschlagsätzen für Verwaltungs- und Vertriebskosten das Unternehmen arbeitet.

15.3 Kostenträgerrechnung (Kalkulation)

15.3.1 Divisionskalkulation

Bei der Divisionskalkulation werden zur Ermittlung der Kosten je Einheit sämtliche Kosten, die in einem Abrechnungszeitraum entstanden sind, durch die Menge der erzeugten Einheiten desselben Zeitraums geteilt. Dieses Verfahren kann daher nur in Unternehmen mit einheitlicher Massenfertigung (Strom, Gas, Wasser, Zement usw.) angewandt werden.

Der Verkaufspreis wird nach dem Handelskalkulationsschema ermittelt.

$$\text{Kosten je Einheit} = \frac{\text{Gesamtkosten}}{\text{Zahl der erzeugten Einheiten}}$$

Beispiel 1

Bei der Produktion von 80000 Stück eines Massenprodukts fallen innerhalb eines Zeitraums folgende Kosten an: Fertigungslöhne 76000,— DM, Fertigungsmaterial 95000,— DM, allgemeine Kosten 45000,— DM. Wie hoch sind die Kosten je Stück?

Lösung

Fertigungslöhne	76000,— DM
Fertigungsmaterial	95000,— DM
Allgemeine Kosten	45000,— DM
Gesamtkosten/Selbstkosten	216000,— DM

Selbstkosten je Stück: $\frac{216000,\text{— DM}}{80000 \text{ Stück}}$ = **2,70 DM/Stück**

Beispiel 2

Die Herstellung eines Kunststoffbodenbelags verursachte in einem Rechnungszeitraum folgende Kosten:

Fertigungsmaterial 365400,— DM, Materialgemeinkosten 17500,— DM, Fertigungslöhne 45900,— DM, Fertigungsgemeinkosten 38600,— DM, Verwaltungs- und Vertriebsgemeinkosten 53200,— DM. Berechnen Sie die Herstellkosten und Selbstkosten, wenn 76000 m^2 produziert wurden.

Lösung

Fertigungsmaterial	365400,— DM
Materialgemeinkosten	17500,— DM
Fertigungslöhne	45900,— DM
Fertigungsgemeinkosten	38600,— DM
Herstellkosten	467400,— DM
Verwaltungs- und Vertriebsgemeinkosten	53200,— DM
Selbstkosten	**520600,— DM**

Herstellkosten je m^2: $\frac{467400,\text{— DM}}{76000 \text{ m}^2}$ = **6,15 DM**

Selbstkosten je m^2: $\frac{520600,\text{— DM}}{76000 \text{ m}^2}$ = **6,85 DM**

Aufgaben

1. Ein Mineralwasserbetrieb hat in der vergangenen Rechnungsperiode 3650000 Flaschen Mineralwasser abgefüllt. Die gesamten Kosten einschließlich der Aufwendungen für Verwaltung und Vertrieb betrugen 839500,— DM.
   Wie hoch waren die Selbstkosten je Flasche?
2. Ein Teppichbodenhersteller hat in einem Monat 425000 m^2 Teppichboden produziert. Der Materialeinsatz betrug 1559750,— DM, die Lohnkosten 1568250,— DM. In demselben Zeitraum entstanden 318000,— DM Verwaltungs- und 230250,— DM Vertriebskosten.
   Berechnen Sie die Herstell- und Selbstkosten je m^2.
3. Ein Unternehmen der Markenspirituosenindustrie füllt in einem Monat 360000 0,7-l-Flaschen der Marke „Erntedank-Geist" ab. An Kosten entstanden im einzelnen:
   Alkohol: 1771560,— DM
   Glas und Verpackung: 126000,— DM
   Abfüllkosten: 30400,— DM
   Löhne und Gehälter: 164000,— DM
   Sonstige Kosten: 89640,— DM
   Berechnen Sie die Selbstkosten und den Kostenanteil aller Kostenarten je Flasche.
4. Ein Betonsteinwerk stellte im letzten Monat 16500 Betonstürze her. Die Betriebskosten betrugen 78540,— DM.
   Ermitteln Sie die Selbstkosten pro Stück.
5. Ein Hüttenwerk erzeugt je Monat 370000 t Roheisen. Folgende Kosten fallen an: Materialkosten 61400000,— DM, Fertigungskosten 75500000,— DM, Allgemeine Betriebskosten 28490000,— DM. Wie hoch sind die Herstellungskosten je Tonne? Wieviel DM betragen die Selbstkosten je Tonne, wenn noch 9564500,— DM für Verwaltung und Vertrieb anfallen?
6. In einem Gaswerk betrugen die Kosten im abgelaufenen Wirtschaftsjahr:

Personalkosten	132000,— DM
Abschreibungen	380000,— DM
Verwaltungs- und Vertriebskosten	282000,— DM
Verbrauch an Strom, Wasser und Kohle	564000,— DM
Verkaufserlöse aus Nebenerzeugnissen	92000,— DM

   Es wurden 3,4 Millionen m^3 Gas erzeugt. Wie hoch ist der Selbstkostenpreis je m^3?
7. In einem Unternehmen entstanden im letzten Geschäftsjahr folgende Kosten:

Rohstoffe	370000,— DM
Löhne	240000,— DM
Abschreibungen	210000,— DM
Verschiedene Betriebskosten	520000,— DM
Verwaltungs- und Vertriebskosten	125000,— DM

   Wie hoch sind die Selbstkosten für 100 kg bei einer Jahresproduktion von 28000 t?

15.3.2 Zuschlagskalkulation

In Betrieben mit unterschiedlichem Fertigungsprogramm werden die Kosten für eine Leistungseinheit mit Hilfe der Zuschlagskalkulation ermittelt. Zunächst werden die Kosten erfaßt, die einem Erzeugnis direkt zugerechnet werden können (Einzelkosten). Die übrigen Kosten, die sich keinem Produkt unmittelbar zuschreiben lassen (Gemeinkosten), werden mit Hilfe eines Verteilungsschlüssels den Kostenstellen zugeordnet, bei denen sie angefallen sind. Für jede Kostenstelle wird nun über eine geeignete Zuschlagsgrundlage ein prozentualer Gemeinkostenzuschlagsatz ermittelt (siehe BAB). Zur Ermittlung der Selbstkosten werden den Einzelkosten nun die Gemeinkosten anteilmäßig in einem Zuschlagsatz zugerechnet. Dabei wird unterstellt, daß sich die Zuschlagsgrundlagen proportional zu den Gemeinkosten entwickeln.

Beispiel

Kalkulationsschema

Materialkosten		
Fertigungsmaterial	=	
+ Materialgemeinkosten (in % des Fertigungsmaterials)	=	=
Fertigungskosten		
Fertigungslöhne	=	
+ Fertigungsgemeinkosten (in % der Fertigungslöhne)	=	
+ Sondereinzelkosten der Fertigung	=	=
= Herstellkosten		=
+ Verwaltungsgemeinkosten (in % der Herstellkosten)		=
+ Vertriebsgemeinkosten (in % der Herstellkosten)		=
+ Sondereinzelkosten des Vertriebs		=
= Selbstkosten		=
+ Gewinn (in % der Selbstkosten)		=
= Barverkaufspreis		=
+ Vertreterprovision (in % des Zielverkaufspreises)		=
+ Skonto (in % des Zielverkaufspreises)		=
= Zielverkaufspreis		=
+ Rabatt (in % des Listenverkaufspreises)		=
= Listenverkaufspreis		=

Beispiel

Ermitteln Sie aus den nachfolgenden Angaben den Listenverkaufspreis für ein Erzeugnis: Materialverbrauch 2500,— DM, Fertigungslöhne 1800,— DM, Materialgemeinkosten 12%, Fertigungsgemeinkosten 130%, Sondereinzelkosten der Fertigung 240,— DM, Verwaltungsgemeinkosten 9,5%, Vertriebsgemeinkosten 6%, Sondereinzelkosten des Vertriebs 175,— DM, Gewinnaufschlag 12,5%, Skonto 3%, Rabatt 15%.

Lösung

Materialkosten		
Fertigungsmaterial	= 2500,— DM	
+ Materialgemeinkosten (12%)	= 300,— DM	= 2800,— DM
Fertigungskosten		
Fertigungslöhne	= 1800,— DM	
+ Fertigungsgemeinkosten (130%)	= 2340,— DM	
+ Sondereinzelkosten der Fertigung	= 240,— DM	= 4380,— DM
= Herstellkosten		= 7180,— DM
+ Verwaltungsgemeinkosten (9,5%)		= 682,12 DM
+ Vertriebsgemeinkosten (6%)		= 430,80 DM
+ Sondereinzelkosten des Vertriebs		= 175,— DM
= Selbstkosten		= 8467,90 DM
+ Gewinn (12,5%)		= 1058,49 DM
= Barverkaufspreis		= 9526,39 DM
+ Skonto (3%)		= 294,63 DM
= Zielverkaufspreis		= 9821,02 DM
+ Rabatt (15%)		= 1733,12 DM
= Listenverkaufspreis		= 11554,14 DM

Aufgaben

1. Aus dem BAB eines Industriebetriebes können folgende Zahlen entnommen werden: Fertigungsmaterial 112 500,— DM, Materialgemeinkosten 6 525,— DM, Fertigungslöhne 98 300,— DM, Fertigungsgemeinkosten 122 186,90 DM, Verwaltungs- und Vertriebsgemeinkosten 45 800,— DM. Errechnen Sie die Zuschlagsätze für die Gemeinkosten. Ermitteln Sie den Barverkaufspreis für ein Produkt, wenn 150,— DM Fertigungsmaterial und 115,— DM Fertigungslöhne anfallen und außerdem noch 12,5% Gewinn eingerechnet werden sollen.
2. Wie hoch ist der Angebotspreis für ein Produkt, wenn 1 600,— DM für Fertigungsmaterial und 1 350,— DM für Fertigungslöhne ausgegeben werden müssen und gleichzeitig mit 4,6% Materialgemeinkosten, 130% Fertigungsgemeinkosten, 9% Verwaltungsgemeinkosten, 6% Vertriebsgemeinkosten und $8^1/_3$% Gewinnaufschlag gerechnet werden?
3. Ermitteln Sie den Listenverkaufspreis für eine Maschine, wenn folgende Angaben bekannt sind: Fertigungsmaterial 675,— DM, Materialgemeinkosten 6,5%, Fertigungslöhne 1 180,— DM, Fertigungsgemeinkosten 145%, Verwaltungsgemeinkosten 9,5%, Vertriebsgemeinkosten 6,8%, Gewinnaufschlag 15%, Skonto 3%, Rabatt 12,5%.
4. Aus den Zahlen der Buchhaltung einer Maschinenfabrik geht hervor: Materialverbrauch 1 350 000,— DM, Fertigungslöhne 1 800 000,— DM, Materialgemeinkosten 60 750,— DM, Fertigungsgemeinkosten 2 610 000,— DM, Verwaltungsgemeinkosten 450 000,— DM, Vertriebsgemeinkosten 280 000,— DM. Errechnen Sie die Gemeinkostenzuschlagsätze.
Wie wird eine Werkzeugmaschine angeboten, wenn bei der Herstellung 6 200,— DM Fertigungsmaterial und 11 700,— DM Fertigungslöhne anfallen und in den Angebotspreis $8^1/_3$% Gewinn, 2% Skonto und 12,5% Rabatt eingerechnet werden sollen?
5. Ein Fertigungsbetrieb weist folgende Zahlen aus: Materialverbrauch 638 000,— DM, Materialgemeinkosten 41 470,— DM, Fertigungslöhne 965 000,— DM, Fertigungsgemeinkosten 1 428 200,— DM, Minderung des Bestands an unfertigen Erzeugnissen 26 000,— DM, Bestandszuwachs an Fertigerzeugnissen 38 000,— DM, Verwaltungsgemeinkosten 245 000,— DM, Vertriebsgemeinkosten 130 000,— DM.
Stellen Sie die Herstellkosten der Erzeugung und des Umsatzes fest, und ermitteln Sie sämtliche Gemeinkostenzuschlagsätze.
Wie hoch stellt sich der Angebotspreis für ein Produkt, wenn für 650,— DM Material verbraucht wird und 1 020,— DM Fertigungslöhne anfallen und 12% Gewinn, 3% Skonto und 15% Rabatt eingerechnet werden sollen?
6. Ein Radiogerätehersteller rechnet mit 7,5% Materialgemeinkosten, 110% Fertigungsgemeinkosten, 12,5% Verwaltungsgemeinkosten und $8^1/_3$% Vertriebsgemeinkosten. Berechnen Sie den Angebotspreis für ein Rundfunkgerät, wenn der Materialverbrauch 98,— DM beträgt, 160,— DM Fertigungslöhne anfallen, $16^2/_3$% Gewinn, 3% Skonto und $33^1/_3$% Rabatt eingeräumt werden sollen.
7. Eine Möbelfirma will einen Wohnzimmerschrank zu einem Katalogpreis von 4 500,— DM netto anbieten. Welcher Gewinn bleibt der Firma, wenn mit 700,— DM Materialverbrauch, 5% Materialgemeinkosten, 900,— DM Fertigungslöhnen, 95% Fertigungsgemeinkosten, 15% Verwaltungs- und Vertriebsgemeinkosten, 3% Skonto und 30% Rabatt gerechnet werden müssen?
8. Die Brauerei „Hopfen & Malz" bietet ihr „Gold-Pils" in Gaststätten zu einem Hektoliter-Preis von 128,— DM an. Welcher Gewinn in DM und Prozent bleibt der Brauerei, wenn der Verkaufspreis 15,— DM Materialverbrauch, 8% Materialgemeinkosten, 25,— DM Fertigungslöhne, 160% Fertigungsgemeinkosten, $16^2/_3$% Verwaltungs- und Vertriebsgemeinkosten, 3% Skonto und 4% Vertreterprovision decken muß?
9. Ein Fernsehgerätehersteller rechnet mit folgenden Kosten für ein Farbfernsehgerät: Materialverbrauch 420,— DM, Materialgemeinkosten 7%, Fertigungslöhne 360,— DM, Fertigungsgemeinkosten 110%, Verwaltungs- und Vertriebsgemeinkosten 15%.
   a) Ermitteln Sie den Listenverkaufspreis, wenn der Hersteller 20% Gewinn, 3% Skonto, 5% Vertreterprovision und 25% Händlerrabatt einrechnet.
   b) Ein Konkurrent bietet einen gleichwertigen Farbfernseher zu einem Listenverkaufspreis von 2 250,— DM an. Wie würde sich der Gewinn verändern (in DM und %), wenn der Fernsehgerätehersteller seinen Listenverkaufspreis auf 2 250,— DM senken müßte?

10. Eine Kornbrennerei verkauft an Wiederverkäufer die 0,7-l-Flasche Weizenkorn für 6,40 DM. Dieser Preis setzt sich wie folgt zusammen: Fertigungsmaterial (Alkohol, Glas, Etiketten usw.) 5,20 DM, Materialgemeinkosten 3%, Fertigungslohn —,20 DM, Fertigungsgemeinkosten 120%, Verwaltungs- und Vertriebskosten 5%, Vertreterprovision 2%.
Errechnen Sie den Gewinn in % und in DM.
Um wieviel DM bzw. % müßte der Angebotspreis heraufgesetzt werden, wenn durch eine Branntweinsteuererhöhung das Fertigungsmaterial sich um —,80 DM verteuern würde, der Gewinn entweder absolut oder prozentual aber gleich bleiben soll?

11. Vervollständigen Sie folgendes Kalkulationsschema.

Fertigungsstoffe	?
Materialgemeinkostenzuschlag 7%	?
Materialkosten	599,20 DM
Fertigungslöhne	?
Fertigungsgemeinkostenzuschlag 183%	695,40 DM
Herstellkosten	?
Verwaltungsgemeinkosten $16^2/_3$%	?
Vertriebsgemeinkosten $12^1/_2$%	?
Selbstkostenpreis	?
Gewinn	?
Nettoverkaufspreis	2890,— DM
Mehrwertsteuer 15%	?
Bruttoverkaufspreis	?

Wieviel % beträgt der Gewinn?

12. Ein Industrieprodukt wurde folgendermaßen vorkalkuliert: Fertigungsmaterial 540,— DM, Lohn 60 Stunden zu 9,20 DM. Materialgemeinkosten $8^1/_3$%, Fertigungsgemeinkosten 160%, Verwaltungs- und Vertriebsgemeinkosten $12^1/_2$%, Gewinn 20%, Vertreterprovision 5%.
Bei der Nachkalkulation ergeben sich folgende Abweichungen: Fertigungsmaterial 580,— DM, Lohnstunden 75 Stunden zu 9,20 DM. Trotzdem wurde das Erzeugnis zum vorkalkulierten Zielverkaufspreis veräußert.
Berechnen Sie
a) den Zielverkaufspreis,
b) den verbleibenden Gewinn in DM und %.
(Der Prozentsatz ist auf zwei Stellen nach dem Komma genau zu berechnen.)

13. In der Buchhaltung eines Industriebetriebes werden am Ende eines Monats folgende Kosten ermittelt:

Materialverbrauch	87100,— DM
Materialgemeinkosten	2426,— DM
Fertigungslöhne	96600,— DM
Fertigungsgemeinkosten	299460,— DM
Verwaltungsgemeinkosten	19540,— DM
Vertriebsgemeinkosten	26400,— DM

a) Berechnen Sie die Gemeinkostenzuschläge (Prozentsätze auf eine Stelle nach dem Komma genau).
b) Errechnen Sie den Verkaufspreis für einen Auftrag unter Berücksichtigung folgender Einzelkosten: Materialverbrauch 836,— DM, Fertigungslöhne 950,— DM.
Außerdem sind zu berücksichtigen $12^1/_2$% Gewinn und 3% Vertreterprovision.

14. Ein Industrieunternehmen kalkuliert den Preis einer Maschine folgendermaßen:
Kosten des Fertigungsmaterials 1 280,— DM, Materialgemeinkostenzuschlag 5%, Fertigungslöhne 250 Lohnstunden zu je 8,50 DM. Außerdem sind folgende Zuschläge zu berücksichtigen:

Fertigungsgemeinkosten	250 %
Verwaltungs- und Vertriebsgemeinkosten	$12^1/_2$%
Gewinn und Risiko	15 %
Kundenskonto, -rabatt usw.	$16^2/_3$%

a) Zu welchem Nettopreis (ohne MwSt) wird die Maschine verkauft?
b) Welcher Verlust in DM und % bleibt, wenn mit Rücksicht auf die Konkurrenz das Produkt zum Preis von 11 351,34 DM (ohne MwSt) verkauft werden muß?

16 Berechnungen aus dem Gebiet der Umsatzsteuer

16.1 Ermittlung der Bemessungsgrundlage

16.1.1 Lieferungen und sonstige Leistungen

Bemessungsgrundlage ist der Betrag, von dem die Steuer berechnet wird.
Nach § 10 UStG gilt: Bemessungsgrundlage bei Lieferungen und sonstigen Leistungen ist das **Entgelt.**

Entgelt ist alles, was der Kunde aufwendet, um die Leistung zu erhalten. Es ist nicht entscheidend, welches Entgelt vereinbart wird, sondern welches tatsächlich entrichtet wird. Die Umsatzsteuer selbst gehört nicht zum Entgelt; ebensowenig gehören Verzugszinsen sowie Mahn- und Prozeßkosten zum umsatzsteuerpflichtigen Entgelt.

Beispiel

Ein Möbelhaus liefert an einen Privatkunden ein Schlafzimmer zum Rechnungspreis von 2275,— DM (einschließlich USt). Der Kunde zahlt nach mehrmaligem Mahnen in Raten . . . . . 2275,— DM

Noch nachgefordert und bezahlt werden einschließlich USt:

Mahnkosten	200,— DM
Gerichts- und Anwaltskosten	400,— DM
	2875,— DM
abzüglich 15% USt (in 2275,— DM enthalten)	206,74 DM
./. Mahn- und Gerichtskosten	600,— DM
zu versteuerndes Entgelt	1978,26 DM

Skontoabzüge oder **Rabatte** mindern das Entgelt. **Kostenabzüge** (z. B. für Porto oder Verpackung) dürfen das Entgelt nicht mindern.

Beispiel

Ein Kraftfahrzeughändler liefert einen Pkw

Rechnungspreis	30000,— DM
+15% MwSt	4500,— DM
	34500,— DM

Der Käufer zieht 3% Skonto (= 1035,— DM) ab, zahlt 15000,— DM bar und gibt über 18465,— DM ein Akzept. Die Hausbank des Autohändlers diskontiert den Wechsel und schreibt dem Händler nach Abzug von 517,50 DM Diskont und 59,— DM Spesen den Betrag von 17888,50 DM gut. Das zu versteuernde Entgelt wird nun folgendermaßen ermittelt:

Rechnungspreis des Pkw			30000,— DM
abzüglich Skonto	1035,— DM		
darin enthaltene MwSt	135,— DM	900,— DM	
abzüglich Diskont	517,50 DM		
darin enthaltene MwSt	67,50 DM	450,— DM	1350,— DM
zu versteuerndes Entgelt			**28650,— DM**

Es ist zu beachten, daß der Unternehmer seinen Kunden über die auf den Diskontabzug entfallende MwSt in Kenntnis setzen muß, weil sonst die Vorsteuer bei dem Kunden zu hoch angesetzt wird.

Durchlaufende Posten – das sind Beträge, die der Unternehmer in fremdem Namen und für fremde Rechnung vereinnahmt und verausgabt – gehören nicht zum Entgelt.

Beispiel

Ein Rechtsanwalt stellt einem Mandanten folgende Rechnung aus:

Honorar	2000,— DM
Porto und Telefon	100,— DM
15 % MwSt	315,— DM
Gerichtskosten	89,45 DM
insgesamt	**2504,— DM**

Die Gerichtskosten hat der Anwalt in fremdem Namen, für den Mandanten, und für fremde Rechnung, für die des Mandanten, verauslagt. Sie gehören nicht zum Entgelt. Zum Entgelt gehört auch, was ein anderer als der Leistungsempfänger dem Unternehmer für die Leistung zahlt.

Beispiel

Ein Patient einer RVO-Kasse erwirbt bei einem Optiker eine Brille auf Rezept des Augenarztes.

Der Patient zahlt für die Brille	25,— DM
die RVO-Kasse vergütet dem Optiker	80,— DM
die Einnahme für den Optiker beträgt	**105,— DM**
das Entgelt beträgt	91,30 DM

Es ist zu beachten, daß bei vielen Unternehmen auf den Erlöskonten oder in den Einnahmeaufzeichnungen das Entgelt einschließlich der vereinnahmten Umsatzsteuer ausgewiesen ist. Das ist immer der Fall bei den Einzelhandelsbetrieben, bei denen im Endverkaufspreis die Umsatzsteuer unsichtbar enthalten ist.
Die Tageskasseneinnahmen sind dann immer sogenannte Bruttoeinnahmen.

Aufgaben

1. Die Brauerei Malz & Co liefert dem Getränkegroßhändler Otto Flasche für 15600,— DM Bier zuzüglich 15 % USt. Flasche überweist den Rechnungsbetrag innerhalb von 8 Tagen auf das Konto der Brauerei und zieht vereinbarungsgemäß 3% Skonto ab.
   a) Wieviel DM überweist Flasche? b) Wieviel USt ist für diese Lieferung zu entrichten?
2. Für den Textilgroßhandel Rock & Co ist die Umsatzsteuervoranmeldung für den Monat Juli anzufertigen. Folgende Konten werden Ihnen vorgelegt:

Erlöse (netto)	25000,— DM
Kundenskonti	1500,— DM
Liefererskonti	4000,— DM
Personalrabatte	2300,— DM
Forderungsverluste (brutto)	1380,— DM

   Wie hoch ist das zu versteuernde Entgelt?
3. Sie haben die USt-Voranmeldung für den Bauunternehmer Stein für den Monat Mai zu erstellen. Folgende Angaben liegen Ihnen vor:

Erlöse lt. Konto	150000,— DM
ausgebuchte Rechnungsdifferenzen der Kunden	2800,— DM
Konto Wechseldiskont Soll	3800,— DM

   Welches Entgelt ist in die Voranmeldung einzutragen?
4. Ein Autohändler verkauft einen Pkw und berechnet dem Kunden:

Listenpreis, netto	8450,— DM
Sonderausstattung	200,— DM
Anmeldegebühren (Zulassung, Nummernschild)	150,— DM
Versicherung für ein Vierteljahr	180,— DM

   Welches Entgelt hat der Händler hier zu versteuern?

5. Im Auftrag eines Privatmannes errichtet ein Bauunternehmer einen Bungalow zum Rechnungspreis von 275000,— DM. Bei der Bauabnahme werden etliche Mängel entdeckt, so daß sich der Unternehmer mit einem Preisnachlaß von 3% einverstanden erklärt. Nach dem Einzug zeigen sich weitere, bisher versteckte Mängel. Daraufhin kürzt der Bauherr die Bausumme eigenmächtig um 5000,— DM und überweist nur den Restbetrag. Der Bauunternehmer erhebt keine Einwände dagegen.
Wie hoch ist unter diesen Umständen die Umsatzsteuerschuld des Unternehmers?

6. Der selbständige Handelsvertreter Krause unterhält für die Förster GmbH ein Auslieferungslager. Alle Verkäufe ab diesem Lager führt er im Namen und für Rechnung der GmbH aus. Dafür erhält er eine Provision von 10% des Nettoumsatzes. Nach seinen Abrechnungen mit der Förster GmbH waren vom Lager verkauft worden:

Januar	200000,— DM netto
Februar	60000,— DM netto
März	180000,— DM netto

Die Förster GmbH erstattete Herrn Krause die Lagermiete von 6000,— DM monatlich für Januar bis März.
a) Welche Entgelte hatte die Förster GmbH zu versteuern?
b) Welche Entgelte hatte Herr Krause zu versteuern?

7. Aus den Aufzeichnungen eines Buch- und Schreibwareneinzelhändlers für den Monat April ergibt sich folgendes:

Tageskasseneinnahmen	54740,— DM
Ausgaben für Werbung	16000,— DM
Teilerstattung der Ausgaben durch	
Gutschrift des Lieferers über	12000,— DM
bezahlte Provisionen	2000,— DM
Portoauslagen für Buchversand	1400,— DM
Buchrückgaben	650,— DM

In sämtlichen Beträgen ist die Mehrwertsteuer mit 15% enthalten. Welches Entgelt ist in der Umsatzsteuervoranmeldung für April zu erklären?

8. Eine Maschinenfabrik verpflichtet sich, eine Abfüllanlage im Wert von 2,5 Millionen DM zuzüglich 15% MwSt fristgerecht zu liefern. Bei verspäteter Lieferung soll sie pro Tag 5000,— DM Vertragsstrafe zahlen. Wie hoch ist die Bemessungsgrundlage für die Umsatzsteuer, wenn die Maschinenfabrik 8 Tage in Verzug gerät?

9. Ein Kraftfahrzeughändler nimmt beim Verkauf eines neuen Lkw den gebrauchten Lkw eines Eisengroßhändlers mit 8500,— DM zuzüglich 15% MwSt in Zahlung. Für den neuen Lkw berechnet er 84000,— DM zuzüglich 15% MwSt. Die Differenz zwischen dem Wert des neuen und des alten Lkw begleicht der Großhändler durch einen Scheck.
a) Wieviel DM zahlt der Großhändler zu?
b) Wie hoch ist die Bemessungsgrundlage für die Umsätze der beiden Unternehmer?

10. Ein Einzelunternehmer bringt sein ganzes Unternehmen in eine neu zu gründende GmbH ein. Seine Veräußerungsbilanz enthält folgende Bilanzpositionen:

Aktiva — Bilanz — Passiva

Aktiva		Passiva	
Grundstücke und Gebäude	65000,—	Eigenkapital	150000,—
Maschinen	40000,—	Schulden	50000,—
Fuhrpark	25000,—		
Waren	45000,—		
Forderungen	15000,—		
Bank/Kasse	10000,—		
	200000,—		200000,—

Als Gegenleistung erhält der Unternehmer Gesellschaftsanteile in Höhe von 150000,— DM. Die Schulden und die für die Geschäftsveräußerung zu zahlende Umsatzsteuer werden von der GmbH übernommen. Wie hoch ist die Bemessungsgrundlage für diese Geschäftsveräußerung im ganzen?

11. Ein Unternehmer gestattet einem seiner Angestellten, den Pkw der Firma arbeitstäglich einmal für die Hin- und Rückfahrt zwischen Wohnung und Arbeitsstätte kostenlos zu benutzen. Die zurückgelegte Entfernung beträgt 15 km. Der Angestellte fährt durchschnittlich zwanzigmal pro Monat diese Strecke. Für Lohnsteuerzwecke werden 1,04 DM je Entfernungskilometer angesetzt. Prüfen Sie, ob eine steuerpflichtige sonstige Leistung vorliegt, und berechnen Sie gegebenenfalls die Bemessungsgrundlage.

12. Der Bäckermeister Gustav Frühauf gewährt seinem Gesellen Fritz Schroth neben seinem Lohn auch noch kostenlose Unterkunft und Verpflegung. Diese gewährten Sachbezüge werden für Zwecke der Lohnsteuer und Sozialversicherung mit 150,— DM für Unterkunft und 200,— DM für Beköstigung angesetzt. Prüfen Sie, ob eine steuerbare und steuerpflichtige sonstige Leistung vorliegt, und berechnen Sie gegebenenfalls die Bemessungsgrundlage.

13. Ein Gesellschafter der Weingroßhandlung Otto Kübler KG erhält unter anderem von seiner Gesellschaft folgende Leistungen:
    a) Vereinbarungsgemäß darf er den betriebseigenen Pkw auch für Privatfahrten benutzen. Der hierauf entfallende Kostenanteil wird auf 2000,— DM geschätzt.
    b) Außerdem erhält er monatlich kostenlos Wein für seinen Privatbedarf. Der Einstandspreis zum Zeitpunkt der Entnahme beträgt 150,— DM, der Ladenverkaufspreis 237,50 DM.
    c) Schließlich verkauft ihm die Gesellschaft noch eine gebrauchte Schreibmaschine für 100,— DM. Eine vergleichbare Maschine würde 150,— DM einschließlich USt kosten.

    Ermitteln Sie die Bemessungsgrundlagen für die Umsatzsteuer.

16.1.2 Berechnung der Umsatzsteuer bei unrichtigem Steuerausweis

Weist ein Unternehmer in einer Rechnung für eine Lieferung oder sonstige Leistung einen höheren Steuerbetrag aus, als er nach dem Gesetz schuldet, so schuldet er auch den Mehrbetrag.

Beispiel 1

Ein Gemüsegroßhändler liefert Obst und Gemüse im Warenwert von 800,— DM zuzüglich 15% MwSt = 120,— DM, Rechnungsbetrag 920,— DM. Der Unternehmer schuldet nur 7% USt von 800,— DM = 56,— DM, sondern auch den Mehrbetrag von zusätzlich 64,— DM, insgesamt 120,— DM, solange nicht die Rechnung gem. §17 Abs. 1 UStG berichtigt und der Rechnungsempfänger davon in Kenntnis gesetzt wird.

Weist ein Unternehmer in einer Rechnung für eine Lieferung oder sonstige Leistung eine geringere Steuer aus, als er nach dem Gesetz schuldet, so schuldet er die Steuer, die sich unter Anwendung des zutreffenden Steuersatzes durch Herausrechnung aus dem Bruttobetrag ergibt.

Beispiel 2

Ein Getränkegroßhändler liefert Mineralwasser an einen Getränkeabholmarkt im Warenwert von 600,— DM + 7% MwSt = 42,— DM, Rechnungsbetrag 642,— DM. Der Unternehmer schuldet 15% USt aus 642,— DM = 83,74 DM.

Weist jemand in einer Rechnung einen Umsatzsteuerbetrag offen aus, obwohl er dazu nicht befugt ist, z. B. weil er Privatmann oder Unternemer gem. §19 Abs. 1 UStG ist, schuldet er die ausgewiesene Umsatzsteuer. Die Rechnung ist gem. §17 Abs. 1 UStG nicht berichtigungsfähig.

Beispiel 3

Im Rahmen einer Haushaltsauflösung verkauft der Eigentümer einen Wohnzimmerschrank für 10000,— DM an einen Antiquitätenhändler und stellt auf dessen Bitte eine Rechnung über 8695,65 DM zuzüglich 15% MwSt = 1304,35 DM, insgesamt 10000,— DM, aus. Die Rechnung ist nicht berichtigungsfähig, die Umsatzsteuer ist in jedem Fall an das Finanzamt abzuführen.

Aufgaben zur Umsatzsteuerberechnung bei unrichtigem Steuerausweis

1. Ein Schreinermeister stellt für gelieferte Türen und Fenster 12870,— DM zuzüglich 2059,20 DM USt = 14929,20 DM in Rechnung. Überprüfen Sie die Rechnung.
2. Ein Party-Service liefert anläßlich eines 25-jährigen Firmenjubiläums ein kaltes Buffet und stellt dem Auftraggeber dafür 2500,— DM zuzüglich 15% USt = 375,— DM, insgesamt 2875,— DM in Rechnung. Überprüfen Sie die Rechnung.
3. Ein Delikatessengroßhändler liefert einem Feinkostgeschäft Hummer und Langusten im Warenwert von 850,— DM zuzüglich 7% USt = 59,50 DM, Rechnungsbetrag 909,50 DM. Überprüfen Sie die Rechnung.
4. Eine Autoreparaturwerkstatt erstellt eine Rechnung über eine durchgeführte Reparatur von 1240,— DM netto zuzüglich 161,70 DM USt, Rechnungsbetrag 1401,70 DM. Überprüfen Sie die Rechnung.

16.1.3 Eigenverbrauch

Bemessungsgrundlagen sind hier:

a) bei **Entnahme von Gegenständen** der **Einkaufspreis** zuzüglich der Nebenkosten für den Gegenstand oder für einen gleichartigen Gegenstand oder mangels eines Einkaufspreises die **Selbstkosten** jeweils zum Zeitpunkt der Entnahme,

b) bei **sonstigen Leistungen**, die ein Unternehmer im Rahmen seines Unternehmens für Zwecke ausführt, die außerhalb seines Unternehmens liegen, die **entstandenen Kosten**,

c) bei den einkommensteuerlich **nicht abzugsfähigen Geschenken** an Geschäftsfreunde, ausgenommen die Bewirtungsaufwendungen, die **eigenen Aufwendungen**.

Die Umsatzsteuer gehört in keinem Fall zur Bemessungsgrundlage. Die Selbstkosten berechnen sich nach dem ertragsteuerlichen Begriff der Herstellungskosten. Sie umfassen alle Kosten der Fertigung und schließen die Verwaltungs- und Vertriebskosten sowie einen kalkulatorischen Gewinn aus.

Beispiel 1 (Entnahme)

Ein Juwelier entnimmt seinem Betrieb eine Uhr, deren Einkaufspreis 5000,— DM betrug. Die anteiligen Frachtkosten wurden mit 20,— DM errechnet.
Bemessungsgrundlage: **5020,— DM**.

Beispiel 2 (Entnahme)

Ein Kaufmann schenkt seiner Tochter den bisher betrieblich genutzten Pkw, dessen Buchwert 2000,— DM beträgt. Die Wiederbeschaffungskosten für diesen Gebrauchtwagen, die dem Listenpreis auf dem Gebrauchtwagenmarkt entsprechen, betragen 4025,— DM.
Bemessungsgrundlage: 4025,— DM ./. USt (= 525,— DM) = **3500,— DM**.

Beispiel 3 (Entnahme)

Ein Möbelschreiner fertigt in seinem Betrieb für sein eigenes Wohnzimmer eine Schrankwand an. An Kosten sind aufgezeichnet worden: Material 2150,— DM, Fertigungslöhne 1300,— DM. Der Schreiner rechnet bei allen Erzeugnissen mit folgenden Gemeinkostenzuschlägen: 20% beim Material, 120% bei den Löhnen. Die Herstellungskosten berechnen sich somit wie folgt:

Material	2150,— DM
+ Zuschlag 20%	430,— DM
	2580,— DM
+ Fertigungslöhne	1300,— DM
+ Zuschlag 120%	1560,— DM
Herstellungskosten	**5440,— DM**

Beispiel 4 (sonstige Leistungen für private Zwecke)

Ein Architekt fertigt in seinem Büro die Pläne für sein eigengenutztes Einfamilienhaus. An den Plänen arbeiten ein technischer Zeichner und eine Bürokraft. Zur Erstellung der Pläne und Bauunterlagen verwenden sie Papier des Büros und benutzen die Schreibmaschine und das übrige Inventar. Die anteiligen Lohnkosten, die Papierkosten und die anteilige Abschreibung der Anlagegüter müssen ermittelt werden und bilden die Bemessungsgrundlage.

Beispiel 5 (Verwendung von Gegenständen)

Die gesamten Telefonkosten eines Unternehmers betragen im Jahr 2400,— DM. Die private Nutzung wird auf 10% geschätzt. Bemessungsgrundlage für den Eigenverbrauch ist 240,— DM.

Beispiel 6 (Geschenke an Geschäftsfreunde)

Ein Kaufmann schenkt dem Prokuristen seines langjährigen Kunden zu Weihnachten ein Gemälde im Wert von 2000,— DM (ohne MwSt). Da die Aufwendungen nach §4 Abs. 5 EStG nicht als Betriebsausgaben abzugsfähig sind, ist hier der Aufwand von 2000,— DM Bemessungsgrundlage.

16.1.4 Mindestbemessungsgrundlage

Es kommt vor, daß das Entgelt für Lieferungen und sonstige Leistungen nicht nach ihrem wirklichen Wert bemessen wird, sondern darunter liegt. Das ist der Fall bei folgenden Umsätzen:

1. bei Lieferungen und sonstigen Leistungen von Körperschaften und Personenvereinigungen an ihre Gesellschafter, Mitglieder oder Teilhaber,
2. bei Lieferungen und sonstigen Leistungen von Einzelunternehmern an Angehörige,
3. bei Lieferungen und sonstigen Leistungen an Arbeitnehmer oder deren Angehörige.

In solchen Fällen ist als Bemessungsgrundlage mindestens anzusetzen

a) bei Lieferungen (auch Werklieferungen) der **Einkaufspreis** einschließlich der Nebenkosten im Zeitpunkt des Umsatzes oder bei Fehlen eines Einkaufspreises die **Selbstkosten**.

b) bei sonstigen Leistungen die zur Ausführung der Leistung **entstandenen Kosten**.

In beiden Fällen gehört die Umsatzsteuer nicht zur Bemessungsgrundlage.

Beispiel 1

Eine Handels KG überläßt ihren Gesellschaftern Ware, die sie für 1000,— DM (netto) eingekauft hat, für 500,— DM. Die Bemessungsgrundlage ist mit 1000,— DM anzusetzen.

Beispiel 2

Eine OHG überläßt einem ihrer Gesellschafter einen zum Betriebsvermögen gehörenden Pkw zur privaten Nutzung. Sie belastet das Privatkonto des Gesellschafters mit 2000,— DM. Der auf die private Nutzung entfallende Kostenanteil (AfA, Kfz-Steuer, Kfz-Versicherung, Kraftstoff, Garagenmiete, Reparaturen) kann aber mit 5000,— DM ermittelt werden. Bemessungsgrundlage: 5000,— DM.

Beispiel 3

Ein Unternehmer stellt seinen Arbeitnehmern kostenlos ein Mittagessen zur Verfügung, das er aber nicht selbst zubereitet, sondern aus einer Großküche bezieht. Der Nettoeinkaufspreis pro Essen liegt zwischen 3,— DM und 4,— DM. Nach der Sachbezugsverordnung 1992 ist bei der Lohnsteuer von einem Wert pro Essen für jeden Arbeitnehmer von 4,— DM auszugehen. Nach Abzug der darin enthaltenen Umsatzsteuer ergibt sich ein Nettowert von 3,48 DM pro Essen und Arbeitnehmer.
Aus Vereinfachungsgründen kann hier der lohnsteuerliche Sachbezugswert zugrunde gelegt werden.

Aufgaben

1. Die Ehefrau eines Gesellschafters einer GmbH kauft in den Filialen der GmbH ein. Der Jahreseinkauf wird mit 16000,— DM zu Verkaufspreisen (einschl. USt) festgestellt. Dem Verrechnungskonto des Gesellschafters wird nach Abug eines Sonderrabatts von 30% ein Betrag von 11200,— DM belastet. Das Unternehmen rechnet mit einem Durchschnittsaufschlag von 33⅓%. Berechnen Sie die Bemessungsgrundlage für die Umsatzsteuer.
2. Einem leitenden Angestellten eines Unternehmens wird ein Pkw zur privaten Nutzung überlassen. Die Anschaffungskosten des Pkw betrugen 42000,— DM. Für die Lohnsteuer wird dem Angestellten aus Vereinfachungsgründen 1 % der Anschaffungskosten pro Monat als geldwerter Vorteil angesetzt.
   Berechnen Sie die Bemessungsgrundlage für die Umsatzsteuer.

16.1.5 Mindestistbesteuerung

1. Grundsätzlich entsteht die Umsatzsteuer erst mit Ablauf des Voranmeldungszeitraums, in dem die Leistung erbracht worden ist. Werden allerdings Vorauszahlungen auf das endgültige Entgelt geleistet oder wird das gesamte Entgelt schon vor Ausführung der Leistung gezahlt, so entsteht die Umsatzsteuer für diese Zahlungen, wenn das Entgelt entweder
   a) 10000,— DM oder mehr beträgt oder
   b) eine Rechnung mit gesondertem Steuerausweis über eine Anzahlung erteilt wird.

   Beispiel 1

   Ein Unternehmer erhält eine Anzahlung von 15000,— DM für eine Lieferung, die dem Steuersatz von 15% unterliegen wird, am 15. Juni. Die Zahlung führt zur Entstehung einer Umsatzsteuer für den Monat Juni, da das Entgelt 15000 ·/. USt = 13043,48 DM mehr als 10000,— DM beträgt. Der Unternehmer muß darüber eine ordnungsmäßige Rechnung ausstellen (§14 Abs. 1 S. 3 u. 4 UStG).

   Beispiel 2

   Ein Unternehmer stellt eine Abschlagsrechnung mit Datum vom 24.10. aus, die folgendermaßen aussieht:

Abschlagszahlung auf bestellte Maschine	6000,— DM
+ 15% Umsatzsteuer	900,— DM
insgesamt	**6900,— DM**

   Der Abnehmer zahlt den angeforderten Betrag am 15.11.
   Die Umsatzsteuer entsteht mit Ablauf des Monats November.

2. Bei Abrechnung der erbrachten Leistung hat der Unternehmer in der Gesamtrechnung die vorher vereinnahmten Entgelte und die hierauf entfallenden Steuerbeträge abzusetzen, wenn über diese Entgelte Rechnungen mit gesondertem Steuerausweis erteilt worden sind.

   Beispiel 1

   Endabrechnung

Herstellung eines Rohbaus lt. Angebot	354000,— DM
+ 15% Umsatzsteuer	53100,— DM
Gesamtpreis	407100,— DM
erhaltene Anzahlungen am 15.6., 30.7., 30.9.	276000,— DM
Restzahlung	131100,— DM
darin enthaltene Umsatzsteuer	17100,— DM
in den Anzahlungen enthaltene Umsatzsteuer	36000,— DM

Beispiel 2

Tabellarische Endabrechnung zu Beispiel 1

·/. Abschlagzahlungen	Entgelt	Umsatzsteuer	Summe	Preis
	354000	53100	–	407100
15.6.	100000	15000	115000	
30.7.	60000	9000	69000	
30.9.	80000	12000	92000	276000
Restzahlung	114000	17100	–	**131100**

Beispiel 3

Endabrechnung (wie Beispiel 1)

Entgelt		354000,— DM
+15% Umsatzsteuer.		53100,— DM
		407100,— DM
·/. Abschlagzahlungen vom 15.6., 30.7. und 30.9.	240000,—	
+15% Umsatzsteuer	36000,—	276000,— DM
Restzahlung		**131100,— DM**

Aufgaben

1. Ein Uhrmacher entnimmt seinem Betrieb eine Uhr für private Zwecke:
   Ursprünglicher Verkaufspreis . . . . 250,— DM
   herabgesetzter Verkaufspreis . . . . 220,— DM
   ursprünglicher Einkaufspreis netto . . . . 150,— DM
   letzter Inventurwert . . . . 130,— DM
   Welcher Wert bildet hier die Bemessungsgrundlage?
2. Die Kraftfahrzeugkosten eines Unternehmers für den betrieblich genutzten Pkw betragen im Kalenderjahr
   Kfz-Steuer . . . . 800,— DM
   Kfz-Versicherung . . . . 980,— DM
   Benzinverbrauch . . . . 4200,— DM
   Reparaturkosten . . . . 420,— DM
   zusammen . . . . 6400,— DM
   Die jährliche AfA für den Pkw beträgt . . . . 4200,— DM
   Der Unternehmer führt ein Fahrtenbuch. Daraus ergibt sich: Betriebliche Fahrten 24400 km, private Fahrten 8000 km.
   Welchen Betrag muß der Unternehmer als Eigenverbrauch versteuern? (Die angegebenen Kosten enthalten keine Umsatzsteuer.)
3. Ein Malermeister renoviert seine Privatwohnung. Dabei entstehen ihm Materialkosten von 250,— DM. Einem Kunden hätte er für die gleiche Leistung noch 480,— DM Lohnkosten und 160,— DM Gewinnaufschlag berechnet. Wie hoch ist hier die Bemessungsgrundlage für den Eigenverbrauch?
4. Ein Unternehmer fährt mit seiner Familie in den großen Ferien nach Italien. Dazu benutzt er einen Pkw, den er sonst ausschließlich für Geschäftsreisen einsetzt.
   Während des Urlaubs legt er einschließlich Hin- und Rückfahrt 3800 km zurück, davon 1800 km im Inland. Der Wagen verbraucht dabei durchschnittlich 13 l Benzin pro 100 km. Der Benzinpreis beträgt im Inland 1,35 DM/l, im Ausland 1,55 DM/l. Die im Ausland bezahlten Benzinquittungen werden in vollem Umfang als Kosten verbucht. Die jährlichen Versicherungskosten belaufen sich auf 860,— DM, die Kfz-Steuern auf 480,— DM. Der Wagen ist für 22000,— DM angeschafft worden und wird jährlich mit 20% linear abgeschrieben. Der Unternehmer legt jährlich ca. 30000 km mit seinem Auto zurück.
   Wie hoch ist die umsatzsteuerliche Bemessungsgrundlage für den Eigenverbrauch?

5. Eine Fleischerei weist für Juni Tageseinnahmen von 23650,— DM brutto aus. Darin enthalten sind Einnahmen von 1150,— DM aus dem Verkauf von Waren, die nicht dem ermäßigten Steuersatz unterliegen. Im Haushalt leben vier Erwachsene und drei Kinder im Alter von sechs, acht und zehn Jahren.
Die Pauschbeträge für den Eigenverbrauch ergeben sich aus der als **Anlage 1** beigefügten amtlichen Aufstellung. Ermitteln Sie die Bemessungsgrundlagen für die Umsatzsteuervoranmeldung für den Monat Juni.

6. Folgende Fälle sind umsatzsteuerlich zu beurteilen:
   a) Ein Notar beurkundet für einen guten Freund einen Vertrag, ohne eine Honorarrechnung zu erstellen. Die Gebühren hätten normalerweise 1500,— DM betragen. Der Freund schenkt ihm dafür eine Kiste Wein im Wert von 50,— DM.
   b) Ein Architekt fertigt für sein eigenes Einfamilienhaus die Pläne an. In seinem eigenen Büro entstehen ihm dafür Papier- und Kleinmaterialkosten von 250,— DM. Seine eigene Leistung ist mit 2000,— DM zu bewerten.

7. Ein Unternehmer entnimmt am 31. August aus seinem Betriebsvermögen einen Pkw, der am 1. Januar des Jahres noch mit 3000,— DM zu Buche stand. Der Wagen war zum Preise von 10000,— DM angeschafft und jährlich mit 20% linear abgeschrieben worden. Der Unternehmer hatte den Pkw zum Zeitpunkt der Privatentnahme auch für 4000,— DM zuzüglich Umsatzsteuer verkaufen können. Wie hoch ist die Bemessungsgrundlage für den Eigenverbrauch?

8. Ein Bauunternehmer errichtet für seine eigenen Zwecke ein Einfamilienhaus im Rohbau. Die Kosten dafür hat er wie folgt aufgezeichnet: Material, netto 60000,— DM
produktive Löhne 80000,— DM.
Der Steuerberater ermittelt aus der Gewinn- und Verlustrechnung folgende Werte für ein Jahr:

Material, insgesamt (netto)	600000,— DM
Löhne insgesamt	400000,— DM
Lohnnebenkosten	240000,— DM
AfA auf Maschinen	88000,— DM
Fracht und Lagerkosten	63000,— DM

Berechnen Sie die Bemessungsgrundlage für die Entnahme des Rohbaus.

9. Ein selbständiger Klempner- und Installateurmeister repariert in seinem eigengenutzten Einfamilienhaus die Heizung. Ein Geselle aus seinem Betrieb hilft ihm dabei. Der Geselle hat einen Stundenlohn von 15,— DM brutto; der Meisterlohn beträgt 30,— DM. Die lohngebundenen Nebenkosten für den Gesellen betragen im Monat durchschnittlich 1600,— DM bei einer wöchentlichen Arbeitszeit von 40 Stunden. Die Reparatur dauerte 10 Stunden, wobei Materialkosten von 240,— DM entstanden.
Ermitteln Sie die Bemessungsgrundlage für den Eigenverbrauch.

10. Ein Rechtsanwalt hat veranlaßt, daß die zur täglichen Reinigung der Praxisräume angestellte Hilfskraft auch dreimal wöchentlich während der Arbeitszeit zwei Stunden lang seine Privatwohnung säubert. Die Raumpflegerin erhält einen Bruttostundenlohn von 10,— DM, die Lohnnebenkosten betragen ca. 25% des Bruttolohns.
Ermitteln Sie die Bemessungsgrundlage für den Eigenverbrauch.

11. Ein Bauunternehmer bittet drei seiner Arbeitnehmer, während der Arbeitszeit eine altersschwache Pappel von seinem Privatgrundstück zu entfernen. Die Arbeiter sind sechs Stunden damit beschäftigt und benutzen während dieser Zeit einen betriebseigenen Lkw und einen Frontlader. Die Arbeiter beziehen einen Bruttostundenlohn von 13,50 DM, die Lohnnebenkosten betragen ca. 30%. Aus der Betriebsabrechnung geht hervor, daß der Lkw pro km 1,50 DM und der Frontlader pro Betriebsstunde 40,— DM Kosten verursacht. Der Lkw fuhr während der Abholzaktion 30 km, der Frontlader war 5 Stunden eingesetzt.
Berechnen Sie die Bemessungsgrundlage für den Eigenverbrauch.

12. Ein Arzt benutzt seinen Pkw, den er fast ausschließlich zu Krankenbesuchen verwendet, gelegentlich auch zu privaten Fahrten. Die gesamten Fahrzeugkosten für Benzin, Öl, Steuern, Versicherungen, Reparaturen und Abschreibungen betragen pro Jahr etwa 12000,— DM. Der private Nutzungsanteil wird auf 2400,— DM geschätzt.
Beurteilen Sie diesen Fall umsatzsteuerlich.

13. Ein Unternehmer nutzt seinen zum Betriebsvermögen gehörenden Pkw sowohl betrieblich als auch privat. Im abgelaufenen Kalenderjahr sind folgende Aufwendungen entstanden: Kfz-Steuer 380,— DM, Kfz-Versicherung 640,— DM, Reparaturen 2450,— DM, Benzin 6290,— DM, Abschreibungen 20% von 25600,— DM. Die Gesamtfahrleistung des Pkw betrug im abgelaufenen Kalenderjahr 28615 km. Davon entfallen nach dem Fahrtenbuch 5800 km auf die tägliche Fahrt zwischen Wohnung und Betrieb und weitere 6500 km auf sonstige Privatfahrten wie Urlaub etc.
Ermitteln Sie die umsatzsteuerliche Bemessungsgrundlage für den Eigenverbrauch.

14. Die Ladenbau GmbH schließt mit dem Einzelhändler Sauermann einen Vertrag zur Lieferung und Montage einer kompletten Geschäftseinrichtung zum Preis von 60000,— DM zuzüglich MwSt. Die GmbH verlangt bei Vertragsabschluß am 20.5.01 eine Anzahlung von 20000,— DM und bittet um weitere Teilzahlungen von 15000,— DM zuzüglich MwSt per 15.6.01 und von 11000,— DM per 25.6.01. Die Schlußrechnung wird nach Fertigstellung am 15.7.01 erteilt. Die An- und Teilzahlungen werden von Sauermann pünktlich entrichtet.
    a) Wie lautet die Schlußrechnung?
    b) Welche Beträge sind von der Ladenbau GmbH in welchen USt-Voranmeldungszeiträumen zu erfassen?

15. Das Ehepaar Maria und Gottlieb Fischer bestellt bei der Einbauküchen GmbH eine Küche im Wert von 16100,— DM. Bei Vertragsabschluß am 14.10.01 sind 5000,— DM fällig, der Rest ist bei Auslieferung am 10.12.01 zahlbar und wird auf der Endrechnung quittiert.
Welche Beträge sind von der Einbauküchen GmbH in welchen USt-Voranmeldungszeiträumen zu erfassen?

16. Der Malerbetrieb Emil Meier KG erhält von der Maschinenfabrik Sudermann am 25.6.01 den Auftrag zur Renovierung des Bürogebäudes. Am 27.6.01 erfolgt die schriftliche Bestätigung des Auftrags über die Gesamtsumme von 103500,— DM einschließlich MwSt mit der gleichzeitigen Bitte um eine Anzahlung von 15000,— DM. Weitere Teilzahlungsaufforderungen datieren vom
15.7.01 über 10000,— DM
25.7.01 über 13000,— DM
5.8.01 über 8000,— DM zuzüglich MwSt.
20.8.01 über 25000,— DM
10.9.01 über 12000,— DM
19.9.01 über 12000,— DM
Der Auftrag wird am 10.10.01 fertiggestellt, die Schlußrechnung datiert vom 02.11.01 und wird am 15.11.01 beglichen. Die An- und Teilzahlungsaufforderungen werden von Sundermann der Reihe nach bezahlt, und zwar am 01.7.01, 18.7.01, 28.7.01, 9.8.01, 24.8.01, 15.9.01 und 24.9.01
    a) Wie lautet die Schlußrechnung?
    b) Welche Beträge sind von der Meier KG in welchen USt-Voranmeldungszeiträumen zu erfassen?

16.2 Anwendung der Steuersätze

16.2.1 Regelbesteuerung

Der **normale Steuersatz** für jeden steuerpflichtigen Umsatz beträgt 15%. Der **ermäßigte Steuersatz** beträgt 7% und kommt nur bei den im § 12 Abs. 2 UStG im einzelnen bezeichneten Lieferungen, sonstigen Leistungen und dem entsprechenden Eigenverbrauch in Betracht.

Die Steuer wird berechnet, indem der zulässige Steuersatz auf die Bemessungsgrundlage (s. 16.1) angewandt wird.

Beispiel

Bemessungsgrundlage	5000,— DM
MwSt 15%	750,— DM

Der Regelbesteuerung unterliegen nicht die im § 4 UStG aufgeführten Umsätze.

Gemäß § 9 UStG ist es jedoch möglich, für bestimmte Umsätze zur Mehrwertsteuer und damit zur Regelbesteuerung zu optieren. Dabei handelt es sich immer um Umsätze **an andere Unternehmer.**

Aufgaben

1. Ein Verlag berechnet einem Kunden:

10 Paperbacks zu je 17,80 DM	178,— DM
abzüglich 20% Rabatt	35,60 DM
zuzüglich Porto und Verpackung	25,— DM

Berechnen Sie die Mehrwertsteuer, und vervollständigen Sie die Rechnung.

2. a) Ein Imbißbetrieb verkauft an seine Kunden verschiedene Sorten alkoholfreier Getränke, Würstchen und Pommes frites. Einrichtungen, die einen Verzehr dieser Speisen und Getränke an Ort und Stelle ermöglichen, sind nicht vorhanden. Die Einnahmen eines Monats teilen sich folgendermaßen auf:

Getränke	2648,— DM
Würstchen und Pommes frites	15731,— DM

Wieviel Umsatzsteuer schuldet der Unternehmer in diesem Monat?

b) In der Folgezeit kann der Unternehmer noch einen Nachbarraum hinzupachten und dort eine Imbißstube einrichten, wo die Waren verzehrt werden können. Der erste Monat nach Ablauf der Betriebserweiterung brachte folgende Umsätze:

Getränke	3897,— DM
Würstchen und Pommes frites	21564,— DM

Nach Beobachtungen des Unternehmers wurden etwa ein Drittel der verkauften Waren nunmehr an Ort und Stelle verzehrt.
Teilen Sie die Einnahmen in Entgelts- und Umsatzsteueranteil auf.

3. Ein Steuerberater vereinnahmte im Veranlagungszeitraum folgende Beträge:

Honorare (ohne MwSt)	160000,— DM
Mieteinnahmen aus Wohnungsvermietung	40000,— DM
Mieteinnahmen aus gewerblicher Vermietung (lt. Kto. Mieterträge)	25000,— DM

Hinsichtlich der Umsätze aus Vermietungen hat er gemäß § 9 UStG zur Mehrwertsteuer optiert. Berechnen Sie die Mehrwertsteuer.

4. Ein Unternehmen stellt für einen seiner Handelsvertreter folgende Monatsabrechnung auf:

Provisionen	10400,— DM
Fahrtkosten lt. Kilometerabrechnung	1200,— DM
pauschaler Spesenzuschuß	500,— DM

Setzen Sie die zutreffende Mehrwertsteuer ein.

5. Die durch die Registrierkasse nachgewiesenen Tageseinnahmen eines Juweliers betrugen im Monat Dezember 85000,— DM. Für seine Frau hat er dem Betrieb ein Collier zum aktuellen Einkaufspreis von 4000,— DM entnommen. Ermitteln Sie den Umsatz für den Monat Dezember.

6. In einer Speisewirtschaft werden kalte und warme Speisen verkauft. Die Tageseinnahmen lt. Kassenbericht betrugen im Februar 25000,— DM.
Erstellen Sie die Umsatzsteuervoranmeldung für den Monat Februar unter Einbeziehung des Eigenverbrauchs. Bei der Berechnung sind der Betriebsinhaber und seine Ehefrau zu berücksichtigen. Die Werte sind der **Anlage 1** zu entnehmen.

16.2.2 Ausnahmen von der Regelbesteuerung

16.2.2.1 Freistellung der Kleinunternehmer von der Steuer (§ 19 Abs. 1 UStG)

Die für Lieferungen, sonstige Leistungen und den Eigenverbrauch geschuldete Steuer wird nicht erhoben, wenn der Umsatz zuzüglich der darauf entfallenden Steuer (Bruttoumsatz) **im vorangegangenen Kalenderjahr 25000,— DM** nicht überstiegen hat und **im laufenden Kalenderjahr 100000,— DM** nicht übersteigen wird.
Umsatz in diesem Sinne ist der nach vereinnahmten Entgelten bemessene Gesamtumsatz ohne die darin enthaltenen Entgelte für den Verkauf von Anlagegütern.
Ein Verzicht auf Steuerbefreiungen (§ 9 UStG), ein gesonderter Ausweis der Steuer in einer Rechnung (§ 15 und 15a UStG) sind nur möglich, wenn man zur USt gem. § 19 Abs. 2 UStG optiert.

Beispiel 1

Ein Unternehmer hat im Kalenderjahr 01 einen Umsatz von 24725,— DM brutto (21500,— + 15% USt) gehabt. Sein Umsatz im Jahre 02 wird 85000,— DM betragen.
Ergebnis: Keine Umsatzsteuer im Jahre 02. Zum Umsatzsteuerausweis ist der Unternehmer **nicht** berechtigt.

Beispiel 2

Der Umsatz des im Beispiel 1 genannten Unternehmers wird im Jahre 03 15000,— DM betragen.
Ergebnis: Der Unternehmer hat für den Umsatz von 15000,— DM die Steuer offen auszuweisen und auch abzuführen.

Merke: Hat der Unternehmer seine gewerbliche oder berufliche Tätigkeit nur in einem Teil des Kalenderjahres ausgeübt, so ist der tatsächliche Gesamtumsatz in einen Jahresumsatz umzurechnen. Angefangene Kalendermonate sind bei der Umrechnung als volle Monate zu behandeln, es sei denn, daß die Umrechnung nach Tagen zu einem niedrigeren Jahresumsatz führt.

Beispiel

Ein Unternehmer hat seinen Betrieb am 5.3. 01 eröffnet und am 30.6. 02 wieder eingestellt. Die vereinnahmten Entgelte betrugen im Jahre 01 21000,— DM, im Jahre 02 32000,— DM. Berechnung des Jahresumsatzes:

$$01: \frac{21000 \cdot 12}{10} = 25200,\text{— DM}$$

$$02: \frac{32000 \cdot 12}{6} = 64000,\text{— DM}$$

Aufgaben zur Besteuerung von Kleinunternehmern

1. Ein Friseurmeister, der seinen Betrieb zum 1.1.01 eröffnet hat, buchte folgende Einnahmen: 24200,— DM im Jahre 01, 44850,— DM im Jahre 02. Wieviel Umsatzsteuer hat der Friseurmeister in den Jahren 01 und 02 zu zahlen?

2. Der Trinkhallenbesitzer H.G. Hurtig hat jährlich unterschiedliche Einnahmen von unter 20000,— DM bis 60000,— DM. Da er hohe Vorsteuerbeträge geltend machen möchte, hat er zur Regelbesteuerung gem. § 19 (2) UStG optiert. Seine Bruttoeinnahmen betrugen im laufenden Kalenderjahr 46400,— DM, darin ist der Verkauf eines Spielautomaten für 500,— DM enthalten. Die Vorsteuern betrugen im laufenden Jahr 6800,— DM. Der Regelsteuersatz gilt für alle Umsätze.
   Berechnen Sie die Umsatzsteuerzahllast des laufenden Jahres.

3. Ein Kleinunternehmer eröffnete seinen Betrieb am 10. August des Vorjahres. Vom Eröffnungstag bis zum 31. Dezember erzielte er einen Bruttoumsatz von 16000,— DM, der, wie alle seine Umsätze, dem Regelsteuersatz unterlag. Für das 1. Vierteljahr des laufenden Jahres weist er 11400,— DM als Tageseinnahmen aus. Der Privatanteil der Pkw-Kosten ist vom Finanzamt auf jährlich 1200,— DM geschätzt worden. Die Vorsteuern betrugen im 1. Vierteljahr 600,— DM. Erstellen Sie die Umsatzsteuervoranmeldung für das 1. Quartal des laufenden Jahres.

4. Ein Kleinunternehmer hat im Vorjahr 30800,— DM vereinnahmt. Darin ist ein Autoverkauf von 5800,— DM enthalten. Der Umsatz des laufenden Jahres betrug im 1. Vierteljahr 20000,— DM, im 2. Vierteljahr 30000,— DM, im 3. Vierteljahr 15000,— DM und im 4. Vierteljahr 25000,— DM. Der Kleinunternehmer hat im laufenden Jahr keine Umsatzsteuer berechnet und keine Vorsteuer aufgezeichnet.
Berechnen Sie die Umsatzsteuer des laufenden Jahres.

Ein Kleinunternehmer, dessen Umsätze ausschließlich dem Steuersatz von 15% unterliegen, hat seinen Betrieb am 10. April des Vorjahres eröffnet. Bis zum 31. Dezember erzielte er Einnahmen von 19200,— DM. Am 30. September des laufenden Jahres schließt er den Betrieb wieder. Bis dahin hatte er Bruttoentgelte von 35750,— DM vereinnahmt. An Vorsteuern ließen sich 1640,— DM ermitteln.
Berechnen Sie die Umsatzsteuerzahllast des laufenden Jahres.

6. Die kaufmännische Angestellte Ursula Sonne schreibt in ihrer Freizeit Kinderbücher und erzielt im gesamten Kalenderjahr 01 einen Umsatz von 24000,— DM. Der Umsatz des Jahres 02 wird voraussichtlich 30000,— DM nicht übersteigen.
Wieviel Umsatzsteuer muß Frau Sonne zahlen?

7. Der Rentner Otto Koslowski widmet sich seit langem erfolgreich der naiven Malerei. Im abgelaufenen Kalenderjahr erzielte er, ähnlich wie in den Vorjahren, aus dem Verkauf seiner Gemälde einen Umsatz von 25000,— DM. Für das kommende Kalenderjahr ist mit einem ähnlichen Umsatz zu rechnen.
Prüfen Sie, ob der Rentner Umsatzsteuer zu zahlen hat und gegebenenfalls wieviel.

8. Der Friseurmeister Rainer Schwarzhaupt eröffnet Anfang Dezember 01 ein Friseurgeschäft und erzielt bis zum 31.12. 01 Bruttoeinnahmen von 1950,— DM. Für das Jahr 02 rechnet Schwarzhaupt mit einem Umsatz von 70000,— DM.
Wieviel DM wird das Finanzamt von Schwarzhaupt als geschuldete Umsatzsteuer erheben?

9. Am 1. Januar 01 beginnt August Leichtfuß seine unternehmerische Tätigkeit als selbständiger Handelsvertreter. Die Bruttoeinnahmen des Kalenderjahres 01 betragen allerdings nur 25000,— DM. Schon am 30. April 02 endet sein Unternehmerdasein, nachdem sich zwischenzeitlich mehrere „Unregelmäßigkeiten" ergeben hatten. Die Umsätze betrugen im Januar 02 15000,— DM, im Februar 02 10000,— DM, im März 02 5000,— DM, im April 02 5000,— DM.
Prüfen Sie, wieviel an geschuldeter Umsatzsteuer das Finanzamt in den Jahren 01 und 02 erheben wird.

10. Der bekannte Fußballspieler Kurt Eisenhardt möchte seine finanzielle Lage weiter verbessern und wird mit Zustimmung seines Fußballclubs am 15.9. 01 selbständiger Mitarbeiter einer Sportartikelfirma. Er erzielt bis zum 31.12. 01 einen Nettoumsatz von 9000,— DM und hofft, daß dieser Umsatz sich im kommenden Jahr auf 50000,— DM steigern läßt.
Prüfen Sie rechnerisch, ob in den Jahren 01 und 02 Umsatzsteuer zu zahlen ist.

11. Am 1. Januar 01 eröffnet Karl-Heinz Wohlgemut ein Finanzierungsbüro, erzielt in dem Jahr aber nur einen Umsatz von 18000,— DM. Für das Jahr 02 rechnet er mit einem Umsatz von 120000,— DM.
Prüfen Sie, ob er in den Jahren 01 und 02 die Umsatzsteuer in den Rechnungen offen ausweisen soll, und geben Sie die Gründe an.

16.2.2.2 Durchschnittsätze für land- und forstwirtschaftliche Betriebe

An die Stelle der Steuersätze nach § 12 UStG treten für die Land- und Forstwirtschaft die Durchschnittsätze des § 24 UStG. Die Vorsteuern für diese Personengruppen sind dort ebenfalls geregelt. Die Steuerzahllast ergibt sich aus nachfolgender Übersicht:

Art der Umsätze	Durchschnittsatz		Steuer-zahllast
	Umsatz vH	Vorsteuer vH[1]	vH
I. Umsätze, die nicht unter §4 Nr. 6ff. UStG fallen			
1. Lieferungen und Eigenverbrauch von forstwirtschaftlichen Erzeugnissen, ausgenommen Sägewerkserzeugnisse (z.B. Rund-, Schicht- und Abfallholz)	5	5	0
2. Lieferungen und Eigenverbrauch der in der Anlage 1 des UStG aufgeführten Sägewerkserzeugnisse (z.B. Schnittholzabfälle, Hobel-, Hack- und Sägespäne)	8,5	8,5	0
3. Sonstige Leistungen (z.B. Lohnfuhren)	8,5	8,5	0
4. Lieferungen und Eigenverbrauch der in der Anlage 1 des UStG nicht aufgeführten Sägewerkserzeugnisse (z.B. Kanthölzer, Bohlen, Bretter)			
a) allgemein	15	8,5	6,5
b) Ausfuhrlieferungen, Lieferungen im Ausland und Lieferungen, für die ohne Anwendung des §24 UStG Steuer nicht zu entrichten wäre	8,5	8,5	0
5. Lieferungen und Eigenverbrauch der in der Anlage 1 des UStG nicht aufgeführten Getränke (z.B. Wein u.a. alkohol. Getränke, Traubenmost, Frucht- und Gemüsesäfte) und von alkoholischen Flüssigkeiten (z.B. reiner Alkohol)			
a) allgemein	15	8,5	6,5
b) wie oben, Nr. 4 Buchst. b)	8,5	8,5	0
6. Übrige Umsätze (z.B. Getreide, Vieh, Fleisch, Milch, Obst, Gemüse, Eier)	8,5	8,5	0
II. Umsätze, die unter §4 Nr. 7ff. UStG fallen (z.B. Verkäufe oder Verpachtungen land- und forstwirtschaftlicher Grundstücke)	0	0	0

Beispiel

a) Rechnung eines Bauern:

Lieferung von 10000 Eiern		2000,— DM
8,5% MwSt		170,— DM
Rechnungspreis		**2170,— DM**

b) Umsatzberechnung:

Umsatz	2000,— DM	
8,5% Steuer		170,— DM
./. 8,5% Vorsteuer		170,— DM
Zahllast		**0,— DM**

[1] Die Vorsteuer ist als pauschalierter Steuersatz zu verstehen, d.h. sie braucht nicht durch Einzelaufzeichnung nachgewiesen zu werden. Bemessungsgrundlage für die Vorsteuer ist das Nettoentgelt.

Aufgaben

1. Im Monat Juli verkaufte ein Landwirt 10 fm Eichenholz (unbearbeitet) . . . 12000,— DM
   1000 l Milch . . . . 200,— DM
   2 Rinder . . . . 4000,— DM
   Ermitteln Sie a) den Rechnungspreis jedes einzelnen Umsatzes,
   b) die Zahllast für den Monat Juli.

2. Ein Landwirt betreibt neben der Landwirtschaft im Rahmen der Aktion „Ferien auf dem Lande" noch einen Pensionsbetrieb. Die Umsätze aus der Landwirtschaft betragen 48000,— DM und werden nach § 24 UStG besteuert. Die Umsätze aus dem Pensionsbetrieb erreichen 10000,— DM im Veranlagungszeitraum. Wie hoch ist die Umsatzsteuerschuld für den betreffenden Veranlagungszeitraum, wenn der Landwirt noch 500,— DM an Vorsteuern aus dem Pensionsbetrieb geltend machen kann?

3. Ein Landwirt, dessen Umsätze nach § 24 UStG versteuert werden, weist am Ende des Wirtschaftsjahres folgende Umsätze aus:
   a) Umsatz aus Lieferungen forstwirtschaftlicher Erzeugnisse . . . . . . 20000,— DM
   b) Umsatz aus Lieferungen von Schnittholzabfällen . . . . 1000,— DM
   c) Umsatz aus Lieferungen der eigenen Kornbrennerei . . . . 120000,— DM
   d) Umsatz aus Lieferungen von Getreide . . . . 80000,— DM
   e) Umsatz aus Lieferungen von Schlachtvieh . . . . 160000,— DM
   Gesamtumsatz . . . . 381000,— DM
   Berechnen Sie die Umsatzsteuerschuld des Landwirts für den Veranlagungszeitraum.

4. Ein Landwirt betreibt neben seiner Landwirtschaft ein Fuhrunternehmen. Der Umsatz aus diesem Geschäft betrug im Vorjahr 120000,— DM. Für den laufenden Veranlagungszeitraum legt er seinem Berater folgende Aufzeichnungen vor:
   Einnahmen brutto . . . . 54000,— DM
   gezahlte Autokosten netto . . . . 4800,— DM
   gezahlte Löhne . . . . 10200,— DM
   gezahlte Vorsteuern . . . . 576,— DM
   a) Hat der Landwirt eine Umsatzsteuererklärung abzugeben?
   b) Wenn ja, welche Werte hat er einzusetzen?

5. Ein Landwirt und Obstbauer hat die Einnahmen des Kalenderjahres wie folgt aufgezeichnet:
   Einnahmen aus Getreideverkauf . . . . 20000,— DM
   Einnahmen aus Obstverkauf . . . . 4000,— DM
   Einnahmen aus Verkauf von Apfelmost . . . . 15000,— DM
   Einnahmen aus Milchanlieferung . . . . 3600,— DM
   In sämtlichen Einnahmen ist die gemäß § 24 UStG zu berechnende MwSt enthalten. Der Landwirt gibt seit Jahren nach Ablauf des Jahres eine Umsatzsteuererklärung ab.
   Wie hoch ist die für die aufgezeichneten Entgelte zu errechnende Zahllast?

6. Der Weingutsbesitzer Traube nimmt im Laufe des Jahres häufiger Feriengäste in sein Haus auf. Sie werden in seinem Haushalt mitverpflegt, und es stehen ihnen die sonst den Wohnzwecken des Gutsbesitzers dienenden Räume zur Verfügung.
   Der Weingutsbesitzer ist sich nicht im klaren, ob und wie er die Einnahmen versteuern muß. Deshalb hat er sie folgendermaßen aufgezeichnet:
   Einnahmen aus der Beherbergung einschließlich Morgenfrühstück . . . . . . 16000,— DM
   Einnahmen aus Weinverkauf aus eigener Kellerei . . . . 22000,— DM
   Einnahmen aus Getränkeverkauf . . . . 5000,— DM
   In sämtlichen Einnahmen ist die gesetzliche Umsatzsteuer enthalten. Im Rahmen der Beherbergung von Feriengästen sind 750,— DM Vorsteuer angefallen.
   a) Wie hoch ist die für das Kalenderjahr zu errechnende Zahllast?
   b) Wie wäre der Sachverhalt zu beurteilen, wenn die Beherbergung Vollpension umfaßt?

16.2.2.3 Besteuerung der Umsätze von Gebrauchtfahrzeugen

Ein Unternehmer, der gebrauchte Kraftfahrzeuge zum Zweck des gewerbsmäßigen Verkaufs erworben hat, kann den Umsatz bemessen

a) bei Weiterlieferung der Fahrzeuge nach dem Betrag, um den der Verkaufspreis den Einkaufspreis **übersteigt**,
b) bei Eigenverbrauch oder der Lieferung an Arbeitnehmer im Rahmen eines Dienstverhältnisses nach dem Betrag, um den der Verkehrswert den Einkaufspreis zuzüglich der Nebenkosten übersteigt.

Das gilt grundsätzlich für die Umsätze aller Kraftfahrzeuge, die der Unternehmer so erworben hat (z. B. von Privatleuten oder Kleinunternehmern nach § 19 UStG), daß dafür keine Umsatzsteuer in Rechnung gestellt werden konnte.

Diese Art der Versteuerung kann der Unternehmer aber auch bei Verkauf und Eigenverbrauch gebrauchter Kraftfahrzeuge anwenden, wenn er die Kraftfahrzeuge von einem anderen Unternehmer erworben hat, der seinerseits den Umsatz nach dem Unterschiedsbetrag zwischen dem Einkaufspreis und dem Verkaufspreis bemessen hat.

Zu beachten ist, daß **die für den Unterschiedsbetrag berechnete Umsatzsteuer in keinem Falle ausgewiesen werden darf.**

Beispiel 1

Ein Autohaus hat beim Verkauf eines Neuwagens an einen Privatkunden dessen Altwagen für 3000,— DM in Zahlung genommen. Das Autohaus kann diesen Altwagen für 4500,— DM wieder verkaufen. Bemessungsgrundlage für den Umsatz sind 1500,— DM ·/. USt = **1304,35 DM**.

Beispiel 2

Ein Autohaus hat beim Verkauf eines Neuwagens an einen Privatkunden dessen Altwagen für 3000,— DM in Zahlung genommen. Das Autohaus könnte den Altwagen für 4500,— DM wieder verkaufen. Statt dessen schenkt der Unternehmer den Wagen nach einer gründlichen Inspektion seiner Tochter. Die Kosten der Inspektion betragen 1250,— DM.

Berechnung der Bemessungsgrundlage:

Einkaufspreis + Nebenkosten	4250,— DM
·/. Einkaufspreis	3000,— DM
zu versteuernder Umsatz	**1250,— DM**

Beispiel 3

Ein Autohaus hat beim Verkauf eines Neuwagens an einen Privatkunden dessen Altwagen für 3000,— DM in Zahlung genommen. Das Autohaus kann den Altwagen jedoch nur zum Preis von 2500,— DM wieder verkaufen. Bemessungsgrundlage: **0,— DM**

Aufgaben

1. Ein Kraftfahrzeughändler nimmt bei einem Neuwagenverkauf einen gebrauchten Pkw für 8500,— DM von einem Privatmann in Zahlung. Nach einem Monat kann er das Gebrauchtfahrzeug für 10000,— DM an einen anderen Privatmann weiterverkaufen, muß aber, um den Preis erzielen zu können, 500,— DM für Reparaturen aufwenden. Die Verkaufskosten können mit 15% des Verkaufspreises angenommen werden (vgl. Abschn. 153 Abs. 3 und 4 UStR).
   Ermitteln Sie den bei Inzahlungnahme des Gebrauchtfahrzeugs gewährten verdeckten Preisnachlaß und die bei Anwendung der Differenzbesteuerung anfallende Umsatzsteuer.

2. Ein Kraftfahrzeughändler verkauft an einen Nichtunternehmer einen Neuwagen für 29900,— DM einschließlich USt und nimmt ein Gebrauchtfahrzeug für 11550,— DM in Zahlung. Nach sechs Wochen kann er den Gebrauchtwagen für 13000,— DM an einen anderen Privatmann verkaufen, nachdem er noch 500,— DM an Reparaturkosten aufgewendet hatte. Die entstandenen Verkaufskosten sind nicht mehr feststellbar und werden mit 15% des Verkaufspreises angenommen (Abschn. 153 Abs. 3 und 4 UStR).
   a) Ermitteln Sie die Bemessungsgrundlage für die Umsatzsteuer beim Verkauf des Neuwagens.
   b) Welche Änderungen ergeben sich durch den Verkauf des Gebrauchtwagens?
   c) Ermitteln Sie die Umsatzsteuer aus dem Verkauf des Gebrauchtwagens bei Anwendung der Differenzbesteuerung.

16.3 Ermittlung der Vorsteuer

1. Vorsteuer ist nur abzuziehen, wenn
   - der Leistende ein Unternehmer ist,
   - der Leistungsempfänger ein Unternehmer ist,
   - die Leistung für dessen Unternehmen bestimmt ist,
     die Steuer gesondert in Rechnung gestellt ist
     (**Ausnahme:** Kleinbetragsrechnungen bis zu 200,— DM Rechnungsbetrag, hier genügt der Steuersatz),
   - die Leistung erbracht ist
     (**Ausnahme:** die Rechnung ist schon bezahlt, obwohl die Leistung noch nicht erbracht ist),
   - der Leistungsempfänger steuerpflichtige Umsätze ausführt
     (**Ausnahmen:** – steuerfreie Ausfuhrumsätze (§ 4 Nrn. 1–6)
     – nicht steuerbare Leistungen im Ausland, die steuerpflichtig waren, wenn sie im Inland ausgeführt würden,
     – unentgeltliche Leistungen, die steuerpflichtig wären, wenn sie gegen Entgelt ausgeführt würden.

2. Werden neben Umsätzen, die zum Vorsteuerabzug berechtigen (i. d. R. steuerpflichtige Umsätze), auch Umsätze ausgeführt, die nicht zum Vorsteuerabzug berechtigen (i. d. R. steuerfreie Umsätze), so ist bei der Vorsteueraufteilung folgendermaßen zu verfahren:
   a) zunächst sind die Vorsteuerbeträge, die unmittelbar den Abzugs- oder Ausschlußumsätzen zuzuordnen sind, in abziehbare und nicht abziehbare Vorsteuern aufzuteilen.
   b) Vorsteuerbeträge, die den Abzugs- oder Ausschlußumsätzen nicht unmittelbar zugeordnet werden können, sind nach wirtschaftlichen Gesichtspunkten (z. B. m^2, KWH, MWH, m^3, usw.) aufzuteilen. Ggf. können die nicht abziehbaren Teilbeträge) im Wege der sachgerechten Schätzung (z. B. Umsatzschlüssel) ermittelt werden.

Beispiel zu 2. b)

Ein Rechtsanwalt betreibt seine Praxis im eigenen Mietwohnhaus. Für Praxiszwecke nutzt er 80 m^2, die Mietwohnungen nehmen eine Nutzfläche von 320 m^2 ein. Die Vorsteuern aus Erhaltungsaufwendungen für das Mietwohnhaus betragen 5400,— DM. Dem steuerfreien Teil zuzurechnen und damit als Vorsteuer nicht abziehbar sind $^4/_5$ von 5400,— DM, also 4320,— DM.

Beispiel zu 2. b)

Ein Reisebüro vermittelt in geringem Umfang auch Versicherungen. Die nicht eindeutig zuzuordnenden Vorsteuerbeträge belaufen sich im Kalenderjahr auf 2800,— DM. Die Umsätze aus dem Reisebüro sind mit 270000,— DM aufgezeichnet, die Entgelte für die Vermittlung von Versicherungen ergeben 10000,— DM. Die Vorsteuern lassen sich im Wege einer sachgerechten Schätzung nach dem Umsatzverhältnis, also im Verhältnis 27 : 1, aufteilen. Von den 2800,— DM Vorsteuern sind folglich 100,— DM nicht abziehbar.

Aufgaben

1. Ein Arzt hat ein Gebäude errichtet, das zu 40% gewerblichen und zu 60% Wohnzwecken dient. Bezüglich der Mieteinnahmen hat er gemäß § 9 UStG zur Mehrwertsteuer optiert. Seine Mieteinnahmen im Kalenderjahr betrugen:

   a) aus Wohnungen . . . . 25 000,— DM
   b) aus gewerblicher Vermietung . . . . 75 000,— DM
   Vorsteuern aus Herstellungskosten . . . . 65 000,— DM

   Welche Vorsteuern kann der Arzt absetzen?

2. Ein Unternehmer kauft Heizöl für sein Unternehmen und sein Privatwohnhaus im Werte von 6800,— DM zuzüglich MwSt. 15% des Heizöls werden für die Wärmeversorgung des Wohnhauses verbraucht. Wieviel DM Vorsteuer kann der Unternehmer gegenüber dem Finanzamt geltend machen?

3. Ein Hauseigentümer hat im Kalenderjahr folgende Mieten bezogen:

   aus Wohnungsvermietung . . . . 45 000,— DM
   aus gewerblicher Vermietung . . . . 90 000,— DM

   Die Vorsteuern sind folgendermaßen aufgezeichnet worden:

   der Wohnungsvermietung zurechenbare Vorsteuern . . . . 16 000,— DM
   der gewerblichen Vermietung zurechenbare Vorsteuern . . . . 22 000,— DM
   nicht ausschließlich zurechenbare Vorsteuern . . . . 4 000,— DM

   Der Hauseigentümer hat gemäß § 9 UStG zur MwSt optiert. Wieviel DM Vorsteuern kann der Unternehmer abziehen?

4. Ein Buch- und Schreibwarenhändler erhält von seinem Großhändler folgende spezifizierte Rechnung:

	Steuersatz	
	7%	15%
80 Taschenbücher zu je 4,— DM	320,— DM	
20 Bilderbücher zu je 3,— DM	60,— DM	
35 Bilderbücher zu je 6,— DM	210,— DM	
250 Schulhefte DIN A 4		200,— DM
30 Kugelschreiber (einfach)		30,— DM
65 Schreibblocks DIN A 4		50,— DM
	590,— DM	280,— DM
+ Mehrwertsteuer	41,30 DM	42,— DM
	631,30 DM	322,— DM
		631,30 DM
Rechnungsbetrag		**953,30 DM**

   Der Buchhändler gibt nach 8 Tagen, noch vor Verbuchung der Rechnung, 30 Taschenbücher zurück und zieht vom verbleibenden Rechnungsbetrag 3% Skonto ab.
   Welchen Vorsteuerbetrag verbucht er für diese Rechnung?

5. Für die Umsatzsteuervoranmeldung Januar eines Mandanten, dessen Umsätze dem Regelsteuersatz unterliegen, haben Sie die Vorsteuer zu ermitteln. Die aufgezeichneten Vorsteuern belaufen sich lt. Konto auf . . . . 4850,— DM
   Bonusgutschrift vom 20.1. für das Vorjahr . . . . 2100,— DM
   Gutschrift vom 5.1. für Retouren . . . . 500,— DM
   Welcher Vorsteuerbetrag ist in die Umsatzsteuervoranmeldung Januar einzusetzen?

6. Ein Unternehmer legt seiner Buchhalterin folgende Belege zur Verbuchung vor:

   a) Rechnung über 25,— DM, mit Stempel „In dieser Rechnung sind 15% Mehrwertsteuer enthalten".
   b) Rechnung über 50,— DM, mit Stempel „In dieser Rechnung sind 15% Mehrwertsteuer enthalten".
   c) Rechnung über 80,— DM, mit Stempel „In dieser Rechnung sind 15% Mehrwertsteuer enthalten".
   d) Gebündelte Fahrscheine der Straßenbahn über insgesamt 125,— DM.

   Wie hoch ist der dem Konto „Vorsteuer" zu belastende Betrag?

7. Ein Unternehmer hat im Veranlagungszeitraum folgende Umsätze erzielt:
   a) steuerpflichtige Umsätze gemäß § 1 Abs. 1 UStG netto . . . . 500000,— DM
   b) steuerfreie Ausfuhrlieferungen netto. . . . . 100000,— DM
   c) steuerfreie Vermietungen netto . . . . 40000,— DM

   Im Veranlagungszeitraum sind insgesamt 40000,— DM an Vorsteuern entstanden. Davon lassen sich 35000,— DM ausschließlich dem Warengeschäft zuordnen. Aus Reparaturrechnungen ist zu entnehmen, daß 1000,— DM Vorsteuer den Umsätzen aus steuerfreien Vermietungen zuzurechnen sind. Die restlichen 4000,— DM Vorsteuern lassen sich im Wege einer sachgerechten Schätzung nach dem Umsatzschlüssel zuordnen.
   Wieviel DM Vorsteuer kann der Unternehmer im Veranlagungszeitraum geltend machen?
8. Das Betriebsgebäude und das private Wohnhaus eines Unternehmers werden gemeinsam mit Elektrizität, Wasser und Wärme versorgt. Im Laufe eines Veranlagungszeitraums entstehen u. a. folgende Kosten:
   Heizkosten netto . . . . 7500,— DM
   Strom netto. . . . . 8400,— DM
   Wasser netto . . . . 560,— DM

   Das Wohnhaus war in folgendem Umfang am Verbrauch beteiligt:
   Wärmeverbrauch 30%, Stromverbrauch 25%, Wasserverbrauch 20%.
   Außerdem mußte für das Wohnhaus eine Reparaturrechnung über 800,— DM zuzüglich 15% MwSt bezahlt werden. Die entstandene Vorsteuer ist entsprechend der Verursachung in abziehbare und nicht abziehbare Vorsteuerbeträge aufzuteilen.
9. Ein Unternehmer, der der Regelbesteuerung unterliegt, erhält schon am 28.12.01 von einem Fachzeitschriftenverlag die Rechnung für das Jahresabonnement 02 über 350,— DM zuzüglich Mehrwertsteuer.
   Wann kann er wieviel DM Vorsteuer geltend machen, wenn er den Rechnungsbetrag
   a) am 30.12.01 überweist
   b) erst am 10.1.02 begleicht?
10. Ein Gewerbetreibender läßt eine Lagerhalle für 150000,— DM zuzüglich Umsatzsteuer errichten. Vereinbarungsgemäß leistet er bei Vertragsabschluß am 1.3.01 eine Anzahlung von 40000,— DM und jeweils zum 15.4.01 und 15.5.01 Abschlagszahlungen in Höhe von 50000,— DM. Am 30.6.01 bekommt er folgende Endabrechnung:

Festpreis lt. Werkvertrag	150000,— DM
+15% MwSt	22500,— DM
Rechnungssumme	172500,— DM
·/. erhaltene Anzahlungen	140000,— DM
Restforderung.	**32500,— DM**

   Diesen Betrag überweist er am 10.7.01.
   Wann kann der Unternehmer wieviel DM Vorsteuer geltend machen?
11. Die Brauerei Hopfen & Malz bestellt bei der Maschinenbau-AG eine Abfüllanlage im Werte von 500000,— DM zuzüglich 15% USt. Sie erhält folgende An- bzw. Teilzahlungsaufforderungen:
   100000,— DM am 25.3.01, 150000,— DM zuzüglich USt. am 25.4.01,
   100000,— DM am 25.5.01, 100000,— DM zuzüglich USt. am 26.6.01.
   Die Brauerei überweist die Teilbeträge jeweils zum 5. des nächsten Monats. Am 20.7.01 trifft folgende Endabrechnung ein, die am 1.8.01 bezahlt wird:

Abfüllanlage lt. Vertrag			500000,— DM
+15% MwSt			75000,— DM
Rechnungsbetrag			575000,— DM
·/. Anzahlungen netto	USt.	gesamt	
100000,—	—	100000,—	
150000,—	22500,—	172500,—	
100000,—	—	100000,—	
100000,—	15000,—	115000,—	
450000,—	37500,—	48750,—	487500,— DM
Restforderung.			**87500,— DM**

   Wann kann die Hopfen & Malz-Brauerei wieviel DM Vorsteuer geltend machen?

16.4 Reisekostenabrechnungen gemäß §§ 36 und 37 UStDV

1. Ein Unternehmer kann als Vorsteuer 12,3% von den einkommensteuerlich abzugsfähigen Pauschbeträgen für Mehraufwendungen für Verpflegung aus Anlaß von Geschäfts- und Dienstreisen sowie 12,3% von den für Übernachtung und Verpflegung an Arbeitnehmer erstatteten Beträgen, soweit sie die steuerlichen Pauschbeträge nicht übersteigen, abziehen.

2. Von den Kosten, die ein Unternehmer seinem Arbeitnehmer für die Benutzung eines eigenen Pkw erstattet, kann er 8,2% als Vorsteuer abziehen. Zahlt der Unternehmer höhere Beträge, als nach lohnsteuerlichen Grundsätzen abzugsfähig sind, so ist der darüber hinausgehende Betrag **nicht abzugsfähig.**

3. Statt des getrennten Abzuges von 12,3% und 8,2% ist ein Pauschalsatz von 9,8% aller aus Anlaß von Dienst- und Geschäftsreisen entstandenen Kosten abzuziehen, soweit sie mit den unter 16.4 Punkt 1 und 16.4 Punkt 2 genannten Pauschbeträgen abgegolten werden.

4. Die Höhe der jeweiligen Pauschbeträge ist aus der **Anlage 2** ersichtlich.

Beispiel 1

Ein angestellter Vertreter hält lt. Monatsabrechnung folgende Kostenerstattung:

Fahrtkosten für eigenen Pkw lt. Kilometerabrechnung 5000 km zu je 0,52 DM		2600,— DM
Spesenzuschuß (für Mehraufwand an Verpflegung) pro Tag 20,— DM, abgerechnet: 20 Tage		400,— DM
ausgezahlter Betrag		**3000,— DM**
Berechnung der Betriebsausgaben und der Vorsteuer:		
Erstattung der Fahrtkosten	2600,— DM	
Vorsteuer 8,2%	213,20 DM	2386,80 DM
Erstattung der Spesen	400,— DM	
Vorsteuer 12,3%	49,20 DM	350,80 DM
Betriebsausgabe		**2737,60 DM**
als Vorsteuer ist zu buchen		**262,40 DM**

Nach den Ausführungen zu 16.4 Punkt 3 hätte der Unternehmer auch buchen können.

Gesamterstattung	3000,— DM
Vorsteuer 9,8%	294,— DM
Betriebsausgabe	**2706,— DM**

Beispiel 2

Ein Unternehmer hat eine mehrtägige Geschäftsreise unternommen. Aus seinen Aufzeichnungen ergibt sich außer Zweck und Ziel der Reise: Abfahrt am 18. April, 9 Uhr, Rückkehr am 20. April, 18 Uhr.

Er bittet die Buchhalterin, folgende Kosten zu buchen:

Übernachtung lt. Hotelrechnung		120,— DM
+15% MwSt		18,— DM
Gesamtbetrag		**138,— DM**
Mehraufwand für Verpflegung:		
1. Tag, 18. 4.	mehr als 12 Stunden	46,— DM
2. Tag, 19. 4.	mehr als 12 Stunden	46,— DM
3. Tag, 20. 4.	mehr als 12 Stunden	46,— DM
		138,— DM

Die Buchhalterin hat zu buchen:

1. auf Konto Vorsteuer		18,— DM
+ 12,3 % von 138,— DM		16,97 DM
		34,97 DM
2. Auf Geschäftskosten		
Übernachtungskosten		120,— DM
+ Mehraufwand für Verpflegung	138,— DM	
abzüglich	16,97 DM	121,03 DM
insgesamt		**241,03 DM**

Aufgaben

1. Ein Angestellter rechnet einen mehrtägigen Messebesuch ab. Der Unternehmer erstattet ihm folgende Aufwendungen gemäß Abrechnung:

2 Fahrkarten der DB je 55,— DM (Entfernungskilometer je Karte 220)	110,— DM
Übernachtungen pauschal für 4 Übernachtungen zu 25,— DM	100,— DM
Verpflegungspauschalen 5 volle Tage zu je 25,— DM	125,— DM
Gesamterstattung	335,— DM

Welcher Betrag ist auf dem Vorsteuerkonto zu buchen?

2. Ein Angestellter fährt zu Verkaufsverhandlungen im Auftrag seiner Firma von Gelsenkirchen nach Münster. Er ist insgesamt mehr als zwölf Stunden unterwegs. Nach seiner Rückkehr legt er eine Hin- und Rückfahrkarte der Deutschen Bundesbahn vor (2·70 km). Der Fahrpreis von 33,60 DM wird von der Firma getragen. Für angenommenen Verpflegungsmehraufwand erhält er eine Pauschale von 45,— DM. Welche Vorsteuerbeträge kann die Firma gegenüber dem Finanzamt geltend machen (vgl. Anlage 2)?

3. Ein Unternehmer hat an Mehraufwendungen für Verpflegung im Jahr 10430,— DM geltend gemacht. Aufzeichnungen über Dauer, Ziel und Zweck der Reisen liegen vor. Die Vorsteuer ist mit 12,3% berechnet worden.
Da der Unternehmer aber bei Reisen von zwölf Stunden Dauer fälschlich den vollen Pauschbetrag angesetzt hat, kürzt das Finanzamt die Mehraufwendungen für Verpflegung um 3645,— DM und die Vorsteuer um 364,— DM.
Ist die Berechnung korrekt?

4. Der Möbelkaufmann Holz hat eine Geschäftsreise nach Köln gemacht. Abfahrt lt. Fahrtenbuch um 8 Uhr 30, Rückkehr am gleichen Tage um 16 Uhr 45. Er bittet die Buchhalterin, folgende Kosten zu buchen:

Spesen pauschal	50,— DM
Parkgebühren (einschließlich 15 % MwSt)	10,— DM
Trinkgelder	20,— DM

Der zulässige Pauschbetrag für ganztägige Geschäftsreisen beträgt 35,— DM. Welcher Vorsteuerbetrag ist hier zu berechnen?

5. Ein Gewerbetreibender unternimmt eine mehrtägige Geschäftsreise. Am Abreisetag war er zwar mehr als zehn, aber nicht mehr als zwölf Stunden von Hause abwesend, am Rückreisetag war er sieben Stunden abwesend. Die restlichen acht Tage verbrachte er am Zielort seiner Geschäftsreise.
Nach Beendigung seiner Reise legt er folgende Rechnungen vor:
Benzinkosten für eigenen Pkw . . . . 115,— DM brutto
Übernachtungen lt. Hotelrechnung . . . . 300,— DM brutto
Für den Mehraufwand an Verpflegung will er die Pauschbeträge gemäß Abschnitt 119 EStR in Anspruch nehmen (s. Anlage 2). Wieviel DM kann er als Vorsteuer ansetzen?

6. Ein Außendienstmitarbeiter einer Brauerei erhält für seine Fahrten zu Kunden, die er mit seinem eigenen Pkw durchführt, 0,52 DM pro Kilometer. Seine regelmäßige Arbeitszeit beginnt um 9 Uhr und endet um 18 Uhr 30. Da er sich tagsüber außer Haus verpflegen muß, bekommt er für Verpflegungsmehraufwand die gesetzlich zulässigen Pauschbeträge von der Firma erstattet.
a) Wieviel DM kann der Mitarbeiter freitags abends für Kilometergeld und Verpflegungsmehraufwand geltend machen, wenn er durchschnittlich an fünf Tagen in der Woche 125 km pro Tag für die Firma unterwegs ist?
b) Welche Vorsteuerbeträge kann die Firma abziehen?

7. Ein Gesellschafter einer Firma unternimmt für die Gesellschaft eine zweitägige Geschäftsreise nach Frankfurt. Nach seiner Rückkehr legt er folgende Rechnungen vor:
1 Fahrkarte der DB 600 km . . . . 136,— DM
1 Fahrkarte der S-Bahn 24 km . . . . 2,80 DM
1 Beleg über eine Taxifahrt 10 km (incl. 7 % MwSt) . . . . 12,50 DM
1 Hotelrechnung für Übernachtung (incl. 15 % MwSt) . . . . 46,— DM
a) Wieviel Vorsteuer kann die Gesellschaft buchen?
b) Wieviel DM erstattet die Gesellschaft ihrem Gesellschafter insgesamt, wenn sie ihm noch den gesetzlich zulässigen pauschalen Verpflegungsmehraufwand zubilligt?
Der Gesellschafter war am ersten Tag mehr als zwölf Stunden und am zweiten Tag mehr als zehn Stunden von Hause abwesend.
c) Wieviel DM Vorsteuer kann die Gesellschaft geltend machen?

8. Der Außendienstmitarbeiter Heinrich Fromme, beschäftigt bei der Brauerei Hopfen & Malz, legt folgende Reisekostenabrechnung zwecks Erstattung vor:
a) **Fahrkosten**
   - DB-Rückfahrkarte Essen/Berlin/Essen. . . . . 359,10 DM
   - DB-Rückfahrkarte Essen/Dortmund/Essen (43 Entfernungs-km) . . . . . 26,75 DM
   - Taxibelege für Fahrtkosten zwischen Wohnung und Bahnhof und zurück (mit Angabe des Steuersatzes). . . . . 64,20,— DM
   - Taxibelege für Fahrten innerhalb Berlins (ohne Angabe des Steuersatzes oder -betrages) . . . . 96,30,— DM
   - Fahrten mit eigenem Pkw im dienstlichen Auftrag
     - im Inland 4800 km
     - im Ausland 980 km

   Fromme macht hierfür 0,52 DM je angefangenen km geltend
b) **Übernachtungskosten**
   lt. Hotelrechnungen (ohne Frühstücksanteil)
   - im Inland 280,— DM + 15 % USt. (42,— DM) = 322,— DM
   - im Ausland (umgerechnet in DM) 198,— DM

   Verpflegungsmehraufwendungen
   in Höhe der höchstzulässigen steuerfreien Tagespauschalen
   - im Inland, eintägige Fahrten, 12 · 35,— DM
     mehrtägige Fahrten, 5 · 46,— DM
   - im Ausland, 3 · 81,— DM

Ermitteln Sie die abziehbare Vorsteuer nach § 36 UStDV. Wie hoch wäre die abziehbare Vorsteuer bei Anwendung der Gesamtpauschalierung?

16.5 Besteuerung nach Durchschnittsätzen (§ 23 UStG)

1. Im Gegensatz zu § 24 UStG bezieht sich die Durchschnittsatzregelung des § 23 UStG in Verbindung mit den §§ 69 und 70 UStDV nur auf die **Vorsteuer** bei bestimmten Unternehmen.

2. Auf Antrag können die in **Abschnitt A** der Anlage zu den §§ 69 und 70 UStDV bezeichneten Unternehmen ihre **sämtlichen** Vorsteuern mit den dort aufgeführten Durchschnittsätzen berechnen. Die Durchschnittsätze sind in Prozentsätzen vom Umsatz angegeben.

3. Die in **Abschnitt B** der Anlage zu den §§ 69 und 70 UStDV bezeichneten Unternehmen können auf Antrag neben den nach Durchschnittsätzen berechneten Vorsteuern noch folgende Vorsteuern unter den Voraussetzungen des § 15 UStG gesondert abziehen:
   a) die Vorsteuern auf Lieferungen von Waren, Rohstoffen, Halberzeugnissen und Zutaten, die der Unternehmer zur Weiterveräußerung erwirbt,
   b) die Vorsteuern für Lieferungen und sonstige Leistungen, die für das Unternehmen zum Erwerb, zur Errichtung oder Instandhaltung von Gebäuden, Grundstücken oder Grundstücksteilen ausgeführt worden sind,
   c) die Vorsteuer auf Mieten.

Die Anwendung des Durchschnittsatzes gem. § 23 UStG ist aber an folgende Voraussetzungen gebunden:

a) der Unternehmer darf nicht zur ordnungsmäßigen Buchführung verpflichtet sein[1],
b) der Umsatz im vorangegangenen Kalenderjahr darf 120 000,— DM nicht überstiegen haben.

Beispiel 1

Ein Friseur, dessen Vorjahresumsatz 80 000,— DM betrug, hat bis zum 10. Februar des laufenden Jahres einen Antrag auf Besteuerung gemäß § 23 UStG gestellt. Die aufgezeichneten Nettoentgelte im Monat Januar des laufenden Jahres betrugen 7 000,— DM.
Die Umsatzsteuervoranmeldung Januar zeigt folgende Berechnung:

Umsatz	7 000,— DM	
Umsatzsteuer 15%		1 050,— DM
Vorsteuern, Durchschnittsatz 4,2% des Umsatzes nach Abschnitt A der Anlage zu §§ 69 und 70 UStDV		294,— DM
Zahllast		756,— DM

Beispiel 2

Ein Architekt hat am 1. April eines Jahres sein Büro eröffnet. Er erzielt im April einen Nettoumsatz von 6 000,— DM. Am 1.4. hat er 500,— DM Büromiete zuzüglich 75,— DM USt entrichtet. Bei Abgabe der USt-Voranmeldung April am 10. Mai beantragt er, für die Berechnung der Vorsteuern die Durchschnittsatzregelung des § 23 UStG anzuerkennen (Abschnitt B der Anlage zu §§ 69 und 70 UStDV).

---

[1] Es handelt sich also um den Personenkreis, der einkommensteuerlich seinen Gewinn zulässigerweise nach § 4 (3) EStG ermittelt.

Die Umsatzsteuer für April berechnet sich wie folgt:

Umsatz	6 000,— DM	
Umsatzsteuer 15%		900,— DM
Vorsteuern auf Mieten	75,— DM	
Vorsteuer nach Durchschnittsatz 1,8% des Umsatzes	108,— DM	183,— DM
Zahllast		717,— DM

Aufgaben zur Besteuerung nach Durchschnittsätzen

1. Ein Schriftsteller gibt seine USt-Voranmeldung vierteljährlich ab. Seine Honorareinnahmen im ersten Vierteljahr des laufenden Jahres betrugen 10 500,— DM brutto. Er hat lt. Mietvertrag monatlich 800,— DM (incl. MwSt) an Miete zu entrichten. Seine übrigen Kosten an Papier und Schreibmaterial betrugen 100,— DM (incl. MwSt). Er nimmt seit Jahren den Durchschnittsatz von 2,4% gemäß Abschnitt A der Anlage zu den §§ 69 und 70 UStDV in Anspruch. Stellen Sie die USt-Voranmeldung für das 1. Quartal auf.

2. Ein Süßwareneinzelhändler legt seinem Steuerberater folgende Aufzeichnungen für das abgelaufene Kalenderjahr vor:

Steuerpflichtiger Nettoumsatz zu 7%	60 000,— DM
steuerpflichtiger Nettoumsatz zu 15%	35 000,— DM
Wareneinkauf	55 000,— DM
Vorsteuer auf Wareneinkauf	4 450,— DM
Löhne	4 000,— DM
Mieten incl. MwSt	3 600,— DM
sonstige Geschäftskosten incl. 15% MwSt	6 000,— DM

Der Berater, der die USt-Erklärung für das abgelaufene Kalenderjahr abgegeben hat, weiß, daß die gesetzlichen Voraussetzungen für die Anwendung des § 23 UStG vorliegen. Der Durchschnittsatz gem. Abschnitt A der Anlage zu den §§ 69 und 70 UStDV beträgt 6,4%. Prüfen Sie anhand der erforderlichen Berechnungen, ob es zweckmäßig ist, den Antrag gemäß § 23 UStG zu stellen.

3. Eine Kraftfahrzeug-Reparaturwerkstatt, die im Vorjahr eröffnet worden war und einen Bruttoumsatz von 141 000,— DM erzielt hatte, erreichte im abgelaufenen Kalenderjahr Bruttoeinnahmen von 132 250,— DM. Die Betriebskosten einschließlich 15% USt betrugen im abgelaufenen Kalenderjahr 50 830,— DM. Die Reparaturwerkstatt möchte ihre Vorsteuern gemäß Abschnitt A der Anlage zu §§ 69 und 70 UStDV mit 8,5% des Umsatzes berechnen.
Ermitteln Sie die Umsatzsteuerzahllast für das abgelaufene Kalenderjahr.

4. Eine Eisdiele hatte im Voranmeldungszeitraum 16 520,— DM Bruttoeinnahmen aus dem Verkauf von Eis zum Verzehr an Ort und Stelle. Die Lieferer berechneten 385,70 DM Vorsteuern. Auf Antrag ermittelt der Eisdieleninhaber seine Vorsteuer nach § 23 UStG. Der anzuwendende Durchschnittsatz nach Abschnitt A der Anlage zu §§ 69 und 70 UStDV beträgt 5,6% des Umsatzes.
Berechnen Sie die zu zahlende Umsatzsteuer des Voranmeldungszeitraums.

5. Ein Rechtsanwalt betreibt seine Kanzlei im eigenen Hause. Von der gesamten Nutzfläche des Hauses, die 300 m^2 beträgt, nutzt er 96 m^2. Aus seinen Aufzeichnungen für das abgelaufene Kalenderjahr gehen folgende Zahlen hervor:

Honorareinnahmen incl. USt	97 750,— DM
Instandhaltungskosten des Hauses incl. USt	7 820,— DM
übrige Kosten incl. USt	5 290,— DM

Der Rechtsanwalt hat bereits im Vorjahr die Durchschnittsatzbesteuerung gem. § 23 UStG beantragt. Der Durchschnittsatz gem. Abschnitt B der Anlage zu §§ 69 und 70 UStDV beträgt 1,4% des Umsatzes.

16.6 Trennung der Entgelte nach dem Wareneingangsbuch (WE-Konto)

Merke: Eine Trennung der Entgelte nach dem Wareneingang ist immer dann erforderlich, wenn

1. in einem Unternehmen neben Umsätzen zum normalen Steuersatz auch Umsätze zum begünstigten Steuersatz getätigt werden
   und
2. alle Umsätze brutto, d. h. einschließlich Umsatzsteuer, ohne jede Unterscheidung nach Steuersätzen aufgezeichnet werden. Das ist in der Regel bei allen Einzelhandelsunternehmen der Fall.

Grundlage für alle Aufteilungsarten bildet der im Wareneingangsbuch oder Wareneinkaufskonto aufgezeichnete Wareneingang.

16.6.1 Erstes Verfahren

Getrennte Aufzeichnung des Netto-Wareneingangs, der bei Lieferung dem Steuersatz von 7% unterliegt, vom übrigen Wareneingang. Neben der Spalte „Netto-Einkaufsentgelt" für die begünstigte Ware ist eine zusätzliche Spalte „Netto-Verkaufsentgelt" zu führen. In beiden Spalten sind die Waren einzeln aufzuzeichnen und die Verkaufsentgelte aufgrund des tatsächlichen oder üblichen Aufschlagsatzes zu ermitteln. Diese Ermittlung kann auch bereits auf der Einkaufsrechnung vorgenommen werden.

Die Verkaufsentgeltspalte wird am Ende des Voranmeldungszeitraums aufgerechnet. Die Summe stellt den begünstigten Umsatz des Voranmeldungszeitraums dar. Nach Hinzurechnung der Steuer von 7% wird diese Summe von der Summe der im Voranmeldungszeitraum insgesamt vereinbarten oder vereinnahmten Entgelte abgezogen. Der Unterschiedsbetrag stellt die Summe der nicht begünstigten Umsätze einschließlich Umsatzsteuer dar.

Beispiel

Wareneingangsbuch

Bezeichnung der Ware	Netto-Einstandspreis der Ware 15%	Netto-Einstandspreis der Ware 7%	Netto-Verkaufspreis der Ware 7%
....	40,— DM	50,— DM	60,— DM
....	140,— DM	150,— DM	180,— DM
⋮	⋮	⋮	⋮

Monatsendsumme	6000,— DM
darauf Steuer 7%	420,— DM
Summe	**6420,— DM**
Gesamtbetrag der vereinbarten bzw. vereinnahmten Entgelte im Monat einschließlich USt	15830,— DM
Warenverkauf (7%)	6420,— DM
Umsätze zum normalen Steuersatz von 15%	9410,— DM
abzüglich darin enthaltener USt von 15%	1227,39 DM
Nettoumsatz zu 15%	**8182,61 DM**

In die Umsatzsteuervoranmeldung des Monats sind einzusetzen:
Gesamtbetrag der vereinbarten bzw. vereinnahmten Entgelte (8182,— + 6000,— DM)
. . . . 14182,— DM
davon zu versteuern mit 15% . . . . 8182,— DM
davon zu versteuern mit 7% . . . . 6000,— DM

Statt der Aufzeichnung und Aufrechnung der begünstigten Netto-Verkaufsentgelte kann es bei einem bestimmten Unternehmen sinnvoll sein, die Netto-Verkaufsentgelte der nicht begünstigten Waren aufzuzeichnen und aufzurechnen. Das ist immer dann der Fall, wenn mehr Umsätze zu 7% als zu 15% anfallen.
Statt des Netto-Verkaufsentgelts können in der Spalte „Verkaufsentgelte" der begünstigten bzw. nicht begünstigten Waren gleich die **Bruttoverkaufspreise** eingetragen werden. Dadurch entfällt selbstverständlich die Hinzurechnung der Steuer von 7% bzw. 15% am Ende des Voranmeldungszeitraums. Die Berechnung des begünstigten bzw. nicht begünstigten Umsatzes aus dem Gesamtbetrag der vereinbarten bzw. vereinnahmten Entgelte des Voranmeldungszeitraums ist die gleiche wie unter 16.6.1 dargestellt.

16.6.2 Zweites Verfahren

Getrennte Aufzeichnung des Netto-Wareneingangs in der Art, daß verschiedene Spalten gebildet werden für Waren, die gleiche Aufschläge haben. Die Einkaufspalten dieser begünstigten bzw. nicht begünstigten Waren werden am Schluß des Voranmeldungszeitraums (Monat) aufgerechnet. Nach Hinzurechnung des jeweiligen Aufschlags jeder Warengruppe ergibt sich dann der Umsatz der begünstigten bzw. nicht begünstigten Waren.

Beispiel

Wareneingangsbuch

Netto-Wareneingang 15%	Netto-Wareneingang 7%		
	Aufschlag 20%	Aufschlag 25%	Aufschlag 30%
....	240,— DM	360,— DM	250,— DM
....	80,— DM	140,— DM	220,— DM
⋮	⋮	⋮	⋮
Monatsendsumme	2000,— DM	3200,— DM	4000,— DM
+ Aufschlag	400,— DM	800,— DM	1200,— DM
Summe	2400,— DM	4000,— DM	5200,— DM
+ 7% MwSt	168,— DM	280,— DM	364,— DM
	2568,— DM	4280,— DM	5564,— DM
			2568,— DM
			4280,— DM
Summe			**12412,— DM**

Die weitere Berechnung folgt dem Beispiel zu 16.6.1.

16.6.3 Drittes Verfahren

Die beiden vorstehend dargestellten Verfahren können in der Weise abgewandelt werden, daß der Unternehmer sowohl für die begünstigten als auch für die nicht begünstigten Waren die tatsächlichen bzw. die voraussichtlichen Verkaufsentgelte aufzeichnet und am Schluß des Voranmeldungszeitraums die tatsächlich vereinbarten bzw. vereinnahmten Entgelte nach dem Verhältnis der im Wareneingangsbuch aufgezeichneten und aufgerechneten Entgelte aufteilt.

Beispiel

Wareneingangsbuch

Netto-Wareneingang 7%	Netto-Verkauf 7%	Netto-Wareneingang 15%	Netto-Verkauf 15%
....	525,— DM	....	650,— DM
....	467,— DM	....	240,— DM
⋮	⋮	⋮	⋮

Monatssumme	18 691,59 DM		26 086,96 DM
7% bzw. 15% MwSt	1 308,41 DM		3 913,04 DM
Bruttoumsatz	20 000,— DM		30 000,— DM
Verhältnis	40%	zu	60%

Der Bruttoumsatz lt. Aufzeichnungen im Voranmeldungszeitraum betrug 55 000,— DM. Er ist zur Ermittlung der begünstigten und nicht begünstigten Umsätze im Verhältnis 40% zu 60% aufzuteilen, so daß sich folgende Werte ergeben:

Umsatz 7% brutto . . . . 22 000,— DM
Umsatz 15% brutto . . . . 33 000,— DM

16.6.4 Viertes Verfahren

Rechnerische Ermittlung der begünstigten oder der nicht begünstigten Umsätze durch **Hinzurechnung eines gewogenen Durchschnittsaufschlags auf den Wareneingang.**

Dazu werden im Wareneingangsbuch die erworbenen Waren, deren Lieferung dem ermäßigten Steuersatz unterliegt, getrennt von den übrigen Waren aufgezeichnet. Am Ende des Voranmeldungszeitraums sind die Einkaufsentgelte aufzurechnen und entweder die begünstigten oder die nicht begünstigten Umsätze durch Hinzurechnung eines gewogenen Durchschnittsaufschlags für die betreffende Warengruppe zu ermitteln.

Beispiel

Wareneingangsbuch

Bezeichnung der Ware	Netto-Wareneingang 15%	Netto-Wareneingang 7%
....	165,— DM	384,— DM
....	84,— DM	165,— DM
⋮	⋮	⋮

Monatssumme	12000,— DM
Durchschnittsaufschlag 30%	3600,— DM
Nettoumsatz 15%	15600,— DM
USt 15%	2340,— DM
Bruttoumsatz	**17940,— DM**

Die weitere Berechnung folgt dem Beispiel zu 16.6.1.

Der Eigenverbrauch ist zwecks Trennung in die verschiedenen Steuersätze dem Gesamtbetrag der Erlöse zuzurechnen und mit ihm aufzuteilen. Entgeltsminderungen (Skonti und Rabatte) sind vor der Aufteilung vom Gesamtumsatz abzuziehen.

Aufgaben

1. Der Lebensmitteleinzelhändler Brause hat die USt-Voranmeldung für den Monat September zu erstellen. Seine Tageseinnahmen betragen lt. Kassenbuch 85000,— DM. Der Wareneingang, der beim Verkauf dem Steuersatz von 15% unterliegt, ist gesondert vom übrigen Wareneingang aufgezeichnet worden und beträgt im Monat September 15000,— DM. Der vom Unternehmer für diese Waren errechnete und vom Finanzamt genehmigte Durchschnittsaufschlag beträgt 28%. Die Vorsteuer ist mit 6000,— DM erklärt. Ermitteln Sie die USt-Zahllast für September.
2. Ein Einzelhandelsunternehmen zeichnet im Wareneingangsbuch neben den Einkaufspreisen gleich die Verkaufspreise auf, und zwar sowohl für die begünstigten als auch für die nicht begünstigten Waren. Für den Voranmeldungszeitraum ergeben sich folgende aufgerechneten Werte:
   Bruttoverkaufspreise 7%ige Waren . . . . 31650,— DM
   Bruttoverkaufspreise 15%ige Waren . . . . 77700,— DM
   Die Einnahmen lt. Kassenbuch betrugen im Voranmeldungszeitraum 130000,— DM, die Vorsteuer betrug 8450,— DM.
   Welche Zahllast ergibt sich für den Voranmeldungszeitraum?
3. Ein Süßwareneinzelhändler hat in seiner Durchschreibebuchführung nur ein Konto Erlöse, in dem er sowohl die begünstigten als auch die nicht begünstigten Umsätze erfaßt. Er führt zwei Einkaufskonten,
   a) für begünstigte Waren (7% USt),
   b) für nicht begünstigte Waren (15% USt).
   Die angegebenen Konten weisen am Monatsende folgende Werte aus:
   Konto Erlöse, brutto . . . . 54800,— DM
   Konto Wareneingang 7% . . . . 22000,— DM
   Konto Wareneingang 15% . . . . 15400,— DM
   Der Durchschnittsaufschlag der begünstigten Waren beträgt 35%. Welche Umsätze sind in der USt-Voranmeldung des betreffenden Monats zu erklären?
4. Ein Buch-, Zeitschriften- und Schreibwareneinzelhändler führt zur Trennung der Entgelte ein Wareneingangsbuch, in dem er die Nettoeinkaufspreise und die Nettoverkaufspreise der nicht begünstigten Waren aufzeichnet. Die Aufrechnung der Spalte „Nettoverkauf" für den Monat Dezember ergibt eine Summe von 12460,— DM. Die Einnahmen lt. Kassenbuch betragen 38000,— DM. Als Eigenverbrauch an Büchern ist eine Summe von 400,— DM und als Vorsteuer eine Summe von 2600,— DM angegeben. Berechnen Sie die USt-Zahllast für den Monat Dezember.

5. In der Drogerie Geist werden die begünstigten Waren im Wareneingangsbuch getrennt von den nicht begünstigten Waren und aufgeteilt nach den verschiedenen Aufschlagsgruppen aufgezeichnet. Die Aufrechnung am Monatsende ergibt folgende Werte:

Aufschlagsgruppe 25%	12200,— DM
Aufschlagsgruppe $33^1/_3$%	14800,— DM
Aufschlagsgruppe 40%	4500,— DM

Die aufgerechneten Tageseinnahmen des Monats ergeben 75440,— DM. Ermitteln Sie die begünstigten und die nicht begünstigten Nettoentgelte.

6. Aus den Aufzeichnungen eines Unternehmers, der sowohl begünstigte als auch nicht begünstigte Umsätze durchführt, geht nach Ablauf des Voranmeldungszeitraums hervor:

a) vereinbarte Entgelte zuzüglich USt = 34801,— DM,

b) voraussichtliche Verkaufsentgelte der 7%igen Waren lt. Wareneingangsbuch einschließlich USt = 26375,— DM.

Ermitteln Sie die Umsatzsteuerschuld.

7. Ein Lebensmitteleinzelhändler hält anhand des Wareneingangsbuches die voraussichtlichen Entgelte sowohl für die 7%igen als auch für die 15%igen Waren fest. Danach ergeben sich für einen Voranmeldungszeitraum 25200,— DM voraussichtliche Entgelte einschließlich 7% USt, 8400,— DM voraussichtliche Entgelte einschließlich 15% USt. Die vereinbarten Bruttoentgelte dieses Voranmeldungszeitraums betragen 30000,— DM. Ermitteln Sie die Umsatzsteuerschuld.

8. Aus dem Wareneingangsbuch ergibt sich für den Monat Oktober:

Einkauf begünstigter Waren netto	8400,— DM
Einkauf nicht begünstigter Waren netto	12750,— DM

Das Finanzamt hat dem Unternehmer für die nicht begünstigten Waren einen gewogenen Durchschnittsaufschlag von $33^1/_3$% genehmigt. Die Bruttoentgelte für den Monat Oktober betragen 32970,— DM. Im gleichen Zeitraum sind 1956,50 DM an Vorsteuern entstanden. Ermitteln Sie die Umsatzsteuer-Zahllast.

9. Ein Unternehmer weist zur Ermittlung der USt-Zahllast folgende Zahlen anhand des Wareneingangsbuches für den Monat Januar aus: Wareneingang der nicht begünstigten Waren 16240,— DM brutto. Dem Unternehmer ist ein gewogener Durchschnittsaufschlag von 25% auf die nicht begünstigten Waren gewährt worden. Der Bruttoumsatz betrug 45000,— DM, an Vorsteuern sind in diesem Voranmeldungszeitraum 2380,— DM entstanden. Ermitteln Sie die Umsatzsteuer-Zahllast.

10. Aus den Aufzeichnungen eines Unternehmers, der sowohl steuerbegünstigte als auch nicht steuerbegünstigte Waren verkauft, geht nach Ablauf des Voranmeldungszeitraums hervor:

a) vereinbarte Entgelte einschließlich USt	57365,— DM
b) voraussichtliche Verkaufsentgelte einschließlich USt für die begünstigten Waren lt. Wareneingangsbuch	35357,— DM
c) Vorsteuer für den abgelaufenen Zeitraum	2830,80 DM

Ermitteln Sie die Umsatzsteuer-Zahllast.

16.7 Umsatzverprobungen

16.7.1 Ermittlung des Wareneinsatzes und des wirtschaftlichen Umsatzes

Wareneinsatz ist der veräußerte oder verarbeitete Teil des Wareneingangs unter Berücksichtigung der Bestandsveränderungen. Sind nur Aufzeichnungen über die bezahlten Waren vorhanden, so ist der Wareneingang daraus unter Berücksichtigung der Warenschulden zu ermitteln.

Wirtschaftlicher Umsatz ist die Leistung des Betriebes zu Verkaufspreisen **ohne Umsatzsteuer.** Er entwickelt sich aus dem Istumsatz bei Aufzeichnung der vereinnahmten Entgelte oder dem Sollumsatz bei Aufzeichnung der vereinbarten Entgelte.

Folgende Formeln sind anzuwenden:

Warenbezahlung
\+ Einkaufsskonti
\+ Warenschulden am Jahresende
⁒ Warenschulden am Jahresanfang

Wareneingang

Wareneingang
\+ Bestand am Jahresanfang
⁒ Bestand am Jahresende
⁒ Eigenverbrauch
⁒ unentgeltliche Warenabgabe an Personal
⁒ Verluste durch Verderb

Wareneinsatz

Istumsatz
\+ Forderungen am Jahresende
⁒ Forderungen am Jahresanfang

Sollumsatz

Sollumsatz
\+ Bestände an halbfertigen und fertigen Erzeugnissen (zu Verkaufspreisen am Jahresende)
\+ Kundenrabatte und -skonti
\+ ausgebuchte Forderungen
⁒ Bestände an fertigen und halbfertigen Erzeugnissen (zu Verkaufspreisen am Jahresanfang)
⁒ Eigenverbrauch (soweit über Erlöse gebucht)
⁒ Einnahmen aus im Vorjahr ausgebuchten Forderungen

wirtschaftlicher Umsatz

Diese Formeln können selbstverständlich nach den allgemeinen mathematischen Grundsätzen umgestellt werden, z. B.

Bestand am Jahresende = Wareneingang + Bestand am Jahresanfang ⁒ Wareneinsatz

Merke: Bei der Besteuerung nach den allgemeinen Vorschriften des UStG (Regelbesteuerung) sind sämtliche Werte mit den Nettobeträgen anzusetzen. Das gilt auch für die Forderungen und Schulden.

Beispiel 1 (Ermittlung des Wareneinsatzes)

Ein Lebensmitteleinzelhändler zeichnet nur seine Einnahmen und Ausgaben auf. Die Liefererschulden werden am Jahresende aus dem mit Zahlungsvermerken erweiterten Wareneingangsbuch ermittelt. Warenbestandsaufnahmen werden regelmäßig durchgeführt. Aus den Aufzeichnungen ergibt sich:

Warenbezahlungen im Jahr	124 000,— DM netto
Liefererschulden per 1. 1.	5 500,— DM netto
Liefererschulden per 31. 12.	10 000,— DM netto
Warenbestand per 1. 1.	12 000,— DM netto
Warenbestand per 31. 12.	8 000,— DM netto

Berechnung

Bezahlte Ware	124000,— DM
+ Liefererschulden per 31. 12.	10000,— DM
	134000,— DM
⁒ Liefererschulden per 1. 1.	5500,— DM
Wareneingang	128500,— DM
+ Warenbestand per 1. 1.	12000,— DM
	140500,— DM
⁒ Warenbestand per 31. 12.	8000,— DM
Wareneinsatz	**132500,— DM**

Beispiel 2 (Ermittlung des Sollumsatzes und des wirtschaftlichen Umsatzes)

Aus den Aufzeichnungen eines Einzelhandelsunternehmens, das der Regelbesteuerung unterliegt, ergibt sich:

Vereinnahmte Entgelte, netto	86000,— DM
Kundenforderungen, netto, per 1.1.	4000,— DM
Kundenforderungen, netto, per 31.12.	6400,— DM
Eigenverbrauch (in Entgelten enthalten)	2160,— DM
Rabatte an Kunden, netto	1140,— DM

Berechnung

Istumsatz	86000,— DM
+ Kundenforderungen, netto, per 31.12.	6400,— DM
	92400,— DM
⁒ Kundenforderungen, netto, per 1.1.	4000,— DM
Sollumsatz (vereinbarte Entgelte)	88400,— DM
+ Rabatte an Kunden	1140,— DM
	89540,— DM
⁒ Eigenverbrauch	2160,— DM
wirtschaftlicher Umsatz	**87380,— DM**

Aufgaben

1. Aus den folgenden Angaben in der Durchschreibebuchführung eines Kaufmanns, der seine Umsätze mit 15% versteuert, sollen die tatsächlich vereinnahmten Entgelte errechnet werden:

Erlöse lt. Verkaufskonto, netto	240000,— DM
Skonti an Kunden gewährt, netto	2800,— DM
Debitoren, brutto, per 1. 1.	22000,— DM
Debitoren, brutto, per 31. 12.	31000,— DM

2. Der Textileinzelhändler Nadel hat für den Veranlagungszeitraum lediglich die tatsächlich vereinnahmten Entgelte einschließlich Umsatzsteuer aufgezeichnet. Sie betrugen 184000,— DM. Seine Debitoren einschließlich USt betrugen am 1. 1. 4400,— DM, am 31. 12. 3800,— DM. Zur Aufstellung seiner Umsatzsteuererklärung benötigt er den Sollumsatz. Berechnen Sie diesen Wert.

3. Aus folgenden Angaben in der Buchführung eines Bauunternehmers ist der wirtschaftliche Umsatz des Unternehmens zu entwickeln:

Verkaufserlöse lt. Konto 800	450000,— DM
Kundenskonti lt. Konto 41	6000,— DM
Forderungsverluste im Kalenderjahr lt. Konto 20	8000,— DM
halbfertige Arbeiten lt. Aufstellung per 31. 12. netto	60000,— DM

4. Berechnen Sie den Istumsatz eines Unternehmens aus folgenden Angaben:

Erlöse zum Steuersatz von 15% gem. Kto. 800	300000,— DM
Debitoren lt. Schlußbilanz	92000,— DM
Debitoren lt. Schlußbilanz des Vorjahres	138000,— DM
Delkredere lt. Schlußbilanz	6000,— DM
Eigenverbrauch, über Kto. 300 gebucht	5650,— DM

5. Ein Einzelhandelskaufmann, der der Regelbesteuerung unterliegt, zeichnet die tatsächlichen Entgelte auf. Ermitteln Sie aus folgenden Angaben den in der Umsatzsteuerjahreserklärung anzusetzenden Umsatz:

Vereinnahmte Entgelte brutto gem. üblicher Einzelhandelsaufzeichnung	180000,— DM
Debitoren brutto per 31.12.	4600,— DM
aufgezeichnete Forderungsverluste im laufenden Kalenderjahr	3000,— DM

6. Von einem Handwerksunternehmen sind Ihnen folgende Werte bekannt, aus denen Sie die tatsächlich vereinnahmten Entgelte ermitteln sollen:

Rechnungsausgang brutto im Laufe des Jahres	600000,— DM
noch nicht abgerechnete, aber am Jahresende fertige Arbeiten brutto	120000,— DM
halbfertige Arbeiten am Jahresende brutto	80000,— DM
Rechnungskürzungen brutto	20000,— DM
noch nicht abgerechnete, aber am Jahresanfang fertige Arbeiten brutto	45000,— DM
halbfertige Arbeiten am Jahresanfang brutto	100000,— DM
Debitoren per 31.12.	65000,— DM
Debitoren per 1.1.	88000,— DM

7. Ein Lebensmitteleinzelhändler erzielt einen Jahresumsatz von 624500,— DM ausschließlich USt. Es wird ein Rohgewinn von 151129,— DM erzielt. Der Wareneingang beträgt gemäß Aufzeichnungen 485460,— DM netto, der Warenbestand 63620,— DM.

   a) Ermitteln Sie den Wareneinsatz. b) Ermitteln Sie den Anfangsbestand.

8. Der Warenanfangsbestand beträgt in einem Unternehmen 45350,— DM, der Wareneingang 325760,— DM, der Warenendbestand lt. Inventur 38210,— DM, der Rohgewinn 119844,— DM. Ermitteln Sie den wirtschaftlichen Umsatz.

9. Der Tabakwareneinzelhändler Kraft verzeichnet im laufenden Kalenderjahr einen Wareneingang von 120000,— DM. Aus seinen Buchaufzeichnungen ergeben sich folgende Werte:

Ausgaben für Warenbezahlungen	145000,— DM
Liefererskonti, netto	2400,— DM
Warenschulden per 1. 1.	1800,— DM
Warenschulden per 31. 12.	0,— DM

   Sie haben den Wareneingang lt. Wareneingangsbuch zu verproben. Welche Folgerungen sind aus dem Ergebnis zu ziehen, wenn die Geldbewegungen und die Angaben über die Schulden unzweifelhaft sind?

10. Ein Unternehmer erzielt in einem Kalenderjahr einen Umsatz von 846180,— DM bei einem Rohgewinn von 169236,— DM. Der Warenanfangsbestand beträgt 78640,— DM, der Wareneingang 635370,— DM.

   a) Ermitteln Sie den Wareneinsatz. b) Ermitteln Sie den Warenendbestand.

11. Der Wareneinsatz eines Unternehmens, das der Regelbesteuerung unterliegt, ist aus folgenden Angaben zu ermitteln:

Warenbestand per 31. 12.	26000,— DM
Warenbestand per 1. 1.	18000,— DM
Liefererschulden per 1. 1.	6000,— DM
Liefererschulden per 31. 12.	6400,— DM
Ausgaben für Waren	188500,— DM

12. Ein Unternehmer weist zum Jahresende aus:

Warenanfangsbestand	62480,— DM
Wareneingang	536920,— DM
Rücksendungen an Lieferer	8750,— DM
Warenendbestand	70350,— DM
Rohgewinn	124872,— DM

   Ermitteln Sie den Sollumsatz.

16.7.2 Ermittlung der Zuschlagsätze für Roh- und Reingewinn

Merke:
1. Der Rohgewinnsatz ist das Verhältnis des Rohgewinns zum wirtschaftlichen Umsatz in Prozenten.
2. Der Rohgewinnaufschlagsatz ist das Verhältnis des Rohgewinns zum Wareneinsatz in Prozenten.
3. Der Reingewinnsatz ist das Verhältnis des Reingewinns zum wirtschaftlichen Umsatz in Prozenten.

Formel für den Rohgewinnsatz

$$\frac{\text{Rohgewinn} \cdot 100}{\text{wirtschaftlichen Umsatz}} = \text{Rohgewinnsatz (Handelsspanne)}$$

Formel für den Rohgewinnaufschlagsatz

$$\frac{\text{Rohgewinn} \cdot 100}{\text{Wareneinsatz}} = \text{Rohgewinnaufschlagsatz (Kalkulationszuschlag)}$$

Beispiel 1

Der Rohgewinn eines Lebensmitteleinzelhandels beträgt 55080,— DM bei einem wirtschaftlichen Umsatz von 204000,— DM. Wieviel % beträgt der Rohgewinn?

Berechnung

$$\frac{55080 \cdot 100}{204000} = 27\,\% \text{ Rohgewinnsatz}$$

Beispiel 2

Im Textilwareneinzelhandel Rock & Co betrug der Jahresrohgewinn 54665,— DM bei einem Wareneinsatz von 124240,— DM. Welchen Rohgewinnaufschlagsatz hat das Unternehmen erzielt?

Berechnung

$$\frac{54665 \cdot 100}{124240} = 44\,\% \text{ Rohgewinnaufschlagsatz}$$

Formel für den Reingewinnsatz

$$\frac{\text{Reingewinn} \cdot 100}{\text{wirtschaftlichen Umsatz}} = \text{Reingewinnsatz}$$

Beispiel 3

Bei einem wirtschaftlichen Umsatz von 338000,— DM betrug der Reingewinn eines Betriebes 23660,— DM.

Berechnung

$$\frac{23660 \cdot 100}{338000} = 7\,\% \text{ Reingewinnsatz}$$

Merke: Durch einfaches Umstellen der Formel läßt sich bei bekanntem Reingewinn und Reingewinnsatz der wirtschaftliche Umsatz verproben mit folgender Formel:

$$\frac{\text{Reingewinn} \cdot 100}{\text{Reingewinnsatz}} = \text{wirtschaftlicher Umsatz}$$

Aufgaben

1. Aus der Buchführung eines Handelsbetriebes ergeben sich folgende Werte: Konto Erlöse: Soll 4500,— DM, Haben 445000,— DM; Konto Wareneinkauf: Wareneingang 275000,— DM, Eigenverbrauch 2800,— DM, Warenanfangsbestand 160000,— DM, Warenendbestand 144000,— DM. Berechnen Sie den Rohgewinnaufschlagsatz.
2. Ein Einzelhandelskaufmann erklärt seinem Steuerberater bei der Prüfung des Jahresabschlusses, grundsätzlich mit einem Rohgewinnaufschlagsatz von 65% zu rechnen. Der vom Berater ermittelte Wareneinsatz einschließlich eines Eigenverbrauchs von 5400,— DM beträgt 248900,— DM. Der Kaufmann hat einen wirtschaftlichen Umsatz von 381775,— DM netto ausgewiesen.
   a) Welchen Umsatz ermittelt der Steuerberater?
   b) Welchen Aufschlagsatz hat der Kaufmann bei Zugrundelegung der Zahlen der Buchführung erreicht?
3. Der Rohgewinn eines Unternehmens beträgt lt. Gewinn- und Verlustrechnung 122000,— DM. Das entspricht nach Angaben des Unternehmers einem Rohgewinnaufschlagsatz von 40%. Der Reingewinn ist mit 35000,— DM ausgewiesen.
   a) Wie hoch war der wirtschaftliche Umsatz?
   b) Welcher Reingewinnsatz ist erzielt worden?
4. In einem Textileinzelhandel werden für das Kalenderjahr folgende Werte ermittelt:

Warenanfangsbestand	135000,— DM
Warenendbestand	160000,— DM
Wareneingang	480000,— DM
Eigenverbrauch	1800,— DM
Nettoerlöse	975000,— DM

   Der Steuerberater nimmt beim Warenendbestand eine Teilwertabschreibung von 5% vor. Wie hoch ist der Rohgewinnaufschlagsatz
   a) vor der Abschreibung,
   b) nach der Abschreibung?
5. Ein Unternehmer, der keine Aufzeichnungen vorlegen kann, will im laufenden Jahr aus seinem Unternehmen einen Reingewinn von 36000,— DM erzielt haben. Er will alle seine Leistungen so berechnet haben, daß sich dabei für ihn ein Reingewinnsatz von 20% ergab. Welchen Umsatz müßte folglich der Steuerberater berechnen und versteuern?
6. Ein Handelsunternehmen erzielt bei einem Wareneinsatz von 1356860,— DM einen Nettoumsatz von 1736780,80 DM.
   Ermitteln Sie den Rohgewinnaufschlag.
7. Ein Großhändler weist für das abgelaufene Kalenderjahr einen wirtschaftlichen Umsatz von 1514640,10 DM netto aus. Der Warenanfangsbestand beträgt 95170,— DM, der Wareneingang 1180950,— DM, der Warenendbestand 83490,— DM. Die Handlungskosten belaufen sich auf 256415,45 DM.
   Ermitteln Sie den Rohgewinnaufschlag und den Reingewinn vom Umsatz in DM und Prozent.
8. Aus der Buchführung eines Unternehmens können folgende Zahlen entnommen werden:

Warenanfangsbestand	56930,— DM
Wareneingang	781490,— DM
Warenendbestand	69840,— DM
Liefererskonti	17370,— DM
Warenrücksendungen an Lieferer	4230,— DM
Erlöse	1034580,— DM
Kundenskonti	19320,— DM
Rücksendungen von Kunden	14306,80 DM
Handlungskosten	209154,40 DM

   Berechnen Sie den Rohgewinnaufschlag und den Reingewinn vom Umsatz in DM und Prozent.

9. Ein Unternehmer macht folgende Angaben:

Warenanfangsbestand	46440,— DM
Wareneingang einschließlich 15% USt	532000,— DM
Warenendbestand	55330,— DM
Handlungskosten	172460,70 DM
wirtschaftlicher Umsatz einschließlich 15% USt	750204,50 DM

Ermitteln Sie den Rohgewinnaufschlag und den Reingewinn vom Umsatz in DM und Prozent.

10. Der Nettoumsatz eines Unternehmens beträgt 875400,— DM, noch nicht berücksichtigt sind die Skontiaufwendungen von 12350,— DM und die Warenrücksendungen von Kunden von 3150,— DM. Der Wareneinsatz beträgt 687920,— DM, die Handlungskosten betragen 103188,— DM.
    a) Ermitteln Sie den Rohgewinnaufschlag.
    b) Wie hoch ist der Reingewinn vom Umsatz in DM und Prozent?

11. Der Nettoumsatz eines Großhandelsunternehmens beträgt 1738000,— DM bei einem Rohgewinnaufschlag von 18%. Ermitteln Sie den notwendigen Wareneinsatz.

12. Ein Lebensmittelhändler kalkuliert mit einem Reingewinnsatz von 7%. Im vergangenen Kalenderjahr hat er einen Reingewinn von 140000,— DM erzielt. Ermitteln Sie den wirtschaftlichen Umsatz!

13. Von einem Unternehmen sind Ihnen folgende Werte bekannt:

Reingewinn	45000,— DM
Handlungskosten	60000,— DM
Forderungsverluste	5000,— DM
Kundenskonti	8200,— DM
Rohgewinnsatz	22%

Ermitteln Sie den wirtschaftlichen Umsatz!

16.7.3 Auswertung der Warenkonten

Eine weitere Möglichkeit, den Umsatz zu verproben, besteht darin, die Umschlagshäufigkeit des Warenlagers und die durchschnittliche Lagerdauer zu ermitteln. Die Finanzverwaltung hat für verschiedene Branchen Erfahrungswerte ermittelt. Eine Abweichung bei der Verprobung vermittelt wichtige Aufschlüsse über den Umsatz bzw. das Warenlager. Die Umschlagshäufigkeit des Warenlagers ist das Verhältnis des wirtschaftlichen Umsatzes zum durchschnittlichen Lagerbestand zu Verkaufspreisen (beim Einzelhandel einschließlich USt) nach folgender Formel:

$$\frac{\text{wirtschaftlicher Umsatz}}{\text{durchschnittlicher Lagerbestand zu Verkaufspreisen}} = \text{Umschlagshäufigkeit}$$

$$\frac{\text{Anfangsbestand} + \text{Endbestand zu Verkaufspreisen}}{2} = \text{durchschnittlicher Warenbestand zu Verkaufspreisen}$$

Aus der Umschlagshäufigkeit des Warenlagers ermittelt man auch die durchschnittliche Lagerdauer nach der Formel

360 : Umschlagshäufigkeit = durchschnittliche Lagerdauer.

Beispiel

In einem Gold- und Silberwareneinzelhandel betrugen
a) der Warenanfangsbestand zu Verkaufspreisen 160000,— DM,
b) der Warenendbestand zu Verkaufspreisen 180000,— DM,
c) der wirtschaftliche Umsatz brutto 306000,— DM.

a) Berechnung der Umschlagshäufigkeit

160000 DM + 180000 DM = 340000 DM
340000 DM : 2 = 170000 DM
306000 DM : 170000 DM = **1,8**

b) Berechnung der durchschnittlichen Lagerdauer

360 Tg : 1,8 = **200 Tg**

Aufgaben

1. Ein Handelsunternehmen hat für das Kalenderjahr einen wirtschaftlichen Umsatz einschließlich USt von 287500,— DM ausgewiesen. Nach den Bilanzen betrugen die Warenbestände am Anfang 72000,— DM und am Ende 86000,— DM. Nach den Feststellungen des Steuerberaters wurde mit einem Durchschnittsaufschlag von 45% kalkuliert. Die MwSt beträgt einheitlich 15%. Ermitteln Sie die Umschlagshäufigkeit des Warenlagers für das Kalenderjahr.

2. Ein Unternehmen, das alle Umsätze mit 15% versteuert, hat folgende Werte ausgewiesen: Warenanfangsbestand zu Verkaufspreisen 24000,— DM, Warenendbestand zu Verkaufspreisen 36000,— DM netto.
   Nach den Erfahrungswerten beträgt die Umschlagshäufigkeit in dieser Branche 6,7. Wie hoch müßte der wirtschaftliche Umsatz einschließlich USt sein?

3. Ermitteln Sie aus folgenden Werten Umschlagshäufigkeit und durchschnittliche Lagerdauer:

Warenanfangsbestand zu Einkaufspreisen	21300,— DM
Wareneingang netto	271150,— DM
Warenendbestand zu Einkaufspreisen	28900,— DM

   Rohgewinnaufschlagsatz und gleichzeitig Kalkulationszuschlag für alle Waren 60%. Die Mehrwertsteuer beträgt einheitlich 15%.

4. Aus der Buchführung eines Unternehmens geht hervor:
   Warenanfangsbestand (sämtlich zu Verkaufspreisen einschl. USt)

Januar	17800,— DM	Juli	18600,— DM
Februar	21300,— DM	August	20700,— DM
März	19500,— DM	September	24100,— DM
April	26200,— DM	Oktober	27300,— DM
Mai	25400,— DM	November	23500,— DM
Juni	22900,— DM	Dezember	25000,— DM

   Warenendbestand Ende Dezember 28000,— DM, wirtschaftlicher Umsatz einschließlich USt 356700,— DM.
   Ermitteln Sie den durchschnittlichen Lagerbestand, die Umsatzgeschwindigkeit und die durchschnittliche Lagerdauer.

5. Bei einem Kaufmann wird der Warenanfangsbestand zu Verkaufspreisen mit 160000,— DM und der Warenendbestand zu Verkaufspreisen mit 240000,— DM ermittelt. Die durchschnittliche Lagerdauer in dieser Branche beträgt 85 Tage. Welchen wirtschaftlichen Umsatz müßte der Kaufmann demnach erzielt haben?

6. Aus der Buchführung eines Steuerpflichtigen, der der Regelbesteuerung unterliegt, werden Ihnen folgende Zahlen vorgelegt:

Warenbestand (netto) zum 1.1.01	115800,— DM
Warenbestand (netto) zum 31.12.01	130600,— DM
Warenforderungen (brutto) zum 1.1.01	29210,— DM
Warenforderungen (brutto) zum 31.12.01	32775,— DM
Warenschulden (brutto) zum 1.1.01	66585,— DM
Warenschulden (brutto) zum 31.12.01	53130,— DM
vereinnahmte Entgelte aus Warenverkäufen (brutto)	902750,— DM
bezahlte Wareneinkaufsrechnungen (brutto)	631005,— DM
Betriebsausgaben	185600,— DM

   Errechnen Sie:
   a) den Sollumsatz (Verkaufserlöse netto)
   b) den Wareneinsatz
   c) den Rohgewinn in DM
   d) den Reingewinn in DM
   e) die Handelsspanne
   f) den Kalkulationszuschlag
   g) den durchschnittlichen Lagerbestand
   h) die Umschlagshäufigkeit
   i) die durchschnittliche Lagerdauer

7. Ein Mandant legt Ihnen folgende Zahlen zur Auswertung vor (alle Werte ohne Umsatzsteuer):

Warenbestand zum 1.1.01	86400,— DM
Warenbestand zum 31.12.01	94800,— DM
Wareneingang	458300,— DM
Bezugskosten	19800,— DM
Warenausgang	548716,— DM

Ermitteln Sie:

a) die Handelsspanne
b) den Kalkulationszuschlag
c) den Kalkulationsfaktor
d) den durchschnittlichen Lagerbestand
e) die Umschlagshäufigkeit
f) die durchschnittliche Lagerdauer

8. Ein Einzelhandelsgeschäft hatte einen Netto-Wareneingang von 845000,— DM. Der Warenbestand zum 1.1. betrug 124300,— DM und zum 31.12. 130800,— DM. Nach der Richtsatzsammlung des Finanzamtes beträgt die Handelsspanne für diese Branche $16\frac{2}{3}\%$ und der Reingewinn 6% vom Nettoumsatz.

Ermitteln Sie:

a) den Nettoumsatz
b) den Reingewinn
c) die Handlungskosten
d) den Kalkulationsaufschlag
e) den Kalkulationsfaktor
f) den durchschnittlichen Lagerbestand
g) die Umschlagshäufigkeit
h) die durchschnittliche Lagerdauer

9. Aus der Buchführung eines Steuerpflichtigen werden folgende Zahlen zur Auswertung vorgelegt:

vereinnahmte Entgelte (einschl. 15% USt)	1138040,— DM
Wareneingang (netto)	786000,— DM
Forderungen zum 1.1.01 (brutto)	63020,— DM
Forderungen zum 31.12.01 (brutto)	76130,— DM
Warenbestand zum 1.1.01	113400,— DM
Warenbestand zum 31.12.01	98600,— DM

Ermitteln Sie:

a) den Rohgewinn
b) die Handelsspanne
c) den Kalkulationszuschlag
d) den Kalkulationsfaktor
e) den durchschnittlichen Lagerbestand
f) die Umschlagshäufigkeit
g) die durchschnittliche Lagerdauer

10. Aus der Buchführung eines Mandanten liegen Ihnen folgende Zahlen zur Auswertung vor: Warenanfangsbestand 78000,— DM, Wareneinkauf 675000,— DM, wirtschaftlicher Umsatz 960000,— DM, Kalkulationszuschlag (Rohgewinnaufschlagsatz) 50%, Betriebsausgaben 195000,— DM.

A. Ermitteln Sie a) den Wareneinsatz, b) den Warenendbestand, c) den Reingewinn, d) den Reingewinnsatz.

B. Bei den Inventurarbeiten wird festgestellt, daß der tatsächliche Warenendbestand 93000,— DM beträgt. Welche Auswirkungen hat diese Feststellung auf a) den Kalkulationsaufschlag, b) den Reingewinn, c) den Reingewinnsatz?

11. Aus der Buchführung eines Steuerpflichtigen werden Ihnen folgende Zahlen zur Auswertung vorgelegt:

Warenbestand zum 01.01.01		470000,— DM
Wareneinkäufe		3811000,— DM
Bezugskosten		12000,— DM
erhaltene Skonti		75000,— DM
Erlöse aus Warenverkäufen		5066550,— DM
Eigenverbrauch (Warenentnahme)		15000,— DM
Warenbestände zum	31.03.01	365000,— DM
	30.06.01	410000,— DM
	30.09.01	390000,— DM
	31.12.01	450000,— DM

Ermitteln Sie:

a) den durchschnittlichen Lagerbestand,
b) den wirtschaftlichen Wareneinsatz,
c) die Umschlagshäufigkeit,
d) die durchschnittliche Lagerdauer,
e) den Kalkulationszuschlag,
f) die Handelsspanne.

16.7.4 Ermittlung von Rentabilitätskennzahlen

Rentabilitätskennzahlen stellen ein Verhältnis zwischen den Daten aus der Gewinn- und Verlustrechnung und den Daten aus der Bilanz her. Sie sind besonders wichtig, weil das Gesamtergebnis als absolute Größe für die Wirtschaftlichkeitsmessung nicht verwertbar ist.

Ein innerbetrieblicher oder zwischenbetrieblicher Vergleich setzt eine gemeinsame Bezugsgröße voraus, und dazu verwendet man im allgemeinen das Kapital (Eigenkapital, Gesamtkapital) oder den Umsatz. Aus dem Verhältnis des Gewinns zum Kapital oder zum Umsatz läßt sich der Erfolg des Unternehmens – die Rentabilität – ablesen.

16.7.4.1 Unternehmerrentabilität

Setzt man den Gewinn ins Verhältnis zum Eigenkapital, so erhält man einen Maßstab für die Verzinsung des eingesetzten Eigenkapitals (Eigenkapitalrentabilität).

$$\text{Unternehmerrentabilität} = \frac{\text{Gewinn} \cdot 100}{\text{Eigenkapital}}$$

16.7.4.2 Unternehmungsrentabilität

Rechnet man zum Gewinn die gezahlten Fremdkapitalzinsen hinzu und stellt beides dem gesamten in der Unternehmung investierten Kapital (Eigen- und Fremdkapital) gegenüber, so spiegelt das Verhältnis die Verzinsung des Gesamtkapitals wider.

$$\text{Unternehmungsrentabilität} = \frac{(\text{Gewinn} + \text{Zinsen}) \cdot 100}{\text{Gesamtkapital}}$$

Solange die Unternehmerrentabilität höher liegt als die Unternehmungsrentabilität oder der zu zahlende Fremdkapitalzinssatz, lohnt sich eine Finanzierung über Kredite.

16.7.4.3 Umsatzrentabilität

Sehr häufig wird der Gewinn auch ins Verhältnis zum Umsatz gesetzt. Diese Kennzahl gibt dem Unternehmer Aufschluß darüber, wieviel Prozent vom Umsatz durchschnittlich als Reingewinn verbleibt.

$$\text{Umsatzrentabilität} = \frac{\text{Gewinn} \cdot 100}{\text{Umsatzerlöse}}$$

Beispiel

Die Bilanz und die Gewinn- und Verlustrechnung eines Mandanten enthalten u.a. folgende Zahlen: Eigenkapital 180000,— DM, Fremdkapital 70000,— DM, Gewinn 45000,— DM, Zinsaufwendungen 5000,— DM, Umsatzerlöse 900000,— DM.

Die Unternehmerrentabilität, die Unternehmungsrentabilität und die Umsatzrentabilität sind zu ermitteln.

$$\text{Unternehmerrentabilität} = \frac{45000 \cdot 100}{180000} = 25\%$$

$$\text{Unternehmungsrentabilität} = \frac{(45000 + 5000) \cdot 100}{250000} = 20\%$$

$$\text{Umsatzrentabilität} = \frac{45000 \cdot 100}{900000} = 5\%$$

Aufgaben zu den Rentabilitätskennzahlen

1. Aus der Bilanz und Gewinn- und Verlustrechnung eines Lebensmitteleinzelhändlers können folgende Zahlen entnommen werden: Eigenkapital 150000,— DM, Fremdkapital 200000,— DM, Gewinn 60000,— DM, Fremdkapitalzinsen 15000,— DM, Umsatzerlöse 1150000,— DM. Errechnen Sie die Unternehmerrentabilität, die Unternehmungsrentabilität und die Umsatzrentabilität.

2. Ein Unternehmer stellt Ihnen folgende Zahlen zur Verfügung mit der Bitte, die Unternehmerrentabilität, die Unternehmungsrentabilität und die Umsatzrentabilität zu ermitteln:

	1. Jahr	2. Jahr	3. Jahr
Eigenkapital	260000,—	320000,—	450000,—
Gesamtkapital	400000,—	540000,—	750000,—
Gewinn	50000,—	65000,—	70000,—
Fremdkapitalzinsen	9800,—	15400,—	21000,—
Umsatzerlöse	1435000,—	1890000,—	2415000,—

3. Berechnen Sie aus der nachstehend wiedergegebenen Bilanz und Gewinn- und Verlustrechnung eines Unternehmens die Unternehmerrentabilität, die Unternehmungsrentabilität und die Umsatzrentabilität:

Aktiva	Bilanz		Passiva
Grundstücke	100000,—	Stammkapital	50000,—
Maschinen	50000,—	Rücklagen	220000,—
Betriebsausstattung	70000,—	Darlehn	80000,—
Waren	140000,—	Verbindlichkeiten	130000,—
Forderungen	80000,—		
Kasse	5000,—		
Bank	35000,—		
	480000,—		480000,—

Aufwand	Gewinn- und Verlustrechnung		Ertrag
diverse Aufwendungen	1570000,—	Umsatzerlöse	1650000,—
Zinsen	10000,—		
Gewinn	70000,—		
	1650000,—		1650000,—

4. Aus der Gewinn- und Verlustrechnung einer Unternehmung liegt Ihnen folgender Auszug vor:

Soll	Gewinn- und Verlustkonto		Haben
Wareneinsatz	604000,—	Verkauferlöse	850000,—
Sonstige Aufwendungen	178000,—		
Gewinn	68000,—		
	850000,—		850000,—

a) Ermitteln Sie den Reingewinnsatz (Umsatzrentabilität) und den Rohgewinnaufschlagsatz des Unternehmens.

b) Welchen Einfluß hätte es auf die Ergebnisse, wenn in den Verkaufserlösen für 15000,— DM Eigenverbrauch an Waren enthalten wäre?

16.8 Erstellen von Kassenberichten

Unternehmer, die ihre baren Tageseinnahmen nicht einzeln aufzeichnen bzw. nicht durch einen Registrierkassenstreifen ermitteln, müssen ihre Bareinnahmen täglich durch Zählen des Kassenbestandes unter Berücksichtigung der Ausgaben, der baren Entnahmen und der betriebsfremden Einnahmen nach folgendem Schema ermitteln:

Kassenbestand am Ende des Tages	.... DM
+ Ausgaben für Warenbezahlung	.... DM
+ Bankeinzahlungen	.... DM
+ übrige Betriebsausgaben	.... DM
+ Privatentnahmen in bar	.... DM
Summe	.... DM
./. betriebsfremde Einnahmen	.... DM
./. Kassenbestand vom Vortage	.... DM
Tageseinnahme	.... DM

Beispiel

Kassenbestand am Ende des Tages 250,— DM. Im Laufe des Tages sind folgende Beträge ausgegeben worden:

Stromkosten	145,— DM
Portokosten	60,— DM
bar an den Sohn Rudi	100,— DM
bar zur Bank	500,— DM

Der Kassenbestand vom Vortag betrug 180,— DM.

Berechnung

Kassenbestand am Ende des Tages		250,— DM
+ Stromkosten	145,— DM	
+ Portokosten	60,— DM	
+ Privatentnahme	100,— DM	
+ Bankeinzahlung	500,— DM	805,— DM
Summe		1 055,— DM
./. Kassenbestand vom Vortag		180,— DM
Tageseinnahme		**975,— DM**

Bei der Berechnung der Tageseinnahmen auf diese Weise handelt es sich selbstverständlich um Bruttoeinnahmen.

Aufgaben

1. Ein Kleinunternehmer hat am Ende des 20.4. seinen Kassenbestand mit 196,— DM ermittelt. Zur Erstellung des Kassenberichts verwertet er folgende Belege: Quittung über bezahlte Ware vom 20.4. 350,— DM. Bankauszug vom 20. 4.: Gutschrift für Bareinzahlung danach mit Wertstellung vom 19.4. 1 000,— DM. Vom privaten Sparkonto abgehoben und der Kasse zugeführt 300,— DM. Kassenbestand vom Vortag 122,— DM. Wieviel DM betrug die Tageseinnahme am 20.4.?

2. In einem Einzelhandelsunternehmen sollen die Tageseinnahmen anhand folgender Unterlagen ermittelt werden:

	27. 10. DM	28. 10. DM	29. 10. DM	30. 10. DM
Kassenbestände	349,—	428,—	342,—	680,—
Löhne	—	—	1 440,—	—
Warenbezahlungen	—	640,—	—	380,—
Kraftfahrzeugreparatur	—	480,—	—	—
Bankeinzahlungen	—	700,—	400,—	1 000,—
Mieteinnahmen aus privatem Hausbesitz	—	—	—	600,—

Am 27. 10., einem Feiertag, war der Betrieb nicht geöffnet. Berechnen Sie die Tageseinnahmen vom 28. 10. bis 30. 10. Ihnen ist bekannt, daß der Unternehmer immer am 30. eines Monats 1 000,— DM für seinen Haushalt entnimmt, aber keinen Beleg darüber fertigt.

3. Ein Unternehmer hat eine Registrierkasse ohne Kassenstreifen, die aber ein Addierwerk enthält, das am Ende des Tages die Summe der Einnahmen ausweist. Zur Kontrolle und zum Nachweis dieser Einnahmen führt er Kassenberichte.

   Am 5. Januar wies die Registrierkasse Einnahmen von 2442,10 DM aus. Der vom Inhaber selbst gezählte Kassenbestand am Ende dieses Tages betrug 554,50 DM (Vortag 660,40 DM). Nach den vorliegenden Belegen waren an diesem Tage folgende Ausgaben geleistet worden:
   a) Bankeinzahlung . . . . 2000,— DM
   b) Lebensversicherungsprämie . . . . 170,— DM
   c) Tageszeitung . . . . 8,— DM
   d) Fracht für Ware . . . . 65,— DM

   Die Kasse wird ausschließlich vom Inhaber und seiner Ehefrau bedient.
   a) Berechnen Sie die Tageseinnahme.
   b) Wenn sich bei der Berechnung zu a) ein Unterschied zur Einnahme lt. Registrierkasse ergibt, welche Gründe könnten dafür vorliegen?

Zusammengefaßte Aufgaben zur Umsatzsteuer

(Wenn in den folgenden Aufgaben Ausfuhrlieferungen vorkommen, schuldet der Empfänger die EUSt.)

1. Eine Maschinenfabrik, die ihre USt-Jahreserklärung erstellen muß, macht ihrem Berater folgende Angaben:
   a) Netto-Erlöse lt. Konto . . . . 20 000 000,— DM
      darin enthalten sind . . . .
      Lieferungen nach Holland . . . . 80 000,— DM
      Lieferungen in die Schweiz . . . . 130 000,— DM
   b) Vorsteuer lt. Konto . . . . 850 000,— DM
   c) Der Unternehmer hatte an Arbeitnehmer Reisekosten für Dienstreisen lohnsteuerfrei (unter Anwendung der Pauschbeträge) im Gesamtbetrag von 60 000,— DM gezahlt. Eine Aufteilung in Fahrtkosten und Abgeltung der Mehrverpflegung war aus dem Konto nicht ersichtlich. Der Betrag von 60 000,— DM war brutto, ohne Berechnung einer Mehrwertsteuer dem Konto belastet worden.

   Stellen Sie die Umsatzsteuererklärung auf, und ermitteln Sie die Zahllast.

2. Ein Unternehmer, der seine Umsätze mit 15% versteuert, betreibt sein Unternehmen im eigenen Gebäude, das er zu 30% betrieblich nutzt. Der Unternehmer hat im Monat Januar einen Nettoumsatz von 250000,— DM erzielt.
Die Vorsteuern betrugen lt. Konto 10000,— DM.
Eine Reparaturrechnung von 5700,— DM für das Gebäude (Dachreparatur) ist folgendermaßen verbucht worden:

Konto Haus- und Grundstücksaufwendungen	5000,— DM
Konto Vorsteuern	750,— DM

Ferner sind folgende Angaben zu berücksichtigen:
Stellen Sie die Voranmeldung Januar auf.

3. Ein Lebensmitteleinzelhändler macht zur Aufstellung seiner Umsatzsteuer-Jahreserklärung folgende Angaben:
a) Bruttoerlöse lt. Kto. 800 . . . . 800000,— DM
b) Vorsteuer lt. Kto. 154 . . . . 65000,— DM
c) Wareneinkauf zu 7% USt netto . . . . 400000,— DM
Der Durchschnittaufschlag dieser Waren ist mit 25% ermittelt worden.
d) Am 31.12. ist ein Gebäude fertiggestellt worden, das der Kaufmann ganz vermietet hat. 200 m^2 der Nutzfläche sind als Büroräume an einen Rechtsanwalt vermietet, 100 m^2 dienen Wohnzwecken. Die Herstellungskosten betrugen 380000,— DM. Darin sind 10000,— DM Mehrwertsteuer enthalten. Der Kaufmann hat hinsichtlich der Mieteinnahmen nach § 9 UStG zur Mehrwertsteuer optiert. Die angegebene Mehrwertsteuer auf die Baukosten ist nicht in den Vorsteuern lt. Konto enthalten.
Ermitteln Sie die Umsatzsteuer-Zahllast!

4. Ermitteln Sie aus folgenden Angaben die Umsatzsteuer-Zahllast eines Unternehmens für den abgelaufenen Voranmeldungszeitraum.
a) Lieferung von Weinen und Spirituosen an inländische Abnehmer . . 480000,— DM netto
b) Direktimport von jugoslawischem Slibowitz . . . . 15000,— DM netto
c) Verkauf einer gebrauchten Abfüllanlage nach Österreich . . . . . 10000,— DM netto
d) Lieferung von Pralinen und Schokoladen an inländische Abnehmer . . 50000,— DM netto
e) Kauf von frischen Hühnereiern von der Hühnerfarm eines Landwirts 5000,— DM netto
die hierauf entfallende Umsatzsteuer ist noch nicht auf dem Konto Vorsteuer erfaßt.
f) Kosten für Mehraufwand für Verpflegung (im Rahmen der einkommensteuerlich zulässigen Pauschalen) . . . . 800,— DM
hierauf entfallende Vorsteuerbeträge sind noch nicht gebucht.
g) Kilometerpauschale, gewährt an angestellte Reisende im Rahmen der zulässigen einkommensteuerlichen Höchstsätze . . . . 4600,— DM
die hierauf entfallende Vorsteuer ist noch nicht erfaßt.
h) Privatanteil an der Pkw-Nutzung, 30% von . . . . 1000,— DM
i) Private Telefonnutzung, 20% von . . . . 900,— DM
k) Vorsteuern lt. Konto 154 ohne gezahlte Einfuhrumsatzsteuer . . . . 34500,— DM

5. Ermitteln Sie aus folgenden Angaben die Umsatzsteuer-Zahllast eines Unternehmens für den abgelaufenen Voranmeldungszeitraum:
a) Lieferung von Maschinen an inländische Abnehmer . . . . 750000,— DM netto
b) Gesondert in Rechnung gestellte Fracht- und Montagekosten . . . . 25000,— DM netto
c) Verkauf einer Spezialmaschine nach Holland. Die Maschine wurde in Deutschland fertiggestellt und per Bahn nach Holland transportiert 64000,— DM netto
d) Verkauf einer Maschine nach Frankreich, die aber erst in Frankreich montiert wird, einschl. Montagekosten . . . . 36000,— DM netto
e) Bezug von Kugellagern aus Schweden, Warenwert zuzüglich Zoll und Frachtkosten . . . . 18000,— DM

f) Einnahmen aus vermieteten Lager- und Wohngebäuden . . . . . . 70000,— DM netto
davon entfallen auf die Wohnungen 40000,— DM, außerdem wurde nach § 9 UStG für das Lagergebäude optiert.

g) Vorsteuer lt. Konto 154 . . . . 38000,— DM
davon entfallen 2000,— DM auf die Wohnungsvermietungen

h) Verschiedene Handwerkerrechnungen, die Reparaturen an den vermieteten Gebäuden betreffen, sind noch nicht gebucht worden . . 12000,— DM netto
davon entfallen auf die vermieteten Lagerräume 5000,— DM, auf die Wohngebäude 7000,— DM.

i) Ein Kunde erhält nachträglich eine Gutschrift über . . . . 1667,50 DM brutto

k) Ein anderer Kunde hat unvorhergesehenerweise seine Zahlungen eingestellt; ein beantragtes Konkursverfahren wurde mangels Masse abgelehnt. Unsere Forderung an den Kunden beträgt . . . . 15525,— DM brutto

6. Ein Lebensmitteleinzelhändler legt am 3. Juli seinem Berater folgende Unterlagen mit der Bitte vor, daraus die Umsatzsteuervoranmeldung für den Monat Juni zu erstellen:
a) Wareneinkauf von Erzeugnissen der Anlage 1 . . . . 51360,— DM brutto
b) Wareneinkauf nicht steuerbegünstigter Erzeugnisse . . . . 36800,— DM brutto
c) Nach den Unterlagen des Steuerberaters arbeitet der Einzelhändler mit einem Kalkulationsaufschlag von 30% bei den begünstigten Waren
d) Laut Angaben hat der Lebensmittelhändler im Monat Juni Tagesbruttoeinnahmen von . . . . 120000,— DM
erzielt
e) Eigenverbrauch von Lebensmitteln der Anlage 1 . . . . 500,— DM
f) Im Monat Juni hat die Tochter des Händlers geheiratet. Zur Bestreitung des Polterabends durfte der Schwiegersohn alkoholische Getränke im Einkaufswert von . . . . 1000,— DM netto
entnehmen.
g) Die Telefonkosten beliefen sich im Juni auf . . . . 300,— DM,
die Privatnutzung wird auf 20% geschätzt.
h) Die Kfz-Kosten einschl. AfA-Anteil betrugen im Juni 700,— DM, die Privatnutzung wird mit 30% angenommen.
i) Der Geschäftslieferwagen wurde im Juni zum Bruttopreis von 5750,— DM verkauft. Der Vorgang ist noch nicht gebucht worden, weil der Käufer den Wagen noch nicht bezahlt hat.
k) Sonstige Vorsteuerbeträge gem. Kostenbelegen . . . . 245,— DM
l) In dem Haus, in welchem der Unternehmer sein Lebensmittelgeschäft betreibt, befinden sich außerdem noch 6 Wohnungen und ein Architekturbüro. Etwa 40% der Grundfläche werden zu privaten Wohnzwecken genutzt, 20% beansprucht das Architekturbüro. Die gesamten Mieteinnahmen betrugen im Juni 4425,— DM. Davon entfallen 2700,— DM auf die private Wohnungsvermietung. Der Lebensmittelhändler hat zur Mehrwertsteuer optiert.
m) Im Monat Juni ist das Dach des Geschäfts- und Wohnhauses gedeckt worden. Die Gesamtkosten beliefern sich auf 13440,— DM ausschließlich MwSt. Die Rechnung ist schon bezahlt, aber noch nicht gebucht worden. Die Vorsteuer ist gem. § 15 Abs. 4 direkt zuzuordnen!

7. Otto Fleischhauer ist Inhaber einer Metzgerei und einer Gastwirtschaft. Beide Betriebe befinden sich im Erdgeschoß seines Hauses Bahnhofstraße 23 in Neustadt. Ein weiteres Ladenlokal im Erdgeschoß hat Fleischhauer an seine Frau vermietet, die dort ein Textilgeschäft betreibt.
Im ersten Obergeschoß befinden sich Büroräume, die an einen Steuerberater verpachtet sind. Das zweite Obergeschoß bewohnen private Wohnungsmieter, das dritte Obergeschoß bewohnt Fleischhauer mit seiner Familie selbst.
Fleischhauer besteuert seine Umsätze nach vereinbarten Entgelten und hat soweit wie möglich gem. § 9 UStG zur Umsatzsteuer optiert.
Ermitteln Sie aus den nachfolgenden Angaben und Vorgängen die Umsatzsteuer-Zahllast für den Monat Juli 01.

Metzgerei

a) Bruttoeinnahmen aus dem Verkauf von Fleisch- und Wurstwaren . . . . . 72760,— DM
b) Einnahmen aus dem Verkauf von Rot- und Weißweinen, die zur Abrundung des Sortiments geführt werden . . . . 1380,— DM
c) Lieferung von Fleisch- und Wurstwaren an die Gastwirtschaft, wofür vom Geschäftskonto der Gastwirtschaft auf das Konto der Metzgerei . . . . . 3840,— DM überwiesen wurden.
d) Die Eheleute Fleischhauer haben im abgelaufenen Monat für private Zwecke Fleisch- und Wurstwaren zum Selbstkostenpreis von . . . . 350,— DM entnommen. Der Verkaufspreis ohne USt würde in diesem Fall . . . . . . 580,— DM betragen.
e) Einem guten Kunden wird anläßlich einer Familienfeier ein Präsentkorb, bestehend aus einem Sortiment von Rot- und Weißweinen, im Einkaufswert von 98,— DM überreicht, dessen Wiederbeschaffungskosten aufgrund gesteigener Einkaufspreise bei . . . . 125,— DM liegen.
f) Durch Ausfall der Kühlung sind Fleisch- und Wurstwaren im Wert von. . . 6000,— DM verdorben. Die Versicherung leistete in gleicher Höhe Ersatz.
g) Eine gebrauchte Registrierkasse konnte für 900,— DM zuzüglich 15% USt . . . . 1035,— DM verkauft werden.
h) Der Betriebs-Pkw wurde durchschnittlich zu 30% privat genutzt. Die gesamten Pkw-Kosten betrugen im abgelaufenen Monat . . . . 1400,— DM

Gastwirtschaft

i) Bruttoeinnahmen aus dem Verkauf von Speisen und Getränken . . . . . . 29900,— DM
j) Benutzung des Gastwirtschaftstelefons durch eigene Gäste, Einnahmen . . 287,50 DM
k) Entnahme von Speisen und Getränken zum privaten

Verzehr:	Speisen,	Selbstkostenwert	560,— DM
		Verkaufswert netto	1430,— DM
	Getränke,	Einkaufswert	220,— DM
		Verkaufswert netto	420,— DM

Grundstück Bahnhofstraße 23

l) Mieteinnahmen aus dem an die Ehefrau vermieteten Ladenlokal. . . . . . 1207,50 DM
m) monatlicher Mietwert der eigenen Metzgerei. . . . . 1300,— DM
n) monatlicher Mietwert der eigenen Gastwirtschaft . . . . 1150,— DM
o) Mieteinnahmen aus vermieteten Büro- und Praxisräumen . . . . 1495,— DM
p) Mieteinnahmen aus Wohnungsvermietung. . . . . 1050,— DM
q) Mietwert der eigenen Wohnung . . . . 950,— DM

Vorsteuern

r) abziehbare Vorsteuern auf Einkauf von Metzgereiwaren . . . . 2780,— DM
s) abziehbare Vorsteuern für die Gastwirtschaft . . . . 1940,— DM
t) abziehbare Vorsteuern für das Grundstück . . . . 570,— DM
u) Dachreparatur am Haus, Vorsteuer hierauf insgesamt 1800,— DM. Die Vorsteuer soll im Wege einer sachgerechten Schätzung nach den Grundflächen aufgeteilt werden. Alle Geschoßflächen sind gleich groß.
v) Für die Gaststätte wurde eine Lieferung Pommes frites im Warenwert von 500,— DM irrtümlich mit 15% USt (= 75,— DM) in Rechnung gestellt, ohne daß die Rechnung berichtigt wurde, und in dieser Höhe bezahlt. Eine mögliche abziehbare Vorsteuer ist nicht unter Punkt s) erfaßt.

17 Berechnungen aus dem Gebiet der Einkommensteuer

17.1 Ermittlung der Absetzung für Abnutzung (§§ 7, 7a, 7c, 7g, 7k)

Gegenüberstellung verschiedener Methoden

Merke: Absetzung für Abnutzung (abgekürzt AfA) ist die Verteilung der Anschaffungs- oder Herstellungskosten eines Wirtschaftsgutes auf seine betriebsgewöhnliche Nutzungsdauer (ND).

Wirtschaftsgüter, die der Abnutzung unterliegen, sind **bewegliche Wirtschaftsgüter,** wie Maschinen, Einrichtungsgegenstände, Fuhrpark etc. (§ 7 Abs. 1–3 EStG) und **Gebäude** (§§ 7 Abs. 4 und 5 und 7 g EStG).

17.1.1 AfA bei beweglichen Wirtschaftsgütern

Als Methoden für die Verteilung der Anschaffungs- oder Herstellungskosten auf die betriebsgewöhnliche Nutzungsdauer kennt das EStG die gleichmäßige Verteilung = **lineare AfA,** die Verteilung in fallenden Beträgen = **degressive AfA,** die Verteilung nach der jährlichen Leistung = **Leistungs-AfA.**

1. Betriebsgewöhnliche Nutzungsdauer (ND)

Die betriebsgewöhnliche Nutzungsdauer ist nur schwer zu bestimmen. Sie entspricht nicht der tatsächlichen oder beabsichtigten Nutzungsdauer. Man versteht unter betriebsgewöhnlicher Nutzungsdauer den Zeitraum, in dem das Wirtschaftsgut üblicherweise in einem Betrieb bestimmter Art mit einiger Sicherheit nutzbar sein wird. Dieser Zeitraum muß unter Berücksichtigung aller Umstände, z. B. einschichtiger oder mehrschichtiger Nutzung, geschätzt werden.

Die Nutzungsdauer und damit auch die Abschreibung beginnt mit dem Tage der Anschaffung oder Herstellung eines Wirtschaftsgutes. Als Tag der Herstellung ist der Tag der Fertigstellung anzusehen.

Es ist üblich und für die Berechnung der AfA zweckmäßig, die ND sowohl bei der linearen AfA als auch bei der degressiven AfA in einem Prozentsatz auszudrücken, der auf die Bemessungsgrundlage (Anschaffungs- oder Herstellungskosten) angewandt wird (vgl. Anlage 3: Auszug aus der amtlichen AfA-Tabelle).

2. Lineare AfA

Grundgedanke: gleichmäßige Verteilung = gleichbleibender AfA-Satz von den jeweiligen Anschaffungs- oder Herstellungskosten vom Tage der Anschaffung oder Herstellung an.

Beispiel

Anschaffung eines Pkw am 1. 4. 01 für 16000,— DM Anschaffungskosten, betriebsgewöhnliche Nutzungsdauer 4 Jahre = 25% jährlicher AfA-Satz (s. Anlage 3), jährliche AfA somit gleichbleibend 4000,— DM.

Im Jahr der Anschaffung betrug die Nutzungsdauer 9 Monate. Die Jahres-AfA ist also auf die tatsächliche Nutzungsdauer umzurechnen, so daß für das Jahr der Anschaffung eine AfA von $^9/_{12}$=3000,— DM anzusetzen ist.

In der Staffelform dargestellt ergeben sich folgende Werte:

Anschaffungskosten	16000,— DM
AfA 25% ab 1. 4. 01	3000,— DM
Wert am 31. 12. 01	13000,— DM
AfA im Jahr 02	4000,— DM
Wert am 31. 12. 02	9000,— DM
AfA im Jahr 03	4000,— DM
Wert am 31. 12. 03	5000,— DM
AfA im Jahre 04	4000,— DM
Wert am 31. 12. 04	1000,— DM
AfA im Jahre 05	999,— DM
Wert am 31. 12. 05 (Erinnerungswert)	1,— DM

3. AfA pro rata temporis und Vereinfachungsregelung

Bei Wirtschaftsgütern, die im Laufe eines Jahres angeschafft oder hergestellt worden sind, kann für das Jahr der Anschaffung oder Herstellung nur der Teil des AfA-Betrages abgesetzt werden, der auf die Zeit von der Anschaffung oder Herstellung bis zum Jahresende entfällt. Das gilt umgekehrt auch bei Ausscheiden eines Wirtschaftsgutes aus dem Betriebsvermögen.

Aus Vereinfachungsgründen ist es jedoch zugelassen, wenn für die in der ersten Hälfte eines Jahres angeschafften oder hergestellten Wirtschaftsgüter die ganze Jahres-AfA und für die in der zweiten Hälfte angeschafften oder hergestellten Wirtschaftsgüter die halbe Jahres-AfA abgesetzt wird.

Diese Vereinfachungsregelung ist bei beweglichen Wirtschaftsgütern, die im Laufe eines Rumpfwirtschaftsjahres angeschafft oder hergestellt werden, entsprechend anzuwenden. Dabei kommt als AfA-Betrag für das gesamte Rumpfwirtschaftsjahr nur der Teil des auf ein volles Wirtschaftsjahr entfallenden AfA-Betrages in Betracht, der dem Anteil des Rumpfwirtschaftsjahres an einem vollen Wirtschaftsjahr entspricht.

Beispiel

Ein Rumpfwirtschaftsjahr dauert vom 1. April bis zum 31. Dezember. Am 5. Juni wird ein Anlagegut für 10000,— DM angeschafft, dessen betriebsgewöhnliche Nutzungsdauer 5 Jahre beträgt. Auf das Wirtschaftsgut entfallen $^9/_{12}$ der Jahres AfA von (linear) 2000,— DM, also 1500,— DM. Da das Wirtschaftsgut in der ersten Hälfte des Rumpfwirtschaftsjahres angeschafft worden ist, kann die AfA von 1500,— DM voll gewährt werden.

4. Degressive AfA

Grundgedanke: Verteilung der Anschaffungs- oder Herstellungskosten auf die Nutzungsdauer in der Weise, daß in den ersten Jahren eine möglichst hohe AfA erreicht wird, die dann in den folgenden Jahren immer geringer werden muß, um zu einer Abschreibung des Wirtschaftsgutes innerhalb der Nutzungsdauer zu kommen.

a) Das wird in der Regel dadurch erreicht, daß die jährliche AfA nach einem gleichbleibenden Prozentsatz vom jeweiligen Buchwert bemessen wird. Dieser Prozentsatz ist selbstverständlich höher als der lineare AfA-Satz.

Bei beweglichen Wirtschaftsgütern des Anlagevermögens, die nach dem 29. 7. 1981 angeschafft worden sind, darf der dabei anzuwendende Hundertsatz das Dreifache des linearen AfA-Satzes betragen, aber 30% nicht übersteigen (vgl. Anlage 4). Bei Wirtschaftsgütern, die vorher angeschafft worden sind (nach dem 31. 8. 1977, aber vor dem 30. 7. 1981), darf der anzuwendende Hundertsatz das Zweieinhalbfache des linearen AfA-Satzes nicht übersteigen.

Beispiel

Ein Kaufmann schafft am 1. 10. 01 eine Maschine zum Preis von 80 000,— DM an. Ihre betriebsgewöhnliche Nutzungsdauer beträgt 10 Jahre. Der Kaufmann will die degressive AfA-Methode anwenden.

Berechnung

Anschaffungskosten	80 000,— DM
AfA 30% (s. Anlage 4) im Jahre 01: (1/2 Jahres-AfA) (s. 16.1.1 Punkt 3)	12 000,— DM
Buchwert am 31. 12. 01	68 000,— DM
AfA im Jahre 02: 30% vom Buchwert	20 400,— DM
Buchwert am 31. 12. 02	47 600,— DM
AfA im Jahre 03: 30% vom Buchwert	14 280,— DM
Buchwert am 31. 12. 03	33 320,— DM

b) Um durch diese Methode der AfA am Ende der Nutzungsdauer tatsächlich zu einer vollen Abschreibung des Wirtschaftsgutes zu kommen, wird der Kaufmann einmal innerhalb der Nutzungsdauer zur linearen AfA übergehen. Das ist dann zweckmäßig, wenn die jährliche AfA vom Buchwert niedriger wird als die lineare AfA bei Verteilung des Restwertes auf die Restnutzungsdauer. In diesem Fall ist dann der Restbuchwert auf die Restnutzungsdauer gleichmäßig zu verteilen.

Beispiel (Fortsetzung der Rechnung von a)

Buchwert am 31. 12. 03	33 320,— DM
AfA im Jahre 04: 30% vom Buchwert	9 996,— DM
Buchwert am 31. 12. 04	23 324,— DM
AfA im Jahre 05: 30% vom Buchwert	6 997,— DM
Buchwert am 31. 12. 05	16 327,— DM
AfA im Jahre 06: 30% vom Buchwert	4 898,— DM
Buchwert am 31. 12. 06	11 429,— DM
AfA im Jahre 07: 30% vom Buchwert	3 428,— DM
Buchwert am 31. 12. 07	8 001,— DM
AfA im Jahre 08: 30% vom Buchwert	2 400,— DM
Buchwert am 31. 12. 08	5 601,— DM

Übergang zur linearen AfA:

degressive AfA: 30% von 5601,— DM = 1680,— DM
lineare AfA: 5601,— DM : 2,5 = 2240,— DM

AfA im Jahre 09 linear	2240,— DM
Buchwert am 31.12.09	3361,— DM
AfA linear im Jahre 10	2240,— DM
Buchwert am 31.12.10	1121,— DM
AfA linear im Jahre 11	1120,— DM
Erinnerungswert	**1,— DM**

5. AfA nach der Leistung

Die Bemessung der AfA nach der Leistung ist bei solchen beweglichen Wirtschaftsgütern begründet, deren Leistung im Laufe ihrer Nutzungsdauer erheblich schwankt. An die Stelle der betriebsgewöhnlichen Nutzungsdauer tritt dann die **betriebsgewöhnliche Gesamtleistung,** die genau wie die Nutzungsdauer geschätzt werden muß. Wichtig ist aber, daß die auf ein Jahr entfallende Leistung nachgewiesen wird, z. B. bei einer Spezialmaschine durch die Anzahl der Arbeitsvorgänge oder bei einem Lkw durch den Kilometerzähler.

Beispiel

Eine Spezialmaschine leistet schätzungsweise 3 Millionen Arbeitsvorgänge (betriebsgewöhnliche Gesamtleistung). Die an einem Zählwerk abzulesende Leistung betrug im 1. Jahr 600000, im 2. Jahr 900000, im 3. Jahr 250000 Arbeitsvorgänge.

Berechnung der AfA

1. Jahr: $\frac{600000}{3000000}$ = 20% der Anschaffungs- oder Herstellungskosten

2. Jahr: $\frac{900000}{3000000}$ = 30% der Anschaffungs- oder Herstellungskosten

3. Jahr: $\frac{250000}{3000000}$ = 8,3% der Anschaffungs- oder Herstellungskosten

6. Sonderabschreibungen zur Förderung kleiner und mittlerer Betriebe (§ 7g EStG)

Bei **neuen beweglichen Wirtschaftsgütern** des Anlagevermögens, die im Jahr der Anschaffung oder Herstellung im Betrieb des Steuerpflichtigen zu mindestens 90% eigenbetrieblich genutzt werden, kann **neben der normalen AfA** eine Sonderabschreibung von 20% der Anschaffungs- oder Herstellungskosten in Anspruch genommen und wahlweise im Jahr der Anschaffung/Herstellung oder – verteilt auf einen Begünstigungszeitraum von bis zu 5 Jahren – geltend gemacht werden. Nach Ablauf dieses Begünstigungszeitraums von 5 Jahren bemißt sich die AfA nach dem Restwert und der Restnutzungsdauer. **Voraussetzung** für die Sonderabschreibung ist, daß

1. im Zeitpunkt der Anschaffung oder Herstellung des Wirtschaftsgutes
   a) der Einheitswert des Betriebes, zu dessen Anlagevermögen das Wirtschaftsgut gehört, oder, falls ein Einheitswert nicht festgestellt worden ist, der Wert des Betriebes am Ende des vorangegangenen Wirtschaftsjahres, nicht mehr als 240000,— DM beträgt und
   b) bei Gewerbebetrieben das Gewerbekapital nicht mehr als 500000,— DM beträgt und
2. das Wirtschaftsgut mindestens ein Jahr nach seiner Anschaffung oder Herstellung in einer inländischen Betriebsstätte dieses Betriebes verbleibt.

1. Beispiel

Ein Gewerbetreibender kauft am 20.5.01 eine Maschine zum Preis von 48000,— DM. Die betriebsgewöhnliche Nutzungsdauer beträgt 10 Jahre bei linearer AfA. Der Einheitswert des Betriebsvermögens wird zum 1.1.01 mit 120000,— DM festgestellt. Das Gewerbekapital beträgt zum 1.1.01 150000,— DM. Die Sonderabschreibung soll im Jahr der Anschaffung voll in Anspruch genommen werden.

Berechnung

Anschaffungskosten in der 1. Jahreshälfte 01		48000,— DM
AfA gem. §7 (1) EStG 10%	4800,— DM	
Sonderabschreibung gem. §7g EStG 20%	9600,— DM	14400,— DM
Buchwert der Maschine zum 31.12.01		33600,— DM
AfA gem. §7 (1) EStG 10% für 02–05 4 · 4800,—		19200,— DM
Buchwert der Maschine zum 31.12.05		14400,— DM
AfA gem. §7 (1) EStG 14400,— DM : 5 = 2880,—		2880,— DM
Buchwert der Maschine zum 31.12.06		11520,— DM

2. Beispiel

Der Gewerbetreibende (siehe Beispiel 1) kauft die Maschine zum gleichen Preis bei gleicher Nutzungsdauer, schreibt sie jedoch degressiv ab und verteilt die Sonderabschreibung nach §7g EStG gleichmäßig auf die ersten 4 Jahre.

Berechnung

Anschaffungskosten in der 1. Jahreshälfte 01		48000,— DM
AfA gem. §7 (2) EStG 30%	14400,— DM	
Sonderabschreibung gem. §7g EStG 5%	2400,— DM	16800,— DM
Buchwert der Maschine zum 31.12.01		31200,— DM
AfA gem. §7 (2) EStG 30%	9360,— DM	
Sonderabschreibung gem. §7g EStG 5%	2400,— DM	11760,— DM
Buchwert der Maschine zum 31.12.02		19440,— DM
AfA gem. §7 (2) EStG 30%	5832,— DM	
Sonderabschreibung gem. §7g EStG	2400,— DM	8232,— DM
Buchwert der Maschine zum 31.12.03		11208,— DM
AfA gem. §7 (2) EStG 30%	3362,— DM	
Sonderabschreibung gem. §7g EStG	2400,— DM	5762,— DM
Buchwert der Maschine zum 31.12.04		5446,— DM
AfA gem. §7 (2) EStG 30%		1634,— DM
Buchwert der Maschine zum 31.12.05		3812,— DM
AfA −% ab 06: $\frac{100 \cdot 3}{5} = 60\%$, maximal 30% vom Restbuchwert		1144,— DM
Buchwert der Maschine zum 31.12.06		2668,— DM

Aufgaben zu § 7 Abs. 1–3 und § 7g EStG

1. Ein Kaufmann erwirbt am 17.5.01 einen Buchungsautomaten. Die Rechnung ist folgendermaßen aufgeschlüsselt:

Buchungsautomat	24200,— DM
15% MwSt	3630,— DM
Gesamtpreis	**27830,— DM**

Nebenkosten sind nicht entstanden. Anzunehmen ist eine lineare AfA von $8^1/_4$%. Mit welchem Wert ist die Maschine zum 31. 12. 01 zu bilanzieren?

2. Am 16.4.01 wird ein Pkw für 15420,— DM angeschafft. Er wird bereits am 20.5.01 wieder veräußert. Wieviel AfA kann der Kaufmann geltend machen, wenn man von einer linearen AfA von 25% ausgeht?

3. Ein Fabrikant schafft am 30.11.01 eine neue Maschine an, deren Anschaffungskosten 45450,— DM betragen. Die Maschine hat eine betriebsgewöhnliche Nutzungsdauer von 12 Jahren. Der Fabrikant bittet seinen Steuerberater, die höchstmögliche AfA im Jahr der Anschaffung anzusetzen. Der Einheitswert des Betriebes ist 240000,— DM und das Gewerbekapital 500000,— DM. Berechnen Sie die AfA für die Jahre 01 bis 06.

4. Eine Maschine wird am 1. 3. 01 zum Preis von 72450,— DM angeschafft und zunächst degressiv abgeschrieben. Sie hat eine betriebsgewöhnliche Nutzungsdauer von 10 Jahren. In welchem Jahr ist der Übergang zur linearen AfA anzuraten? Welche Beträge berechnen Sie dann nach der degressiven und nach der linearen Methode?

5. Einem Kleinunternehmer, der seine Umsätze nach § 19 Abs. I UStG versteuert, wird am 5.5.01 eine Kreissäge geliefert, der folgende Rechnung beiliegt: Eine Kreissäge, komplett 1800,— DM, zuzüglich 15 % MwSt 270,— DM, insgesamt 2070,— DM. Die Kreissäge hat eine betriebsgewöhnliche Nutzungsdauer von acht Jahren. Sie wird am 2.2.02 zum ersten Male gebraucht. Die lineare AfA-Methode wird angewandt, und die Bedingungen für den Ansatz des § 7 g EStG treffen zu. Welche AfA-Beträge sind für die Jahre 01 bis 06 zu berechnen?

6. Eine Maschine wird im März des Jahres 01 angeschafft, Anschaffungskosten 26500,— DM, betriebsgewöhnliche Nutzungsdauer 10 Jahre. Ermitteln Sie den Buchwert der Maschine nach Ablauf des Jahres 04: a) bei linearer AfA, b) bei degressiver AfA.

7. Ein Großhändler kauft am 26. 9. 01 einen Lkw zum Preise von 32000,— DM zuzüglich MwSt ab Werk. Die Kosten für die Überführung betragen 650,— DM, für die Nummernschilder 30,— DM und für die Zulassung 20,— DM. Der Lkw hat eine betriebsgewöhnliche Nutzungsdauer von fünf Jahren. Wie hoch ist der Restbuchwert am Ende des Jahres 03:
   a) bei linearer AfA, b) bei degressiver AfA?

8. Ein Unternehmer kauft am 16. 7. 01 eine Maschine zu einem Anschaffungspreis von 14000,— DM. Die betriebsgewöhnliche Nutzungsdauer beträgt acht Jahre. Der Unternehmer wählt die degressive AfA (vgl. Anlage 4) und wendet den höchstzulässigen AfA-Satz an.
   a) Ermitteln Sie den Buchwert der Maschine am Ende des Jahres 04.
   b) Entscheiden Sie, ob es günstiger ist, im Jahre 05 die degressive AfA beizubehalten oder zur linearen AfA überzugehen.

9. Ein Bauunternehmer kauft einen Schwerlastkraftwagen für den Baustellenverkehr zum Anschaffungspreis von 135000,— DM zuzüglich MwSt. Nach den bisherigen Erfahrungen wird der Lkw nach ca. 250000 km Fahrleistung für den Betrieb unbrauchbar werden. Der Lkw hat im 1. Jahr 55000 km, im 2. Jahr 45000 km, im 3. Jahr 60000 km und im 4. Jahr 30000 km zurückgelegt. Ermitteln Sie den Buchwert des Fahrzeugs.

10. Um eine für das Jahr 02 angekündigte Preiserhöhung zu umgehen, bestellt ein Unternehmer noch im Dezember des Jahres 01 eine Maschine zum Anschaffungswert von 50000,— DM, die am 29. Dezember geliefert, aber erst am 3. Januar des nächsten Jahres in Betrieb genommen wird. Wie hoch ist der Buchwert der Maschine am Ende des Jahres 04, wenn eine zehnjährige Nutzungsdauer unterstellt wird und der Unternehmer die lineare Abschreibung anwendet?

11. Ein Unternehmer erwirbt eine Maschine zum Nettopreis von 25000,— DM, ihre Nutzungsdauer beträgt 10 Jahre. Der Unternehmer wendet zunächst die degressive AfA an und wechselt nach Ablauf des 7. Jahres zur linearen AfA über. Wie hoch ist der Restbuchwert der Maschine nach 8 Jahren (vgl. Anlage 4)?

12. Am 15. Juli des Jahres 01 kauft ein Maschinenbauunternehmer eine neue Drehbank zum Preis von 120000,— DM zuzüglich MwSt. Es wird eine betriebsgewöhnliche Nutzungsdauer von 10 Jahren unterstellt.
   a) Der Unternehmer wendet die degressive AfA an. Wie hoch ist der Buchwert am Ende des Jahres 04 (vgl. Anlage 4)?
   b) Von welchem Zeitpunkt an ist es ratsam, die degressive AfA aufzugeben und zur linearen AfA überzugehen?

13. Ein Unternehmer der eisenverarbeitenden Industrie kauft im September 01 eine Maschine zum Listenpreis von 400000,— DM netto, zuzüglich 15% USt. Auf diesen Preis erhält der Unternehmer 10% Rabatt und 3% Skonto. Um den Skontobetrag ausnutzen zu können, muß er kurzfristig einen Kredit aufnehmen. Die Maschine wird im September 01 installiert. Dabei entstehen weitere Kosten: 11270,— DM für Fracht einschließlich USt, 40250,— DM Fundamentierungs- und Montagekosten einschließlich USt und 4000,— DM Zinsaufwand für den kurzfristigen Kredit. Die Maschine hat eine betriebsgewöhnliche Nutzungsdauer von acht Jahren und soll linear abgeschrieben werden. Berechnen Sie die Anschaffungskosten und die Restbuchwerte zum 31.12.01 und 31.12.02.

14. Ein Unternehmer hat eine Maschine am 2.1.01 angeschafft und in den ersten beiden Jahren mit 30% degressiv abgeschrieben. Dann wechselte er zur linearen Abschreibung über und schrieb sie zum 31.12.08 mit 49000,— DM auf 0,— DM ab. Berechnen Sie die Anschaffungskosten.

15. Ein Handwerker schafft am 2.4.01 eine neue Maschine für 48000,— DM (ohne MwSt) an. Die Transportkosten betragen 2400,— DM, die Kosten für die Aufstellung der Maschine 4600,— DM. Die betriebsgewöhnliche Nutzungsdauer wird auf 8 Jahre veranschlagt. Der Handwerker möchte die Anschaffungskosten linear abschreiben, aber von der Vergünstigung des § 7g EStG Gebrauch machen und diese Sonderabschreibung gleichmäßig auf die ersten beiden Jahre verteilen. Der letzte Einheitswert des Betriebsvermögens betrug 100000,— DM. Das Gewerbekapital übersteigt 120000,— DM nicht. Ermitteln Sie die Abschreibungsbeträge für die Jahre 01 bis 06.

16. In einem Unternehmen, das am 30.6.01 neu gegründet worden ist, werden am 15.7.01 folgende Anlagegüter angeschafft:
   a) ein gebrauchter Lkw aus der Konkursmasse eines Spediteurs (km-Stand: 60000) zum Nettopreis von . . . . 30000,— DM
   b) eine neue Maschine zum Preis von . . . . 60000,— DM zuzüglich MwSt.

   Der gebrauchte Lkw hat noch eine Nutzungsdauer von 3 Jahren, die neue Maschine hat eine betriebsgewöhnliche Nutzungsdauer von 10 Jahren. Berechnen Sie die höchstmögliche AfA für die Jahre 01 und 02 und den Buchwert der Maschine zum 31.12.06.

17. Ein Unternehmer stellt sein Wirtschaftsjahr auf das Kalenderjahr um. Das erste Wirtschaftsjahr nach der Umstellung beginnt am 1.7.01 und endet am 31.12.01. Am 5.8.01 hat er eine Maschine für 40000,— DM angeschafft, die eine betriebsgewöhnliche Nutzungsdauer von 10 Jahren hat. Die Maschine soll bei Anwendung der Vereinfachungsregelung linear abgeschrieben werden. Ermitteln Sie die AfA für das erste Jahr.

17.1.2 AfA bei Gebäuden

17.1.2.1 Normale AfA § 7 (4) EStG

Die Absetzung für Abnutzung bei Gebäuden beträgt

- **4%** bei Gebäuden und Gebäudeteilen, die zum Betriebsvermögen des Steuerpflichtigen gehören, nicht Wohnzwecken dienen und für die der Bauantrag nach dem 31.3.1985 gestellt worden ist,
- **2%** bei anderen Gebäuden, die nach dem 31.12.1924 fertiggestellt worden sind,
- **2,5%** bei anderen Gebäuden, die vor dem 1.1.1925 fertiggestellt worden sind.

Merke: Die normale AfA ist eine **lineare AfA**. Bei der AfA ist für das Jahr der Anschaffung oder Herstellung nur der Teil der Jahres-AfA anzusetzen, der der Anzahl der Nutzungsmonate entspricht. Das gleiche gilt für das Jahr des Ausscheidens aus der Nutzung. Bei zeitanteiliger AfA (AfA pro rata temporis) ist eine Aufrundung angefangener Monate auf volle Monate der Nutzung nicht zu beanstanden.

17.1.2.2 Degressive AfA bei Gebäuden §7 (5) EStG

Bei im Inland gelegenen Gebäuden, die vom Steuerpflichtigen **hergestellt** oder bis zum Ende des Jahres der Fertigstellung angeschafft worden sind, können anstelle der normalen AfA-Sätze folgende Sätze beansprucht werden:

1. Bei Gebäuden und Gebäudeteilen, die **zum Betriebsvermögen** gehören und nicht Wohnzwecken dienen und für die der Antrag auf Baugenehmigung nach dem 31.3.1985 gestellt worden ist.
   - 10% im Jahr der Fertigstellung oder Anschaffung und in den folgenden 3 Jahren,
   - 5% in den darauffolgenden 3 Jahren,
   - 2,5% in den darauffolgenden 18 Jahren.
2. Bei **anderen Gebäuden**
   - 5% im Jahr der Fertigstellung oder Anschaffung und in den folgenden 7 Jahren,
   - 2,5% in den darauffolgenden 6 Jahren,
   - 1,25% in den darauffolgenden 36 Jahren.
3. Bei nicht zu einem Betriebsvermögen gehörenden Gebäuden, **für die der Bauantrag nach dem 28.2.1989 gestellt worden ist** und die vom Steuerpflichtigen hergestellt worden sind oder die vom Steuerpflichtigen nach dem 28.2.1989 auf Grund eines nach diesem Zeitpunkt abgeschlossenen obligatorischen Vertrages bis zum Ende des Jahres der Fertigstellung angeschafft worden sind, können, **soweit die Gebäude Wohnzwecken dienen**, die folgenden Beträge abgezogen werden:
   - 7% im Jahr der Fertigstellung und in den folgenden 3 Jahren,
   - 5% in den darauffolgenden 6 Jahren,
   - 2% in den darauffolgenden 6 Jahren,
   - 1,25% in den darauffolgenden 24 Jahren.

Bei der degressiven AfA kann im Jahr der Herstellung die volle Jahres-AfA ohne Rücksicht auf die Anzahl der Nutzungsmonate angesetzt werden. Bei der Veräußerung kann nur die zeitanteilige AfA angesetzt werden.

17.1.2.3 Bemessungsgrundlage für die AfA

Bemessungsgrundlage für die AfA sind grundsätzlich die Anschaffungs- oder Herstellungskosten des **Gebäudes**. Eine Abschreibung des Grund- und Bodenwerts ist unzulässig. Beim Kauf eines bebauten Grundstücks muß der Kaufpreis nach dem Verhältnis der Verkehrswerte (Sachwerte) auf den Grund und Boden und das Gebäude aufgeteilt werden. Bei Gebäuden, die der Steuerpflichtige **vor dem 21.6.1948** angeschafft oder hergestellt hat, ist Bemessungsgrundlage der am 21.6.1948 maßgebende Einheitswert, soweit er auf das Gebäude entfällt, zuzüglich der nach dem 21.6.1948 aufgewendeten Herstellungskosten.

17.1.2.4 Gebäude und Gebäudeteile als selbständige Wirtschaftsgüter

Ein Gebäudeteil ist ein selbständiges Wirtschaftsgut, wenn er in einem von den übrigen Gebäudeteilen abweichenden Nutzungs- und Funktionszusammenhang steht.
Als selbständige Gebäudeteile kommen in Betracht:

1. Eigenbetrieblich genutzte Gebäudeteile
2. Fremdgewerblich genutzte Gebäudeteile
3. Zu fremden Wohnzwecken genutzte Gebäudeteile
4. Zu eigenen Wohnzwecken genutzte Gebäudeteile.

17.1.2.5 AfA bei nachträglichem Herstellungsaufwand

Nachträglich entstandene Herstellungskosten sind der bisherigen Bemessungsgrundlage für die AfA des Gebäudes hinzuzurechnen. Die weiteren AfA sind dann einheitlich für das ganze Gebäude nach dem danach sich ergebenden Betrag unter Anwendung des bisherigen AfA-Satzes zu berechnen. Lediglich in den Fällen, in denen die AfA nach der tatsächlichen Nutzungsdauer berechnet wurden, bemessen sich die weiteren AfA nach dem um die nachträglichen Anschaffungs- oder Herstellungskosten vermehrten Restwert und der Restnutzungsdauer des Gebäudes. Aus Vereinfachungsgründen können aber auch in diesen Fällen die weiteren AfA nach dem bisher (also vor den nachträglichen Herstellungsarbeiten) angewandten Prozentsatz bemessen werden.

Die nachträglichen Anschaffungs- oder Herstellungskosten können aus Vereinfachungsgründen im Jahre ihrer Entstehung bei der Bemessung der AfA so berücksichtigt werden, als wären sie zu Beginn des Jahres aufgewendet worden.

17.1.2.6 Beispiele zur Berechnung der AfA bei Gebäuden

Beispiel zu 17.1.2.1

Ein Gewerbetreibender hat ein Lagerhaus errichtet, das ganz eigenbetrieblich genutzt werden soll. Es ist zum 15.10. des Kalenderjahres fertiggestellt worden; die Herstellungskosten betragen 500000,— DM.

Berechnung der AfA für das Kalenderjahr

4% von 500000,— DM	= 20000,— DM
davon entfallen auf die Nutzungsdauer $^{3}/_{12}$	= **5000,— DM**

Beispiele zu 17.1.2.1 und 17.1.2.3

1. Ein im Jahre 1935 errichtetes Mehrfamilienhaus hat am 21.06.1948 einen Einheitswert von 30000,— DM.

   Berechnung der AfA

Einheitswert am 21.06.1948	30000,— DM
– darin enthaltener Bodenwert 20% (geschätzt)	6000,— DM
	24000,— DM
jährliche AfA 2%	**480,— DM**

2. Ein Steuerpflichtiger erwirbt am 1.6. des Kalenderjahres ein Wohn- und Geschäftsgrundstück für 800000,— DM. Sämtliche Räumlichkeiten des 1920 errichteten Gebäudes sind vermietet. Der Verkehrswert des Grund und Bodens von 600 m² wird mit 600000,— DM ermittelt, derjenige des Gebäudes (Sachwert) mit 400000,— DM.

   Berechnung der AfA

   a) Gebäudewert aus dem Gesamtkaufpreis, Aufteilung im Verhältnis 6 : 4 = 480000,— DM Bodenwert, 320000,— DM Gebäudewert.

   b)

Gebäudewert	320000,— DM
jährliche AfA 2,5%.	8000,— DM
auf das Kalenderjahr des Erwerbs entfallen $^{7}/_{12}$	**4667,— DM**

Beispiele zu 17.1.2.2 und 17.1.2.4

1. Ein Wohn- und Geschäftshaus (Bauantrag vom 2.1.1989) wird von einem Steuerpflichtigen am 15.7. des Kalenderjahres fertiggestellt und im gleichen Jahre voll vermietet. Die Herstellungskosten betrugen 950000,— DM. Die höchstmögliche AfA soll berechnet werden.

   Berechnung der AfA

Herstellungskosten	950000,— DM
AfA gem. §7 (5) EStG 5%.	**47500,— DM**

2. Sachverhalt wie zu 1. Von der gesamten Nutzfläche des Gebäudes von 1000 m² werden 300 m² eigengewerblich genutzt. Der übrige Teil wird zu Wohnzwecken vermietet.

   Berechnung der AfA

a) eigengewerblicher Teil	285000,— DM
AfA gem. §7 (5) EStG 10%.	**28500,— DM**
b) vermieteter Teil	665000,— DM
AfA gem. §7 (5) EStG 5%	**33250,— DM**

3. Sachverhalt wie zu 1. Der Bauantrag ist nun allerdings **nach** dem 282.1989 gestellt worden.

   Berechnung der AfA

a) eigengewerblicher Teil	285000,— DM
AfA gem. §7 (5) EStG 10%.	**28500,— DM**
b) vermieteter Teil	665000,— DM
AfA gem. §7 (5) EStG 7%	**46550,— DM**

Beispiel zu 17.1.2.5

Ein Wohngebäude ist im Jahre 1952 errichtet worden. Die Herstellungskosten betrugen 65000,— DM. Es wird im Veranlagungszeitraum für 120000,— DM umgebaut. Die AfA für den Veranlagungszeitraum der Fertigstellung des Umbaus sowie für die folgenden Jahre berechnet sich wie folgt:

Herstellungskosten bis 1952	65000,— DM
nachträgliche Herstellungskosten	120000,— DM
neue Bemessungsgrundlage	185000,— DM
AfA gem. §7 (4) EStG 2%	**3700,— DM**

17.1.2.7 Sonder-AfA

17.1.2.7.1 Erhöhte Absetzungen für Wohnungen mit Sozialbindung (§7 k EStG)

Abweichend von §7 (4) EStG und §7 (5) EStG können für **Wohnungen** vom Steuerpflichtigen die folgenden AfA-Sätze in Anspruch genommen werden:
- **10%** im Jahr der Fertigstellung und in den folgenden 4 Jahren,
- **7%** in den darauffolgenden 5 Jahren,
- **3$^{1}/_{3}$%** des Restwertes nach Ablauf dieser 10 Jahre.

Voraussetzungen dafür sind:
1. Der Bauantrag ist nach dem **28.2.1989** gestellt oder die Wohnung ist nach dem 28.2.1989 auf Grund eines obligatorischen Vertrages bis zum Ende des Jahres der Fertigstellung angeschafft worden.
2. Die Wohnung ist vor dem 1.1.1996 fertiggestellt worden.
3. Öffentliche Mittel sind nicht gewährt worden.

4. Die Wohnung dient im Jahr der Anschaffung oder Herstellung und in den folgenden 9 Jahren dem Steuerpflichtigen zu **fremden Wohnzwecken**.
5. Der Steuerpflichtige weist für jedes Jahr der Vermietung nach, daß die Wohnungen an Wohnberechtigte nach § 5 des Wohnungsbindungsgesetzes oder § 88 a Abs. 1 Buchst. b des II. Wohnungsbaugesetzes vermietet ist und die Größe der Wohnung die in dieser Bescheinigung angegebene Größe nicht übersteigt oder der Steuerpflichtige einen derartigen Mieter nicht finden konnte und die zuständige Stelle ihm nicht innerhalb von 6 Wochen nach seiner Anforderung einen solchen Mieter zugewiesen hat.
6. Die Höchstmiete im Sinne des § 72 Abs. 3 des II. Wohnungsbaugesetzes darf nicht überschritten werden.

17.1.2.7.2 Erhöhte Absetzung für Baumaßnahmen an Gebäuden zur Schaffung neuer Mietwohnungen § 7c EStG

Bei der Herstellung von **Mietwohnungen** in **bestehenden Gebäuden** kann der Bauherr, abweichend von § 7 (4) oder (5) EStG 20% der Herstellungskosten, höchstens 00 000,— DM im Jahr der Herstellung und in den folgenden 4 Jahren abschreiben.

Begünstigt sind Wohnungen,

1. für die der Bauantrag nach dem 2. 10. 1989 gestellt worden ist oder, falls ein Bauantrag nicht erforderlich ist, mit deren Herstellung nach diesem Zeitpunkt begonnen worden ist,
2. die vor dem 1. 1. 1993 fertiggestellt worden sind und
3. für die keine Mittel aus öffentlichen Haushalten unmittelbar oder mittelbar gewährt werden.

Nach Ablauf des Begünstigungszeitraums ist ein Restwert den Anschaffungs- oder Herstellungskosten des Gebäudes hinzuzurechnen; die weiteren Absetzungen sind dann einheitlich für das gesamte Gebäude nach dem hiernach sich ergebenden Betrag und dem für das Gebäude maßgebenden Prozentsatz zu bemessen.

Beispiel

In einem im Jahre 1965 erbauten Wohnhaus wird im Jahre 1990 das Dachgeschoß für 85 000,— DM ausgebaut. Die bisherige Bemessungsgrundlage der AfA für das ganz vermietete Gebäude beträgt 220 000,— DM. Der AfA-Satz gem. § 7 (4) EStG beträgt 2%.

Berechnung

a) Sonder-AfA 20% von 60 000,— DM		12 000,— DM
b) normale AfA, Bemessungsgrundlage	220 000,— DM	
+ nicht begünstigte Herstellungskosten des Dachausbaus	25 000,— DM	
neue Bemessungsgrundlage	245 000,— DM	
davon 2% AfA		4 900,— DM
Gesamt AfA		**16 900,— DM**

Aufgaben zur AfA bei Gebäuden

1. Ein Mietwohngrundstück, das im Jahre 1938 fertiggestellt worden war, hatte am 21.6.1948 einen Einheitswert von 15400,— DM. Der Grund- und Bodenanteil beträgt 20%. In der Zeit von Januar bis Oktober des Kalenderjahres wird das Gebäude für 50000,— DM umgebaut.
   Berechnen Sie die AfA für das Kalenderjahr.

2. Ein Privatmann erwirbt am 20.4. des Kalenderjahres ein Mietwohngrundstück zum Preis von 344000,— DM. Die Grunderwerbsteuer und die Anschaffungsnebenkosten betragen 15880,— DM. Aus der Feuerversicherungspolice läßt sich ein Gebäudewert des im Jahre 1930 errichteten Gebäudes von 200000,— DM und aus der Richtwertkarte für den Grund und Boden ein Verkehrswert von 250000,— DM entnehmen.
   Berechnen Sie die AfA für das Kalenderjahr der Anschaffung.

3. Ein am 1.2. eines Kalenderjahres für 160000,— DM Gebäudewert erworbenes leerstehendes Mietwohnhaus aus dem Jahre 1910 wird für 140000,— DM aus- und umgebaut. Der Umbau ist am 30.11. des Kalenderjahres abgeschlossen und das Haus bezugsfertig.
   Berechnen Sie die AfA für das Kalenderjahr der Anschaffung.

4. Ein Mietwohnhaus, für das der Bauantrag vor dem 28.2.1989 gestellt worden war, wird mit 425000,— DM Herstellkosten abgerechnet. Es ist am 31.10. des Kalenderjahres bezugsfertig. Der Eigentümer beantragt, die günstigste AfA anzusetzen.
   Berechnen Sie den AfA-Betrag für das Kalenderjahr.

5. Ein Unternehmer errichtet eine Werkhalle für 745000,— DM. Der Bauantrag war am 26.2.1990 gestellt worden. Die Halle wird am 31.12.1990 fertiggestellt.
   Berechnen Sie die höchstmögliche AfA, die der Unternehmer für 1990 in Anspruch nehmen kann.

6. Ein Steuerpflichtiger kauft am 17.5.1991 ein mit einem fertigen Wohn- und Geschäftshaus bebautes Grundstück, für das der Bauantrag am 1.4.1990 gestellt worden war, für 1240000,— DM. In dem Hause nutzt der Steuerpflichtige 400 m^2 zu eigenen gewerblichen Zwecken, und 800 m^2 werden zu Wohnzwecken vermietet. Der Sachwert des Gebäudes wird mit 500000,— DM und der Verkehrswert des Grund und Bodens mit 1000000,— DM ermittelt.
   Berechnen Sie die höchstmögliche AfA.

7. Ein Steuerpflichtiger schließt mit einem Bauträger am 1.4.1990 einen Kaufvertrag über den Ankauf eines Wohnhauses mit Wohnungen auf einem Erbbaugrundstück. Das Wohnhaus soll nach den Plänen des Bauträgers errichtet werden und am 31.12. bezugsfertig sein. Der Kaufpreis beträgt 840000,— DM. Das Haus wird tatsächlich am 31.12. des Kalenderjahres bezugsfertig. Die Mieter ziehen im Januar ein.
   Welche AfA ist für das Kalenderjahr möglich?

8. Ein Steuerpflichtiger schließt mit einem Bauträger am 1.4.1990 einen Kaufvertrag über den Ankauf eines Wohnhauses auf einem Erbbaugrundstück. Das Wohnhaus soll nach den Plänen des Bauträgers errichtet werden und am 31.12. bezugsfertig sein. Der Kaufpreis von 840000,— DM ist vom Steuerpflichtigen durch eigene Mittel und eine Hypothek bei der Stadtsparkasse finanziert worden. Die Mieter werden dem Steuerpflichtigen ausnahmslos vom Amt für Wohnungswesen der Stadt zugewiesen. Welche AfA ist für das Kalenderjahr möglich?

9. Ein Steuerpflichtiger erwirbt mit Vertrag vom 1.6. des Kalenderjahres ein Mietwohngrundstück zum Preis von 360000,— DM. Der Sachwert des Gebäudes wird mit 80000,— DM, der Verkehrswert des Grund und Bodens mit 400000,— DM ermittelt. Das Haus aus dem Jahre 1910 wird vom Steuerpflichtigen umgebaut. Durch den Ausbau des Dachgeschosses, mit Bauantrag vom 1.7.1990 beantragt, wird eine neue Mietwohnung geschaffen. Die Umbaukosten werden mit 180000,— DM und die Kosten für den Ausbau des Dachgeschosses mit 125000,— DM abgerechnet. Sämtliche Baumaßnahmen können bis zum 31.12. des Kalenderjahres beendet werden.
   Berechnen Sie die AfA für das Kalenderjahr des Erwerbs und des Umbaus.

10. Am 30.4. wird ein Mietwohnhaus auf einem Erbbaugrundstück fertiggestellt. Die Herstellungskosten betragen 680000,— DM. Das Haus, dessen Bau am 1.2.1990 beantragt worden war, wird voll vermietet. Der Bauherr verkauft das Haus am 30.6.1991 für 660000,,— DM.
    a) Wieviel DM Abschreibung kann der Bauherr im Jahre der Herstellung gem. § 7 Abs. 5 EStG geltend machen?
    b) Wieviel AfA kann der Erwerber im Jahre des Erwerbs ansetzen, wieviel AfA kann der Verkäufer noch geltend machen?

11. Am 30.4.1991 wird ein Mietwohnhaus fertiggestellt, sämtliche Wohnungen sind bezugsfertig und werden ausschließlich Mietern mit Wohnberechtigungsschein zugewiesen. Die Herstellungskosten betragen 680000,— DM, der Bauantrag war am 1.2.1990 gestellt worden.
    Wieviel DM AfA kann der Bauherr im Jahre 1991 geltend machen?

12. Ein Steuerpflichtiger erwirbt am 1.9. des Kalenderjahres ein Wohn- und Geschäftsgrundstück in der Innenstadt für 1500000,— DM. Das Gebäude ist im Jahr 1972 fertiggestellt worden und kostete damals 475000,— DM. Der Grund und Boden hat eine Fläche von 545 m² und war 1972 für 380000,— DM erworben worden, während er nun im Erwerbszeitpunkt lt. Richtwertkartei mit 1000,— DM pro m² gehandelt wird. Der Baupreisindex betrug 1972 (angenommen) 120 und beträgt zum Erwerbszeitpunkt 160 Punkte. Die Grunderwerbsteuer und sonstige Nebenkosten des Erwerbs betragen 55000,— DM. Das Gebäude ist in vollem Umfang vermietet. Berechnen Sie die AfA für das Kalenderjahr des Erwerbs.

13. Im Oktober 1991 wird ein Mehrfamilienhaus, für das der Antrag auf Baugenehmigung im September 1990 gestellt worden war, bezugsfertig. Die Herstellungskosten betragen 620000,— DM, die Anschaffungskosten des Grund und Bodens 80000,— DM. Die ersten Mieter ziehen erst am 15. Dezember 1991 ein.
    a) Wieviel DM kann der Bauherr für das Jahr der Herstellung gemäß § 7 (5) EStG als Abnutzung absetzen?
    b) Wie hoch wäre der AfA-Betrag nach § 7 (4) EStG?

17.2 Betriebsvermögensvergleich

17.2.1 Gewinnbegriff im allgemeinen

Gewinn ist der Unterschiedsbetrag zwischen dem Betriebsvermögen am Ende des Wirtschaftsjahres und dem Betriebsvermögen am Ende des vorangegangenen Wirtschaftsjahres, vermehrt um die Entnahmen und vermindert um die Einlagen.

Berechnungsgrundlage ist somit **das Betriebsvermögen.** Das Betriebsvermögen entspricht bei bilanzierenden Unternehmen dem **Kapital** lt. Bilanz nach der Umbuchung der Privatentnahmen und Privateinlagen über Kapitalkonto.

Beispiel

Kapital lt. Bilanz am 31. 12. 01	47500,— DM
Kapital lt. Bilanz am 31. 12. 02	60480,— DM
Unterschiedsbetrag	12980,— DM
+ Privatentnahmen 02	44320,— DM
	57300,— DM
⁒ Privateinlagen 02	10000,— DM
Gewinn des Wirtschaftsjahres 02	**47300,— DM**

17.2.2 Gewinnermittlung gem. §4 Absatz 1 EStG

Das Betriebsvermögen ist in der Bilanz nach den Vorschriften des **§6 EStG** zu bewerten, das folgende Wertansätze verlangt:

1. Wirtschaftsgüter des abnutzbaren Anlagevermögens mit den Anschaffungs- oder Herstellungskosten, vermindert um die Absetzung für Abnutzung, oder wahlweise mit dem niedrigeren Teilwert.
   Der Bilanzansatz kann über den Bilanzansatz des Vorjahres hinausgehen, er darf jedoch nicht höher sein als die Anschaffungs- oder Herstellungskosten, vermindert um die zulässige Absetzung für Abnutzung.
2. Wirtschaftsgüter des Umlaufvermögens und des nicht abnutzbaren Anlagevermögens (z. B. Grund und Boden, Beteiligungen) mit den Anschaffungs- oder Herstellungskosten oder wahlweise mit dem niedrigeren Teilwert.
   Der Bilanzansatz kann auch über den Bilanzansatz des Vorjahres hinausgehen, er darf aber die Anschaffungs- oder Herstellungskosten nicht übersteigen.
3. Entnahmen und Einlagen mit dem Teilwert
   Teilwert ist der Betrag, den ein Erwerber des ganzen Betriebes im Rahmen des Gesamtkaufpreises bei Fortführung des Betriebes für das einzelne Wirtschaftsgut ansetzen würde. Die obere Grenze des Teilwerts sind die Wiederbeschaffungskosten, die untere Grenze ist der Einzelveräußerungspreis (Verkehrswert, Marktpreis) des betreffenden Wirtschaftsguts.

Beispiel 1

Das bilanzmäßig ermittelte Betriebsvermögen eines Landwirts betrug am 30. 6. 01 147480,— DM, am 30. 6. 02 149802,— DM. Im Betriebsvermögen zum 30. 6. 02 sind Anteile an einer Bezugs- und Absatzgenossenschaft mit einem Wert von 6450,— DM enthalten, die den Anschaffungskosten entsprechen. Der Teilwert dieser Anteile zum 30. 6. 02 beträgt 4500,— DM. Der Betriebsinhaber entscheidet sich nach entsprechender Beratung für eine Berichtigung des bisherigen Ansatzes auf einen Wert von 5000,— DM. Für das Jahr 02 sind Privatentnahmen von 54200,— DM aufgezeichnet worden. Nicht berücksichtigt ist die Entnahme eines Pkw, dessen Buchwert zum Zeitpunkt der Entnahme 2800,— DM und dessen Teilwert (Verkehrswert) 4000,— DM betrug. Einlagen sind nicht vorgekommen.

Berechnung des Gewinns

Kapital lt. Bilanz zum 30. 6. 01		147480,— DM
Kapital lt. Bilanz zum 30. 6. 02		149802,— DM
Unterschiedsbetrag		2322,— DM
⁒ Änderung des Bilanzansatzes		
Anteile:	vorher 6450,— DM	
Anteile:	jetzt 5000,— DM	1450,— DM
verbleiben		872,— DM
+ Privatentnahmen lt. Aufzeichnung		54200,— DM
+ nicht gebuchte Privatentnahme		4000,— DM
Gewinn des Wirtschaftsjahres 02		**59072,— DM**

Beispiel 2

Anschaffungskosten einer Maschine im ersten Halbjahr des Jahres 01 800000,— DM.

Bilanzansätze zum	31.12.01 Teilwert	400000,— DM
	31.12.02 Teilwert	400000,— DM
	31.12.03 Anschaffungskosten – AfA	560000,— DM

Beispiel 3

Die Anschaffungskosten von 10 Aktien betrugen 2380,— DM am 1.7.01. Am 31.12.01 betrug der Kurswert 1830,— DM, am 31.12.02 2640,— DM. Zulässige Bilanzansätze: am 31.12.01 1830,— DM, am 31.12.02 2380,— DM.

17.2.3 Gewinnermittlung gemäß § 5 EStG

Das **Betriebsvermögen** als Berechnungsgrundlage ist hier nach den handelsrechtlichen Grundsätzen ordnungsmäßiger Buchführung zu ermitteln. Dabei sind allerdings auch die Bewertungsvorschriften des § 6 EStG zu beachten.

Das bedeutet im Unterschied zu § 4 Abs. 1 EStG (s. 17.2.2), daß der Unternehmer nach dem das Handelsrecht beherrschenden Niederstwertprinzip nicht wahlweise, sondern **verpflichtend** den niederen Teilwert ansetzen muß, wenn ein solcher festgestellt wird. Dabei ist zwischen Anlagevermögen und Umlaufvermögen zu unterscheiden.

Beim **Anlagevermögen** gilt das gemilderte Niederstwertprinzip, d. h., der niedrigere Wert kann wahlweise angesetzt werden, wenn die Wertminderung nur **vorübergehend** ist. Bei **dauernder** Wertminderung eines Wirtschaftsgutes des Anlagevermögens besteht hingegen das strenge Niederstwertprinzip, d. h., der niedrigere Wert muß angesetzt werden.

Für das Umlaufvermögen gilt grundsätzlich das strenge Niederstwertprinzip, d. h. zwingende Abschreibung auf den niedrigeren Börsen- oder Marktpreis bzw. Zeitwert.

Beispiel

Ein Gewerbetreibender, der gemäß § 38 HGB zur Buchführung verpflichtet ist, ermittelt folgendes bilanzmäßige Betriebsvermögen:

Kapital am 31. 12. 01	247480,— DM
Kapital am 31. 12. 02	285360,— DM

Im bilanzmäßigen Betriebsvermögen per 31. 12. 02 sind Aktien der Deutschen Bank mit Anschaffungskosten von 6400,— DM enthalten. Der Teilwert (Kurswert) per 31. 12. 02 beträgt 5200, DM. Die Privatentnahmen sind mit 35640,— DM vollständig aufgezeichnet worden. Die Einlagen betrugen 4000,— DM.

Berechnung

Kapital am 31. 12. 01		247480,— DM
Kapital am 31. 12. 02		285360,— DM
Unterschiedsbetrag		37880,— DM
⁒ Berichtigung des Bilanzansatzes		
Aktien:	vorher 6400,— DM	
Aktien:	jetzt 5200,— DM	1200,— DM
verbleiben		36680,— DM
+ Privatentnahmen		35640,— DM
Summe		72320,— DM
⁒ Privateinlagen		4000,— DM
Gewinn		**68320,— DM**

Aufgaben zu § 4 Abs. 1 und § 5 EStG

§ 5 EStG

1. Ein Gewerbetreibender hat am 1.7.01 seinen Gewerbebetrieb eröffnet. Das Kapital betrug lt. Eröffnungsbilanz 60000,— DM. Die Schlußbilanz per 31.12.01 weist ein Kapital von 52480,— DM aus. Aus den Lohneinkünften seiner Ehefrau hat er dem Betrieb 12000,— DM Kapital zugeführt. Das Privatkonto enthält sonst keine Eintragungen. Welches Betriebsergebnis ist 01 erzielt worden?

2. Der Juwelier Rosenstein ermittelt zum 31.12.03 ein Kapital lt. Bilanz von 374680,— DM. Bei der Warenbestandsaufnahme hat er einen Brillantring, den er am 20.6.01 für 2620,— DM eingekauft hatte und dessen Wiederbeschaffungskosten am Bilanzstichtag mit 3240,— DM ermittelt werden können, irrtümlich nicht erfaßt. In den gebuchten Privatentnahmen von 44380,— DM ist ein Hochzeitsgeschenk an seine Tochter zum Einkaufspreis von 5400,— DM (das entspricht den Wiederbeschaffungskosten) nicht enthalten. Das Kapital betrug lt. Bilanz zum 31.12.02 356520,— DM. Welchen Gewinn ermitteln Sie aus diesen Angaben?

3. Folgende Werte sind bekannt:
Kapital am 31. 12. 01 . . . . 104450,— DM
Kapital am 31. 12. 02 . . . . 136840,— DM
Barentnahmen . . . . 24700,— DM
Folgende Bilanzansätze bedürfen einer Erläuterung:
   a) Grund und Boden:
   Wertansatz am 31. 12. 01 . . . . 20000,— DM
   Wertansatz am 31. 12. 02 . . . . 20000,— DM
   Auf einer Teilparzelle im Wert von 5000,— DM ist ein Einfamilienhaus für die Tochter des Betriebsinhabers errichtet worden. Das ist bisher nicht bekannt gewesen.
   b) Wertpapiere:
   Wert am 31. 12. 01 . . . . 16240,— DM
   Wert am 31. 12. 02 . . . . 18300,— DM
   Der Wert von 18300,— DM entspricht dem Kurswert. Die Anschaffungskosten der Wertpapiere betrugen 17000,— DM. Ermitteln Sie den Gewinn!

4. Von einem Gewerbetreibenden, der gemäß § 5 EStG bilanziert, sind folgende Werte bekannt:
Kapital lt. Eröffnungsbilanz 1. 2. 01 . . . . 64000,— DM
Kapital lt. Schlußbilanz 31. 12. 01 . . . . 86810,— DM
Privatentnahmen . . . . 26740,— DM
In die Eröffnungsbilanz sind irrtümlich 25000,— DM Sparguthaben, das im Jahre 01 für die Anschaffung von Anlagevermögen aufgewendet worden ist, nicht aufgenommen worden. Welche verschiedenen Berechnungen können Sie durchführen, um den richtigen Gewinn für 01 zu ermitteln?

5. Ermitteln Sie den Gewinn nach § 5 EStG für das Kalenderjahr 02, wenn Ihnen folgende Zahlen bekannt sind:

	01	02
Anlagevermögen	123250,— DM	140720,— DM
Umlaufvermögen	86370,— DM	93810,— DM
Schulden	68140,— DM	55590,— DM
Privatentnahmen		24950,— DM
Privateinlagen		19340,— DM

6. Ein Unternehmer, der seinen Gewinn nach § 5 EStG ermitteln muß, beauftragt Sie, für ihn den Gewinn des Jahres 02 festzustellen und stellt Ihnen folgende Angaben zur Verfügung:

	01	02
Anlagevermögen	80600,— DM	92400,— DM
Umlaufvermögen	71950,— DM	86430,— DM
Schulden	46180,— DM	42750,— DM
Privatentnahmen		25230,— DM
Privateinlagen		20390,— DM

Im Umlaufvermögen des Jahres 02 sind u.a. drei Warengruppen erfaßt, zu denen folgendes bekannt ist:

	Anschaffungskosten	Verkehrswert am Bilanzstichtag	Wertansatz in der Bilanz
Warengruppe A	15500,— DM	12400,— DM	15500,— DM
Warengruppe B	10600,— DM	13200,— DM	13200,— DM
Warengruppe C	8100,— DM	9800,— DM	8100,— DM

Ermitteln Sie den Gewinn.

7. Der Einzelhändler Meier, Inhaber eines Lebensmittelsupermarktes, legt Ihnen folgende Zahlen vor, aus denen Sie den Gewinn des Jahres 02 nach § 5 EStG ermitteln sollen:

	01	02
Anlagevermögen	180400,— DM	174500,— DM
Umlaufvermögen	260900,— DM	290630,— DM
Schulden	110700,— DM	95850,— DM
Privatentnahmen		36180,— DM
Privateinlagen		15000,— DM

Zu den einzelnen Bilanzposten macht der Unternehmer noch folgende Angaben:
Anlagevermögen: Meier hat mit dem firmeneigenen Lieferwagen, angeschafft am 5.1.02, Anschaffungskosten 12500,— DM, betriebsgewöhnliche Nutzungsdauer 5 Jahre, im Jahre 02 durch Trunkenheit am Steuer einen Unfall selbst verschuldet.

Wertansatz zum 31. 12. 02	12500,— DM
./. 20% AfA	2500,— DM
Bilanzansatz zum 31. 12. 02	**10000,— DM**

Der Teilwert beträgt nur noch 5000,— DM.

Umlaufvermögen: Die Ware A wurde zum Stückpreis von 9,— DM angeschafft. Am Bilanzstichtag sind noch 200 Stück vorhanden, Wertansatz zum 31.12.02 = 1800,— DM. Der Marktpreis der Ware A beträgt am Jahresende 8,— DM/Stück.
Die Ware B wurde zum Stückpreis von 4,50 DM angeschafft. Am Bilanzstichtag sind noch 600 Stück vorhanden, Wertansatz zum 31.12.02 = 2700,— DM. Der Marktpreis der Ware B beträgt am Jahresende 5,50 DM/Stück.
Außerdem sind im Umlaufvermögen Aktien enthalten. Anschaffungskosten: 5000,— DM, Kurswert am 31.12.02: 5500,— DM, Bilanzansatz: 5000,— DM.

8. Das Kapital in den Bilanzen eines Landwirts hat sich wie folgt entwickelt:

Kapital am 30. 6. 01	475000,— DM
Kapital am 30. 6. 02	532360,— DM

Die Privatentnahmen im Wirtschaftsjahr 01 betrugen 42350,— DM. Das Privatkonto für das Wirtschaftsjahr 02 weist nur Buchungen des Eigenverbrauchs in Höhe von 10240,— DM aus. Der übrige private Bedarf ist aus einer Erbschaft in Höhe von 50000,— DM gedeckt worden. 20000,— DM aus dieser Erbschaft sind für die Anschaffung von Anteilen an einer Bezugs- und Absatzgenossenschaft verwandt worden, die am Bilanzstichtag einen Teilwert von 15400,— DM hatten, aber mit den Anschaffungskosten von 20000,— DM bilanziert sind. Welches Betriebsergebnis hat der Landwirt im Jahre 02 erzielt?

9. Die Bilanz eines Steuerberaters, der seinen Gewinn nach § 4 Abs. 1 EStG ermittelt, weist per 31. 12. 02 folgende Werte aus:

Aktiva	Bilanz		Passiva
Anlagevermögen	72480,—	Sonstige Verbindlichkeiten	15200,—
Forderungen	142300,—	Kapital	206000,—
Bankguthaben	6420,—		
	221200,—		221200,—

Die Privatentnahmen betragen lt. Konto 62460,— DM, die Forderungsausfälle belaufen sich jährlich auf rd. 4% des Nettowertes. Eine Wertberichtigung auf Forderungen ist bisher nicht gebildet worden. Welchen Gewinn berechnen Sie, wenn die Wertberichtigung gebildet wird und 202300,— DM als Kapital per 31. 12. 01 bekannt sind?

10. Ein Architekt, der seinen Gewinn nach § 4 Abs. 1 EStG ermittelt, weist für den abgelaufenen Veranlagungszeitraum einen Gewinn von 56000,— DM aus. Stellen Sie fest, ob und wie sich der angegebene Gewinn unter Berücksichtigung der folgenden Angaben verändert.
   a) In der Buchführung des Architekten ist bisher nicht berücksichtigt worden, daß 2500,— DM der ausgewiesenen Autokosten durch private Fahrten verursacht worden sind.
   b) Die gesamten Telefonkosten betragen 2400,— DM. Davon müssen 20% für private Nutzung unterstellt werden, das ist bisher nicht berücksichtigt worden.
   c) Zu Weinhnachten hat der Architekt seiner Frau eine Perlenkette im Wert von 2500,— DM gekauft. Das Geld stammte aus der Geschäftskasse, doch das ist nicht gebucht worden.
   d) Im Laufe des Jahres hat der Achitekt für 50000,— DM Chemie-Aktien gekauft und dem Betriebsvermögen zugeführt. In der Steuerbilanz zum 31.12. sind diese Aktien mit einem Wert von 42000,— DM (Kurswert) ausgewiesen. Der Architekt hat 8000,— DM als außerordentlichen Verlust gebucht.

11. Ein Landwirt, der seinen Gewinn nach § 4 Abs. 1 EStG ermittelt, weist nach Vergleich des Betriebsvermögens am Schluß des Wirtschaftsjahres mit dem Betriebsvermögen am Schluß des vorangegangenen Wirtschaftsjahres einen Gewinn von 32650,— DM aus. Im Betriebsvermögen sind Automobil-Aktien enthalten, die der Steuerpflichtige im Laufe des Wirtschaftsjahres zum Kurswert von 20000,— DM gekauft hat, die aber am Bilanzstichtag nur noch einen Kurswert von 15000,— DM haben. Der Landwirt hat die Aktien mit 15000,— DM in seiner Bilanz angesetzt und 5000,— DM als außerordentlichen Verlust geltend gemacht. Außerdem ist im Betriebsvermögen eine Melkmaschine enthalten, die unter Berücksichtigung planmäßiger AfA mit einem Buchwert von 5000,— DM angesetzt ist. Der Landwirt hat jedoch die Milchviehhaltung im Laufe des Wirtschaftsjahres aufgegeben. Deshalb ist die Melkmaschine überflüssig geworden und hat nur noch einen Teilwert von 1000,— DM. Aus den Unterlagen des Landwirts geht ferner hervor, daß er im abgelaufenen Wirtschaftsjahr eine Tiefkühltruhe für den Privathaushalt im Werte von 750,— DM gekauft hat, die als geringwertiges Wirtschaftsgut verbucht worden ist. Die Entnahmen von landwirtschaftlichen Erzeugnissen aus dem eigenen Betrieb in Höhe von 9200,— DM sind in der Buchführung bisher nicht berücksichtigt worden. Ermitteln Sie den steuerlichen Gewinn.

12. Ein Unternehmer hat eine veraltete Maschine in den Bilanzen der Jahre 31.12.05 bis 31.12.08 mit einem Teilwert von 5000,— DM angesetzt. Die Anschaffungskosten der Maschine betrugen im ersten Halbjahr des Jahres 01 175000,— DM. Die Nutzungsdauer war mit 20 Jahren berechnet. Im Jahre 09 ändern sich die Produktionsverhältnisse so, daß der Kaufmann die Maschine voll ausnutzen kann. Das möchte er auch bei der Bewertung der Maschine in der Bilanz zum 31.12.09 zum Ausdruck bringen, vor allem im Hinblick auf seine Bank.
   a) Berechnen Sie den möglichen Bilanzansatz zum 31.12.09.
   b) Welche Gewinnauswirkung hat diese Bewertung?
   c) Welche Gewinnauswirkung hatte die Bewertung zum Teilwert von 5000,— DM im Jahre 05?

13. Fritz Schreiber ist Inhaber einer Buchhandlung und ermittelt seinen Gewinn nach §5 EStG. In seiner Bilanz für das Wirtschaftsjahr 01 weist er einen Gewinn von 126840,— DM aus. Überprüfen Sie, ob sich folgende Fälle auf den Gewinn auswirken, und ermitteln Sie ggf. den korrigierten Gewinn.
    a) Schreiber hat einem guten Bekannten einen Globus zum Preis von 272,85 DM einschließlich 7% MwSt bar verkauft und den Vorgang nicht gebucht. Der normale Ladenverkaufspreis beträgt 321,— DM.
    b) Bei einer Kontrolle der Inventurlisten hat sich ergeben, daß mehrere Atlanten zum Ladenverkaufspreis von insgesamt 16050,— DM bewertet wurden. Die Anschaffungskosten betrugen 10000,— DM, der Teilwert am Bilanzstichtag 9000,— DM.
    c) Die private Nutzung des Geschäftstelefons wurde noch nicht gebucht. Die Telefonkosten betrugen im Wirtschaftsjahr 01 insgesamt 6000,— DM. Der private Nutzungsanteil wird auf 30% geschätzt.
    d) Am 1.10.01 hat Schreiber ein Telefax-Gerät zu 950,— DM + 15% MwSt angeschafft. Nachdem sich herausgestellt hatte, daß ein nahegelegener Radiomarkt das gleiche Gerät 20% preisgünstiger anbot, erhielt Schreiber von seinem Händler ebenfalls einen Nachlaß von 20%. Schreiber hat das Gerät auf dem Konto Betriebs- und Geschäftsausstattung aktiviert und für das Jahr 01 die lineare AfA bei vier Jahren betriebsgewöhnlicher Nutzungsdauer gebucht. Er möchte einen möglichst geringen Gewinn ausweisen.
    e) Schreiber hat seinem Sohn zu Beginn des Jahres 01 ein Existenzgründungsdarlehn von 10000,— DM aus betrieblichen Mitteln gewährt und per Darlehn an Bank gebucht. Noch im selben Jahr ging sein Sohn in Konkurs. Die Forderung wurde uneinbringlich. Schreiber buchte daraufhin: Abschreibungen an Darlehn 10000,— DM.

17.3 Einnahmeüberschußrechnung

(Gewinnermittlung gemäß § 4 Abs. 3 EStG)

Gewinn ist gemäß § 4 Abs. 3 EStG als **Überschuß** der Betriebseinnahmen über die Betriebsausgaben definiert.

1. **Betriebseinnahmen** sind nach dem Zuflußprinzip nur tatsächlich vereinnahmte Beträge, Forderungen werden nicht berücksichtigt. Nicht zu den Betriebseinnahmen gehören durchlaufende Posten und aufgenommene Darlehen. Die vereinnahmte Mehrwertsteuer gilt nicht als durchlaufender Posten. Sie gehört zu den Einnahmen.

2. **Betriebsausgaben** sind nur abzusetzen, soweit sie tatsächlich geleistet worden sind. Durchlaufende Posten scheiden auch hier aus. Die **gezahlte Vorsteuer** ist kein durchlaufender Posten. Ausgaben für die Anschaffung oder Herstellung von abnutzbaren Wirtschaftsgütern sind nur im Rahmen des § 7 EStG als AfA berücksichtigungsfähig.
   Ausgaben für die Anschaffung von nicht abnutzbaren Wirtschaftsgütern sind erst anzusetzen, wenn das Wirtschaftsgut veräußert oder dem Betriebsvermögen entnommen wird. Darlehnsrückzahlungen sind keine Betriebsausgaben.

3. **Regelmäßig wiederkehrende Einnahmen,** die dem Betriebsinhaber kurze Zeit vor Beginn oder kurze Zeit (bis zu 10 Tagen) nach Beendigung des Kalenderjahres zufließen, werden noch in dem Kalenderjahr berücksichtigt, zu dem sie wirtschaftlich gehören. Das gleiche gilt für regelmäßig wiederkehrende Ausgaben, die dem Betriebsinhaber kurze Zeit vor Beginn oder kurze Zeit nach Beendigung des Kalenderjahres zufließen.

Beispiel zur Gewinnermittlung gemäß § 4 Abs. 3 EStG

Nach den Aufzeichnungen eines Tabakwareneinzelhändlers sind im Kalenderjahr (Wirtschaftsjahr) eingegangen:

Betriebseinnahmen einschließlich MwSt lt. Kassenbuch	125324,— DM
Betriebseinnahmen einschließlich MwSt durch Banküberweisung	4270,— DM
zusammen	129594,— DM

An Ausgaben sind aufgezeichnet:

Warenbezahlung	82640,— DM
Löhne	3360,— DM
Miete (11 · 400,— DM)	4400,— DM
Darlehnszinsen und -tilgung	2740,— DM
Vorsteuer	9839,— DM
Anzahlung Pkw-Kauf	4000,— DM
	106979,— DM

Der Pkw ist am 2. 4. des Jahres angeschafft worden. Die Rechnung darüber lautete auf 15000,— DM + 2250,— DM MwSt = 17250,— DM. Die Miete für Dezember in Höhe von 400,— DM ist am 3. 1. des folgenden Jahres beglichen worden. Die Darlehnstilgung betrug 630,— DM.

Berechnung

Betriebseinnahmen			129594,— DM
Betriebsausgaben			
Warenbezahlung		82640,— DM	
Löhne		3360,— DM	
Miete (12 · 400,— DM)		4800,— DM	
Darlehnszinsen	2740,— DM		
	./. 630,— DM	2110,— DM	
Vorsteuer		9839,— DM	
AfA Pkw 20% von 15000,— DM		3000,— DM	105749,— DM
Gewinn = Überschuß			**23845,— DM**

Aufgaben

1. Ein Steuerpflichtige, der den Gewinn nach §4 Abs. 3 EStG ermittelt, legt Ihnen folgende Zahlen vor: Betriebseinnahmen .... 36480,— DM
   Betriebsausgaben .... 20250,— DM

   Ermitteln Sie den Gewinn unter Berücksichtigung folgender Angaben:
   a) Bei der Inventur zum 31. 12. ermittelte der Steuerpflichtige einen Warenbestand von 8300,— DM. Der Jahresanfangsbestand per 1. 1. betrug 12150,— DM. Die Differenz von 3850,— DM buchte der Unternehmer als Betriebsausgabe.
   b) Eine Forderung von 500,— DM + 75,— DM MwSt ist uneinbringlich geworden. Der Steuerpflichtige bucht 500,— DM als Betriebsausgabe.
   c) Der Steuerpflichtige hat von einem Kunden eine Vorauszahlung von 400,— DM auf eine Lieferung erhalten. Dieser Betrag ist als Betriebseinnahme gebucht worden.
   d) Eine Forderung ist nach Auskunft des Steuerpflichtigen zweifelhaft geworden. Er hat deshalb eine Wertberichtigung von 800,— DM gebildet und als Betriebsausgabe gebucht.

2. Ein Kleingewerbetreibender (§19 I UStG) buchte 29280,— DM Betriebseinnahmen und 12920,— DM Betriebsausgaben.

   Ermitteln Sie den Gewinn gemäß § 4 Abs. 3 EStG unter Beachtung folgender Angaben:
   a) Ein Kunde leistete eine Anzahlung von 500,— DM. Dieser Betrag ist noch nicht als Betriebseinnahme gebucht worden, weil die Ware noch nicht geliefert worden ist.
   b) Am 1. Oktober ist die Miete für Geschäftsräume für ein halbes Jahr im voraus bezahlt worden = 3000,— DM. Der Mietanteil des alten Jahres ist mit 1500,— DM als Betriebsausgabe gebucht worden.

c) Ein Posten feuchtigkeitsempfindlicher Waren ist durch Nässeeinwirkung fast unbrauchbar geworden. Der Anschaffungspreis betrug 650,— DM. Den gegenwärtigen Preis schätzt der Betriebsinhaber auf 50,— DM. 600,— DM werden als Betriebsausgabe gebucht.

d) Am 15. 4. ist eine neue Maschine zum Rechnungspreis von 8000,— DM + 1120,— DM MwSt = 9200,— DM gekauft worden. Ihre betriebsgewöhnliche Nutzungsdauer beträgt 5 Jahre. Als Betriebsausgabe wurden 1840,— DM = 20% von 9200,— DM gebucht.

3. Ein Unternehmer, der seinen Gewinn nach § 4 Abs. 3 EStG ermittelt, legt Ihnen folgende Zahlen vor:

Betriebseinnahmen . . . . 43560,— DM
Betriebsausgaben . . . . 25230,— DM

Ermitteln Sie den Gewinn unter Berücksichtigung folgender Angaben:

a) Im Veranlagungszeitraum wurde ein Darlehn von 6000,— DM aufgenommen. Dieser Betrag wurde als Betriebseinnahme verbucht.

b) Im Laufe des Jahres wurde ein Posten Ware zum Rechnungspreis von 1000,— DM + 150,— DM MwSt=1150,— DM erworben. Dieser Betrag wurde durch Postscheck überwiesen. 1000,— DM wurden als Betriebsausgabe und 150,— DM als durchlaufender Posten gebucht.

c) Der Unternehmer verkaufte eine gebrauchte Maschine für 800,— DM +120,—DM MwSt gegen Barzahlung. Der Buchwert der Maschine betrug zum Zeitpunkt der Veräußerung 300,— DM. Der Unternehmer buchte 800,— DM als Betriebseinnahme.

d) Für die Gewerbesteuerabschlußzahlung wurde eine Rückstellung von 450,— DM gebildet und als Betriebsausgabe gebucht.

4. Ermitteln Sie aus folgenden Angaben den Gewinn nach § 4 Abs. 3 EStG:

Betriebseinnahmen . . . . 39850,— DM
Betriebsausgaben . . . . 23920,— DM

a) Aus einem Lottogewinn sind 1500,— DM in die Geschäftskasse gelegt und als Betriebseinnahme gebucht worden.

b) Bei einem Ladendiebstahl haben Diebe Waren im Wert von 350,— DM und Bargeld aus der Kasse in Höhe von 600,— DM erbeutet. 950,— DM sind als Betriebsausgabe gebucht worden.

c) Im Dezember ist die Telefonrechnung mit 250,— DM in bar bezahlt und als Betriebsausgabe verbucht worden. Die private Telefonnutzung wird auf 20% der Kosten geschätzt.

d) Für private Zwecke sind der Geschäftskasse 300,— DM und dem Warenlager Waren, die der 15%igen MwSt unterliegen, im Wert von 250,— DM entnommen worden. Als Betriebsausgabe sind 550,— DM gebucht worden.

5. Ermitteln Sie aus folgenden Angaben den Gewinn nach § 4 Abs. 3 EStG:

Betriebseinnahmen . . . . 45720,— DM
Betriebsausgaben . . . . 31690,— DM

a) Am 1. November ist die betriebliche Kraftfahrzeugversicherung mit 600,— DM für ein halbes Jahr im voraus bezahlt worden. Davon wurden 200,— DM als Betriebsausgabe des alten Jahres gebucht.

b) Die Reparatur einer Maschine kostete 400,— DM + 60,— DM MwSt = 460,— DM. Sie wurde mit einem Bankscheck bezahlt. 400,— DM wurden als Betriebsausgabe gebucht.

c) Das Finanzamt erstattete an Steuern:

Einkommensteuer . . . . 500,— DM
Vermögensteuer. 200,— DM
Umsatzsteuer. 250,— DM

Als Betriebseinnahme wurden 950,— DM gebucht.

6. Ermitteln Sie aus folgenden Angaben den Gewinn nach § 4 Abs. 3 EStG:

Betriebseinnahmen . . . . 37650,— DM
Betriebsausgaben . . . . 19860,— DM

a) Der Steuerpflichtige hat seiner Geschäftskasse 250,— DM für die „Aktion Sorgenkind" entnommen und diesen Betrag als Betriebsausgabe gebucht.

b) Unter den Betriebsausgaben befindet sich ein Amortisationsbetrag von 800,— DM für ein aufgenommenes Darlehn. Der Tilgungsanteil beträgt 500,— DM, der Zinsanteil 300,— DM.

c) Außerdem befindet sich unter den Betriebsausgaben eine Anzahlung von 600,— DM für eine vom Steuerpflichtigen bestellte, ihm aber noch nicht gelieferte Ware.

d) Die Mieteinnahmen aus Wohnungsvermietungen betragen 1200,— DM. Sie sind als Betriebseinnahmen gebucht worden.

7. Ermitteln Sie aus folgenden Angaben den Gewinn nach § 4 Abs. 3 EStG:
Betriebseinnahmen . . . . 46750,— DM
Betriebsausgaben . . . . 27910,— DM
   a) Die Miete für den Monat Januar des neuen Jahres ist bereits am 28. 12. des alten Jahres bezahlt und der Betrag von 1500,— DM als Betriebsausgabe gebucht worden.
   b) Zehn Aktien im Nennwert von 50,— DM pro Stück und mit einem Stückkurs von 225,— DM, Erwerbsaufwand insgesamt 50,— DM, werden als Betriebsvermögen eingelegt und als Betriebsausgabe behandelt. Die Dividende von 70,— DM ist als Betriebseinnahme gebucht worden.
   c) Der Steuerpflichtige kaufte am 30. 10. eine Maschine zum Nettopreis von 6000,— DM +900,— DM MwSt. Ihre betriebsgewöhnliche Nutzungsdauer wird auf 10 Jahre geschätzt. Der Käufer leistete eine Anzahlung von 3000,— DM. Als Betriebsausgabe wurden 150,— DM ($^1/_2$ Jahres-AfA = 5% von 3000,— DM) gebucht.
   d) Außerdem veräußerte der Mandant eine Maschine zum Bruttopreis von 920,— DM. Der Buchwert betrug zum Zeitpunkt des Verkaufs 300,— DM. Als Betriebseinnahme wurden 500,— DM gebucht. Die MwSt blieb unberücksichtigt, da sie nach Auffassung des Steuerpflichtigen ein durchlaufender Posten ist.

8. Der selbständige Bausparkassenvertreter Karl-Heinz Hauser bittet Sie, seinen Gewinn für den abgelaufenen Veranlagungszeitraum nach § 4 Abs. 3 EStG zu ermitteln, und macht Ihnen hierzu folgende Angaben:
   a) Provisionsgutschriften für abgeschlossene Bausparverträge 154000,— DM.
   b) Am 31.12. bestehen noch Provisionsforderungen gegenüber der Bausparkasse in Höhe von 24000,— DM.
   c) Barkauf von Büromaterial einschließlich USt 2760,— DM.
   d) Überweisungen für Gehälter, Büromiete, Telefon 50300,— DM. Das Dezembergehalt in Höhe von 3500,— DM, zahlbar am 30.12. des Jahres wurde versehentlich erst am 3.1. des nächsten Jahres überwiesen.
   e) laufende Kraftfahrzeugkosten, im abgelaufenen Veranlagungszeitraum bezahlt, zuzüglich AfA, insgesamt 15600,— DM. Eine Rechnung der Kfz-Vertragswerkstatt über eine Pkw-Inspektion am 28.12. des Jahres in Höhe von 800,— DM zuzüglich 15% MwSt wurde erst am 5.1 des nächsten Jahres beglichen.
   f) Anfang des Jahres kaufte Hauser für sein Büro eine neue Computeranlage für 12000,— DM zuzüglich 15% MwSt, AfA-Satz 30%, seine alte Computeranlage, deren Restbuchwert 1200,— DM betrug, gab er für 800,— DM in Zahlung.
   g) Den Betriebs-Pkw hat er zu 25% privat genutzt.

17.4 Übergang von der Gewinnermittlung gemäß § 4 Abs. 3 EStG zur Gewinnermittlung gemäß § 4 Abs. 1 oder § 5 EStG

Der Übergang von der Einnahme-Überschußrechnung zum Bestandsvergleich erfordert, daß Geschäftsvorgänge, die bei der bisherigen Gewinnermittlungsart nicht berücksichtigt werden konnten, beim ersten Bestandsvergleich berücksichtigt werden.

Der **Bilanzgewinn des ersten Jahres** ist um folgende Hinzurechnungen und Kürzungen zu berichtigen:

Hinzurechnungen:	**Kürzungen:**
Warenanfangsbestand lt. Eröffnungsbilanz	Warenschulden lt. Eröffnungsbilanz
Warenforderungen lt. Eröffnungsbilanz	Passive Rechnungsabgrenzungsposten
Aktive Rechnungsabgrenzungsposten	Rückstellungen

Beispiel

Ein Steuerpflichtiger, der am 1.1.02 zur ordnungsmäßigen Buchführung übergegangen ist, hat folgende Eröffnungsbilanz erstellt:

Aktiva	Eröffnungsbilanz		Passiva
Anlagevermögen	25400,—	Warenschulden	19270,—
Warenbestand	38560,—	Passive Rechnungs-abgrenzungsposten	330,—
Warenforderungen	10480,—	Kapital	55500,—
Aktive Rechnungs-abgrenzungsposten	660,—		
	75100,—		75100,—

Der Bilanzgewinn des Jahres 02 beträgt 36440,— DM. Diesem Gewinn sind hinzuzurechnen:

Warenbestand		38560,— DM
Warenforderungen		10480,— DM
Aktive Rechnungsabgrenzungsposten		660,— DM
		49700,— DM
Er ist zu kürzen um:		
Warenschulden	19270,— DM	
Passive Rechnungsabgrenzungsposten	330,— DM	19600,— DM
Hinzurechnungsbetrag		30100,— DM
+ Bilanzgewinn		36440,— DM
für das Jahr 02 zu versteuernder Gewinn		**66540,— DM**

Zur Vermeidung von Härten können **auf Antrag** des Steuerpflichtigen die Zurechnungsbeträge gleichmäßig auf das Jahr des Übergangs und die beiden folgenden Jahre verteilt werden.

Aufgaben

1. Der Einzelhandelskaufmann Abel geht im Jahre 02 zur ordnungsmäßigen Buchführung über. Die dem Finanzamt vorgelegten Bilanzen weisen folgende Werte aus:

a) Eröffnungsbilanz zum 1. 1. 02

Aktiva	Eröffnungsbilanz		Passiva
Grundstücke	25000,—	Warenverbindlichkeiten	38160,—
Gebäude	140000,—	Inventarschulden	4400,—
Fuhrpark	16400,—	Rückstellungen	2000,—
Warenbestand	37800,—	Kapital	212390,—
Warenforderungen	20400,—		
Darlehnsforderung	10000,—		
Bankguthaben	6700,—		
Kassenbestand	650,—		
	256950,—		256950,—

b) Schlußbilanz zum 31. 12. 02

Aktiva	Schlußbilanz		Passiva
Grundstücke	25000,—	Warenschulden	31820,—
Gebäude	136000,—	Bankschulden	22400,—
Fuhrpark	15000,—	Rückstellungen	8520,—
Warenbestand	66440,—	Kapital	226517,—
Warenforderungen	44160,—		
Bankguthaben	2180,—		
Kassenbestand	477,—		
	289257,—		289257,—

Die Privatentnahmen betrugen im Jahre 02 24140,— DM. Welcher Gewinn ist für das Jahr 02 unter Berücksichtigung des Übergangs in der Gewinnermittlung zu versteuern?

2. Der erstmals durch Bestandsvergleich ermittelte Gewinn eines Gewerbetreibenden für das Jahr 02 betrug 36480,— DM. Zur Ermittlung des Übergangsgewinns können aus der Eröffnungsbilanz folgende Werte entnommen werden:
   Warenbestand . . . . 15400,— DM
   Warenforderungen . . . . 6800,— DM
   Warenschulden bestanden zu Beginn des Jahres nicht. Im Laufe des Jahres 02 sind jedoch allgemeine Geschäftskosten aus den Vorjahren in Höhe von 4800,— DM beglichen und über Kostenkonten gebucht worden. Diese Schulden hätten bereits in der Eröffnungsbilanz ausgewiesen werden müssen. Wie wirkte sich die Nichtaufnahme dieser Schulden in die Eröffnungsbilanz aus?
3. Ein Kaufmann hat in der Eröffnungsbilanz zum 1.1.02 beim Übergang zur ordnungsmäßigen Buchführung gemäß § 5 EStG den Warenbestand um 5000,— DM zu gering angesetzt und die Warenforderungen in Höhe von 2640,— DM ganz vergessen. Die Schlußbilanz ist richtig. Welche Auswirkungen hatten diese Fehler?
4. Ein Unternehmer eröffnete im Jahre 01 seinen Betrieb und ermittelte zunächst den Gewinn nach § 4 Abs. 3 EStG. Im Jahre 05 soll der Gewinn nach § 5 EStG ermittelt werden.
   Inventurbestände am 1. 1. 05:
   Waren . . . . 35400,— DM
   Warenschulden . . . . 31900,— DM
   Warenforderungen . . . . 15100,— DM
   Der Gewinn für das Jahr 05 wurde nach § 5 EStG mit 28950,— DM ermittelt. Welche Hinzurechnungen und Kürzungen sind noch vorzunehmen?
5. Ein Steuerpflichtiger eröffnete im Jahre 01 einen Betrieb und ermittelte den Gewinn zunächst nach § 4 Abs. 3 EStG. Am 1. 1. 05 geht er zur ordnungsmäßigen Buchführung über und stellt bei der Inventur zu Jahresanfang folgende Bestände fest:
   Warenbestand . . . . 45700,— DM
   Warenforderungen . . . . 19800,— DM
   Warenschulden . . . . 18500,— DM
   Kasse/Bank . . . . 35100,— DM
   Maschinen . . . . 56300,— DM
   Der Gewinn für das Jahr 05 wurde nach § 5 EStG mit 35960,— DM ermittelt. Die erforderlichen Hinzurechnungen und Kürzungen sind noch vorzunehmen.
6. Ein Unternehmer eröffnete im Jahre 01 einen Betrieb und ermittelte seinen Gewinn zunächst nach § 4 Abs. 3 EStG. Am 1. 1. 05 geht er zur Gewinnermittlung nach § 5 EStG über.
   Am 1. 1. 05 ergaben sich folgende Inventurbestände:
   Warenbestand . . . . 48600,— DM
   Warenforderungen . . . . 23100,— DM
   Warenschulden . . . . 36400,— DM
   Kasse/Bank . . . . 29900,— DM
   Maschinen . . . . 63700,— DM
   Der Gewinn für das Jahr 05 wurde nach § 5 EStG ermittelt und beträgt 41320,— DM. Berichtigen Sie den Bilanzgewinn um die notwendigen Hinzurechnungen und Kürzungen.

17.5 Ermittlung der abzugsfähigen Vorsorgeaufwendungen und der Sonderausgaben im Sinne der §§ 10, 10c und § 10e EStG 1987 (Steuerbegünstigung der eigenen Wohnung im eigenen Haus)

17.5.1 Vorsorgeaufwendungen (Höchstbetragsberechnung)

Vorsorgeaufwendungen sind alle in § 10 Abs. 1 Nrn. 2 und 3 EStG bezeichneten Versicherungsbeiträge und 50% der an Bausparkassen zur Erlangung von Baudarlehn geleisteten Beiträge. Diese Beträge sind beschränkt abzugsfähig, und zwar nur in folgender Höhe:

a) **Grundhöchstbetrag** . . . . 2610,— DM
im Falle der Zusammenveranlagung von Ehegatten Verdoppelung auf 5220,— DM

b) **Vorwegabzug** für Versicherungsbeiträge . . . . 6000,— DM
im Falle der Zusammenveranlagung von Ehegatten Verdoppelung auf 12000,— DM
Der Vorwegbazug vermindert sich zur **Abgeltung der Alterversorgungsansprüche** bei Arbeitnehmern einschließlich der Beamten und Abgeordneten, die Bezüge gem. § 22 Nr. 4 EStG beziehen, und Berufsangehörigen, die nach vertraglichen Vereinbarungen Anwartschaftsrechte auf Altersversorgung erwerben (z. B. Knappschaftsärzte), **um 9%** des Arbeitslohns, der Einkünfte gem. § 22 Nr. 4 EStG oder des Gewinns aus der Vertragstätigkeit, höchstens um 9% des Jahresbetrages der Beitragsbemessungsgrenze in der gesetzlichen Rentenversicherung der Angestellten[1], darüber hinaus **um weitere 4%** der gleichen Beträge zur **Abgeltung der Krankenversicherungsansprüche** bzw. des Anspruchs auf Beihilfe bei den Beamten sowie um weitere 3% beim gleichen Personenkreis zur **Abgeltung der Arbeitslosenversicherung**, insgesamt also um **16%** der oben genannten Bemessungsgrundlagen.
Bei nicht ganzjähriger Beschäftigung ist die Kürzung des Vorwegabzugs entsprechend der Dauer der aktiven Tätigkeit auf den anteiligen Jahresbetrag der Beitragsbemessungsgrenze in der gesetzlichen Rentenversicherung zu begrenzen.
Der Vorwegabzug wird **nicht gekürzt** bei Rentnern, Pensionären und ehemaligen Mandatsträgern mit Versorgungsbezügen im Sinne des § 22 Nr. 4 EStG.
Soweit die Vorsorgeaufwendungen den Vorwegabzug und den Grundhöchstbetrag übersteigen, können sie **zur Hälfte**, höchstens bis zu 50% des Grundhöchstbetrages, abgezogen werden (**hälftiger Höchstbetrag**).

Beispiele zur Berechnung der abzugsfähigen Vorsorgeaufwendungen

Beispiel 1

Der verheiratete und nicht dauernd von seiner Ehefrau getrennt lebende Rechtsanwalt Lex hat zwei Kinder unter 16 Jahren. Er macht folgende Vorsorgeaufwendungen geltend:

Lebensversicherungsbeiträge	11860,— DM
Krankenversicherungsbeiträge	5480,— DM
Haftpflichtversicherung	630,— DM
Beiträge an eine Bausparkasse	6600,— DM
insgesamt	**24570,— DM**

[1] für 1993 gilt: 86400,— DM

Berechnung

Versicherungen	11860,— DM 5480,— DM 630,— DM	
zusammen	17970,— DM	
Vorwegabzug	12000,— DM	12000,— DM
verbleiben	5970,— DM	
+ 50% Beiträge an Bausparkassen	3300,— DM	
zusammen	9270,— DM	
Grundhöchstbetrag (2 · 2610,— DM)	5220,— DM	5220,— DM
verbleiben	4050,— DM	
davon die Hälfte		2025,— DM
abzugsfähig		**19245,— DM**

Beispiel 2

Der verheiratete und nicht dauernd getrennt lebende kaufmännische Angestellte Feder bezog im abgelaufenen Kalenderjahr 70400,— DM Bruttogehalt. Er macht im Rahmen des Lohnsteuerjahresausgleichs folgende Vorsorgeaufwendungen geltend:

Sozialversicherungsbeiträge	9470,— DM
Freiwillige Krankenversicherung	3140,— DM
Haftpflichtversicherung	580,— DM
Lebensversicherung	1620,— DM
Bausparkassenbeiträge	2600,— DM
zusammen	**17410,— DM**

Berechnung

Versicherungen		9470,— DM 3140,— DM 580,— DM 1620,— DM	
zusammen		14810,— DM	
Vorwegabzug	12000,— DM		
·/. 16% von 70400,—	11264,— DM	736,— DM	736,— DM
verbleiben		14074,— DM	
+ 50% Beiträge an Bausparkassen		1300,— DM	
zusammen		15374,— DM	
·/. Grundhöchstbetrag (2 · 2610,—)		5220,— DM	5220,— DM
verbleiben		10154,— DM	
davon ½, höchstens ½ von 5220,— DM			2610,— DM
abzugsfähig			**8566,— DM**

Beispiel 3

Ein verheirateter, nicht dauernd getrennt lebender Arzt hat einen Vertrag mit der Bundesknappschaft, der ihm eine Alterversorgung sichert. Der Gewinn aus seiner Praxis betrug im abgelaufenen Kalenderjahr 150000,— DM. Im Rahmen seiner Einkommensteuerveranlagung macht er folgende Vorsorgeaufwendungen geltend:

Lebensversicherungen	11400,— DM
Krankenversicherung	6000,— DM
private Haftpflichtversicherung	1000,— DM
zusammen	**18400,— DM**

Berechnung

Versicherungen		18400,— DM	
Vorwegabzug	8000,— DM		
./. 9% von 150000,— DM, höchstens 9% der Beitragsbemessungsgrenze in der Rentenversicherung, hier 75600,— DM	6804,— DM	1196,— DM	1196,— DM
verbleiben		17204,— DM	
./. Grundhöchstbetrag		4680,— DM	4680,— DM
verbleiben		12524,— DM	
davon ½, höchstens ½ von 4680,— DM			2340,— DM
abzugsfähig			**8216,— DM**

Beispiel 4

Ein nicht dauernd getrennt lebendes Arbeitnehmerehepaar hat im abgelaufenen Jahr folgenden Arbeitslohn aus rentenversicherungspflichtiger Tätigkeit erzielt: Ehemann 87000,— DM, Ehefrau 50000,— DM. Die Beitragsbemessungsgrenze in der Rentenversicherung der Angestellten beträgt in dem Jahr 86400,— DM. Bei der Einkommensteuerveranlagung machen die Eheleute folgende Vorsorgeaufwendungen geltend:

Ehemann	Sozialversicherung	10440,— DM
	Lebensversicherung	2000,— DM
Ehefrau	Sozialversicherung	6000,— DM
	Haftpflichtversicherung	1200,— DM
zusammen		**19640,— DM**

Berechnung

Versicherungsbeiträge			19640,— DM	
Vorwegabzug		12000,— DM		
./. 16% von maximal	86400,— DM			
+	50000,— DM			
	136400,— DM	21824,— DM	0,— DM	0,— DM
verbleiben			19640,— DM	
./. Grundhöchstbetrag (2 · 2610,— DM)			5220,— DM	5220,— DM
verbleiben			14420,— DM	
davon ½, höchstens ½ von 5220,— DM				2610,— DM
abzugsfähig				**7830,— DM**

Beispiel 5

Ein verheirateter Beamter geht mit Vollendung seines 64. Lebensjahres am 30.6. des Jahres in den Ruhestand. Seine Dienstbezüge betragen bis dahin 6000,— DM monatlich. Vom 1.7. an erhält er eine monatliche Pension von 4500,— DM. Er macht Zahlungen für

persönliche Versicherungen von	9200,— DM
und für Bausparbeiträge von	5000,— DM
geltend, zusammen	**14200,— DM**

Berechnung

Versicherungsbeiträge		9200,— DM	
Vorwegabzug	12000,— DM		
− 16% von 36000,— DM.	5760,— DM	6240,— DM	6240,— DM
verbleiben		2960,— DM	
+ 50% Beiträge an Bausparkassen		2500,— DM	
zusammen		5460,— DM	
− Grundhöchstbetrag (2 · 2610,— DM)		5220,— DM	5220,— DM
verbleiben		240,— DM	
davon ½			120,— DM
abzugsfähig			**11580,— DM**

Aufgaben

1. Der 52jährige verheiratete Schreinermeister Holz macht für die Einkommensteuererklärung folgende Vorsorgeaufwendungen geltend:

Lebensversicherungsbeiträge	3780,— DM
Nachzahlung zur Rentenversicherung	20000,— DM
Krankenversicherung	2480,— DM

Wie hoch ist für Herrn Holz der steuerlich abzugsfähige Betrag?

2. Ein 45jähriger verheirateter Rechtsanwalt beauftragt seinen Berater festzustellen, wieviel Vorsorgeaufwendungen er machen könne, um seine Höchstgrenze voll auszuschöpfen.

3. Ein lediger Arbeitnehmer, der 30000,— DM Bruttoarbeitslohn bezogen hat, wird zur Einkommensteuer veranlagt und setzt in seiner Einkommensteuererklärung folgende Vorsorgeaufwendungen an:

Sozialversicherungsbeiträge	5400,— DM
Freiwillige Krankenversicherung	1440,— DM
Unfallversicherung	240,— DM
Bausparkassenbeiträge	1600,— DM

Welchen abzugsfähigen Betrag berechnen Sie aus diesen Angaben?

4. Der verheiratete Architekt Karl Krause macht folgende Vorsorgeaufwendungen geltend:

Krankenversicherungsbeiträge	6650,— DM
Lebensversicherungsbeiträge	9320,— DM
Haftpflichtversicherung	740,— DM
Bausparkassenbeiträge	4800,— DM

Berechnen Sie die abzugsfähigen Vorsorgeaufwendungen.

5. Der verheiratete kaufmännische Angestellte Franz Maier hat ein Kind unter 16 Jahren. Beide Ehegatten sind berufstätig. Der Ehemann hat 35000,— DM, die Ehefrau 19000,— DM Bruttoarbeitslohn bezogen. Sie machen folgende Vorsorgeaufwendungen geltend:

Sozialversicherungsbeiträge	9720,— DM
Haftpflichtversicherung	600,— DM
Lebensversicherungsbeiträge	3500,— DM
Bausparkassenbeiträge	1800,— DM

Berechnen Sie die abzugsfähigen Vorsorgeaufwendungen.

6. Der Schriftsteller Otto Groß bittet seinen Steuerberater, für ihn die abzugsfähigen Vorsorgeaufwendungen festzustellen. Er ist verheiratet, lebt aber schon seit drei Jahren von seiner Frau getrennt. Aus den eingereichten Unterlagen geht folgendes hervor:

Krankenversicherungsbeiträge	3560,— DM
Lebensversicherungsbeiträge	4800,— DM
Haftpflichtversicherung	360,— DM
Bausparkassenbeiträge	2400,— DM

7. Der verheiratete kaufmännische Angestellte Wilhelm Huber hat 52000,— DM Bruttoarbeitslohn bezogen und möchte folgende Aufwendungen als Vorsorgeaufwendungen geltend machen:

Sozialversicherungsbeiträge	9360,— DM
Freiwillige Höherversicherung in der Krankenversicherung	480,— DM
private Haftpflichtversicherung	160,— DM
Hausratversicherung	220,— DM
Sterbegeld	200,— DM
Gebäudeversicherung	480,— DM

Berechnen Sie Hubers abzugsfähige Vorsorgeaufwendungen.

8. Der verheiratete Arzt Dr. Ludwig Heil macht folgende Vorsorgeaufwendungen geltend:

Krankenversicherungsbeiträge	4650,— DM
Haftpflichtversicherung	980,— DM
Lebensversicherungsbeiträge	14800,— DM
Bausparkassenbeiträge	5480,— DM

Berechnen Sie die abzugsfähigen Vorsorgeaufwendungen.

9. Der 32jährige verheiratete Studienrat Alfons Kleinebrecht macht für die Einkommensteuererklärung folgende Vorsorgeaufwendungen geltend:

Zusatzversicherungen zur Krankenkasse	3600,— DM
Haftpflichtversicherung	650,— DM
Lebensversicherungsbeiträge	2800,— DM
Bausparkassenbeiträge	3600,— DM

Seine Dienstbezüge beliefen sich im abgelaufenen Veranlagungszeitraum auf 69200,— DM.
Berechnen Sie die abzugsfähigen Vorsorgeaufwendungen.

10. Der 48jährige verheiratete Karl Nolte ist als Beamter des höheren Dienstes bei der Stadt Düsseldorf beschäftigt und erhielt im letzten Kalenderjahr 86700,— DM an Dienstbezügen. Er macht folgende Vorsorgeaufwendungen geltend:

Zusatzversicherung zur Krankenkasse	3800,— DM
Haftpflichtversicherung	450,— DM
Lebensversicherungsbeiträge	2400,— DM
Bausparkassenbeiträge	2600,— DM

Ermitteln Sie die abzugsfähigen Vorsorgeaufwendungen.

11. Der selbständige Elektromeister Wilfried Overdieck ist 28 Jahre alt und verheiratet. Für seine Einkommensteuererklärung macht er folgende Vorsorgeaufwendungen geltend:

Krankenversicherungsbeiträge	5200,— DM
Haftpflichtversicherung	500,— DM
Bausparkassenbeiträge	10800,— DM

Berechnen Sie die abzugsfähigen Vorsorgeaufwendungen.

12. Der verheiratete Architekt Franz Baumeister hat im Kalenderjahr bisher nur 12500,— DM an Kranken- und Lebensversicherungsbeiträgen geleistet. Er möchte wissen, wieviel DM an Bausparbeiträgen er noch leisten müßte, um die höchstmöglichen Vorsorgeaufwendungen ausnutzen zu können.

13. Ein verheirateter Steuerpflichtiger erzielte in der Zeit vom 1.1.01 bis 31.8.01 einen Bruttoarbeitslohn von 58000,— DM. Danach war er bis zum Ende des Jahres arbeitslos. Er macht für das Jahr 01 folgende Vorsorgeaufwendungen geltend:

Sozialversicherung	10320,— DM
Lebensversicherung	1000,— DM
Haftpflichtversicherung	800,— DM
Bausparkassenbeiträge	1800,— DM

Ermitteln Sie die abzugsfähigen Vorsorgeaufwendungen.

14. Ein 65jähriger pensionierter Beamter wird mit seiner Ehefrau, die nicht berufstätig ist, zusammenveranlagt. Er bezieht eine jährliche Pension von 48000,— DM und macht folgende Vorsorgeaufwendungen geltend:

private Krankenversicherung	3600,— DM
Haftpflichtversicherungen	900,— DM
Lebensversicherung	2400,— DM
Bausparbeiträge	8000,— DM

Berechnen Sie die abzugsfähigen Vorsorgeaufwendungen.

15. Ein verheirateter Beamter von 63 Jahren tritt am 30.4. des Jahres in den Ruhestand. Bis zum 30.4. haben seine Dienstbezüge insgesamt 22000,— DM betragen, danach erhält er eine Pension von 4000,— DM monatlich. Seine Ehefrau, mit der er zusammenveranlagt wird, ist nicht berufstätig. Er macht folgende Vorsorgeaufwendungen geltend:

Zusatzversicherung zur Krankenkasse	4200,— DM
Haftpflichtversicherung	600,— DM
Lebensversicherung	5400,— DM
Bausparbeiträge	8000,— DM

Ermitteln Sie die abzugsfähigen Vorsorgeaufwendungen.

16. Ein verheirateter Beamter von 63 Jahren tritt am 30.4. des Jahres in den Ruhestand. Bis zum 30.4. haben seine Dienstbezüge insgesamt 22000,— DM betragen, danach erhält er eine Pension von 4000,— DM monatlich. Seine Ehefrau, mit der er zusammenveranlagt wird, ist noch als Angestellte halbtags berufstätig. Sie erzielt einen Bruttoarbeitslohn von 25000,— DM und leistet Beiträge zur Sozialversicherung von 4125,— DM. (Der Beamte macht für sich dieselben Vorsorgeaufwendungen geltend wie in Aufgabe 15 aufgezählt.)
Ermitteln Sie die abzugsfähigen Vorsorgeaufwendungen.

17.5.2 Sonderausgabenpauschbetrag, Vorsorgepauschale

Für die Sonderausgaben, die nicht Vorsorgeaufwendungen sind, und die Spenden wird ein Pauschbetrag von 108,— DM, im Falle der Zusammenveranlagung von 216,— DM, abgezogen, wenn die Ausgaben nicht höher sind.

Bei einem Steuerpflichtigen, der Arbeitslohn bezogen hat, wird zur Abgeltung der Vorsorgeaufwendungen eine **Vorsorgepauschale** abgezogen, wenn der Steuerpflichtige nicht Aufwendungen nachweist, die zu einem höheren Abzug führen.

Die Vorsorgepauschale beträgt **18% des Arbeitslohns**, der zu kürzen ist um einen eventuellen Versorgungs-Freibetrag (§ 19 Abs. 2 EStG) und den Altersentlastungsbetrag (§ 24a EStG). Sie ist **begrenzt** auf den Vorwegabzug, den Grundhöchstbetrag und den hälftigen Höchstbetrag. Die Berechung ist folgendermaßen durchzuführen:

18% des Arbeitslohns, höchstens

1. 6000,— DM (bei Verheirateten 12000,— DM)
   abzüglich 16% des Arbeitslohns
   zuzüglich
2. 2610,— DM (bei Verheirateten 5220,— DM),
   soweit der Betrag nach Nr. 1 überschritten wird,
   zuzüglich
3. der Hälfte der Nr. 1 und Nr. 2 übersteigenden Beträge bis
   1305,— DM (bei Verheirateten 2610,— DM).

Die Vorsorgepauschale ist auf den nächsten durch 54 ohne Rest teilbaren vollen DM-Betrag abzurunden, wenn sie nicht bereits durch 54 ohne Rest teilbar ist.

Bei Arbeitnehmern, die in einem Beamtenverhältnis stehen oder die **auch** (außer Versorgungsbezügen im Sinne des § 19 Abs. 2, Nr. 2 EStG) Pension oder Altersruhegeld beziehen, beträgt die Vorsorgepauschale **18% des Arbeitslohns, höchstens 2000,— DM** (bei Verheirateten 4000,— DM).

Haben zusammenzuveranlagende Ehegatten beide Arbeitslohn bezogen und ist **einer** von ihnen **Beamter**, so ist die Vorsorgepauschale wie folgt zu berechnen:

a) Höchstbetragsbegrenzung

1. 18% vom Arbeitslohn des Beamten, höchstens 2000,— DM, zuzüglich 18% vom Arbeitslohn des rentenversicherungspflichtigen Ehegatten, höchstens
2. der Vorwegabzug in Höhe von 12000,— DM, gekürzt um 16% des gemeinsamen Arbeitslohns, zuzüglich
3. Grundhöchstbetrag 2 · 2610,— DM, falls die Differenz aus 1) und 2) > 5220,— DM ist zuzüglich
4. der Hälfte des aus der Differenz von 1), 2) und 3) verbleibenden Betrages, höchstens 50% von 5220,— DM

oder

b) Mindestbetragsberechnung,
falls die Summe aus 2) bis 4) kleiner ist als 18% des Arbeitslohns des Beamten, höchstens 2 · 2000,— DM = 4000,— DM.

Bei der Kürzung des Vorwegabzugs (vgl. a) 2.) werden nicht nur Aktivbezüge, sondern auch im Gegensatz zu Höchstbetragsberechnung Versorgungsbezüge berücksichtigt.

Arbeitslohn ist der Bruttoarbeitslohn, **gekürzt um den Versorgungsfreibetrag** (§19 Abs. 2 EStG) **und** den **anteiligen Altersentlastungsbetrag** (§24a EStG) soweit dieser auf den Arbeitslohn entfällt. Der Arbeitslohn beider Ehegatten ist bei Zusammenveranlagung oder beim gemeinsamen Lohnsteuerjahresausgleich als Bemessungsgrundlage für die Berechnung der 18% zusammenzurechnen.

Beispiele zur Berechnung der Vorsorgepauschale

Beispiel 1

Ein vierzigjähriger verheirateter, sozialversicherungspflichtiger Angestellter hat im Kalenderjahr 55000,— DM Bruttoarbeitslohn bezogen. Die Ehefrau ist nicht berufstätig. Beide beantragen gemeinsamen Lohnsteuerjahresausgleich.

Berechnung der Vorsorgepauschale

18% des Arbeitslohns		9900,— DM	
höchstens			
1. Vorwegabzug	12000,— DM		
./. 16% des Arbeitslohns	8800,— DM	3200,— DM	3200,— DM
verbleiben		6700,— DM	
2. Grundhöchstbetrag (2 · 2610,— DM)		5220,— DM	5220,— DM
verbleiben		1480,— DM	
3. davon die Hälfte			740,— DM
Vorsorgepauschale			9160,— DM
abgerundet auf den nächsten durch 54 ohne Rest teilbaren Betrag			**9126,— DM**

Beispiel 2

Welche Vorsorgepauschale steht einem Arbeitnehmerehepaar zu, wenn die 30jährige Ehefrau 32000,— DM, der 45jährige Ehemann 36000,— DM Bruttolohn bezogen hat?

Berechnung der Vorsorgepauschale

Arbeitslohn des Ehemannes		36000,— DM	
Arbeitslohn der Ehefrau		32000,— DM	
Bemessungsgrundlage		68000,— DM	
18% der Bemessungsgrundlage		12240,— DM	
höchstens			
1. Vorwegabzug	12000,— DM		
./. 16% des Arbeitslohns	10880,— DM	1120,— DM	1120,— DM
verbleiben		11120,— DM	
2. Grundhöchstbetrag		5220,— DM	5220,— DM
verbleiben		5900,— DM	
3. davon die Hälfte, höchstens 2610,— DM			2610,— DM
Vorsorgepauschale			8950,— DM
abgerundet auf den nächsten durch 54 ohne Rest teilbaren Betrag			**8910,— DM**

Beispiel 3

Welche Vorsorgepauschale steht zwei zusammenzuveranlagenden Ehegatten zu, die beide im Beamtenverhältnis stehen und weder Versorgungsbezüge noch Renten bekommen? Die Ehefrau hatte im Kalenderjahr 40000,— DM an Besoldung bezogen, der Ehemann 32000,— DM.

Berechnung der Vorsorgepauschale

Gemeinsamer Arbeitslohn		72000,— DM
18% des Arbeitslohns	12960,— DM	
höchstens 2 · 2000,— DM		4000,— DM
Vorsorgepauschale		
abgerundet auf den nächsten durch 54 ohne Rest teilbaren Betrag		**3996,— DM**

Beispiel 4

Welche Vorsorgepauschale steht zusammenzuveranlagenden Ehegatten in Dauerarbeitsverhältnissen zu, wenn der Ehemann als Beamter Bruttoarbeitslohn von 50000,— DM, die Ehefrau aus einer versicherungspflichtigen Tätigkeit 10000,— DM bezogen hat?

Berechnung der Vorsorgepauschale

Arbeitslohn der Ehefrau		10000,— DM		
davon 18%			1800,— DM	
Arbeitslohn des Ehemannes		50000,— DM		
davon 18%	9000,— DM			
höchstens			2000,— DM	
			3800,— DM	
1. Vorwegabzug		12000,— DM		
− 16% von (10000,— DM + 50000,— DM)		9600,— DM	2400,— DM	2400,— DM
verbleiben			1400,— DM	
2. Grundhöchstbetrag 2 · 2610,— DM				
höchstens			1400,— DM	1400,— DM
verbleiben			0,— DM	
zusammen				**3800,— DM**

oder

18% des Arbeitslohns des Ehemannes	8000,— DM
höchstens 2 · 2000,— DM	4000,— DM
der höhere Betrag ist anzusetzen, also	4000,— DM
Vorsorgepauschale	
abgerundet auf den nächsten durch 54 ohne Rest teilbaren Betrag	**3996,— DM**

Beispiel 5

Angenommen wird der gleiche Sachverhalt wie in Beispiel 4, jedoch mit folgender Änderung: Bruttoarbeitslohn der Ehefrau 30000,— DM.

Berechnung der Vorsorgepauschale

Arbeitslohn der Ehefrau		30000,— DM		
davon 18%			5400,— DM	
Arbeitslohn des Ehemannes		50000,— DM		
davon 18%	9000,— DM			
höchstens			2000,— DM	
			7400,— DM	
1. Vorwegabzug		12000,— DM		
– 16% von (30000,— DM + 50000,— DM)				
höchstens		12800,— DM	0,— DM	0,— DM
verbleiben			7400,— DM	
2. Grundhöchstbetrag 2 · 2610,— DM			5220,— DM	5220,— DM
verbleiben			2180,— DM	
3. davon die Hälfte				1090,— DM
Vorsorgepauschale				6310,— DM
abgerundet auf den nächsten durch 54 ohne Rest teilbaren Betrag				**6264,—DM**

Aufgaben zur Vorsorgepauschale

1. Ein berufstätiges Ehepaar, beide Ehegatten sind unter 64 Jahre alt, hat folgende Arbeitslöhne bezogen: Bruttolohn des Ehemannes 36440,— DM, Bruttolohn der Ehefrau 34180,— DM. Berechnen Sie die Vorsorgepauschale.

2. Ein verheirateter 46jähriger Arbeitnehmer hat aus zwei Dienstverhältnissen folgende Bruttolöhne bezogen: 1. Dienstverhältnis 34800,— DM, 2. Dienstverhältnis 28420,— DM. Berechnen Sie die Vorsorgepauschale.

3. Ein seit Jahren verwitweter Steuerpflichtiger, 66 Jahre alt, bezieht eine Pension von 27000,— DM und eine Rente von monatlich 600,— DM. Berechnen Sie die Vorsorgepauschale.

4. Ein verheirateter Arbeitnehmer, der über 65 Jahre alt ist, bezieht eine Pension von 39200,— DM. Seine Ehefrau ist noch keine 64 Jahre alt und verdiente als Aushilfe einen Arbeitslohn von 15400,— DM. Berechnen Sie die Vorsorgepauschale.

5. Ein 38jähriger Arbeitnehmer ist verheiratet und bezog einen Jahresbruttolohn von 79450,— DM. Berechnen Sie die Vorsorgepauschale.

6. Ein berufstätiges Ehepaar bezog im Kalenderjahr folgende Bruttogehälter: Der 31jährige Ehemann erhielt 34600,— DM, die 29jährige Ehefrau 34150,— DM. Berechnen Sie die Vorsorgepauschale.

7. Ein verheirateter Steuerpflichtiger über 64 Jahre legt Ihnen für sich und seine 58jährige berufstätige Ehefrau folgende Zahlen vor:

Versorgungsbezüge des Ehemannes	46000,— DM
Einkünfte aus Vermietung und Verpachtung	9500,— DM
Einkünfte aus Kapitalvermögen	3300,— DM
Bruttoarbeitslohn der Ehefrau	23600,— DM

Berechnen Sie die Vorsorgepauschale.

8. Ein verheirateter Beamter unter 64 Jahren macht folgende Angaben:

Versorgungsbezüge des Ehemannes	37000,— DM
Einkünfte des Ehemannes aus Vermietung und Verpachtung	6400,— DM
Einkünfte aus Kapitalvermögen des Ehemannes	2500,— DM
Bruttoarbeitslohn des Ehemannes	13800,— DM
Bruttoarbeitslohn der Ehefrau	33400,— DM

Berechnen Sie die Vorsorgepauschale.

9. Ein berufstätiges Ehepaar hat folgende Jahresbruttogehälter bezogen: Ehemann 89800,— DM, aus einem Beamtenverhältnis auf Lebenszeit, Ehefrau aus Angestelltentätigkeit 53800,— DM. Berechnen Sie die Vorsorgepauschale.

10. Die Eheleute Robert und Anneliese Schramm sind beide noch nicht 64 Jahre alt und noch berufstätig. Robert S. hat im Kalenderjahr 80400,— DM an Bruttogehalt bezogen. Anneliese S. hat im gleichen Zeitraum 58400,— DM Bruttogehalt bekommen. Berechnen Sie die Vorsorgepauschale.

11. Ein Ehepaar, der Ehemann ist 66 und die Ehefrau 59 Jahre alt, legt Ihnen folgende Zahlen vor, aus denen die Vorsorgepauschale zu errechnen ist:

Bruttoarbeitslohn des Ehemannes	36000,— DM
darin enthaltene Versorgungsbezüge	29200,— DM
Bruttolohn der Ehefrau	16900,— DM

Wie hoch wäre die Vorsorgepauschale, wenn die Ehefrau 8150,— DM Bruttolohn bezogen hätte?

12. Der 68jährige Ehemann Anton Stellbrink und seine 65jährige Ehefrau Olga legen Ihnen folgende Zahlen vor, aus denen die Vorsorgepauschale zu berechnen ist:

Bruttoarbeitslohn des Ehemannes	29000,— DM
darin enthaltene Versorgungsbezüge	23200,— DM
Einkünfte des Ehemannes aus Kapitalvermögen	2400,— DM
Bruttoarbeitslohn der Ehefrau	6500,— DM
monatliche Rente der Ehefrau	800,— DM

13. Ein 66jähriger verheirateter Beamter bezieht eine Pension von 30400,— DM. Außerdem hat er aus einer Nebenbeschäftigung einen Bruttoarbeitslohn von 8400,— DM erhalten. Schließlich hatte er noch Einkünfte aus Vermietung und Verpachtung von 7600,— DM. Berechnen Sie die Vorsorgepauschale.

14. Ein 63 Jahre alter verheirateter Angestellter bezieht einen Bruttoarbeitslohn von 54000,— DM. Zusätzlich erhält er von seinem Arbeitgeber eine Werkspension von 8000,— DM. Berechnen Sie die Vorsorgepauschale.

15. Ein verheirateter Beamter geht mit Vollendung seines 65. Lebensjahres am 1.4. in den Ruhestand. Bis zum 1.4. betrugen seine monatlichen Bezüge 5200,— DM, vom 1.4. an bezieht er eine Pension von 3900,— DM pro Monat. Berechnen Sie die Vorsorgepauschale.

17.5.3 Steuerbegünstigung der zu eigenen Wohnzwecken genutzten Wohnung im eigenen Haus (§10e EStG)

1. Grundförderung

Begünstigt ist die Herstellung oder Anschaffung einer Wohnung in einem im Inland gelegenen eigenen Haus oder in einer im Inland gelegenen Eigentumswohnung.
Bemessungsgrundlage sind die Herstellungskosten der Wohnung zuzüglich der Hälfte der Anschaffungskosten des dazugehörenden Grund und Bodens. Bei Anschaffung einer Wohnung treten an die Stelle der Herstellungskosten die Anschaffungskosten.
Der Abzug beträgt **5%** der Bemessungsgrundlage, höchstens **15000,— DM** im Jahr, d.h. der Höchstbetrag der Bemessungsgrundlage beträgt 300000,— DM. Der Abzugsbetrag wird vom Jahr der Fertigstellung bzw. Anschaffung an **acht Jahre** lang gewährt und ist wie Sonderausgaben vom Gesamtbetrag der Einkünfte abzuziehen.
Der Abzug beträgt **6%** der Bemessungsgrundlage, höchstens 19800,— DM, im Jahr der Fertigstellung oder Anschaffung und in den drei folgenden Jahren und jeweils **5%** der Bemessungsgrundlage, höchstens 16500,— DM, in den folgenden vier Jahren. Der Abzugsbetrag wird vom Jahr der Fertigstellung oder Anschaffung an acht Jahre lang wie Sonderausgaben vom Gesamtbetrag der Einkünfte abgezogen. Er kann allerdings nur beansprucht werden für Veranlagungszeiträume, in denen der Gesamtbetrag der Einkünfte bei Alleinstehenden **120000,— DM** und bei Verheirateten **240000,— DM** nicht übersteigt.

Beispiel

Ein Steuerpflichtiger baut auf einem für 100000,— DM erworbenen Grundstück ein Einfamilienhaus, das er selbst bewohnt. Das Haus wird im Jahr 01 fertig und von dem Steuerpflichtigen bezogen. Die Herstellungskosten betragen 300000,— DM.

Lösung

Herstellungskosten	300000,— DM
+ 1/2 Anschaffungskosten des Grund und Bodens	50000,— DM
Bemessungsgrundlage	350000,— DM
6% der Bemessungsgrundlage	21000,— DM
höchstens	**19800,— DM**

Dem Höchstbetrag von 19800,— DM entspricht ein Höchstbetrag der Bemessungsgrundlage von **330000,— DM**. Der Abzugsbetrag von 19800,— DM wird für die Jahre 01 bis 04 gewährt. Vom Jahr 05 an beträgt der Abzugsbetrag 5% von 330000,— DM = 16500,— DM.

Wird eine eigene Wohnung in einem Mehrfamilienhaus errichtet, so sind die Herstellungskosten nach dem Verhältnis der Nutzflächen aufzuteilen.

Beispiel

Ein Steuerpflichtiger errichtet im Jahre 01 ein Zweifamilienhaus auf einem ihm seit Jahren gehörenden Grundstück. Die Nutzfläche der eigenen Wohnung beträgt 120 m^2, die Nutzfläche der vermieteten Wohnung 80 m^2. Die Herstellungskosten betragen 520000,— DM.

Lösung

Bemessungsgrundlage: 3/5 von 520000,— DM	312000,— DM
Abzugsbetrag: 5% von höchstens 300000,— DM	**15000,— DM**

anzusetzen in den Jahren 01 bis 08.

Abzugszeitraum und Begünstigungszeitraum

Der Abzugszeitraum beträgt acht Jahre. Die Begünstigung wird aber nur gewährt, wenn der Steuerpflichtige die Wohnung selbst bewohnt, zumindest für einen Teil des Jahres.

Beispiel

Ein Steuerpflichtiger erwirbt ein Einfamilienhaus, das am 30.12.01 bezugsfertig wird, und bezieht es im Januar 02.

Lösung

01 ist das Jahr der Fertigstellung und damit der Beginn des Abzugszeitraums. Da der Steuerpflichtige das Haus im Jahre 01 aber nicht bewohnt hat, entfällt die Vergünstigung für das Jahr 01. Der Begünstigungszeitraum, Selbstbewohnen unterstellt, verkürzt sich dann auf die Jahre 02 bis 08.

2. Miteigentum

Bei einem Anteil an einer eigengenutzten Wohnung kann der Steuerpflichtige den entsprechenden Teil des Abzugsbetrages als Sonderausgabe abziehen.

Beispiel 1

A und B sind je zur Hälfte Miteigentümer eines Einfamilienhauses, das sie auch selbst bewohnen. Herstellungskosten betrugen 600000,— DM, der Kaufpreis des Grund und Bodens betrug 100000,— DM.

Lösung

Herstellungskosten	600000,— DM
+ 1/2 Anschaffungskosten des Grund und Bodens	50000,— DM
Bemessungsgrundlage	650000,— DM
davon A und B je die Hälfte	325000,— DM
6% in den ersten 4 Jahren	19500,— DM
5% in den folgenden 4 Jahren	16250,— DM
davon für A 1/2	9750,— DM
davon für B 1/2	9750,— DM
ebenso für A und B je 1/2 von 16250,— DM	8125,— DM

Beispiel 2

A und B haben gemeinsam im Jahre 01 ein Zweifamilienhaus erworben und sind je zur Hälfte Eigentümer geworden. Die Anschaffungskosten des Hauses einschließlich eines halben Anteils Grund und Boden betrugen 800000,— DM. A bewohnt eine Wohnung, die andere gleich große Wohnung ist vermietet.

Lösung

Bemessungsgrundlage	800000,— DM
auf A entfallen	400000,— DM
Höchstbetrag	330000,— DM
Abzugsbetrag 6% für A	19800,— DM
nach 4 Jahren 5%	16500,— DM

Beispiel 3

A und B haben gemeinsam im Jahre 01 ein Zweifamilienhaus erworben und sind je zur Hälfte Eigentümer geworden. Die Anschaffungskosten des Hauses einschließlich eines halben Anteils Grund und Boden betrugen 800000,— DM. A bewohnt die eine, B die andere ebenso große Wohnung.

Lösung

Bemessungsgrundlage	800000,— DM
auf A entfallen	400000,— DM
Höchstbetrag	330000,— DM
Abzugsbetrag 6% für A	19800,— DM
nach 4 Jahren für A 5%	16500,— DM
Bemessungsgrundlage	800000,— DM
auf B entfallen	400000,— DM
Höchstbetrag	330000,— DM
Abzugsbetrag 6% für B	19800,— DM
nach 4 Jahren für B 5%	16500,— DM

3. Ausbauten und Erweiterungen

Die Steuerbegünstigung gilt auch für Ausbauten und Erweiterungen an einer im Inland gelegenen eigenen Wohnung. Voraussetzung ist, daß sowohl der Ausbau als auch die Erweiterung als auch die Wohnung, an der diese Maßnahmen vorgenommen worden sind, selbstbewohnt sind.

4. Nachholung des Sonderausgabenabzugs

Der Steuerpflichtige kann die Abzugsbeträge, die er in einem Jahr des achtjährigen Abzugszeitraums nicht ausgenutzt hat, bis zum Ende des Abzugszeitraums nachholen.

Nachträglich bis zum Ende des Abzugszeitraums **entstehende Herstellungs- oder Anschaffungskosten** können vom Jahr ihrer Entstehung an für Veranlagungszeiträume, in denen der Steuerpflichtige Abzugsbeträge hätte abziehen können, so behandelt werden, als wären sie zu Beginn des Abzugszeitraums entstanden.

Beispiel 1

Die Bemessungsgrundlage eines im Jahre 01 fertig gewordenen und bezogenen Einfamilienhauses beträgt 300000,— DM. In den Jahren 01 bis 03 hat der Steuerpflichtige nur jeweils 10000,— DM geltend gemacht.

Lösung

Abzugsfähig im Jahre 04: 4 × 6% von 300000,— DM	72000,— DM
abzüglich der für die Jahre 01 bis 03 abgezogenen	30000,— DM
möglicher Abzugsbetrag im Jahre 04	**42000,— DM**

Beispiel 2

Ein Steuerpflichtiger kauft und bezieht im Jahre 01 ein im Erbbaurecht errichtetes Einfamilienhaus für 250000,— DM. Für die Jahre 01 bis 06 hat er die möglichen Abzugsbeträge geltend gemacht. Im Jahre 07 baut er für 80000,— DM um.

Lösung

Bemessungsgrundlage	330000,— DM
Abzugsbetrag 5%	16500,— DM
zuzüglich für 07 4 × 6% von 80000,— DM	19200,— DM
2 × 5% von 80000,— DM	8000,— DM
möglicher Abzugsbetrag für das Jahr 07	43700,— DM

5. Ausgaben vor Bezug der eigenen Wohnung (§ 10e Abs. 6 EStG)

Ein Steuerpflichtiger kann Aufwendungen, die ihm bis zum Beginn der erstmaligen Nutzung einer Wohnung im eigenen Haus zu eigenen Wohnzwecken entstehen und die unmittelbar mit der Herstellung oder Anschaffung des Gebäudes oder der Anschaffung des dazugehörenden Grund und Bodens zusammenhängen, wie Sonderausgaben abziehen. Die Aufwendungen dürfen nicht selbst zu den Herstellungs- oder Anschaffungskosten der Wohnung oder des dazugehörenden Grund und Bodens gehören. Es handelt sich nur um solche Kosten, die im Falle einer Vermietung der Wohnung als Werbungskosten abgezogen werden konnten. Unter Beginn der erstmaligen Nutzung ist der **Tag des Einzugs** des Eigentümers anzusehen. Die Aufwendungen müssen vor dem erstmaligen Bezug der Wohnung **entstanden sein**. Das bedeutet, daß sie unabhängig vom Zeitpunkt der Zahlung oder der Verrechnung auf den Zeitraum vor dem Bezug entfallen müssen.

Beispiel 1

A hat ein Einfamilienhaus errichtet und am 1. September 01 bezogen. Für das erste Halbjahr des Jahres 01 hat er 8000,— DM Hypothekenzinsen entrichtet. Für das 2. Halbjahr sind 8400,— DM Zinsen zu zahlen, die im Zinszeitraum gleichmäßig entstanden sind. Welche Aufwendungen kann er vor Bezug der eigenen Wohnung wie Sonderausgaben geltend machen?

Lösung

Zinsen des 1. Halbjahres	8000,— DM
Zinsen des 2. Halbjahres für die Zeit vom 1.7. bis 1.9.	2800,— DM
Abzugsbetrag	**10800,— DM**

Beispiel 2

B hat im Jahre 01 ein Zweifamilienhaus gekauft, das zwei gleich große Wohnungen enthält. Eine Wohnung bezieht er mit seiner Familie am 1.7.01. Zur Finanzierung des Hauses hat er ein Hypothekendarlehen aufgenommen und am 1.6.01 abgerufen. Dafür ist ihm ein Disagio von 10000,— DM berechnet worden. Der Notar, der die Grundbucheintragung bis zum 1.6.01 veranlaßt hatte, berechnet dem Eigentümer am 30.12.01 3000,— DM. Welche Aufwendungen kann er vor Bezug geltend machen?

Lösung

B kann 10000,— DM + 3000,— DM, also **13000,— DM** im Jahre 01 wie Sonderausgaben abziehen.

6. Erweiterter Schuldzinsenabzug (§10e Abs. 6a EStG)

Beansprucht ein Steuerpflichtiger für ein Objekt Abzugsbeträge nach §10e EStG, so kann er die mit diesem Objekt wirtschaftlich zusammenhängenden Schuldzinsen, die für die Zeit der Nutzung zu eigenen Wohnzwecken entstehen, im Jahr der Herstellung oder Anschaffung, wenn die Anschaffung im Jahr der Herstellung erfolgt, und in den beiden folgenden Jahren bis zur Höhe von jeweils **12000,— DM** pro Jahr wie Sonderausgaben abziehen; in drei Jahren können also 36000,— DM abgezogen werden.

Werden im ersten Jahr der Abzugsmöglichkeit die 12000,— DM nicht voll ausgeschöpft, so kann der Restbetrag im vierten Jahr abgezogen werden.

Zu beachten ist, daß es sich um Schuldzinsen handeln muß, die auf die Zeit der Nutzung entfallen.

Der erweiterte Schuldzinsabzug ist auch möglich in Jahren, in denen der Gesamtbetrag der Einkünfte des Steuerpflichtigen 120000,— DM bzw. 240000,— DM übersteigt und deshalb die Abzugsbeträge nach §10e (1) und (2) EStG nicht beansprucht werden können.

Beispiel 1

Ein verheirateter Steuerpflichtiger errichtet am 2.11.92 ein Einfamilienhaus und bezieht es sofort. Für die Zeit vom 1.1.93 bis zum 31.12.93 hat er 8000,— DM Hypothekenzinsen zu zahlen. Sein Gesamtbetrag der Einkünfte 1993 beträgt 70000,— DM.
Der Steuerpflichtige nimmt wegen der hohen Kosten vor Bezug des Einfamilienhauses gem. §10e (6) den ihm zustehenden Abzugsbetrag gem. §10e (1) EStG nicht in Anspruch.

Lösung

Kein erweiterter Schuldzinsenabzug der 8000,— DM.

Beispiel 2

Ein Steuerpflichtiger hat am 30.6.92 eine eigene Eigentumswohnung, die er mit Vertrag vom 31.3.92 erworben hatte, bezogen. Bei der Einkommensteuer-Veranlagung 1992 nimmt er den ihm zustehenden Abzugsbetrag gem. §10e Abs. 1 EStG in Anspruch. Für die Zeit vom 1.7.92 bis 31.12.92 hat er 6000,— DM Hypothekenzinsen bezahlt.

Lösung

Erweiterter Schuldzinsenabzug 1992 6000,— DM. Der Restbetrag bis zur Höhe des möglichen Abzugs von 12000,— DM kann im Jahre 1995 abgezogen werden, sofern in diesem Jahr Zinsen in entsprechender Höhe anfallen.

7. Zeitliche Gültigkeit

a) Die Beschränkung der Grundförderung für Steuerpflichtige mit einem Gesamtbetrag der Einkünfte über 120000,— DM bzw. 240000,— DM gilt erstmals für Objekte, für die der Bauantrag nach dem 31.12.1991 gestellt oder der Kaufvertrag nach dem 31.12.1991 abgeschlossen worden ist.

b) Der erweiterte Schuldzinsenabzug ist nur zu gewähren, wenn das Objekt im Sinne von §10e Abs. 1 oder 2 EStG vor dem 1.1.1995 fertiggestellt oder vor diesem Zeitpunkt bis zum Ende des Jahres der Fertigstellung angeschafft worden ist.

8. Steuerbegünstigung der unentgeltlich zu Wohnzwecken überlassenen Wohnung im eigenen Hause (§10h EStG)

Eine weitere Vergünstigung erhält ein Steuerpflichtiger, der in seinem Hause, in dem er wohnt, eine Wohnung für Angehörige schafft und diese Wohnung den Angehörigen auf Dauer unentgeltlich überläßt. Der als **Sonderausgabe** zu behandelnde Abzugsbetrag beträgt ebenso wie bei §10e Abs. 1 und 2 EStG in den ersten vier Jahren 6%, höchstens 19800,— DM und in den weiteren vier Jahren 5%, höchstens 16500,— DM. Die Begünstigung gilt bis zu einem Gesamtbetrag der Einkünfte von 120000,— DM bzw. 240000,— DM bei Zusammenveranlagung. Nachholungsmöglichkeiten und der Ansatz von Kosten vor Bezug sind dem §10e EStG zu entnehmen. Ausgeschlossen ist ein erweiterter Schuldzinsenabzug.

9. Tarifliche Steuerermäßigung bei Inanspruchnahme des §10e EStG für Steuerpflichtige mit Kindern

Die tarifliche Einkommensteuer (vgl. Abschnitt 17.6.8 Nr. 3) wird auf Antrag um **je 1000,— DM** für jedes zum Haushalt eines Steuerpflichtigen gehörende Kind ermäßigt, wenn der Steuerpflichtige die Steuerbegünstigung des §10e Abs. 1, 2, 4 oder 5 EStG in Anspruch nimmt. Soweit sich der Betrag der Steuerermäßigung bei der Ermittlung der festzusetzenden Einkommensteuer nicht auswirkt, kann er von der tariflichen Einkommensteuer der zwei vorangegangenen Veranlagungszeiträume abgezogen werden. Steuerermäßigungen, die auch dann noch nicht berücksichtigt werden konnten, können bis zum Ende des Abzugszeitraums im Sinne des §10e EStG und der zwei folgenden Veranlagungszeiträume abgezogen werden.

Aufgaben zu § 10e EStG

1. Ein Steuerpflichtiger kauft für 250000,— DM eine Eigentumswohnung. Im Kaufpreis sind 24000,— DM als Grund- und Boden-Anteil enthalten. Der Steuerpflichtige bezieht die Wohnung unmittelbar nach Erwerb. Welchen Abzugsbetrag kann er im Jahre der Anschaffung und in den folgenden sieben Jahren geltend machen?

2. A hat von der Stadt ein Grundstück im Erbbaurecht erworben. In den Jahren 01 und 02 errichtet er darauf ein Einfamilienhaus für 380000,— DM. Das Haus wird am 1.9.02 bezugsfertig, und am 30.12.02 von A bezogen. Die Hälfte des Hauses überläßt er unentgeltlich seiner Mutter zu deren Wohnzwecken. Von wann an kann A welchen Abzugsbetrag geltend machen?

3. Die Eheleute Müller errichten für 750000,— DM Herstellungskosten ein Zweifamilienhaus, das am 15.12.01 fertiggestellt wird. Das Grundstück hatte Herr Müller vor zehn Jahren für 100000,— DM erworben. Die Eheleute beziehen ihre 160 m² große Wohnung am 15.3.02. Die zu vermietende Wohnung hat 80 m². Für welche Jahre und in welcher Höhe kann das Ehepaar die Abzugsbeträge gem. § 10e EStG geltend machen?

4. Ein Steuerpflichtiger baut auf einem für 75000,— DM erworbenen Grundstück ein Einfamilienhaus für 280000,— DM. Er bewohnt das Haus, dessen Wohnfläche 140 m² beträgt, von der Bezugsfertigkeit an selbst; 20 m² nutzt er als Arbeitszimmer. Ermitteln Sie die Bemessungsgrundlage für die Abzugsbeträge gemäß § 10e EStG.

5. A kauft im Jahre 01 ein Mietwohnhaus, das drei Wohnungen zu je 82 m² enthält. Der Kaufpreis beträgt 725000,— DM. Als anteiliger Grundstückswert werden 260000,— DM ermittelt. Alle Wohnungen sind zum Zeitpunkt des Erwerbs vermietet. Nachdem ein Mieter im Oktober 02 ausgezogen ist, bezieht der Steuerpflichtige die Wohnung selbst im gleichen Monat. Im Jahre 04 baut der Steuerpflichtige für eigene Zwecke zwei Garagen für 40000,— DM. Berechnen Sie die zulässigen Abzugsbeträge für die Jahre 01 bis 04.

6. Ein Gewerbetreibender kauft am 15.10.01 ein Reiheneigenheim, das er von November 01 an zu eigenen Wohnzwecken nutzt. Die Anschaffungskosten haben 370000,— DM betragen, davon entfallen 90000,— DM auf den Grund und Boden. Wegen unerwarteter Forderungsausfälle erleidet er mit seinem Unternehmen in den Jahren 01 bis 03 starke Gewinneinbußen und kann daher die Abzugsbeträge gem. § 10e EStG nicht ausnutzen. Im Jahre 04 verbessert sich die Gewinnsituation entscheidend. Er möchte deshalb soviel wie möglich an Abzugsbeträgen geltend machen. Wieviel DM sind das?

7. Der Steuerpflichtige Rudi Rastlos, Recklinghausen, kauft im März des Jahres 01 eine Eigentumswohnung für insgesamt 240000,— DM. Der Grundstücksanteil wird mit 30000,— DM ausgewiesen. Der Steuerpflichtige nutzt von April 01 an die Wohnung zu eigenen Wohnzwecken. Zum 1.1.05 tritt er eine neue Arbeitsstelle in München an. Aus diesem Grunde kauft er sich im November 04 eine neue Eigentumswohnung in München zu 380000,— DM Anschaffungskosten, von denen 60000,— DM auf den Grundstücksanteil entfallen. Im Januar 05 bezieht er die neue Eigentumswohnung, nach dem er seine erste verkauft hatte.
   a) In welcher Höhe und für welchen Zeitraum kann er Abzugsbeträge gem. § 10e EStG geltend machen?
   b) In welcher Weise würde sich die Berechnung ändern, wenn er die neue Stelle zum 1.6.05 anträte und auch zu diesem Termin die neue Wohnung bezöge?

8. Der Steuerpflichtige Bruno Bertram kauft im Oktober 01 eine Eigentumswohnung in Dortmund für 290000,— DM einschließlich eines Grund- und-Boden-Anteils von 40000,— DM und zieht im selben Monat dort ein. Aus beruflichen Gründen verlegt er zum 1.1.06 seinen Wohnsitz nach Stuttgart, findet dort aber erst zum 1.4.07 eine neue Eigentumswohnung, die ihm zusagt und für deren Anschaffung er 370000,— DM einschließlich eines Grund-und-Boden-Anteils von 80000,— DM aufwendet. Bis dahin wohnt er in Stuttgart zur Miete. Seine erste Eigentumswohnung hat er zwischenzeitlich verkauft. Für welchen Zeitraum und in welcher Höhe kann er Abzugsbeträge gem. § 10e EStG geltend machen?

9. Der Steuerpflichtige Arthur Haverkamp errichtet in Haltern ein Einfamilienhaus, mit dessen Bau am 15.8.01 begonnen wird und das am 1.4.02 bezugsfertig ist. Haverkamp zieht am 1.5.02 in das Haus ein, das 320000,— DM Herstellungskosten verursachte. Das Grundstück hatte 120000,— DM gekostet. Außerdem wurden im ersten Jahr 4500,— DM Zinsen entrichtet und ein Damnum von 3000,— DM einbehalten. Im zweiten Jahr wurden Zinsen in einer Gesamthöhe von 12500,— DM gezahlt, davon entfielen 3300,— DM auf die Zeit bis zum 31.3.02 bzw. 4400,— DM auf die Zeit bis zum 30.4.02, die in der Halbjahreszahlung von 6500,— DM am 30.6.02 gemeinsam mit den Zinsen für Mai und Juni 02 enthalten waren. Die restlichen Zinsen von 6000,— DM wurden am 31.12.02 beglichen. Wie hoch sind die Abzugsbeträge gem. § 10e EStG, die Haverkamp geltend machen kann?

10. Der Steuerpflichtige Bodo Bollmann errichtet in Köln ein Einfamilienhaus, mit dessen Bau am 1.2.01 begonnen wird und das am 15.12.01 bezugsfertig ist. Bollmann bewohnt es vom 1. Januar 02 an. Die Herstellungskosten haben 290000,— DM betragen, der Grund und Boden kostete zusätzlich 60000,— DM. Darüber hinaus waren folgende Geldbeschaffungskosten im Veranlagungszeitraum 01/02 zu zahlen:
7% Zinsen von 150000,— DM für die Zeit vom 1.2.01 bis zum 1.8.01, überwiesen am 15.8.01;
7% Zinsen von 250000,— DM für die Zeit vom 1.8.01 bis zum 1.2.02, überwiesen am 15.2.02;
1,5% Damnum von 250000,— DM, einbehalten am 31.3.01.
In welcher Höhe kann der Steuerpflichtige Aufwendungen im Sinne des § 10e EStG wie Sonderausgaben geltend machen
a) für den Veranlagungszeitraum 01?
b) für den Veranlagungszeitraum 02 und die Folgejahre?

11. Der Steuerpflichtige Emil Nolte ist seit 1980 Eigentümer eines Sechsfamilienhauses. Mit Ablauf des Jahres 1989 hat er auf die Besteuerung des Nutzungswertes seiner eigengenutzten Wohnung verzichtet. Im Laufe des Jahres 1990 erweitert er seine Wohnung durch Einbeziehung der Terrasse in den Wohnbereich und Anbau eines Wintergartens. Die Ausbaukosten betragen insgesamt 80000,— DM. In welcher Höhe kann Nolte diese Aufwendungen steuerlich geltend machen?

12. Die Geschwister Andreas, Bettina und Carsten bauen zusammen ein Dreifamilienhaus. Die Herstellungskosten betragen 650000,— DM. Den Grund und Boden haben sie für 150000,— DM erworben. Am Grundstück haben sie gleiche Anteile. Jeder von ihnen nutzt eine Wohnung im Hause entsprechend seinem Nutzungsanteil. Ermitteln Sie die Abzugsbeträge gem. § 10e EStG für jede Person.

13. Der verheiratete Apotheker Franz Pille hat am 1.3.1992 ein Einfamilienhaus errichtet und sofort bezogen. Die gemäß §10e Abs. 1 EStG begünstigten Kosten betragen 650000,— DM. Franz P. hat für die Zeit vom 1.1. bis 31.12.1992 60000,— DM Hypothekenzinsen gezahlt. Der Gewinn aus der Apotheke betrug im selben Jahr 260000,— DM.
Welche Beträge kann Pille bei der Veranlagung 1992 gem. §10e EStG abziehen?

14. Der Malermeister Ernst Pinselstrich errichtet am 1.9.1992 eine Eigentumswohnung, die er auch sofort bezieht. Die gem. §10e Abs. 1 begünstigten Anschaffungskosten betragen 220000,— DM. Die Hypothekenzinsen vom 1.1. bis 30.6.92 betrugen 5000,— DM und 9000,— DM für die Zeit vom 1.7. bis 31.12.92. Der Gewinn des Jahres 1992 war niedrig. Deshalb möchte der Malermeister bei der Einkommensteuer-Veranlagung 1992 nicht alle Vergünstigungen voll ausnutzen, sondern auf die nachfolgenden Jahre vortragen können. Dem Malermeister genügen für 1992 Abzugsbeträge von 12000,— DM.
Welche Vergünstigungen nimmt er in Anspruch?

15. Die Eheleute Arthur und Berta Cislak errichten zum 31.10.01 ein Einfamilienhaus, das sie von diesem Tage an auch selbst bewohnen. Das Haus umfaßt eine Gesamtwohnfläche von 150 m², wovon ein 30 m² großer Raum als Arbeitszimmer genutzt wird. Ein weiterer Raum von 20 m² wird der Mutter von Arthur Cislak unentgeltlich zum Wohnen überlassen.
Zur Finanzierung haben die Eheleute ein Darlehn von 250000,— DM aufgenommen, das nach Abzug eines Disagios von 5% am 1.7.01 ausgezahlt wurde. Im weiteren Verlauf werden folgende Zinsbeträge gezahlt:

am 30. 9.01	4200,— DM	am 31.12.03	14000,— DM
am 31.12.01	4200,— DM	am 31.12.04	10500,— DM
am 31.12.02	16000,— DM		

In welchem Umfang können die Eheleute C. die Finanzierungskosten in den Jahren 01 bis 04 geltend machen?

16. Berthold Liebschner übernimmt im Wege vorweggenommener Erbfolge von seinen Eltern ein Einfamilienhaus einschließlich aller auf dem Grundstück lastenden Verbindlichkeiten von 150000,— DM und den beim Grundstückserwerb entstandenen Nebenkosten von 5000,— DM. Die Eltern hatten das Einfamilienhaus 1986 errichtet und zunächst Absetzungen nach §7b EStG von 10000,— DM geltend gemacht, später Abzugsbeträge nach §10e EStG in Anspruch genommen. Der Grund-und-Boden-Anteil entspricht etwa einem Fünftel des Verkehrswerts des gesamten Objekts.
Berthold L. erfüllt die persönlichen Voraussetzungen für die Inanspruchnahme des §10e EStG. In welcher Höhe kann Liebschner Abzugsbeträge beanspruchen?

17.6 Ermittlung des zu versteuernden Einkommens

17.6.1 Berechnungsschema nach dem EStG

Summe der Einkünfte aus den sieben Einkunftsarten
./. Altersentlastung (§ 24a EStG)
./. Freibetrag für Land- und Forstwirte

Gesamtbetrag der Einkünfte (§ 2 Abs. 3 EStG)
./. Vorsorgeaufwendungen/Vorsorgepauschale
./. Sonderausgaben (§§ 10, 10b, 10c Abs. 1 EStG) ohne Vorsorgeaufwendungen
./. Aufwendungen im Sinne des §10e EStG
./. außergewöhnliche Belastungen (§§ 33 bis 33b EStG)
./. Verlustabzug (§ 10d EStG)

Einkommen (§ 2 Abs. 4 EStG)
./. Kinderfreibetrag (§ 32 Abs. 6 EStG)
./. Haushaltsfreibetrag (§ 32 Abs. 7 EStG)
./. freibleibender Betrag gem. § 46 Abs. 3 EStG und § 70 EStDV

---

zu versteuerndes Einkommen (§ 2 Abs. 5 und § 32 Abs. 1 EStG)

17.6.2 Summe der Einkünfte aus den sieben Einkunftsarten

Bei den Einkunftsarten 1–3, das sind die Einkünfte aus Land- und Forstwirtschaft, aus Gewerbebetrieb und aus selbständiger Arbeit, nennt man die Einkünfte **Gewinne.** Wegen der Ermittlung wird auf Tzn. 17.2–4 hingewiesen.
Bei den Einkunftsarten 4–7, das sind die Einkünfte aus nichtselbständiger Arbeit, die Einkünfte aus Kapitalvermögen, die Einkünfte aus Vermietung und Verpachtung sowie die sonstigen Einkünfte, sind die Einkünfte als **Überschuß der Einnahmen über die Werbungskosten zu ermitteln.**

1. Werbungskosten und Werbungskostenpauschbetrag

Werbungskosten sind solche Aufwendungen, die mit der Erzielung der jeweiligen Einnahmen zusammenhängen. Sie können nur in dem Jahr von den Einnahmen der jeweiligen Einkunftsart abgesetzt werden, in dem sie tatsächlich gezahlt worden sind.

Beispiel

Eine Rechnung über 2420,— DM für eine Hausreparatur mit Datum vom 18.12.01 wird am 7.1.02 bezahlt. Der Betrag von 2420,— DM kann erst im Jahr 02 als Werbungskosten bei den Einnahmen aus Vermietung und Verpachtung abgesetzt werden.

Werbungskostenpauschbeträge gem. § 9 a EStG sind bei bestimmten Einkunftsarten anzusetzen, wenn nicht höhere Ausgaben geltend gemacht werden. Die folgenden Pauschbeträge sind von den nachfolgenden Einnahmen abzusetzen:

a)	von den Einnahmen aus nichtselbständiger Arbeit ein Arbeitnehmer-Pauschbetrag	2000,— DM
b)	von den Einnahmen aus Kapitalvermögen	100,— DM
	bei Ehegatten erhöht sich der Betrag auf	200,— DM
c)	von den Einnahmen aus wiederkehrenden Bezügen	200,— DM

Merke: Der Abzug der Pauschbeträge darf nicht zu einem Verlust führen.

2. Weitere Besonderheiten bei der Ermittlung der Einkünfte

a) **Freibetrag von Versorgungsbezügen:** Von Versorgungsbezügen bleiben 40%, höchstens 6000,— DM im Kalenderjahr steuerfrei.

Beispiel

Die Bruttopension eines Beamten a.D. beträgt 40000,— DM, Freibetrag 40% = 16000,— DM, höchstens 6000,— DM, folglich als Einnahme aus nichtselbständiger Arbeit anzusetzen 34000,— DM.

b) **Zu den Einkünften aus Kapitalvermögen** gehört auch die gemäß § 36 Abs. 2 Nr. 3 anrechenbare Körperschaftsteuer, die in der Regel $^{9}/_{16}$ der Dividendeneinnahmen beträgt.

c) **Dividenden aus Aktien, Gewinnanteile an einer GmbH, Gewinnanteile aus einer Beteiligung als echter stiller Gesellschafter** unterliegen der **Kapitalertragsteuer** von **25%**. Die Kapitalertragsteuer ist regelmäßig vom Gläubiger der Kapitalerträge bei der Auszahlung der Erträge einzubehalten.
Bei den Gewinnanteilen aus einer Kapitalgesellschaft ist die anzurechnende Körperschaftsteuer von $^{9}/_{16}$ nicht in diese kapitalertragsteuerpflichtigen Einnahmen mit einzurechnen. Sie unterliegt nicht der Kapitalertragsteuer.

Beispiel

ausgezahlte Dividende (Gutschrift)	9000,— DM
einbehaltene Kapitalertragsteuer (25% vom Bruttobetrag)	3000,— DM
	12000,— DM
$^{9}/_{16}$ anrechenbare Körperschaftsteuer	6750,— DM
zu versteuernde Bruttodividende	**18750,— DM**

Die Kapitalertragsteuer wird, wie die Lohnsteuer auch, als vorweggenommener Steuerabzug (Quellensteuer) bei der Veranlagung zur Einkommensteuer auf die ESt angerechnet.
Der Steuerabzug ist auch dann vorzunehmen, wenn die Kapitalerträge nicht zu den Einkünften aus Kapitalvermögen (§ 20 EStG), sondern zu anderen Einkunftsarten gehören.

d) **Zinsabschlag:** Von den Kapitalerträgen im Sinne des § 20 Abs. 1 Nr. 7 und § 20 Abs. 2 EStG wird ein „Zinsabschlag" (Kapitalertragsteuer) von 30% einbehalten. Bei „Tafelgeschäften", das sind solche Geschäfte, bei denen die Zinsen gegen Aushändigung der Zinsscheine am Bankschalter ausgezahlt werden, beträgt der Zinsabschlag 35%.

Der Zinsabschlag gilt für verbriefte Forderungen (eingetragen im öffentlichen Schuldbuch oder Ausgabe von Teilschuldverschreibungen) sowie für einfache Forderungen z. B. aus Einlagen und Guthaben, aus Darlehn, wenn ein inländisches Kreditinstitut einschließlich Bausparkasse und Postbank Schuldner der Kapitalerträge ist.
In Bagatellfällen, d. h. bei einer Verzinsung bis 1 % und einem Zinsertrag bis 20,— DM unterbleibt der Zinsabschlag.
Bemessungsgrundlage sind die tatsächlichen Einnahmen ohne Abzug von Werbungskosten. Vom Steuerabzug kann abgesehen werden, wenn ein Freistellungsauftrag vorliegt. Ein Freistellungsauftrag ist der Auftrag des Sparers an seine Bank, die Zinsen in bestimmter Höhe ungekürzt auszuzahlen.
Der Zinsabschlag wird wie eine Kapitalertragsteuer bei der Veranlagung zur Einkommensteuer angerechnet. Bei der Veranlagung zur Einkommensteuer ist immer von den Bruttoeinnahmen vor Abzug des Zinsabschlages (Kapitalertragsteuer) auszugehen.

e) **Sparerfreibetrag:** Nach Abzug der Werbungskosten kann bei den Einkünften aus Kapitalvermögen noch ein sogenannter Sparerfreibetrag von 6 000,— DM, bei Ehegatten von 12 000,— DM, abgezogen werden. Der Abzug des Freibetrages darf nicht zu einem Verlust führen.

Beispiel

	Ehemann	Ehefrau
Zinseinnahmen (ohne Zinsabschlag)	5 750,— DM	6 250,— DM
·/. Werbungskostenpauschbetrag	100,— DM	100,— DM
	5 650,— DM	6 150,— DM
·/. Sparerfreibetrag	5 650,— DM	6 000,— DM
Einkünfte	0,— DM	150,— DM
·/. nicht ausgenutzter Sparerfreibetrag des Ehemanns 350,— DM, höchstens 150,— DM		150,— DM
Einkünfte		0,— DM

f) **Ermittlung des Ertragsanteils aus Leibrenten**
Leibrenten sind nach § 22 EStG mit dem Ertragsanteil zu versteuern. Leibrenten sind Renten, die auf die Lebenszeit des Rentenberechtigten bezogen sind. Dazu gehören z. B. auch die Renten aus der Sozialversicherung. Bei der Ermittlung des Ertragsanteils einer **lebenslänglichen** Rente ist von dem **Lebensjahr** auszugehen, **das bei Beginn der Rente vollendet** ist. Der Ertragsanteil ergibt sich dann aus der Tabelle zu § 22 EStG.

Beispiel

Ein Steuerpflichtiger wird am 7. Februar 1990 62 Jahre alt. Laut Rentenbescheid erhält er vom 7. Februar 1990 an sein gesetzliches Altersruhegeld von 2000,— DM monatlich. Im Kalenderjahr 1990 betragen seine Rentenbezüge 22000,— DM. Der Ertragsanteil beträgt gem. § 22 EStG bei vollendetem 62. Lebensjahr 27% ≙ 5940,— DM. Nach Abzug von 200,— DM Werbungskostenpauschale verbleiben 5740,— DM als steuerpflichtige sonstige Einkünfte.

Von den lebenslänglichen Leibrenten sind die **abgekürzten Leibrenten** zu unterscheiden. Sie sind zwar auch auf das Leben des Rentenberechtigten bezogen, aber von vornherein auf eine bestimmte Zeit beschränkt. Dazu gehören die Erwerbs- und Berufsunfähigkeitsrenten, die regelmäßig mit dem Bezug des gesetzlichen Altersruhegeldes enden. Das ist im allgemeinen der Fall bei Frauen mit der Vollendung des 60. Lebensjahres und bei Männern mit der Vollendung des 62. Lebensjahres.

Der Ertragsanteil solcher abgekürzten Leibrenten ist **nach ihrer Laufzeit** zu berechnen und ergibt sich aus der Tabelle zu § 55 EStDV. Bemißt sich bei einer abgekürzten Leibrente die beschränkte Laufzeit nicht auf volle Jahre, so ist bei Anwendung der Tabelle zu § 55 EStDV die Laufzeit aus Vereinfachungsgründen auf volle Jahre aufzurunden, wenn der Jahresbruchteil mehr als $^{6}/_{12}$ beträgt. Er ist abzurunden, wenn er nicht mehr als $^{6}/_{12}$ beträgt.

Beispiel

Hans Maurer, geboren am 22.5.1929, bezieht seit dem 1.8.1986 eine Erwerbsunfähigkeitsrente von 1800,— DM monatlich. Die Renteneinnahmen im Jahre 1986 betrugen also 9000,— DM.

Berechnung des Ertragsanteils

Laufzeit der Erwerbsunfähigkeitsrente vom 1.8.1986 bis zum 22.5.1991 (Vollendung des 62. Lebensjahres): 5 Jahre + 9 Monate, vereinfachend: 6 Jahre.
Der Ertragsanteil aus der Tabelle zu § 55 EStDV beträgt bei 6 Jahren Laufzeit 10%.
Herrn Maurers Einkünfte betragen also 1986 und in den folgenden Jahren 10% der Einnahmen abzüglich 200,— DM Werbungskosten.

Aufgaben zur Ermittlung der Einkünfte

1. Ein 48jähriger Arbeitnehmer und Hausbesitzer macht zur Ermittlung seiner **Einkünfte** folgende Angaben:

Bruttolohn		35116,— DM
Mieteinnahmen		24200,— DM
Ausgaben		
gezahlte Zinsen für die Zeit vom 30. 9. bis 31. 12.		6800,— DM
gezahlte Grundsteuer		480,— DM
Erhaltungsaufwand:		
Rechnung v. 1. 12. (gezahlt am 8. 1.)	660,— DM	
Rechnung v. 6. 6. (gezahlt am 30. 9.)	4200,— DM	
Rechnung v. 31. 10. (ohne Zahlungsvermerk)	475,— DM	5335,— DM
Absetzung für Abnutzung		3000,— DM

   Ermitteln Sie die Summe der Einkünfte.

2. Ein verheirateter 66 Jahre alter Pensionär hat folgende Einnahmen gehabt:

a) Pension	22756,— DM
b) Zinseinnahmen (Freistellungsauftrag liegt vor)	6530,— DM
c) Angestelltenrente, monatlich (Die Rente läuft seit dem 65. Lebensjahr.)	400,— DM

   Welche **Einkünfte** hat er in seine Einkommensteuer-Erklärung einzutragen?

3. Ein Steuerpflichtiger ist 35 Jahre alt, seine Ehefrau ist 30 Jahre alt, beide sind Arbeitnehmer. Sie haben beide nach ihren Lohnsteuerkarten folgende Bruttoverdienste gehabt:
   Ehemann 33216,— DM, Ehefrau 24456,— DM, die Ehefrau hat außerdem Dividenden nach Abzug einer Kapitalertragsteuer von 25% in Höhe von 7200,— DM bezogen. Der Ehemann hat Zinseinnahmen von 2500,— DM erhalten. Ein Zinsabschlag wurde nicht vorgenommen.
   Welche **Einkünfte** errechnen sich, wenn die anrechenbare KSt auf die Dividenden $^{9}/_{16}$ dieser Einnahmen beträgt?

4. Ein verwitweter Rentner und Pensionär macht für die Einkommensteuererklärung folgende Angaben:
   Rente aus Angestelltenversicherung monatlich 3660,— DM (Ertragsanteil 24%), Pension monatlich 500,— DM brutto, Zinsen aus Sparguthaben 4536,— DM, einbehaltener Zinsabschlag 1944,— DM.
   Ermitteln Sie die Einkünfte.

5. Ein Ehepaar, der Ehemann ist 38 Jahre, die Ehefrau 35 Jahre alt, beantragt die Zusammenveranlagung und legt Ihnen folgende Zahlen vor:

Ehemann:	Bruttoarbeitslohn	128956,— DM
	Zinsgutschriften aus Sparguthaben (kein Zinsabschlag)	8550,— DM
Ehefrau:	Bruttoarbeitslohn	68756,— DM
	Zinsgutschriften aus Sparguthaben	3740,— DM

Die Werbungskosten übersteigen nicht die Werbungskostenpauschbeträge. Berechnen Sie den Gesamtbetrag der Einkünfte.

6. Ein Ehepaar, der Ehemann ist 46 Jahre, die Ehefrau 45 Jahre alt, beantragt die Zusammenveranlagung. Die Eheleute bezogen folgende Einkünfte:

Ehemann:	Bruttoarbeitslohn	134742,— DM
	Dividendengutschriften nach Abzug der Kapitalertragsteuer von 25% und der KSt	6399,— DM
Ehefrau:	Bruttoarbeitslohn	33506,— DM
	Zinsen aus Sparguthaben	650,— DM

Die geltend gemachten Werbungskosten übersteigen nicht die Werbungskostenpauschbeträge. Berechnen Sie den Gesamtbetrag der Einkünfte.

7. Ein verheirateter Steuerpflichtiger beantragt die Zusammenveranlagung. Berechnen Sie die Summe der Einkünfte, wenn die tatsächlichen Werbungskosten die Werbungskostenpauschbeträge nicht überschreiten.

Ehemann:	Bruttoarbeitslohn	126256,— DM
	Zinsgutschriften aus Sparvermögen, netto	8463,— DM
	Zinsabschlag (Kapitalertragsteuer)	3627,— DM
Ehefrau:	Einnahmen aus Vermietung und Verpachtung	16200,— DM
	./. Werbungskosten	4900,— DM

In den geltend gemachten Werbungskosten ist eine Rechnung vom 20.12. des Veranlagungsjahres für eine Dachreparatur über 825,— DM enthalten, die am 4.1. des Folgejahres bezahlt worden ist.

8. Ein Ehepaar, das die Zusammenveranlagung beantragt hat, legt Ihnen folgende Zahlen vor, aus denen Sie die Summe der Einkünfte ermitteln sollen. Der Ehemann ist älter als 62 Jahre. Die tatsächlichen Werbungskosten übersteigen die Werbungskostenpauschbeträge nicht.

Ehemann:	Bruttopension aus einem früheren Dienstverhältnis	64748,— DM
	Einnahmen als stiller Gesellschafter nach Abzug der Kapitalertragsteuer	6000,— DM
Ehefrau:	Bruttoarbeitslohn	80260,— DM
	Zinsgutschrift der Bank (Freistellungsauftrag erteilt)	6210,— DM

9. Ein lediger Steuerpflichtiger, der älter als 62 Jahre ist, legt Ihnen für das Veranlagungsjahr folgende Zahlen vor und bittet Sie, die Summe seiner Einkünfte zu ermitteln. Die tatsächlichen Werbungskosten übersteigen die Werbungskostenpauschbeträge nicht.

Bruttopension	52800,— DM
Zinsen aus Sparguthaben, Gutschrift auf Sparkonto	4018,— DM
Zinsabschlag	1722,— DM
Dividendengutschriften der Bank nach Abzug der Kapitalertragsteuer	360,— DM
Bruttoarbeitslohn aus einer Nebenbeschäftigung	3956,— DM

10. Ein Steuerpflichtiger bezog im Kalenderjahr 01 einen Nettoarbeitslohn von 34000,— DM. Folgende Beträge hielt der Arbeitgeber ein: Lohnsteuer 4500,— DM, Kirchensteuer 405,— DM, Sozialversicherung 4600,— DM. Der Steuerpflichtige konnte 520,— DM Werbungskosten nachweisen. Wie hoch sind die Einkünfte des Steuerpflichtigen aus nichtselbständiger Arbeit?

11. Anton Steinbrink ist seit 1987 Eigentümer eines Mietwohnhauses mit sechs Wohnungen von je 90 m². Eine dieser Wohnungen bewohnt er selbst. Außerdem gehören ihm noch sechs Garagen, von denen er fünf vermietet hat. Der Mietpreis beträgt 7,— DM pro m² Wohnfläche zuzüglich 50,— DM für eine Garage. Eine Wohnung einschließlich Garage war im abgelaufenen Kalenderjahr wegen Mieterwechsels und anschließender Renovierung einen Monat nicht vermietet. Die Hauskosten einschließlich AfA betrugen in diesem Jahr 24600,— DM. Wie hoch sind Anton Steinbrinks Einkünfte aus Vermietung und Verpachtung, wenn sich die Hauskosten gleichmäßig auf alle Wohnungen verteilen lassen?

12. a) Der Steuerpflichtige Otto Maier, Beamter im Ruhestand, hat Einkünfte aus nichtselbständiger Arbeit (Pension) in Höhe von 4900,— DM. Auf einen Nachweis der Werbungskosten hat er verzichtet. Wie hoch sind seine Einnahmen aus nichtselbständiger Arbeit?
    b) Wie hoch wären seine Einnahmen aus nichtselbständiger Arbeit, wenn sich unter sonst gleichen Bedingungen seine Einkünfte auf 13200,— DM beliefen?
    c) Wie hoch wäre der Bruttoarbeitslohn, wenn er nur zu einem Viertel aus Versorgungsbezügen bestünde und sich die Einkünfte aus nichtselbständiger Arbeit auf 38320,— DM beliefen? Zusätzlich sei angenommen, daß die geltend gemachten Werbungskosten die Werbungskostenpauschale nicht übersteigen.

13. Ein Arzt errichtet im Jahre 1992 ein Einfamilienhaus, das am 1.10.1992 bezugsfertig und von diesem Zeitpunkt an auch von ihm zu eigenen Wohnzwecken genutzt wird. Die Gesamtnutzfläche von 300 m² dient zum Teil der eigenen Praxis, und zwar mit 120 m². Die Herstellungskosten betragen 660000,— DM, die Anschaffungskosten für den Grund und Boden 120000,— DM. Im Jahre 1992 entstanden weiterhin folgende Ausgaben:

Damnum am 15.4.1992.	18000,— DM
Zinsen für die Zeit vom 1.1. bis 30.9.1992	25000,— DM
Zinsen für die Zeit vom 1.10. bis 31.12.1992	6000,— DM
Grundbesitzabgaben vom 1.10. bis 31.12.1992	1000,— DM

Ermitteln Sie die höchstmöglichen Aufwendungen (anteilige Betriebsausgaben, Aufwendungen im Sinne des § 10e EStG), die der Arzt für 1992 geltend machen kann.

14. Ein Rechtsanwalt erwirbt durch notariellen Vertrag vom 12.2.1992 ein im Jahre 1987 erbautes Zweifamilienhaus zum Preis von 750000,— DM einschließlich Grund-und-Boden-Anteil von 150000,— DM. Nach diversen Umbauarbeiten (Renovierung) wird das Haus am 1.4.1992 bezogen. Im Erdgeschoß wird die Praxis eingerichtet; in die darüberliegende gleich große Wohnung zieht der Rechtsanwalt mit seiner Familie ein. Folgende Aufwendungen sind außerdem im Jahre 1992 entstanden:
    a) ein Damnum von 8000,— DM für ein am 10.2.1992 aufgenommenes Hypothekendarlehn von 400000,— DM
    b) Hypothekenzinsen von 3600,— DM, gezahlt am 15.4.1992 für die Zeit vom 10.2. bis 1.4.1992
    c) Hypothekenzinsen von 19500,— DM, gezahlt am 30.12.1992 für die Zeit vom 1.4. bis 31.12.1992
    d) Kosten für Renovierungen, Grundbesitzabgaben u.ä. ohne AfA 12300,— DM, davon entfallen auf die Zeit bis zum 1.4.1992 10000,— DM.
    1. Ermitteln Sie die höchstmöglichen Aufwendungen (anteilige Betriebsausgaben, Aufwendungen im Sinne des § 10e EStG), die der Rechtsanwalt für 1992 geltend machen kann.
    2. Ermitteln Sie die als Betriebsausgabe ansetzbare Gebäude-AfA unter der Voraussetzung, daß das Haus im Jahre 1984 errichtet wurde.

15. Ein Privatmann errichtet im Jahre 1992 ein Zweifamilienhaus mit 200 m² Wohnfläche, das am 1.11.1992 bezugsfertig ist. Der Bauherr zieht am 1.12.1992 in die Wohnung im Erdgeschoß, die 120 m² Nutzfläche hat, ein. Die Wohnung im Dachgeschoß wird vom 1.12.1992 an für 750,— DM monatlich zuzüglich 200,— DM anteiliger Nebenkosten vermietet. Die Herstellungskosten des Hauses betrugen 450000,— DM, der Kaufpreis für den Grund und Boden 80000,— DM. Im Kalenderjahr 1992 wurden aufgewendet:
    a) Damnum von 6000,— DM für eine am 1.4.1992 aufgenommene Hypothek von 300000,— DM
    b) Hypothekenzinsen für die Zeit vom 1.4. bis 1.12.1992 13000,— DM, gezahlt am 15.12.1992
    c) Hypothekenzinsen für die Zeit vom 1.12. bis 31.12.1992 1625,— DM, gezahlt am 31.12.1992

d) Grundbesitzabgaben, Heizungs- und Wasserkosten sowie sonstige Hausaufwendungen 300,— DM. Diese Aufwendungen lassen sich den Wohnungsflächengrößen entsprechend den beiden Wohnungen zuordnen.

Ermitteln Sie die höchstmöglichen Aufwendungen im Sinne des § 10e EStG und die Einkünfte aus Vermietung und Verpachtung.

16. Die am 6.12.1933 geborene Angestellte Erika Zahn erhält vom 18.4.1984 an 6 Jahre lang eine Rente von monatlich 1 420,— DM wegen Erwerbsunfähigkeit. Berechnen Sie den Ertragsanteil dieser Rente für das Jahr 1992.

17. Der verheiratete Steuerberater Elmar Grothues hat zwei Kinder im Alter von acht und zehn Jahren. Er erwirbt Anfang des Jahres ein unbebautes Grundstück für 240000,— DM einschließlich Nebenkosten und errichtet darauf ein Wohn- und Geschäftshaus, dessen Herstellungskosten 792000,— DM zuzüglich 110880,— DM USt betragen, Gesamtausgabe also 902880,— DM. Das Haus wird zum 1.9. des Jahres bezugsfertig und am selben Tag bezogen. Im Erdgeschoß richtet Grothues seine Steuerberatungspraxis ein, das erste Obergeschoß nutzt er mit seiner Familie zu eigenen Wohnzwecken, das zweite Obergeschoß mit 140 m² ist zu Wohnzwecken für 9,80 DM/m² vermietet. Alle Geschoßflächen sind gleich groß.
Folgende Finanzierungskosten sind in diesem Jahr entstanden:
- Disagio, bezahlt am 1.2.01 . . . . 31500,— DM
- Zinsen bis 30.6.01 . . . . 22500,— DM
- Zinsen bis 31.8.01 . . . . 12000,— DM
- Zinsen bis 31.12.01 . . . . 23400,— DM

  sonstige Hausaufwendungen vom 1.9. bis 31.12.01
  (Grundbesitzabgaben, Gebäudeversicherung usw. ohne AfA) . . . . 5700,— DM

a) Berechnen Sie unter der Bedingung, daß Grothues für den Veranlagungszeitraum 01 ein möglichst geringes zu versteuerndes Einkommen ausweisen will,
   - die sich aus dem Hausbau ergebenden anteiligen Betriebsausgaben,
   - die Einkünfte aus Vermietung und Verpachtung,
   - die Aufwendungen im Sinne des §10e EStG.

   (Ein Objektverbrauch liegt bisher nicht vor.)
b) Welche steuerlichen Auswirkungen hätte es, wenn Frau Grothues sich als Angestellte im öffentlichen Dienst aus beruflichen Gründen ein Arbeitszimmer von 20 m² Größe in der Wohnung im ersten Obergeschoß eingerichtet hätte?

18. Oberstudienrat Gerd Langbein erwirbt ein 500 m² großes Grundstück zum Preis von 150,— DM/m² einschließlich Nebenkosten und läßt im Laufe des Jahres darauf ein Zweifamilienhaus für 564000,— DM errichten. Die Wohnung im Ergeschoß ist ebenso wie die Wohnung im Obergeschoß 120 m² groß und wird von ihm selbst mit seiner Familie bewohnt. Die zweite Wohnung ist zum Preis von 10,50 DM/m² einschließlich Nebenkosten vermietet. Das Haus wurde zum 1.10. fertiggestellt und an diesem Tage auch bezogen. Langbein richtete sich bei dieser Gelegenheit ein Arbeitszimmer von 20 m² in seiner Wohnung ein.
Folgende Finanzierungskosten sind in diesem Jahr entstanden:
- Disagio, bezahlt am 15.4. . . . . 12400,— DM
- Zinsen vom 1.3. bis 30.6., bezahlt am 30.6. . . . . 10500,— DM
- Zinsen vom 1.7. bis 31.12., bezahlt am 31.12. . . . . 15400,— DM

  davon entfallen auf die Zeit bis zum 1.10. . . . . 7700,— DM

sonstige Hausaufwendungen bis zum 31.12 (ohne AfA)
Grundbesitzabgaben, Gebäudeversicherung, Heizung usw. . . . . 2400,— DM
Langbein will ein möglichst geringes zu versteuerndes Einkommen ausweisen. Berechnen Sie unter dieser Bedingung
a) seine Einkünfte aus Vermietung und Verpachtung,
b) seine anteiligen Werbungskoten im Rahmen der Einkünfte aus nichtselbständiger Arbeit,
c) die Aufwendungen im Sinne des §10e EStG.

   Ein Objektverbrauch liegt nicht vor.

19. Die Eheleute Weber, Karl, geb. am 4.5.1924, und Maria, geb. am 1.1.1926, werden zusammen zur Einkommensteuer veranlagt und machen für den Veranlagungszeitraum 1993 folgende Angaben:
   a) Karl Weber ist als stiller Gesellschafter an einer Maschinenfabrik beteiligt und hat lt. Vertrag bei seinem Ausscheiden aus der Firma Anspruch auf einen anteiligen Liquidationserlös. Das Wirtschaftsjahr der Maschinenfabrik läuft vom 1.10. bis zum 30.9. des nächsten Jahres. Für das Wirtschaftsjahr 1992/93 steht ihm ein Gewinnanteil von 24000,— DM zu, für 1993/94 wurde sein Anteil auf 30000,— DM festgesetzt.
   b) Herr Weber bekommt aus einer früheren Beamtentätigkeit eine Pension von 45000,— DM.
   c) Aus Aktienbesitz hat Herr Weber Dividendeneinnahmen. Seine Bank schreibt ihm 3600,— DM gut.
   d) Seine Bank hat in seinem Auftrag im abgelaufenen Jahr mehrfach Aktien ge- und verkauft
      - 200 X-Aktien, Ankaufskurs 350,— DM/Stück am 4.3., Verkauf am 15.9. zum Kurs von 380,— DM/Stück.
      - 150 Y-Aktien, Ankaufskurs 270,— DM/Stück am 15.4., Verkauf am 28.9. zum Kurs von 285,— DM/Stück.
      - 100 Z-Aktien, Ankaufskurs 190,— DM/Stück am 20.5., Verkauf am 10.10. zum Kurs von 175,— DM/Stück.
   e) Frau Weber erhält aus einer Tätigkeit als Aufsichtsratsmitglied 5000,— DM gutgeschrieben. Aufwendungen macht sie in diesem Zusammenhang nicht geltend.
   f) Außerdem ist sie Gesellschafterin einer GmbH und erhält aus dieser Beteiligung eine Bankgutschrift von 5100,— DM.
   g) Maria Weber ist typische stille Gesellschafterin der Einzelhandelsfirma Martha Meier. Die Firma Meier überweist auf das Konto von Frau Weber als Gewinnbeteiligung 2400,— DM.
   h) Auf dem Kontoauszug von Frau Weber erscheint außerdem eine Dividendengutschrift einer Aktiengesellschaft von 1800,— DM.
   i) Frau Weber bezieht aus einer früheren Angestelltentätigkeit eine Sozialversicherungsrente von 18000,— DM jährlich, Ertragsanteil 27%.
   j) Im Auftrag von Maria Weber kaufte und verkaufte ihre Bank
      - 80 A-Aktien, Ankaufskurs 430,— DM/Stück am 15.2., Verkauf am 18.7. zum Kurs von 440,— DM/Stück.

   Ermitteln Sie den gemeinsamen Gesamtbetrag der Einkünfte.

20. Der Oberstudienrat Lothar Fischer erwarb im Kalenderjahr 01 ein drei Jahre altes Einfamilienhaus, das er vom 1.5.01 an zu eigenen Wohnzwecken nutzte. In einem Raum seiner Wohnung richtete er sich ein häusliches Arbeitszimmer ein, dessen Fläche 20% der gesamten Nutzfläche des Hauses einnimmt. Die Voraussetzungen des §10e EStG liegen vor. Die Aufwendungen für das Einfamilienhaus betrugen im Kalenderjahr 01:

Anschaffungskosten für das Gebäude	320000,— DM
Anschaffungskosten für den Grund und Boden	60000,— DM
Aufwendungen vor Bezug (Zinsen, Disagio)	8000,— DM
Aufwendungen nach Bezug (Zinsen)	12000,— DM
Aufwendungen nach Bezug (öffentl. Abgaben, Strom, Heizung)	6000,— DM

   Welche steuerlichen Auswirkungen lassen sich aus diesen Angaben ableiten?

21. Der 48jährige ledige Dachdecker Max Kletter ist nach einem Berufsunfall zu 60% erwerbsgemindert und erheblich gehbehindert. Im Jahre 01 bezog er einen Bruttoarbeitslohn von 45800,— DM. Im Veranlagungszeitraum 01 ist er an 190 Tagen mit seinem eigenen Pkw zu seiner 19 km entfernten Arbeitsstätte gefahren. Auf Bitten seines Chefs ist er im vergangenen Jahr mehrfach mit seinem Pkw zu Baustellen gefahren, um fehlendes Material zu liefern. Insgesamt ist er hierbei 560 km gefahren, hat aber keinen Fahrtkostenersatz erhalten.
   Er besitzt ein Sparbuch, auf dem ihm am Ende des Jahres 01 1715,— DM Zinsen gutgeschrieben wurden. Einen Freistellungsauftrag hat er nicht erteilt.
   Aus Wertpapierbesitz wurden seinem Konto 600,— DM Dividenden gutgeschrieben. Gleichzeitig wurde sein Konto mit 60,— DM Depotgebühren belastet.
   Ermitteln Sie die Summe der Einkünfte.

22. Die Brüder Fritz und Norbert Elsen erwarben gemeinsam am 15.07.01 ein Dreifamilienhaus zum Preis von 360000,— DM. Darin ist der Grund- und Bodenanteil mit 66000,— DM enthalten. Alle Wohnungen sind gleich groß. Fritz nutzt ab 30.12.01 eine Wohnung selbst. Norbert vermietet die zweite Wohnung vom 1.9.01 an für 800,— DM monatlich. Die dritte Wohnung wird von Fritz und Norbert gemeinsam vom 1.5.02 an für ebenfalls 800,— DM pro Monat vermietet.
Im Veranlagungszeitraum 01 sind Schuldzinsen von 6000,— DM und Renovierungskosten von 12000,— DM entstanden. Im Veranlagungszeitraum 02 sind Zinsen von 16500,— DM bezahlt worden. Renovierungskosten von 18000,— DM betrafen nur die von beiden gemeinsam vermietete Wohnung.
    a) Berechnen Sie die Einkünfte der beiden Brüder aus Vermietung und Verpachtung.
    b) Berechnen Sie den Steuerbegünstigungsbetrag, den Fritz Elsen ggf. noch für die eigengenutzte Wohnung beanspruchen kann.

23. Die Eheleute Otto und Lotte Hasebrink erwerben mit notariellem Kaufvertrag, datiert vom 15.4.01, ein 20 Jahre altes Einfamilienhaus zum Preis von 380000,— DM. Der Grund- und Bodenanteil macht 20% aus. Das Haus umfaßt eine nutzbare Fläche (Wohnfläche) von 140 m². Von Anfang an werden 20 m² für ein Arbeitszimmer für Otto Hasebrink, der Arbeitnehmer ist, abgezweigt. Im Grundbuch sind beide Ehegatten je zur Hälfte als Miteigentümer eingetragen. Mit der Ehefrau besteht kein Mietverhältnis bezüglich eines Arbeitszimmeranteils. Die Eheleute nehmen die Wohnraumförderung nach § 10e EStG in Anspruch.
    a) Ermitteln Sie die Abzugsbeträge nach § 10e (1) EStG und die AfA für das Arbeitszimmer.
    b) Welche Änderungen würden sich ergeben, wenn Otto das genannte Zimmer als Büro für schriftstellerische Arbeit (freiberufliche Tätigkeit) nutzen würde?

17.6.3 Altersentlastungsbetrag (§ 24a EStG)

Von der Summe der Einkünfte eines Steuerpflichtigen, der vor Beginn des Veranlagungszeitraums das 64. Lebensjahr vollendet hat, wird der Altersentlastungsbetrag abgezogen. Er beträgt 40% des Arbeitslohnes und der **positiven Summe** der nicht in Arbeitslohn bestehenden Einkünfte (ohne Versorgungsbezüge und Einkünfte aus Leibrenten), höchstens 3720,— DM. Für Ehegatten ist dieser Freibetrag nach den Einkünften jedes Ehegatten gesondert zu berechnen.

Beispiele

1. Ein Steuerpflichtiger über 64 Jahre hat folgende Einkünfte bezogen:

Einkünfte aus Gewerbebetrieb	5000,— DM
Einkünfte aus nichtselbständiger Arbeit (Versorgungsbezüge)	20000,— DM
Einkünfte aus Vermietung und Verpachtung	./. 7000,— DM
Sonstige Einkünfte (Renten)	1200,— DM

Der Altersentlastungsbetrag beträgt **0,— DM,** da keine positive Summe der Einkünfte verbleibt.

2. Folgende Einkünfte eines 65 Jahre alten Steuerpflichtigen sind erklärt:

Einkünfte aus Gewerbebetrieb	./. 10000,— DM
Bruttoarbeitslohn	5500,— DM
Einkünfte aus Vermietung und Verpachtung	6000,— DM
Sonstige Einkünfte (Renten)	3200,— DM

Der Altersentlastungsbetrag beträgt 40% von 5500,— DM = **2200,— DM.**

3. Im Jahre 1990 sind von einem über 65 Jahre alten Steuerpflichtigen folgende Einkünfte bekannt:

Einkünfte aus Gewerbebetrieb	⁒ 4000,— DM
Arbeitslohn	4800,— DM
Einkünfte aus Kapitalvermögen	2400,— DM
Einkünfte aus Vermietung und Verpachtung	6600,— DM
Sonstige Einkünfte (Renten)	2000,— DM

Der Altersentlastungsbetrag beträgt:

a) 40% vom Arbeitslohn von 4800,— DM = 1920,— DM,

b) 40% von (9000,— DM ⁒ 4000,— DM) 5000,— DM = 2000,— DM, höchstens jedoch insgesamt **3720,— DM.**

Die Renten bleiben bei der Berechnung außer Betracht.

Aufgaben zum Altersentlastungsbetrag

1. Ein Steuerpflichtiger, 66 Jahre alt, und seine Ehefrau, 63 Jahre alt, haben im Kalenderjahr folgende Einkünfte erklärt:

Gewinnanteil des Ehemannes an der Müller KG	6400,— DM
Einkünfte der Ehefrau aus Kapitalvermögen	2300,— DM
Einkünfte der Ehefrau aus Vermietung und Verpachtung	10200,— DM

Welcher Altersentlastungsbetrag ist von der Summe der Einkünfte abzuziehen?

2. Für die Ermittlung des Altersentlastungsbetrages sind folgende Angaben bekannt: der Steuerpflichtige ist am 30. 12. 1928, seine Ehefrau am 1. 1. 1929 geboren. Die Einkünfte des Ehepaares betrugen im Kalenderjahr 1993:

	Ehemann	**Ehefrau**
Pension, brutto	12800,— DM	—
Einkünfte aus Vermietung und Verpachtung	6000,— DM	2800,— DM
Sonstige Einkünfte (Rente aus der Angestelltenversicherung)	1600,— DM	1400,— DM

3. Ein verwitweter Arbeitnehmer, geboren am 18.4.1927, hat im Kalenderjahr 1993 folgende Einnahmen gehabt:

a) Bruttolohn	22400,— DM
b) Einkünfte aus Vermietung und Verpachtung	⁒ 15000,— DM
c) monatliche Unfallrente	600,— DM

Steht dem Steuerpflichtigen ein Altersentlastungsbetrag zu? Wie ist er gegebenenfalls zu berechnen?

4. Ein über 65 Jahre alter Steuerpflichtiger hat im Kalenderjahr folgende Einkünfte erklärt:

a) Einkünfte aus Gewerbebetrieb		6000,— DM
b) Einkünfte aus nichtselbständiger Arbeit, brutto	12800,— DM	
⁒ Arbeitnehmer-Pauschbetrag	2000,— DM	10800,— DM
c) Einkünfte aus Kapitalvermögen		3800,— DM
d) Einkünfte aus Vermietung und Verpachtung		⁒ 7500,— DM

Ermitteln Sie den Altersentlastungsbetrag.

5. Ein 66jähriger Steuerpflichtiger hat im Kalenderjahr folgende Einkünfte bezogen:

Einkünfte aus Gewerbebetrieb	⁒ 6000,— DM
Bruttoarbeitslohn	5400,— DM
Einkünfte aus Vermietung und Verpachtung	4500,— DM
Einkünfte aus Kapitalvermögen	1200,— DM
Sonstige Einkünfte (Renten)	3600,— DM

Berechnen Sie den Altersentlastungsbetrag.

6. Ein Steuerpflichtiger von 65 Jahren erklärt für das Kalenderjahr folgende Einkünfte:

Einkünfte aus Gewerbebetrieb	⁒ 2400,— DM
Einkünfte aus nichtselbständiger Arbeit (Versorgungsbezüge)	16800,— DM
Einkünfte aus Kapitalvermögen	1100,— DM
Sonstige Einkünfte (Leibrente)	4200,— DM

Berechnen Sie den Altersentlastungsbetrag.

7. Ein Ehepaar, der Ehemann ist 66 Jahre alt, die Ehefrau 59 Jahre, beantragt für das Kalenderjahr die Zusammenveranlagung und erklärt folgende Einkünfte:

Ehemann:	Einkünfte aus Gewerbebetrieb	8000,— DM
	Versorgungsbezüge, brutto	12400,— DM
	Einkünfte aus Vermietung und Verpachtung	⁒ 7200,— DM
	Einkünfte aus Kapitalvermögen	1600,— DM
	Sonstige Einkünfte (Renten)	3600,— DM
Ehefrau:	Bruttoarbeitslohn	18500,— DM
	Einkünfte aus Kapitalvermögen	750,— DM

Berechnen Sie den Altersentlastungsbetrag.

8. Ein Ehepaar, der Ehemann ist 67 Jahre alt, die Ehefrau 65 Jahre, beantragt Zusammenveranlagung und erklärt für das Kalenderjahr folgende Einkünfte:

Ehemann:	Einkünfte aus Gewerbebetrieb	⁒ 6000,— DM
	Bruttoarbeitslohn	4800,— DM
	Einkünfte aus Vermietung und Verpachtung	3500,— DM
	Sonstige Einkünfte (Renten)	5400,— DM
Ehefrau:	Versorgungsbezüge, brutto	9600,— DM
	Einkünfte aus Kapitalvermögen	1800,— DM
	Einkünfte aus Vermietung und Verpachtung	2700,— DM

Berechnen Sie den Altersentlastungsbetrag.

9. Ein 66 Jahre alter Steuerpflichtiger bezieht im Kalenderjahr 01 folgende Einkünfte:

Einkünfte aus nichtselbständiger Arbeit (keine Versorgungsbezüge)	4000,— DM
Einkünfte aus Kapitalvermögen	5500,— DM
Einkünfte aus Vermietung und Verpachtung	⁒ 4500,— DM

Die im Rahmen der Einkünfte aus nichtselbständiger Arbeit geltend gemachten Werbungskosten überstiegen nicht den Arbeitnehmer-Pauschbetrag
Wie hoch ist der anzurechnende Altersentlastungsbetrag?

17.6.4 Freibetrag für Land- und Forstwirte (§ 13 Abs. 3 EStG)

Bei Land- und Forstwirten ist von der Summe der Einkünfte ein Freibetrag von 2000,— DM abzuziehen. Bei zusammenveranlagten Ehegatten erhöht sich der Freibetrag auf 4000,— DM. Der Freibetrag entfällt, wenn das Einkommen 50000,— DM (bei Zusammenveranlagung 100000,— DM) übersteigt.

17.6.5 Spenden (§ 10b EStG)

Ausgaben zur Förderung mildtätiger, kirchlicher, religiöser, wissenschaftlicher und der als besonders förderungswürdig anerkannten gemeinnützigen Zwecke sind bis zur Höhe von insgesamt 5% des Gesamtbetrages der Einkünfte oder 2‰ der Summe der gesamten Umsätze und der im Kalenderjahr aufgewendeten Löhne und Gehälter als Sonderausgaben abzugsfähig.
Für wissenschaftliche, mildtätige und als besonders förderungswürdig anerkannte kulturelle Zwecke erhöht sich der Vomhundertsatz von 5 um weitere 5%.
Mitgliedsbeiträge und Spenden an politische Parteien sind bis zur Höhe von insgesamt 60000,— DM und im Fall der Zusammenveranlagung von Ehegatten bis zu 120000,— DM abzugsfähig. Sie können allerdings nur insoweit als Sonderausgaben abgezogen werden, als für sie nicht eine Steuerermäßigung nach § 34g EStG gewährt worden ist.
Nach § 34g EStG ermäßigt sich die tarifliche Einkommensteuer um 50% der Mitgliedsbeiträge und Spenden an politische Parteien, höchstens aber um 600,— DM, im Fall der Zusammenveranlagung um 1200,— DM.

Beispiel 1

Der Gesamtbetrag der Einkünfte eines Steuerpflichtigen beträgt 80000,— DM, die Summe der gesamten Umsätze und Löhne im Kalenderjahr 520000,— DM.

An Spenden sind geleistet worden:

1. Spende für wissenschaftliche Zwecke	4500,— DM
2. Spenden für kirchliche Zwecke	500,— DM
insgesamt	5000,— DM

Berechnung

Spende für wissenschaftliche Zwecke	4500,— DM	
abzugsfähig (Erhöhungssatz) 5% von 80000,— DM	4000,— DM	4000,— DM
verbleiben	500,— DM	
+ andere Spenden	500,— DM	
zusammen	1000,— DM	
abzugsfähig 5% von 80000,— DM, höchstens der tatsächliche Betrag	1000,— DM	1000,— DM
abzugsfähig insgesamt		**5000,— DM**

Die Anwendung des Satzes von 2‰ der Summe der Umsätze und Löhne hätte hier zu einem für den Steuerpflichtigen ungünstigeren Ergebnis geführt.

Beispiel 2

Gesamtbetrag der Einkünfte eines Steuerpflichtigen		40000,— DM
Geleistete Spenden:		
1. Spende für wissenschaftliche Zwecke	500,— DM	
2. Andere Spenden (ohne Erhöhungssatz)	2700,— DM	
insgesamt	3200,— DM	

Berechnung

Spende für wissenschaftliche Zwecke	500,— DM	
abzugsfähig (Erhöhungssatz) 5% von 40000,— DM, höchstens der tatsächlich geleistete Betrag	500,— DM	500,— DM
verbleiben	0,— DM	
+ andere Spenden	2700,— DM	
zusammen	2700,— DM	
abzugsfähig 5% von 40000,— DM (Normalsatz)	2000,— DM	2000,— DM
abzugsfähig insgesamt		**2500,— DM**

Beispiel 3

Ein verheirateter, zusammenveranlagter Steuerpflichtiger hat im Kalenderjahr 135000,— DM als Spenden an eine Partei gezahlt.

Berechnung

Aufwendungen	135000,— DM
abzüglich (im Rahmen des § 34g EStG zu berücksichtigen)	2400,— DM
verbleiben	132600,— DM
maximal als Sonderausgabe abzugsfähig	**120000,— DM**
Minderung der tariflichen ESt nach § 34g EStG um 50% von 2400,— DM	**1200,— DM**

Beispiel 4

Gesamtbetrag der Einkünfte eines verheirateten Steuerpflichtigen		60000,— DM
Geleistete Spenden		
1. Spenden für wissenschaftliche Zwecke	2500,— DM	
2. Spenden für kirchliche Zwecke	4000,— DM	
3. Parteispenden	3800,— DM	
Berechnung		
Spenden für wissenschaftliche Zwecke	2500,— DM	
abzüglich (Erhöhungssatz) 5% von 60000,— DM,		
höchstens der tatsächlich geleistete Betrag	2500,— DM	2500,— DM
verbleiben	0,— DM	
+ andere Spenden	4000,— DM	
zusammen	4000,— DM	
abzugsfähig 5% von 60000,— DM (Normalsatz)	3000,— DM	3000,— DM
nicht abzugsfähig	1000,— DM	
Spenden für staatspolitische Zwecke (Parteispenden)		
(3800,— DM bis 2400,— DM)		1400,— DM
abzugsfähige Spenden		**6900,— DM**
zusätzliche Steuerermäßigung		
nach § 34g EStG 50% von 2400,— DM		**1200,— DM**

Aufgaben zu den Spenden

1. Ein Gewerbetreibender, dessen Gesamtbetrag der Einkünfte 66000,— DM beträgt und dessen Summe der Umsätze und Löhne im Kalenderjahr 1380000,— DM erreichte, hat im Veranlagungszeitraum folgende Spenden geleistet:
   1. Spende an den Caritas-Verband . . . 2000,— DM
   2. Spende an das Rote Kreuz . . . 1800,— DM

   Welchen Betrag kann er als Sonderausgabe absetzen?
2. Ein verheirateter Rechtsanwalt macht im Veranlagungszeitraum folgende Spenden geltend:
   1. Spenden für wissenschaftliche Zwecke . . . 1000,— DM
   2. Spenden für gemeinnützige Zwecke . . . 1800,— DM

   Seine Betriebseinnahmen betrugen 95000,— DM, die Betriebsausgaben 54000,— DM. Ferner hatte er Zinseinnahmen aus Sparguthaben in Höhe von 1400,— DM. Berechnen Sie die steuerlich abzugsfähigen Spenden.
3. Ein Gewerbetreibender weist für den Veranlagungszeitraum einen Gesamtbetrag der Einkünfte von 76400,— DM sowie eine Summe der Umsätze und der Löhne und Gehälter von 883000,— DM aus. Er hat im Veranlagungszeitraum folgende Spenden geleistet:
   1. für wissenschaftliche Zwecke . . . 2800,— DM
   2. für religiöse Zwecke . . . 4600,— DM

   Berechnen Sie die steuerlich abzugsfähigen Spenden.
4. Ein Unternehmer erzielte im Veranlagungszeitraum einen Gesamtbetrag der Einkünfte von 48400,— DM sowie eine Summe der Umsätze und der Löhne und Gehälter von 1570000,— DM. Er hat im Veranlagungszeitraum folgende Spenden geleistet:
   1. für wissenschaftliche Zwecke . . . 1300,— DM
   2. für gemeinnützige Zwecke . . . 3600,— DM

   Berechnen Sie die steuerlich abzugsfähigen Spenden.
5. Ein 66jähriger verheirateter Steuerpflichtiger hat im abgelaufenen Kalenderjahr einen Bruttoarbeitslohn von 24556,— DM bezogen. Darin enthalten sind Versorgungsbezüge von 18000,— DM. Außerdem wurden ihm auf seinem Bankkonto 2388,— DM für Dividenden gutgeschrieben (nach Abzug der Kapitalertragsteuer und Körperschaftsteuer). Im abgelaufenen Veranlagungszeitraum leistete er folgende Spenden:
   1. für wissenschaftliche Zwecke . . . 750,— DM
   2. für gemeinnützige Zwecke . . . 1200,— DM

   Berechnen Sie die steuerlich abzugsfähigen Spenden.

6. Ein lediger Steuerpflichtiger, der über 64 Jahre alt ist, macht für den abgelaufenen Veranlagungszeitraum folgende Angaben:
Bruttoarbeitslohn 23056,— DM, darin enthaltene Versorgungsbezüge 17500,— DM, Dividendengutschriften auf Bankkonto 1644,— DM, Einkünfte aus Vermietung und Verpachtung ·/. 4500,— DM, monatliche Einnahmen aus einer Zusatzrente 500,— DM, erstmaliger Rentenbezug mit dem 65. Lebensjahr. Im abgelaufenen Veranlagungszeitraum spendete er folgende Beträge:

1. für wissenschaftliche Zwecke	680,— DM
2. für gemeinnützige Zwecke	1150,— DM

Berechnen Sie die steuerlich abzugsfähigen Spenden.

7. Der Gesamtbetrag der Einkünfte eines verheirateten Arbeitnehmers beträgt 60000,— DM. Er hat folgende Beträge gespendet:
   1. Spenden für gemeinnützige Zwecke 4000,— DM.
   2. Parteispenden 3600,— DM.
   a) Wie hoch ist der als Sonderausgabe abzugsfähige Betrag?
   b) Welchen Betrag kann der Steuerpflichtige nach § 34g EStG als Tarifermäßigung von der Steuer abziehen?

8. Ein lediger Steuerpflichtiger, der im Kalenderjahr 845000,— DM als Gesamtbetrag der Einkünfte hat, weist folgende Spenden nach:

1. Spenden für wissenschaftliche Zwecke	40000,— DM
2. Spenden für gemeinnützige Zwecke	50000,— DM
3. Spenden an politische Parteien	110000,— DM

Ermitteln Sie die abzugsfähigen Spenden. Welchen Betrag kann der Steuerpflichtige nach §34g EStG als Tarifermäßigung von der Steuer abziehen?

17.6.6 Außergewöhnliche Belastungen (§§ 33, 33a, b, c EStG)

1. Berechnung der zumutbaren Belastung (§ 33 Abs. 3 EStG)

Die Aufwendungen im Sinne des § 33 EStG sind um die zumutbare Belastung zu kürzen. Die zumutbare Belastung wird in Prozentsätzen vom Gesamtbetrag der Einkünfte berechnet. Die Prozentsätze sind gestaffelt nach der Höhe des vorgenannten Betrages und nach dem Familienstand. Die Prozentsätze ergeben sich aus der Anlage 5.

Beispiel

Ein lediger Steuerpflichtiger hatte einen Gesamtbetrag der Einkünfte von 28000,— DM im Kalenderjahr. Er macht nicht erstattete Krankheitskosten von 2400,— DM geltend.

Berechnung

Gesamtbetrag der Einkünfte	28000,— DM
Bemessungsgrundlage für zumutbare Belastung	28000,— DM
Aufwendungen gemäß § 33 EStG	2400,— DM
davon abzuziehen zumutbare Belastung (5% von 28000,— DM)	1400,— DM
steuerlich abzugsfähig	**1000,— DM**

Aufgaben zur zumutbaren Belastung

(In allen Aufgaben wird unterstellt, daß die Steuerpflichtigen unter 64 Jahre alt sind.)

1. Ein verheirateter Arbeitnehmer mit zwei Kindern unter 18 Jahren hatte im Kalenderjahr einen Bruttolohn von 36670,— DM. Davon sind 1704,— DM Lohnsteuer und 99,— DM Kirchensteuer einbehalten worden. Er macht im Rahmen des Lohnsteuerjahresausgleichs folgende Aufwendungen als außergewöhnliche Belastungen geltend:

1. Beerdigungskosten	4500,— DM
Erstattung der Versicherung	2000,— DM
2. Krankheitskosten	1450,— DM
Erstattung der Versicherung	1200,— DM

Welche außergewöhnliche Belastung ist für ihn zu berücksichtigen?

2. Ein verheirateter Steuerpflichtiger ohne Kinder hatte im Kalenderjahr folgende Einkünfte:

Einkünfte aus Gewerbebetrieb		140 000,— DM
Einkünfte aus Kapitalvermögen		2 400,— DM
Einkünfte aus Vermietung und Verpachtung		./. 20 800,— DM
Er macht folgende Aufwendungen geltend:		
Spenden gemäß § 10 b EStG	700,— DM	
Kirchensteuer	3 500,— DM	
Ehescheidungskosten im Sinne von § 33 EStG	4 000,— DM	

In welcher Höhe können die Ehescheidungskosten steuerlich berücksichtigt werden?

3. Ein verheirateter Gewerbetreibender hat zwei Söhne im Alter von 29 und 24 Jahren und eine verheiratete Tochter im Alter von 17 Jahren, die noch in der Ausbildung steht und vom Vater unterhalten wird. Der ältere Sohn studiert noch, der jüngere ist kaufmännischer Angestellter. Der Steuerpflichtige erzielte folgende Einkünfte:

Einkünfte aus Gewerbebetrieb	75 400,— DM
Einkünfte aus Kapitalvermögen	3 650,— DM
Einkünfte aus Vermietung und Verpachtung etc.	./. 12 650,— DM
Er macht u. a. folgende Aufwendungen geltend:	
Kirchensteuervorauszahlungen	2 500,— DM
Kirchensteuernachzahlungen	680,— DM
Krankenhauskosten	4 600,— DM
Erstattung durch Versicherung	3 870,— DM
Arztkosten	3 950,— DM

Beim Tode seiner Schwiegermutter hatte er Beerdigungskosten von 5 600,— DM zu tragen. Andererseits hinterließ die Schwiegermutter ein Erbe im Wert von 4 500,— DM.
In welcher Höhe kann er außergewöhnliche Belastungen geltend machen?

2. Berechnung der außergewöhnlichen Belastung in besonderen Fällen (§ 33a, b, c EStG)

a) Unterhalt bedürftiger Angehöriger gem. § 33a Abs. 1 EStG

Für jede unterstützte Person wird unter den Voraussetzungen des § 33a Abs. 1 EStG ein Pauschbetrag von **6 300,— DM** im Kalenderjahr als Tarifermäßigung gewährt. Dieser Betrag ermäßigt sich auf **4104,— DM** für den Unterhalt einer Person, die das 18. Lebensjahr noch nicht vollendet hat oder für die der Steuerpflichtige einen Ausbildungsfreibetrag nach § 33a Abs. 2 erhält. Pauschbetrag bedeutet, daß dieser nicht mehr um die zumutbare Belastung zu mindern ist.

Eigene Einkünfte und Bezüge der unterhaltenen Person, die den Betrag von 4 500,— DM im Jahr übersteigen, werden auf den Pauschbetrag angerechnet. Einkünfte sind die steuerlichen Einkünfte einschließlich vermögenswirksamer Leistungen ohne Rücksicht darauf, ob sie tatsächlich zugeflossen sind. Bezüge sind alle Zuflüsse, die nicht als steuerliche Einkünfte anzusehen sind. Das sind z. B. die steuerfreien Einnahmen und der Rentenanteil, der über den Ertragsanteil hinausgeht. Von diesen Bezügen kann ein Betrag von 360,— DM im Jahr als Kostenpauschale abgezogen werden.

Für jeden vollen Kalendermonat, in dem die Voraussetzungen für die Unterstützung nicht vorgelegen haben, ermäßigen sich die oben bezeichneten Beträge um je $^1/_{12}$. Eigene Einkünfte und Bezüge der unterhaltenen Person, die auf die Kalendermonate entfallen, in denen die Voraussetzungen für die Unterstützung nicht vorgelegen haben, vermindern die ermäßigten Freibeträge nicht.

In die Anrechnung sind nur solche eigenen Einkünfte und Bezüge einzubeziehen, die auf den Unterstützungszeitraum entfallen, ihm also wirtschaftlich zuzuordnen sind. Typischerweise regelmäßig in kürzeren Zeitabständen fließende Einkünfte wie Renten und Arbeitslöhne sind nach dem Zeitpunkt des Zuflusses zuzuordnen. Die Ermittlung der Einkünfte beim Ansatz von Werbungskostenpauschbeträgen ist allerdings grundsätzlich für das Kalenderjahr durchzuführen. Die auf den Unterstützungszeitraum entfallenden Einkünfte sind sodann nach dem Verhältnis der darauf entfallenden Einnahmen zu den Gesamteinnahmen aufzuteilen. Den Pauschbetrag übersteigende Werbungskosten sind den Zeiträumen zuzurechnen, in denen sie entstanden sind. Bei den Gewinneinkünften oder den Einkünften aus Kapitalvermögen werden die Einkünfte und Bezüge grundsätzlich jedem Monat mit einem Zwölftel zugeordnet, es sei denn, daß der Steuerpflichtige nachweist, daß eine andere Zuordnung gerechtfertigt ist (z. B. bei Erbfall im Laufe des Jahres).

Beispiel 1

Ein Steuerpflichtiger unterstützt seine Mutter mit 500,— DM monatlich. Die Mutter erhält eine jährliche Pension von 7800,— DM und eine Rente von jährlich 3000,— DM vom 65. Lebensjahr an (Ertragsanteil 24%).

Berechnung

a) Ermittlung der anzurechnenden Einkünfte		
Versorgungsbezüge		7800,— DM
·/. Versorgungsfreibetrag	3120,— DM	
·/. Arbeitnehmerpauschbetrag	2000,— DM	5120,— DM
		2680,— DM
Renten	3000,— DM	
Ertragsanteil 24%	720,— DM	
·/. Werbungskostenpauschbetrag	200,— DM	520,— DM
Summe der Einkünfte		3200,— DM
b) Ermittlung der Bezüge		
steuerlich nicht erfaßter Teil der Rente		2280,— DM
·/. Kosten-Pauschale		360,— DM
		1920,— DM
Summe der Einkünfte und Bezüge		5120,— DM
anrechungsfreier Betrag lt. § 33a Abs. 1 EStG		4500,— DM
übersteigender Betrag		620,— DM
Höchstbetrag gem. § 33a Abs. 1 EStG für Unterstützungsleistungen		6300,— DM
anzuerkennender Betrag		**5680,— DM**

Beispiel 2

Ein Steuerpflichtiger gewährt einem Angehörigen Unterhalt von 1000,— DM monatlich in der Zeit vom 1.1. bis 30.6. eines Jahres. Der Angehörige erhielt in der Zeit vom 1.1. bis 30.6. Bruttolöhne von 2600,— DM, in der Zeit vom 1.7. bis 31.12. Bruttolöhne von 6800,— DM.

Berechnung

a) Ermittlung der anzurechnenden Einkünfte	
Arbeitslohn im Kalenderjahr	9400,— DM
·/. Arbeitnehmer-Pauschbetrag	2000,— DM
verbleiben	7400,— DM
davon entfallen auf den Unterstützungszeitraum $\frac{2600}{9400} \cdot 7400 =$	2046,— DM
abzüglich anrechnungsfreier Betrag $^{6}/_{12}$ von 4500,—	2250,— DM
anzurechnen	0,— DM
b) Höchstbetrag gem. § 33a Abs. 1 EStG	6300,— DM
davon für den Unterstützungszeitraum $^{6}/_{12}$	3150,— DM
anzurechnen	0,— DM
anzuerkennender Pauschbetrag	**3150,— DM**

b) Ausbildungsfreibetrag gem. § 33a Abs. 2 EStG

Als Ausbildungsfreibetrag werden unter den Voraussetzungen des § 33a Abs. 2 EStG vom Gesamtbetrag der Einkünfte abgezogen:

a) für ein Kind, das das 18. Lebensjahr noch nicht vollendet hat, 1800,— DM, wenn das Kind auswärts untergebracht ist,

b) für ein Kind, das das 18. Lebensjahr vollendet hat, 2400,— DM. Der Betrag erhöht sich auf 4200,— DM, wenn das Kind auswärts untergebracht ist.

Diese Ausbildungsfreibeträge vermindern sich jeweils um die eigenen Einkünfte und Bezüge des Kindes, die zur Bestreitung seines Unterhalts bestimmt oder geeignet sind, soweit diese den Betrag von 3600,— DM im Kalenderjahr übersteigen, sowie um die vom Kind als Ausbildungshilfe aus öffentlichen Mitteln oder von Förderungseinrichtungen, die hierfür öffentliche Mittel erhalten, bezogenen Zuschüsse.

Diese Zuschüsse sind nur um eine Kostenpauschale von 360,— DM zu kürzen, falls diese noch nicht bei der Ermittlung der sonstigen Bezüge berücksichtigt wurde. Der verbleibende Betrag wird vom Ausbildungsfreibetrag abgezogen (vgl. Abschn. 191 EStR 1990).

Für jeden vollen Kalendermonat, in dem die Voraussetzungen für die Gewährung eines Ausbildungsfreibetrages nicht vorgelegen haben, vermindern sich die genannten Beträge um $\frac{1}{12}$. Für die Anrechnung der eigenen Einkünfte für Zeiten, in denen die Voraussetzungen für die Gewährung eines Freibetrages nicht gegeben waren, gelten die unter a) gemachten Ausführungen sinngemäß.

Beispiel 1

Die 20jährige Tochter eines Steuerpflichtigen befindet sich das ganze Jahr hindurch in einer Berufsausbildung und wohnt am auswärtigen Ausbildungsort. In den Ferien hat sie als Aushilfsverkäuferin 6500,— DM verdient.

Berechnung

Lohn	6500,— DM
./. Arbeitnehmer-Pauschbetrag	2000,— DM
verbleiben	4500,— DM
anrechnungsfreier Betrag	3600,— DM
anzurechnende Einkünfte	900,— DM
Höchstbetrag des Ausbildungsfreibetrages	4200,— DM
anzurechnende Einkünfte	900,— DM
anzurechnender Ausbildungsfreibetrag	**3300,— DM**

Beispiel 2

Ein Steuerpflichtiger unterstützt seinen 20jährigen zur Berufsausbildung auswärts wohnenden Sohn in der Zeit vom 1. 1. bis 30. 6. Vom 1. 7. an steht der Sohn in einem Dienstverhältnis und erhält in dieser Zeit Bruttolohn von 36000,— DM.

Berechnung

Ausbildungsfreibetrag	4200,— DM
davon anzusetzen	**2100,— DM**

Eigene Einkünfte sind nicht anzurechnen, weil sie auf einen außerhalb des Unterstützungszeitraums liegenden Zeitabschnitt entfallen.

Beispiel 3

Ein Steuerpflichtiger unterstützt seinen zur Berufsausbildung auswärts untergebrachten 25jährigen Sohn in der Zeit vom 1.1. bis 10.6. Am 1.7. tritt der Sohn eine Arbeitsstelle an, aus der er vom 1.7. bis 31.12. 44000,— DM Bruttolohn bezieht. Der Sohn hatte in der Zeit vom 1.1. bis 10.6. aus gelegentlichen Aushilfetätigkeiten 2800,— DM Bruttolohn bezogen. Seine Werbungskosten betrugen 2500,— DM, von denen sich 500,— DM der Zeit vom 1.1. bis 10.6. zuordnen lassen. Der Rest entfällt auf die Zeit vom 1.7. bis 31.12.

Berechnung

Löhne	46800,— DM
·/. Arbeitnehmer-Pauschbetrag	2000,— DM
	44800,— DM

(Der über den Pauschbetrag hinausgehende Betrag der Werbungskosten ist nicht in die Verhältnisrechnung einzubeziehen.)

Auf den Unterstützungszeitraum entfallen

$\frac{2800}{46800} \cdot 44800 =$	2680,— DM
abzüglich der Werbungskosten, die den Arbeitnehmer-Pauschbetrag übersteigen, soweit sie auf den Unterstützungszeitraum entfallen: 500 – (2800 – 2680) =	380,— DM
	2300,— DM
nicht anzurechnen: $\frac{6}{12}$ von 3600,— DM	1800,— DM
anzurechnen	500,— DM
Ausbildungsfreibetrag (Jahresbetrag)	4200,— DM
davon $\frac{6}{12}$	2100,— DM
anzurechnen	500,— DM
anzurechnender Ausbildungsfreibetrag	**1600,— DM**

c1) Pauschbeträge für Haushaltshilfen gem. § 33a Abs. 3 EStG

Hat ein Steuerpflichtiger Aufwendungen für eine Hilfe im Haushalt, so kann er höchstens 1200,— DM im Kalenderjahr vom Gesamtbetrag der Einkünfte abziehen, wenn

a) er oder sein Ehegatte das 60. Lebensjahr vollendet hat oder
b) die Beschäftigung wegen Krankheit eines Haushaltsangehörigen erforderlich ist.

Der Betrag von 1200,— DM erhöht sich auf 1800,— DM, wenn eine der zum Haushalt gehörenden Personen hilflos oder schwer behindert ist.
Der Betrag von 1200,— DM wird auch gewährt, wenn der Steuerpflichtige oder sein Ehegatte in einem Heim untergebracht ist. Der Betrag erhöht sich auf 1800,— DM, wenn die Unterbringung zur dauernden Pflege erfolgt.
Die genannten Pauschbeträge können auch bei Ehegatten, die zusammenveranlagt werden, nur einmal abgezogen werden. Das gilt nicht, wenn eine gemeinsame Haushaltsführung wegen der Unterbringung eines der Ehegatten in einem Heim nicht möglich ist.

c2) Pauschbeträge für Pflegepersonen gem. § 33b Abs. 6 EStG

Steuerpflichtige, die dauernd hilflose Personen in ihrer eigenen Wohnung oder in der Wohnung der hilflosen Person pflegen, können zur Abgeltung der außergewöhnlichen Belastungen anstelle des § 33 EStG einen Pauschbetrag von 1800,— DM geltend machen. Falls mehrere Personen die Pflege übernehmen, ist der Pauschbetrag entsprechend aufzuteilen.

Die genannten Pauschbeträge sind Jahresbeträge und werden gewährt, solange die Voraussetzungen im Kalenderjahr bestanden haben und die eigenen Aufwendungen mindestens die Pauschbeträge erreichen. Haben die Voraussetzungen nicht während des ganzen Jahres bestanden, so sind die Pauschbeträge auf diejenigen Monate, in denen die Voraussetzungen bestanden haben, umzurechnen.

Beispiel

Ein verheirateter über 60 Jahre alter Steuerpflichtiger beschäftigte vom 1. Juni bis zum 31. Dezember eine Hausgehilfin, die ein monatliches Entgelt von 800,— DM bekam. Der Freibetrag beträgt 7 · 100,— DM = 700,— DM.

Aufgaben zur außergewöhnlichen Belastung in besonderen Fällen

1. Ein Steuerpflichtiger unterstützt seine Mutter mit 600,— DM monatlich. Die Mutter bezieht selbst eine monatliche Rente von 550,— DM, deren Ertragsanteil 24% beträgt. Welche außergewöhnliche Belastung kann der Steuerpflichtige geltend machen?
2. Ein Steuerpflichtiger unterstützt seine Eltern mit 1 200,— DM monatlich. Sein Vater bezieht eine Unfallrente von 360,— DM. Seine Mutter hat keine eigenen Einnahmen. Welche außergewöhnliche Belastung kann der Steuerpflichtige geltend machen?
3. Ein Steuerpflichtiger unterstützt seine bedürftige Mutter mit 200,— DM monatlich. Die eigenen Einkünfte und Bezüge der Mutter betragen im Monat 250,— DM. Welcher Betrag kann dem Steuerpflichtigen als außergewöhnliche Belastung anerkannt werden?
4. Ein Vater unterstützt seinen 28jährigen Sohn, für den er keinen Anspruch auf Kindergeld mehr hat, der sich aber noch im Studium befindet, mit 500,— DM monatlich. Durch Arbeit in den Semesterferien erzielt der Sohn eigene Einkünfte und Bezüge von 3600,— DM. Ermitteln Sie die anrechenbare außergewöhnliche Belastung.
5. Ein Steuerpflichtiger hat während der Monate Januar bis April seine ledige, mittellose Schwester mit 550,— DM monatlich unterstützt. Während dieser Zeit hatte die Schwester eigene Einkünfte und Bezüge von 1 800,— DM. Im Mai des Jahres heiratete die Schwester, so daß eine weitere Unterstützung durch den Bruder nicht mehr nötig war. Welche außergewöhnliche Belastung kann der Steuerpflichtige geltend machen, wenn die Schwester ab Mai keine weiteren eigenen Einkünfte und Bezüge hatte?
6. Ein Steuerpflichtiger unterstützt seinen Vater mit 3900,— DM im Kalenderjahr. Der Vater erhält Versorgungsbezüge in Höhe von 6000,— DM jährlich und eine Leibrente von 3600,— DM jährlich, deren Ertragsanteil 24% beträgt. Ermitteln Sie die abzugsfähige außergewöhnliche Belastung nach § 33a EStG!
7. a) Ein Steuerpflichtiger unterstützt seine Mutter mit jährlich 3000,— DM. Die Mutter erhält Versorgungsbezüge von 5400,— DM jährlich und eine Leibrente von 4200,— DM, deren Ertragsanteil 24% beträgt. Im abgelaufenen Kalenderjahr bezog sie außerdem 900,— DM Zinseinnahmen. Welchen Betrag kann der Steuerpflichtige als außergewöhnliche Belastung geltend machen?
   b) Ein Steuerpflichtiger unterstützt seine Mutter vom 1.3. bis zum 31.12. des Jahres mit monatlich 500,— DM. Die Mutter erhält während des ganzen Jahres monatliche Versorgungsbezüge von 700,— DM und außerdem eine monatliche Leibrente von 300,— DM, deren Ertragsanteil 24% beträgt. Welche außergewöhnliche Belastung kann der Steuerpflichtige geltend machen?
   c) Ein Vater unterstützt seinen 29jährigen Sohn, der noch studiert, für den er aber keinen Anspruch auf Kindergeld mehr hat, vom 1.1. bis 30.9. mit monatlich 550,— DM. Der Sohn bezog durch Arbeit in den Semesterferien einen Bruttolohn von 6800,— DM. Nach Beendigung seines Studiums fand er zum 1.10. eine Anstellung bei einem Steuerberater und erhielt dort bis zum 31.12. ein Monatsgehalt von 3200,— DM brutto.
   Welche außergewöhnliche Belastung kann der Vater geltend machen?
   d) Ein Vater unterstützt seinen 29jährigen Sohn, der noch studiert, für den er aber keinen Anspruch auf Kindergeld mehr hat, vom 1.1. bis 30.9. mit 550,— DM monatlich. Der Sohn führte in den Semesterferien Hilfsarbeiten aus, wofür er Bruttolöhne von 6800,— DM bezog. Nach Beendigung seines Studiums wurde er am 1.10. bei einem Steuerberater angestellt und erhielt dort bis zum 31.12. monatlich 3200,— DM brutto. Für das Kalenderjahr macht er 3800,— DM Werbungskosten geltend, von denen 1200,— DM auf den Unterstützungszeitraum entfallen.

8. Ein Steuerpflichtiger unterstützt seinen Vater vom 1.1. bis 31.8. mit monatlich 600,— DM. Der Vater ist Rentner und bezieht seit dem 1.1. eine Leibrente von monatlich 800,— DM, deren Ertragsanteil 24% beträgt. Vom 1.7. an erhöht sich die Leibrente auf 1000,— DM. Am 1.9. übernimmt der Vater eine Nebenbeschäftigung, bei der er monatlich 800,— DM brutto erhält, so daß eine weitere Unterstützung durch den Sohn nicht mehr notwendig ist. Welchen Betrag kann der Sohn als außergewöhnliche Belastung geltend machen?

9. Ein Steuerpflichtiger unterstützt seinen 28jährigen Sohn, der sich noch im Studium befindet und für den er keinen Anspruch auf Kindergeld hat, mit 750,— DM monatlich bis zum 1.8. Der Sohn hat durch Semesterarbeit einen Bruttoarbeitslohn von 4200,— DM erzielt. Am 1.8. findet er eine Anstellung, die ihm einen monatlichen Bruttoverdienst von 3000,— DM einbringt. Im Rahmen seiner Arbeitnehmertätigkeit sind nachweisbare Werbungskosten von 4800,— DM entstanden, davon entfallen auf den Unterstützungszeitraum 1000,— DM. Infolge einer Erbschaft ist er seit dem Vorjahr Eigentümer eines Mehrfamilienhauses, aus dem er in diesem Jahr Einnahmen von 24000,— DM bezieht. Dem stehen Hausaufwendungen von insgesamt 22800,— DM gegenüber. Welchen Betrag kann der Steuerpflichtige als außergewöhnliche Belastung geltend machen?

10. Ein in Bochum lebender Steuerpflichtiger unterstützt seinen 23jährigen Sohn, der in München studiert und dort wohnt, mit 400,— DM monatlich. Der Sohn erhält außerdem monatlich 240,— DM von einer Förderungseinrichtung. Ein Drittel dieses Betrages wird als Darlehn gewährt. In den Semesterferien war der Sohn zeitweilig als Aushilfsfahrer beschäftigt, um seine finanzielle Lage zu verbessern. Er bezog aus dieser Tätigkeit einen Bruttolohn von insgesamt 6800,— DM. Welchen Betrag kann der Vater als außergewöhnliche Belastung geltend machen?

11. Ein Steuerpflichtiger macht Aufwendungen für die Berufsausbildung seines 20jährigen Sohnes, der in Köln studiert und dort auch eine Wohnung hat. Der Student erhält an Zuschüssen von einer Studienstiftung monatlich 200,— DM. Berechnen Sie den Ausbildungsfreibetrag gemäß § 33a Abs. 2 EStG.

12. Ein Steuerpflichtiger hat seinen 17jährigen Sohn in einem Internat untergebracht. Aus einem eigenen Sparguthaben erhielt der Sohn 3800,— DM Zinsen im Kalenderjahr, die er auch regelmäßig von seinem Sparkonto abhob. Berechnen Sie den Ausbildungsfreibetrag gemäß § 33a Abs. 2 EStG.

13. Die 22jährige Tochter eines Steuerpflichtigen studiert in Bonn, lebt aber im Haushalt ihres Vaters, der die Kosten der Berufsausbildung trägt. Die Tochter hat in den Ferien durch nichtselbständige Arbeit 5800,— DM brutto verdient. Berechnen Sie den Ausbildungsfreibetrag.

14. Die 17jährige Tochter eines Steuerpflichtigen lebt seit Beginn des Jahres im Internat. Am 1. August vollendet sie ihr 18. Lebensjahr. Eigene Einkünfte und Bezüge hat die Tochter nicht, so daß der Steuerpflichtige allein die Kosten der Ausbildung tragen muß. Berechnen Sie den Ausbildungsfreibetrag.

15. Der 24jährige Sohn eines Steuerpflichtigen studiert seit Beginn des Jahres in Münster, wohnt aber bis zum 30.4. bei seinen Eltern in Recklinghausen. Vom 1. Mai an bewohnt er ein Zimmer in Münster, um sich die täglichen Fahrten zum Studienort zu ersparen. Durch Aushilfstätigkeiten seit dem 1.5. bei einem Zeitungsverlag bezog er im Veranlagungszeitraum 3600,— DM Bruttoarbeitslohn. Außerdem erhält er eine monatliche Unfallrente von 200,— DM und 150,— DM monatlich von einer Studienstiftung, davon zwei Drittel als Darlehn. Welchen Ausbildungsfreibetrag kann der Steuerpflichtige geltend machen?

16. Der 17jährige Sohn eines Steuerpflichtigen besucht seit Jahresbeginn die örtliche Höhere Handelsschule. Am 12. April des Jahres vollendet er sein 18. Lebensjahr. Über die Dauer des gesamten Veranlagungszeitraums erhält er einen Zuschuß von einer Studienstiftung von 150,— DM monatlich. Weitere eigene Einkünfte und Bezüge hat der Sohn nicht. Ermitteln Sie den Ausbildungsfreibetrag.

17. Der Steuerpflichtige Franz Adler unterstützt seit dem 1.4. des Kalenderjahres seine geschiedene 30jährige Tochter mit 500,— DM monatlich. Der geschiedene Ehemann kommt seiner Unterhaltsverpflichtung nicht nach. Welchen Freibetrag erhält Franz Adler gem. § 33a EStG für das Kalenderjahr, wenn seine Tochter während des ganzen Kalenderjahres steuerfreie Einnahmen von 450,— DM pro Monat hat?

18. Ein Steuerpflichtiger unterhält seine Mutter mit monatlich 500,— DM. Die Mutter verstirbt am 16. 4. des Jahres. Bis zu ihrem Tode hat sie eine Rente von insgesamt 2400,— DM bezogen. Wie hoch ist der Freibetrag gem. § 33 a Abs. 1 EStG für den Steuerpflichtigen im Todesjahr?

19. Ein verheirateter, nicht dauernd getrennt lebender Steuerpflichtiger hat seine leiblichen Söhne Olaf, geb. am 20. 6. 1972, und Heinrich, geb. am 18. 4. 1967, zu unterhalten und für einen Beruf auszubilden. Der Sohn Olaf lebt im Hause der Eltern und besucht das Gymnasium, der Sohn Heinrich studiert und wohnt auswärts. Heinrich hat am 31. 3. 1990 seine Berufsausbildung beendet. Bis zum 1. 12. 90 unterstützt der Vater seinen Sohn Heinrich mit 400,— DM monatlich, da der Sohn keine eigenen Einkünfte und Bezüge hat. Am 1. 12. 1990 tritt er eine Stelle an und erzielt vom 1. 12. bis 31. 12. 1990 einen Bruttoarbeitslohn von 3800,— DM. Welche Freibeträge gem. § 33 a EStG kann der Vater für beide Söhne für das Kalenderjahr 1990 erhalten, wenn die Voraussetzungen für einen Anspruch auf einen Kinderfreibetrag für den Sohn Heinrich vom 1.4.1990 an entfallen?

20. Ein Steuerpflichtiger unterstützt seine 25jährige Tochter, die studiert und deshalb auswärts wohnt, in ihrer gesamten Studienzeit. Am 15. Oktober beendet die Tochter ihre Ausbildung und findet zum 1. November eine Anstellung mit einem Monatsbruttogehalt von 4500,— DM. Während des Studiums war sie gelegentlich als Aushilfsverkäuferin tätig und hat aus dieser Tätigkeit in diesem Jahr noch Bruttolöhne von 4800,— DM erhalten. Sie macht 3600,— DM Werbungskosten geltend, wovon 2100,— DM auf den Zeitraum ihrer Angestelltentätigkeit entfallen. Außerdem bekam sie von einer Studienstiftung einen Zuschuß von 500,— DM. Ermitteln Sie den Ausbildungsfreibetrag gem. § 33 a Abs. 2 EStG.

21. Ein Steuerpflichtiger unterstützt seinen 24jährigen Sohn, der sich noch im Studium befindet und am Universitätsort wohnt, von Januar bis Ende September mit 500,— DM monatlich. Der Sohn verdiente sich durch Arbeit in den Semesterferien noch 2200,— DM brutto hinzu und erhielt außerdem Zuschüsse von einer Studienstiftung von insgesamt 1 500,— DM. Ab Oktober arbeite er in der öffentlichen Verwaltung und bezog insgesamt 11 400,— DM brutto. Er macht 3200,— DM Werbungskosten geltend. Davon entfallen 2000,— DM auf die Zeit ab Oktober.
Berechnen Sie den Ausbildungsfreibetrag.

22. Ein Steuerpflichtiger unterstützt seinen Sohn, der Ende Mai sein 29. Lebensjahr vollendet und sich im Studium befindet, bis zu seinem Examen im Oktober des Jahres mit 800,— DM monatlich. Der Sohn hat den gesetzlichen Grundwehrdienst geleistet und wohnt am Studienort. Während des Studiums bezieht er durch Aushilfstätigkeit einen Bruttoarbeitslohn von 5000,— DM. Nach dem Studium findet er ab November eine Anstellung und erhält monatlich 3750,— DM brutto. Die Werbungskosten übersteigen nicht den Arbeitnehmer-Pauschbetrag.
Ermitteln Sie die nach § 33 a EStG geltend zu machenden außergewöhnlichen Belastungen.

23. Ein Steuerpflichtiger unterstützt seinen Sohn, der am 9. 9. 01 sein 27. Lebensjahr vollendet und aus Studiengründen auswärts untergebracht ist, mit monatlich 800,— DM. Der Sohn mußte sein Studium zur Ableistung des gesetzlichen Grundwehrdienstes zwischenzeitlich unterbrechen. Er hat keine eigenen Einkünfte und Bezüge. Welche außergewöhnlichen Belastungen kann der Steuerpflichtige geltend machen?

24. Ein Steuerpflichtiger unterstützt seinen Sohn, der zu Beginn des Veranlagungszeitraums sein 28. Lebensjahr vollendet hatte, während des ganzen Jahres mit 500,— DM monatlich bis zum Abschluß des Studiums im Oktober des Jahres. Bis zu diesem Zeitpunkt war der Sohn deshalb auch auswärts untergebracht. Er mußte sein Studium zur Ableistung des gesetzlichen Grundwehrdienstes zwischenzeitlich unterbrechen. Während des abgelaufenen Veranlagungszeitraums bezog der Sohn einen Bruttoarbeitslohn von 14000,— DM, wovon 8400,— DM auf die Zeit bis Oktober entfallen. Die Werbungskosten übersteigen nicht den Arbeitnehmer-Pauschbetrag.
Ermitteln Sie die anzuerkennenden außergewöhnlichen Belastungen.

25. Der Hamburger Unternehmer Jan Jensen beschäftigt seinen 25jährigen Sohn Henning, der in Hamburg studiert und in der Nähe der Universität eine eigene Wohnung hat, als Aushilfskraft in seinem Betrieb. Im Kalenderjahr 01 zahlte Jensen seinem Sohn einen Arbeitslohn von 6440,— DM aus, der nach § 40 a (2) EStG pauschal mit 15% von 6440,— DM = 966,— DM versteuert wurde.
    a) Berechnen Sie den Ausbildungsfreibetrag, den Jan Jensen geltend machen kann.
    b) Wäre es für die Höhe des zu gewährenden Ausbildungsfreibetrages günstiger, wenn Jensen auf die Pauschalversteuerung verzichtete und statt dessen den Lohn für seinen Sohn um 966,— DM erhöhte?

d) Kinderbetreuungskosten gem. 33c EStG

Macht ein Steuerpflichtiger Aufwendungen zur Betreuung eines unbeschränkt steuerpflichtigen Kindes, das zu seinem Haushalt gehört und das zu Beginn des Kalenderjahres das 16. Lebensjahr noch nicht vollendet hatte, so gelten sie als außergewöhnliche Belastung im Sinne des § 33 EStG, wenn die Aufwendungen bei **Alleinstehenden** wegen

- Erwerbstätigkeit oder
- körperlicher, geistiger oder seelischer Behinderung oder
- Krankheit

entstehen.

Bei **Ehegatten**, die beide unbeschränkt einkommensteuerpflichtig sind und nicht dauernd getrennt leben, können ebenfalls Aufwendungen für Dienstleistungen zur Betreuung eines Kindes abgezogen werden, wenn die Aufwendungen wegen

- körperlicher, geistiger oder seelischer Behinderung oder
- Krankheit eines Ehegatten

entstehen **und der andere Ehegatte** erwerbstätig oder ebenfalls krank oder behindert ist.

Die Aufwendungen für ein Kind dürfen nach Abzug der zumutbaren Belastung 4000,— DM im Kalenderjahr nicht übersteigen.[1] Dieser Betrag erhöht sich für jedes weitere Kind um 2000,— DM. Für jeden vollen Kalendermonat, in dem die Voraussetzungen für den Abzug von Kinderbetreuungskosten nicht vorgelegen haben, ermäßigt sich dieser Höchstbetrag um $^1/_{12}$.

Für jedes Kind ist jedoch mindestens ein Pauschbetrag von **480,— DM** im Kalenderjahr zu berücksichtigen. Auch dieser Pauschbetrag vermindert sich für jeden vollen Kalendermonat, in dem die Voraussetzungen nicht vorgelegen haben, um jeweils $^1/_{12}$.

Beispiel 1

Eine alleinstehende Arbeitnehmerin, die im Kalenderjahr 40000,— DM Bruttogehalt bezieht, hat ein Kind von fünf Jahren zu unterhalten. Ihr entstehen jährlich 8000,— DM Aufwendungen für eine Hausgehilfin.

Berechnung

Aufwendungen		8000,— DM
./. zumutbare Belastung 3% des Gesamtbetrages der Einkünfte		
Bruttoarbeitslohn	40000,— DM	
Arbeitnehmer-Pauschbetrag	2000,— DM	
	38000,— DM	1140,— DM
verbleiben		6860,— DM
Höchstbetrag		**4000,— DM**

[1] Der Ansatz einer zumutbaren Belastung entfällt gem. BFH-Urteil vom 10.4.1992. Gemäß BMF-Schreiben vom 25.9.92 ist dieses Urteil über den entschiedenen Einzelfall hinaus nicht anzuwenden.

Beispiel 2

Eine alleinstehende Arbeitnehmerin hat zwei Kinder im Alter von 6 und 10 Jahren. Sie bezieht im Kalenderjahr 42000,— DM Bruttolohn. Für eine Hausgehilfin hat sie 8000,— DM aufgewendet. Weitere außergewöhnliche Belastungen im Sinne des § 33 EStG sind ihr durch Krankheitskosten von 1477,— DM entstanden.

Berechnung

Kinderbetreuungskosten	8000,— DM
⁒. zumutbare Belastung = 3% des Gesamtbetrages der Einkünfte (42000–2000) von 40000,— DM	1200,— DM
verbleiben	6800,— DM
Höchstbetrag (4000 + 2000)	6000,— DM
+ andere außergewöhnliche Belastungen	1477,— DM
insgesamt abzugsfähig (§ 33c und 33 EStG)	**7477,— DM**

Aufgaben zu den Kinderbetreuungskosten

1. a) Der Gesamtbetrag der Einkünfte eines Alleinstehenden betrug im Kalenderjahr 66000,— DM. Er hat zwei Kinder im Alter von 10 und 12 Jahren zu unterhalten und zahlt monatlich 400,— DM für eine Haushaltshilfe. Berechnen Sie den nach § 33c EStG abzugsfähigen Betrag!
   b) Welcher Betrag wäre nach § 33c EStG abzugsfähig, wenn der Alleinstehende unter denselben Verhältnissen 800,— DM monatlich, statt 400,— DM, für die Haushaltshilfe aufwenden müßte?

2. a) Ein Ehepaar hat ein Kind von 14 Jahren. Der Ehemann ist Arbeitnehmer mit einem Bruttogehalt von 45000,— DM im Jahr. Die Werbungskosten übersteigen nicht den Arbeitnehmer-Pauschbetrag. Weitere Einkünfte hat er nicht. Die Ehefrau mußte von Januar bis Juli in einem Krankenhaus ärztlich behandelt werden. Für eine Haushaltshilfe, die auch die Kinderbetreuung übernahm, wurden 1200,— DM aufgewendet.
   Berechnen Sie den nach § 33c EStG abzugsfähigen Betrag.
   b) Welcher Betrag wäre nach § 33c EStG abzugsfähig, wenn der Steuerpflichtige 4000,— DM Kinderbetreuungskosten nachweisen könnte?

3. a) Ein Ehepaar hat drei Kinder im Alter von 3, 6 und 8 Jahren. Die Ehefrau war das ganze Jahr hindurch krank. Der Ehemann hat als Architekt einen Gewinn von 110000,— DM im Kalenderjahr. Andere Einkünfte hat er nicht. Die Kosten für Kinderbetreuung (Kindergarten usw.) betrugen 2400,— DM im Kalenderjahr. Die Kosten für andere außergewöhnliche Belastungen erreichen 1500,— DM. Wieviel DM von den genannten Kosten kann das Ehepaar steuerlich absetzen?
   b) Wie hoch wäre die anzuerkennende außergewöhnliche Belastung, wenn der Steuerpflichtige 8400,— DM Kinderbetreuungskosten nachweisen könnte?

4. Eine alleinstehende, erwerbstätige Frau, deren Einkünfte den Gesamtbetrag von 38000,— DM erreichen, macht Aufwendungen von 7000,— DM für die Betreuung ihrer beiden Kinder geltend. Das zweite Kind wurde im Mai des Veranlagungszeitraums geboren, das erste Kind schied am 15. Oktober aus dem Haushalt aus.
   a) Ermitteln Sie die anzuerkennende außergewöhnliche Belastung.
   b) Wie hoch wäre die außergewöhnliche Belastung, wenn das erste Kind am 15. Oktober 16 Jahre alt geworden und im Haushalt geblieben wäre?

5. Eine alleinstehende, geschiedene Frau ist Mutter von zwei Kindern unter 16 Jahren und nicht erwerbstätig. Sie mußte infolge einer Krankheit von Februar bis Mai und von Oktober bis November des Jahres eine Haushaltshilfe zur Betreuung der Kinder beschäftigen. Dafür mußte sie insgesamt 6000,— DM aufwenden. Ihre Einkünfte erreichen den Gesamtbetrag von 25000,— DM.
   a) Wie hoch ist die anzuerkennende außergewöhnliche Belastung?
   b) Welche außergewöhnliche Belastung müßte anerkannt werden, wenn die Frau in den ersten sechs Monaten des Jahres erwerbstätig gewesen wäre und nach einer anschließenden zweimonatigen Krankheit ihre Berufstätigkeit hätte aufgeben müssen?

6. Ein Ehepaar hat zwei Kinder unter 16 Jahren, die zum Haushalt gehören. Der Ehemann war im ganzen Jahr erwerbstätig; die Ehefrau war krank. Wegen dieser Krankheit mußte das Ehepaar ganzjährig eine Haushaltshilfe zur Betreuung der Kinder beschäftigen. Das Ehepaar, dessen Gesamtbetrag der Einkünfte sich auf 62 000,— DM beläuft, macht folgende Kinderbetreuungskosten geltend:

Haushaltshilfe zur Kinderbetreuung	6 000,— DM
Kindergartenbeiträge	480,— DM
Aufwendungen zur Beaufsichtigung von häuslichen Schulaufgaben	250,— DM
Nachhilfeunterricht	600,— DM
Musikschulunterricht (einschließlich musikalischer Früherziehung)	1 080,— DM
Gesamtaufwendungen	**8410,— DM**

Wie hoch ist die anzuerkennende außergewöhnliche Belastung?

7. Martha Kurz und Gotthilf Lang leben in einer nichtehelichen häuslichen Gemeinschaft und haben zwei gemeinsame Kinder. Außerdem lebt in ihrem Haushalt ein Kind aus einer früheren Ehe von Martha Kurz. Beide Lebenspartner sind berufstätig und benötigen zur Betreuung der Kinder eine Haushaltshilfe. Ermitteln Sie die Höchstbeträge der geltend zu machenden Kinderbetreuungskosten.

8. Der 15jährige Sohn Markus der alleinerziehenden Rosi Knoll ist auswärts in einer staatlich anerkannten allgemeinbildenden Internatsschule untergebracht. Die Schule wird von einem gemeinnützigen Trägerverein unterhalten. Im Veranlagungszeitraum 01 sind der Mutter folgende Aufwendungen durch den Schulbesuch ihres Sohnes entstanden:

   2 400,— DM für die Beherbergung und Verpflegung,
   950,— DM für die Betreuung,
   2 200,— DM für den Schulbesuch,
   300,— DM für Klassenfahrten.

   Außerdem leistet sie eine Spende von 500,— DM an den eigenen gemeinnützigen Förderverein. Der Gesamtbetrag ihrer Einkünfte beläuft sich auf 50 000,— DM.
   Ermitteln Sie den Betrag, um den sich diese Aufwendungen steuermindernd auf das Einkommen der Mutter auswirken.

17.6.7 Verlustabzug (Verlustvortrag) (§ 10d EStG)

Verluste aus den sieben Einkunftsarten, die bei der Ermittlung des Gesamtbetrages der Einkünfte nicht ausgeglichen werden, sind wie Sonderausgaben zunächst vom Gesamtbetrag der Einkünfte des **zweiten** dem Veranlagungsjahr vorausgegangenen Veranlagungszeitraums abzuziehen. Soweit ein Abzug danach nicht möglich ist, sind sie wie Sonderausgaben vom Gesamtbetrag der Einkünfte des **ersten** dem Veranlagungsjahr vorangegangenen Veranlagungszeitraums abzuziehen. Ist für diese Veranlagungszeiträume bereits ein Steuerbescheid erlassen worden, so ist er insoweit zu ändern, als der Verlustabzug zu gewähren ist.

Die nach diesem Verlustrücktrag noch verbleibenden Verluste sind in den folgenden Veranlagungszeiträumen wie Sonderausgaben vom Gesamtbetrag der Einkünfte abzuziehen. Der Verlustrücktrag darf 10 Millionen DM nicht übersteigen.

Merke: Der Verlustabzug ist erst vom Gesamtbetrag der Einkünfte abzuziehen, nachdem die Vorsorgeaufwendungen, die übrigen Sonderausgaben, die außergewöhnliche Belastung und der Freibetrag für freie Berufe abgezogen worden sind (vgl. 17.6.1). Dabei ist es nicht zulässig, den Verlustabzug so zu begrenzen, daß nur ein Einkommen unterhalb der Besteuerungsgrenze verbleibt. Der Verlustabzug muß entweder in voller Höhe oder so vorgenommen werden, daß ein Einkommen von 0,— DM verbleibt.

Beispiel

Ein Steuerpflichtiger unter 64 Jahren hatte im Kalenderjahr 1993 folgende Einkünfte:

Verlust aus Gewerbebetrieb		⁒ 160000,— DM
Einkünfte aus Vermietung und Verpachtung		20000,— DM
Gesamtbetrag (Verlust)		⁒ 140000,— DM
a) Verlustrücktrag nach 1991		
Gesamtbetrag der Einkünfte 1991		25000,— DM
Sonderausgaben	5000,— DM	
Verlustrücktrag 1993	20000,— DM ⁒	25000,— DM
berichtigtes Einkommen		**0,— DM**
b) Verlustrücktrag nach 1992		
Gesamtbetrag der Einkünfte 1992		60000,— DM
Sonderausgaben	10000,— DM	
Verlustrücktrag 1993	50000,— DM ⁒	60000,— DM
berichtigtes Einkommen		**0,— DM**

Als Verlustvortrag für die Veranlagungszeiträume ab 1994 verbleiben noch 70000,— DM (140000,— DM ⁒ 20000,— DM ⁒ 50000,— DM).

Aufgaben zum Verlustabzug

1. Die Veranlagung 1993 eines Steuerpflichtigen ergibt folgendes Ergebnis:

Verlust aus Gewerbebetrieb	224000,— DM
Einkünfte aus Vermietung und Verpachtung	⁒ 16000,— DM
Summe der Einkünfte (Gesamtbetrag der Einkünfte)	⁒ 240000,— DM

Der Gesamtbetrag der Einkünfte 1991 betrug 164000,— DM, die gesamten Sonderausgaben beliefen sich auf 15000,— DM. 1992 war ein Gesamtbetrag der Einkünfte von 6000,— DM bei Sonderausgaben von 10000,— DM erklärt worden. Berechnen Sie den Verlustrücktrag und den Verlustvortrag.

2. Die Einkünfte eines Gewerbetreibenden im Jahre 1993 betragen:

Einkünfte aus Gewerbebetrieb	⁒ 18000,— DM
Einkünfte aus Kapitalvermögen	2000,— DM
Einkünfte aus Vermietung und Verpachtung	24000,— DM

Wie hoch ist der hier zu errechnende Verlustabzug?

3. Für einen Steuerpflichtigen wird bei der Veranlagung 1993 ein Verlust gemäß § 10d EStG von 7 Millionen festgestellt. Für 1991 und 1992 sind folgende Veranlagungswerte bekannt:

	1991	1992
Gewinn aus Gewerbebetrieb	3,9 Mio DM	1,4 Mio DM
Einkünfte aus Kapitalvermögen	200000,— DM	160000,— DM
Einkünfte aus Vermietung und Verpachtung	⁒ 50000,— DM	⁒ 100000,— DM
Sonderausgaben	45000,— DM	48000,— DM

a) Berechnen Sie den Verlustrücktrag 1991 und 1992 sowie den Verlustvortrag ab 1994

b) Berechnen Sie den Verlustrücktrag 1991 und 1992 sowie den Verlustvortrag ab 1994, wenn der Verlust 15 Millionen beträgt, das Einkommen sich 1991 auf 6,5 Mio DM und 1992 auf 5,0 Mio DM beläuft.

4. Ein Steuerpflichtiger unter 64 Jahren hatte im Jahre 1990 folgende Einkünfte:

Verlust aus Gewerbebetrieb	26000,— DM
Einkünfte aus Kapitalvermögen	2800,— DM
Einkünfte aus Vermietung und Verpachtung	12600,— DM

Im Jahre 1992 erzielte der Steuerpflichtige folgende Einkünfte:

Einkünfte aus Gewerbebetrieb	18500,— DM
Einkünfte aus Kapitalvermögen	2400,— DM
Einkünfte aus Vermietung und Verpachtung	⁒ 10900,— DM

Er macht Vorsorgeaufwendungen und andere Sonderausgaben in Höhe von 6400,— DM geltend. In den Jahren vor 1992 hat der Steuerpflichtige keine Einkünfte erzielt. Führen Sie den Verlustabzug durch.

5. Ein Steuerpflichtiger unter 64 Jahren hatte im Veranlagungszeitraum folgende Einkünfte:
Einkünfte aus nichtselbständiger Arbeit . . . . 24000,— DM
Einkünfte aus Kapitalvermögen . . . . 1800,— DM
Einkünfte aus Vermietung und Verpachtung . . . . ·/. 36000,— DM
Er hat einen Antrag zur Berücksichtigung von Verlustabzügen gem. § 46 Abs. 2 Ziff. 8c EStG, gestellt. Im Vorjahr hatte er einen Gesamtbetrag der Einkünfte von 16400,—DM ausgewiesen und Sonderausgaben und abzugsfähige Vorsorgeaufwendungen in Höhe von 8600,— DM geltend gemacht. Im zweiten Jahr vor dem Veranlagungsjahr hat der Steuerpflichtige keinerlei Einkünfte erzielt. Ermitteln Sie den Verlustabzug.

17.6.8 Sonderfreibeträge (§ 32 EStG)

Kinderfreibetrag

Für jedes im Kalenderjahr geborene Kind und für jedes Kind, das zu Beginn des Kalenderjahres das 18. Lebensjahr noch nicht vollendet hat, wird ein **Kinderfreibetrag** von **2052,— DM**, bei Ehegatten von **4104,— DM** vom Einkommen abgezogen.

Für Kinder, die zu Beginn des Kalenderjahres das 18. Lebensjahr, aber noch nicht das 27. Lebensjahr vollendet haben, **kann auf Antrag** ein Kinderfreibetrag berücksichtigt werden, wenn die Voraussetzungen des § 32 Abs. 4 EStG (u.a.: Berufsausbildung) erfüllt sind.

2. Haushaltsfreibetrag

Ledigen und verwitweten Steuerpflichtigen wird ein Haushaltsfreibetrag von **5616,— DM** gewährt, wenn bei ihnen mindestens ein Kind zu berücksichtigen ist.

Aufgaben zum Kinderfreibetrag und Haushaltsfreibetrag

1. Ein verwitweter Steuerpflichtiger mit zwei Kindern unter 18 Jahren hat im Kalenderjahr folgende Einkünfte:
Einkünfte aus Gewerbebetrieb . . . . 86000,— DM
Einkünfte aus Vermietung und Verpachtung . . . . 7400,— DM
Die abzugsfähigen Sonderausgaben und Vorsorgeaufwendungen betragen 7260,— DM.
Ermitteln Sie aus diesen Angaben das zu versteuernde Einkommen.
2. Eine ledige Frau hat einen zwölfjährigen Sohn, der bei ihr wohnt. Der Vater ist nicht zu ermitteln und trägt nicht zum Unterhalt bei. Sie hat im Kalenderjahr folgende Einkünfte bezogen:
Einkünfte aus nichtselbständiger Arbeit . . . . 21600,— DM
Einkünfte aus Kapitalvermögen . . . . 3100,— DM
Für Vorsorgeaufwendungen und Sonderausgaben sind 4780,— DM abzuziehen. Berechnen Sie das zu versteuernde Einkommen!

3. Tarif (§ 32a EStG)

Für zu versteuernde Einkommen bis 120041,– DM ist die Steuer aus der dem Gesetz beigefügten Grundtabelle abzulesen.
Für Ehegatten gilt das **Splitting,** das bedeutet, daß die Steuer das Zweifache des Steuerbetrages ist, der sich für die Hälfte des gemeinsamen zu versteuernden Einkommens aus der Grundtabelle ergibt.

Beispiel

Das zu versteuernde Einkommen von Ehegatten beträgt 49260,—DM.
Berechnung der Steuer:

Zu versteuerndes Einkommen: 49260,— DM : 2 = 24630,— DM
Steuer lt. Grundtabelle: 4026,— DM · 2 = 8052,— DM

17.6.9 Steuerfrei bleibende Veräußerungsgewinne[1]

1. Veräußerung eines Gewerbebetriebes (§ 16 EStG)

Der Freibetrag beim Gewinn aus der Veräußerung eines **ganzen** Betriebes beträgt **30000,— DM.** Übersteigt der Veräußerungsgewinn 100000,— DM, so ermäßigt sich der Freibetrag um die Beträge, die über 100000,— DM hinausgehen.

Beispiel 1

Der Veräußerungsgewinn beträgt 115000,— DM. Der Freibetrag beträgt 30000,— DM abzüglich des über 100000,— DM hinausgehenden Betrages von 15000,— DM. Folglich verbleiben als Freibetrag noch 15000,— DM.

Bei der Veräußerung eines Teilbetriebes oder eines Anteils am Betriebsvermögen (z. B. KG-Anteil) vermindern sich die Beträge von 30000,— DM und 100000,— DM anteilmäßig.

Beispiel 2

Ein Steuerpflichtiger erzielt aus der Veräußerung eines KG-Anteils einen Gewinn von 62000,— DM. Am Betriebsvermögen war der Steuerpflichtige mit 20% beteiligt.

Der Freibetrag beträgt 20% von 30000,— DM = 6000,— DM. Er ermäßigt sich um den über 20% von 100000,— DM = 20000,— DM hinausgehenden Betrag, das sind hier 42000,— DM (62000,— DM ⁒ 20000,— DM). Ein Freibetrag ist demnach nicht mehr zu gewähren.

Der Freibetrag von 30000,— DM erhöht sich auf **120000,— DM**, und die Begrenzung von 100000,— DM erhöht sich auf **300000,— DM**, wenn ein Steuerpflichtiger nach Vollendung seines 55. Lebensjahres oder wegen dauernder Berufsunfähigkeit seinen Gewerbebetrieb veräußert oder aufgibt.

2. Veräußerung eines land- und forstwirtschaftlichen Betriebes (§ 14 EStG)

Entsteht bei der Veräußerung eines landwirtschaftlichen oder forstwirtschaftlichen Betriebes ein Veräußerungsgewinn, so können grundsätzlich die unter Ziffer 1 für Gewerbebetriebe dargestellten Freibeträge in Anspruch genommen werden.

Unter bestimmten Voraussetzungen kann aber auch bis zum 31.12.1995 der Freibetrag nach § 14a EStG beansprucht werden, der ohne jede Begrenzung 90000,— DM beträgt.

Beispiel

Ein Landwirt hat am 6. 6. 1993 seinen ganzen Betrieb veräußert und dabei einen Veräußerungsgewinn von 550000,— DM erzielt. Der Einheitswert des Betriebes betrug vor der Veräußerung 25500,— DM. Andere Einkünfte als die aus landwirtschaftlichem Betrieb hat der Steuerpflichtige nicht erzielt. Der Freibetrag von 90000,— DM gemäß § 14a EStG wird beantragt und ist auch in voller Höhe zu gewähren.

3. Veräußerung eines der selbständigen Arbeit dienenden Betriebsvermögens (§ 18 Abs. 3 EStG)

Ein Veräußerungsgewinn, der bei der Veräußerung eines der selbständigen Arbeit dienenden Betriebsvermögens entstanden ist, ist ebenso begünstigt wie der Veräußerungsgewinn aus der Veräußerung eines ganzen Gewerbebetriebes bzw. eines Teilbetriebes gemäß Ziffer 1.

---

[1] Die steuerfrei bleibenden Veräußerungsgewinne sind bereits bei der Ermittlung der Einkünfte und nicht als Tarifvergünstigung bei der Ermittlung des zu versteuernden Einkommens zu berücksichtigen.

Aufgaben zu den steuerfrei bleibenden Veräußerungsgewinnen

1. Ein am 22. 5. 1931 geborener Gewerbetreibender veräußert am 1. 3. 1993 seinen Gewerbebetrieb und erzielt dabei einen Gewinn von 210000,— DM. Ist der Veräußerungsgewinn voll steuerpflichtig?

2. Ein Rechtsanwalt ist an der Müller KG mit 20000,— DM beteiligt. Der Anteil beträgt $^1/_4$ des Betriebsvermögens der KG. Er verkauft diesen Anteil für 40000,— DM und erzielt damit einen Veräußerungsgewinn von 20000,— DM. Ist der Veräußerungsgewinn voll steuerpflichtig?

3. Ein 56jähriger Steuerpflichtiger veräußert im Kalenderjahr seinen Gewerbebetrieb für 485000,— DM. Die Summe der Aktivposten betrug zuletzt 260000,— DM, die der Schulden 90000,— DM. Der Käufer übernimmt die Schulden. Ermitteln Sie den steuerpflichtigen Veräußerungsgewinn.

4. Die Gesellschafter A und B sind mit 60000,— DM (A) und 20000,— DM (B) an einem Unternehmen beteiligt. Der 48jährige B veräußert seinen Gesellschaftsanteil an einen Dritten für 50000,— DM. Wie hoch ist der für die Berechnung der Einkommensteuer maßgebliche Veräußerungsgewinn?

5. Ein 50jähriger Einzelunternehmer veräußert seinen ganzen Gewerbebetrieb. Der Veräußerungsgewinn betrage a) 25000,— DM, b) 40 000,— DM, c) 125000,— DM und d) 180000,— DM. Ermitteln Sie den jeweils zu versteuernden Veräußerungsgewinn.

6. Ein 60jähriger OH-Gesellschafter veräußert seine 30%ige Beteiligung mit a) 45000,— DM, b) 100000,— DM, c) 140000,— DM Gewinn. Wie groß ist jeweils der zu versteuernde Veräußerungsgewinn?

17.6.10 Ermäßigter Steuersatz (§ 34 Abs. 1 EStG)

Für außerordentliche Einkünfte im Sinne des § 34 Abs. 2 und 4 EStG, unter anderem auch für den Veräußerungsgewinn, ist der ermäßigte Steuersatz vorgeschrieben. Der ermäßigte Steuersatz ist folgendermaßen zu berechnen: Für das gesamte zu versteuernde Einkommen – also einschließlich der außerordentlichen Einkünfte – ist der Steuerbetrag nach der maßgebenden Einkommensteuertabelle (Grund- oder Splittingtabelle) zu ermitteln. Maßgebend ist dabei das auf den Eingangsbetrag der betreffenden Tabellenstufe abgerundete gesamte zu versteuernde Einkommen. Aus dem Verhältnis der Tabellensteuer zu dem abgerundeten gesamten zu versteuernden Einkommen ergibt sich der durchschnittliche Steuersatz, der auf zwei Dezimalstellen abzurunden ist.

Der ermäßigte Steuersatz beträgt bei einem Veräußerungsgewinn von $\leq$ 30 Millionen die Hälfte des Durchschnittsatzes.

Bei einem Gewinn von > 30 Millionen entfällt für den 30 Millionen übersteigenden Teil jegliche steuerliche Vergünstigung.

Damit die Berechnung der Einkommensteuer insgesamt zu dem für den Steuerpflichtigen günstigen Ergebnis führt, ist der Teil des zu versteuernden Einkommens, auf den die Einkommensteuertabelle anzuwenden ist, auf den Endbetrag der betreffenden Tabellenstufe zu erhöhen.

Beispiel

Ein Steuerpflichtiger und seine Ehefrau werden zusammenveranlagt. Zum Zeitpunkt der Betriebsveräußerung hatte der Steuerpflichtige weder das 55. Lebensjahr vollendet, noch war er dauernd berufsunfähig. Folgende Einkünfte und Sonderausgaben sind anzusetzen:

Einkünfte aus Gewerbebetrieb			
a) laufender Gewinn		66000,— DM	
b) Veräußerungsgewinn (§ 16 EStG)	56000,— DM		
steuerfrei gem. § 16 Abs. 4 EStG	30000,— DM	26000,— DM	92000,— DM
Einkünfte aus Vermietung und Verpachtung			8000,— DM
Gesamtbetrag der Einkünfte			100000,— DM
Sonderausgaben (angenommen)			10800,— DM
Einkommen (= zu versteuerndes Einkommen)			89200,— DM

Das zu versteuernde Einkommen fällt nach der Einkommensteuertabelle (Splittingtabelle) in die Stufe von 89100,— DM bis 89207,— DM. Für das auf den Stufeneingangsbetrag von 89100,— DM abgerundete gesamte zu versteuernde Einkommen würde sich eine Einkommensteuer von 18832,— DM ergeben. Sie entspricht einem durchschnittlichen Steuersatz von $\frac{18832 \cdot 100}{89100} =$ 21,1358%, der abzurunden ist auf 21,13%.

Der ermäßigte Steuersatz beträgt $\frac{21{,}13}{2} = 10{,}56\%$, da der Veräußerungsgewinn $\leq$ 30 Millionen ist.

Die gesamte Einkommensteuer ist folgendermaßen zu berechnen:

a) nach der Tabelle zu versteuern:		
zu versteuerndes Einkommen		89200,— DM
abzüglich der außerordentlichen Einkünfte		26000,— DM
verbleiben		63200,— DM
erhöht auf den Endbetrag der betreffenden Tabellenstufe		63287,— DM
darauf entfallender Steuerbetrag lt. Tabelle		11546,— DM
b) mit dem ermäßigten Steuersatz:		
zu versteuerndes Einkommen	89200,— DM	
./. nach der Tabelle zu versteuern	63287,— DM	
verbleiben	25913,— DM	
davon 10,56% Steuern		2736,41 DM
Einkommensteuer insgesamt		**14282,41 DM**

Aufgaben zum ermäßigten Steuersatz

1. Ein verheirateter Steuerpflichtiger hat neben seinem Bruttolohn von 56500,— DM einen steuerpflichtigen Veräußerungsgewinn von 6450,— DM erzielt. Die Sonderausgaben übersteigen nicht die Vorsorgepauschale zuzüglich des Pauschbetrages für Sonderausgaben.
   Berechnen Sie die zu zahlende Einkommensteuer.

2. Ein verheirateter Steuerpflichtiger, der ebenso wie seine Ehefrau unter 50 Jahre alt ist, verkauft seinen Gewerbebetrieb. Er erzielt einen steuerpflichtigen Veräußerungsgewinn von 185000,— DM. Der laufende Gewinn des Kalenderjahres betrug 45000,— DM. Die Sonderausgaben und Vorsorgeaufwendungen betragen 15236,— DM.
   Berechnen Sie die zu zahlende Einkommensteuer.

3. Ein verheirateter Steuerpflichtiger erklärt ein zu versteuerndes Einkommen von 2568390,— DM. Darin enthalten ist ein steuerpflichtiger Veräußerungsgewinn von 1895430,— DM aus dem Verkauf eines Gewerbebetriebes.
   a) Ermitteln Sie die zu zahlende Einkommensteuer.
   b) Welchen Einkommensteuerbetrag in DM hätte der Steuerpflichtige zu zahlen, wenn das zu versteuernde Einkommen 45983740,— DM und der steuerpflichtige Veräußerungsgewinn 44746980,— DM betragen würden?

17.6.11 Progressionsvorbehalt nach § 32b EStG

Der Steuertarif des § 32a EStG ist ein Progressionstarif, d. h. mit steigendem Einkommen steigt der Steuersatz an. Durch den Progressionsvorbehalt soll erreicht werden, daß der Steuerpflichtige auch bei Bezug bestimmter steuerfreier Einnahmen/Einkünfte sein zu versteuerndes Einkommen mit dem Steuersatz versteuert, der sich unter Einschluß der steuerfreien Einnahmen/Einkünfte in das zu versteuernde Einkommen ergibt.

Folgende steuerfreie Einnahmen/Einkünfte sind zur Ermittlung des zutreffenden Steuersatzes in das zu versteuernde Einkommen einzubeziehen:

1. Lohnersatzleistungen nach § 32b Abs. 1 Nr. 1 a)–k) z. B. Arbeitslosengeld, Arbeitslosenhilfe, Kurzarbeitergeld, Schlechtwettergeld, Krankengeld.
2. Ausländische Einkünfte, die nach einem Abkommen zur Vermeidung der Doppelbesteuerung steuerfrei sind, oder Einkünfte, die nach einem sonstigen zwischenstaatlichen Übereinkommen unter dem Vorbehalt der Einbeziehung bei der Berechnung der Einkommensteuer steuerfrei sind.
   Von den unter Nr. 1 genannten Leistungen kann der Arbeitnehmer-Pauschbetrag abgesetzt werden, soweit er nicht bereits bei der Ermittlung der steuerpflichtigen Einkünfte aus nichtselbständiger Arbeit abgesetzt worden ist.

Beispiel

Das zu versteuernde Einkommen zweier Ehegatten, die die Zusammenveranlagung gewählt haben, beträgt 40000,— DM und ist allein vom Ehemann erzielt worden.

Berechnung: Zu versteuerndes Einkommen		40000,— DM
Arbeitslosengeld der Ehefrau	15000,— DM	
Arbeitnehmer-Pauschbetrag	2000,— DM	13000,— DM
für die Berechnung des Steuersatzes maßgebendes Einkommen		53000,— DM
Abrundung auf den Eingangsbetrag der Tabellenstufe (Splittingtabelle)		52920,— DM
Steuer		8944,— DM
durchschnittlicher Steuersatz		16,900982%

Die Anwendung dieses Steuersatzes auf das zu versteuernde Einkommen von 40000,— DM ergibt bei Bezug auf den Eingangsbetrag der Tabellenstufe von 39960,— DM als Steuer **6753,— DM**.

Es gibt auch den negativen Progressionsvorbehalt. Das ist dann der Fall, wenn Verluste aus einer ausländischen Einkunftsart beim Progressionsvorbehalt zu berücksichtigen sind oder wenn Lohnersatzleistungen in einem Jahr zurückgezahlt worden sind. In diesen Fällen ist der Verlust oder die Rückzahlung der Lohnersatzleistung zur Berechnung des dann niedrigeren durchschnittlichen Steuersatzes vom zu versteuernden Einkommen abzusetzen. Die weitere Berechnung ist dann wie im Beispielsfall vorzunehmen.

Aufgaben zum Progressionsvorbehalt

1. Ein Arbeitnehmerehepaar hat im Kalenderjahr ein gemeinsames zu versteuerndes Einkommen von76420,— DM. Die Ehefrau hat lt. Bescheinigung 2000,— DM Mutterschaftsgeld erhalten. Berechnen Sie die für das Kalenderjahr zu zahlende Steuer bei einer Zusammenveranlagung! Wie hoch ist die steuerliche Mehrbelastung durch den Progressionsvorbehalt?
2. Ein lediger Arbeitnehmer hat im Kalenderjahr ein zu versteuerndes Einkommen, das ausschließlich aus Arbeitslohn besteht, von 45000,— DM. Er hat im Kalenderjahr 4000,— DM Schlechtwettergeld bezogen und 1500,— DM Arbeitslosengeld an das Arbeitsamt zurückgezahlt. Berechnen Sie die zu zahlende Steuer für das Kalenderjahr?

17.7 Veranlagung bei Bezug von Einkünften aus nichtselbständiger Arbeit (§ 46 EStG)

Der § 46 EStG legt fest, wann auch bei Bezug von **Arbeitslohn** eine Veranlagung zur Einkommensteuer durchzuführen ist. Die wichtigsten Fälle sollen nachstehend aufgezeigt werden:

17.7.1 Veranlagung bei Überschreiten der Einkommensgrenzen

Das **Einkommen,** das ganz oder teilweise aus Arbeitslohn besteht, beträgt bei Ledigen mehr als **27000,— DM,** bei Verheirateten, die zusammen veranlagt werden, mehr als **54000,— DM** (§ 46 Abs. 1 EStG).

In diesem Fall ist die Einkommensberechnung unter Einbeziehung **aller Einkünfte ohne jede Begrenzung** nach den allgemeinen Regeln durchzuführen (siehe Schema 17.6.1).

17.7.2 Veranlagung trotz Unterschreitens der Einkommensgrenzen

Das Einkommen überschreitet die in 17.7.1 genannten Grenzen nicht. Eine Veranlagung zur Einkommensteuer wird dann durchgeführt, wenn **eine** der in § 46 Abs. 2 Nrn. 1–8 genannten Voraussetzungen erfüllt ist.

Am bekanntesten ist dabei die Bestimmung des § 46 Abs. 2 Nr. 1 EStG. Danach ist eine Veranlagung durchzuführen, wenn die Nebeneinkünfte (Einkünfte, die dem Steuerabzug vom Arbeitslohn nicht unterlegen haben) mehr als 800,— DM betragen haben **oder** die Summe der Einkünfte und Leistungen, die dem Progressionsvorbehalt nach § 32 b EStG unterliegen, mehr als 800,— DM betragen hat. Bei der Ermittlung der Grenze von 800,— DM der Nebeneinkünfte sind evtl. die darauf entfallenden Beträge gem. § 13 Abs. 3 EStG oder eines Altersentlastungsbetrages zu berücksichtigen.

Bei Verheirateten ist zu beachten, daß für die Ermittlung der Grenze von 800,— DM die Einkünfte bzw. Bezüge beider Ehegatten zusammenzurechnen sind.

Beispiel

Ein 65jähriger Arbeitnehmer, der Versorgungsbezüge erhält, erklärt zusammen mit seiner Ehefrau, die jünger als 64 Jahre ist, folgende Einkünfte und Bezüge:

	Ehemann	Ehefrau
Einkünfte aus nichtselbständiger Arbeit (nach Abzug des Versorgungsfreibetrages)	30000,— DM	25000,— DM
Gewinn aus Land- und Forstwirtschaft	7500,— DM	
Enkünfte aus Vermietung und Verpachtung		200,— DM
Prüfung des Veranlagungsgrundes:		
Nebeneinkünfte zusammen		7700,— DM
Abzug nach § 13 (3) EStG	4000,— DM	
Altersentlastungsbetrag (40% von 7500,— DM)	3000,— DM	7000,— DM
verbleibende Nebeneinkünfte		700,— DM

Hier ist eine Veranlagung nach § 46 Abs. 2 Nr. 1 nicht durchzuführen.

17.7.3 Freibleibender Betrag gemäß § 46 Abs. 3 EStG

Wird eine Veranlagung nach § 46 Abs. 2 EStG durchgeführt, so bleiben Nebeneinkünfte steuerfrei, wenn diese Nebeneinkünfte nicht mehr als 800,— DM betragen.
Der Betrag von 800,— DM vermindert sich um den anteiligen (auf die Nebeneinkünfte entfallenden) Altersentlastungsbetrag, soweit er 40% des Arbeitslohns, mit Ausnahme der Versorgungsbezüge, übersteigt, sowie um den Freibetrag gem. § 13 Abs. 3 EStG.

Beispiel

Ein 65jähriger Arbeitnehmer, der Versorgungsbezüge erhält, erklärt zusammen mit seiner Ehefrau, die jünger als 64 Jahre ist, seine Einkünfte und Bezüge. Auf der Lohnsteuerkarte der Ehefrau ist ein Freibetrag gem. § 39 a EStG eingetragen.
Hier ist wegen des eingetragenen Freibetrages, unabhängig von der Höhe der Nebeneinkünfte, eine Veranlagung gemäß § 46 Abs. 2 Nr. 4 durchzuführen.

17.7.4 Freibleibender Betrag gemäß § 70 EStDV (Härteausgleich)

Betragen bei einer Veranlagung gemäß § 46 Abs. 2 Nrn. 1–7 EStG die Nebeneinkünfte mehr als 800,— DM, so bleibt bei der Berechnung des zu versteuernden Einkommens ein Betrag in Höhe des Unterschiedsbetrages zwischen 1 600,— DM und den Nebeneinkünften steuerfrei. Dieser steuerfreie Unterschiedsbetrag vermindert sich um den auf die Nebeneinkünfte entfallenden Altersentlastungsbetrag.

Beispiel 1

Ein verheirateter Arbeitnehmer hat neben seinem Arbeitslohn von 48400,— DM noch Einkünfte aus Kapitalvermögen in Höhe von 1 200,— DM bezogen. Der freibleibende Betrag beträgt dann 400,— DM (1600,— DM ⁒ 1200,— DM).
Der gemäß § 70 EStDV freibleibende Betrag ist nicht schon bei der Ermittlung der Einkünfte, sondern bei der Ermittlung des zu versteuernden Einkommens abzuziehen (s. Schema 17.6.1).

Beispiel 2

Ein verheirateter Arbeitnehmer hat im Kalenderjahr bezogen:

a) Versorgungsbezüge	24000,— DM
b) Lohn aus aktivem Arbeitsverhältnis	7000,— DM
c) Einkünfte aus selbständiger Arbeit	5000,— DM
d) Einkünfte aus Vermietung und Verpachtung	– 3800,— DM

Berechnung

Nebeneinkünfte	1200,— DM
Altersentlastungsbetrag	3280,— DM

(40% von 8200,— DM). Er entfällt mit 480,— DM (40% von 1200,— DM) auf die Nebeneinkünfte. Als Härteausgleich würden sich ohne Berücksichtigung des Altersentlastungsbetrages 1600,— DM – 1200,— DM = 400,— DM ergeben. Dieser Betrag vermindert sich um den Altersentlastungsbetrag, soweit er auf die Nebeneinkünfte entfällt = 480,— DM. Der Härteausgleich beträgt **0,— DM.**

Aufgaben zur Veranlagung bei Bezug von Einkünften aus nichtselbständiger Arbeit

1. Bei einem verheirateten Arbeitnehmer, der am 18. 4. 1936, und seiner Ehefrau, die am 6. 12.1938 geboren ist, liegen die Voraussetzungen für eine Zusammenveranlagung vor. Er hatte im Kalenderjahr 1993 folgende Einnahmen:

1. Bruttogehalt	36600,— DM
2. Einnahmen aus schriftstellerischer Tätigkeit	1600,— DM

Die Ausgaben für die schriftstellerische Tätigkeit können mit 25% geschätzt werden. Die Ehefrau hatte keine Einnahmen. Welches zu versteuernde Einkommen ist zu ermitteln, wenn nur die zulässigen Pauschbeträge angesetzt werden?

2. Ein kinderloses Ehepaar unter 64 Jahren, bei dem die Voraussetzungen für eine Zusammenveranlagung vorliegen, legt dem Steuerberater folgende Unterlagen für das Kalenderjahr vor. Lohnsteuerkarte des Ehemannes, Steuerklasse IV, Bruttolohn 56300,— DM, Lohnsteuerkarte der Ehefrau, Steuerklasse IV, Bruttolohn 24500,— DM. Zinsen aus gemeinsamem Wertpapierdepot der Eheleute 12660,— DM. Außer den Pauschbeträgen sind keine Ausgaben zu berücksichtigen. Berechnen Sie das zu versteuernde Einkommen.

3. Ein lediger Steuerpflichtiger, geboren am 22. 5. 1950, legt dem Steuerberater Lohnsteuerkarten vor. Daraus geht hervor:

Bruttolohn aus dem 1. Arbeitsverhältnis	16600,— DM
Bruttolohn aus dem 2. Arbeitsverhältnis	6300,— DM
Seine Zinseinnahmen betragen	6320,— DM

Prüfen Sie, ob der Steuerpflichtige zur Einkommensteuer zu veranlagen ist. Wie hoch ist gegebenenfalls das zu versteuernde Einkommen, wenn die steuerlich zulässigen Pauschbeträge nicht überschritten werden?

4. Ein Ehepaar, der Ehemann ist 38 Jahre, die Ehefrau 36 Jahre, das Kind 9 Jahre alt, legt Ihnen folgende Unterlagen für das Kalenderjahr vor:

Lohnsteuerkarte des Ehemannes, Steuerklasse IV, Bruttoarbeitslohn	39700,— DM
Lohnsteuerkarte der Ehefrau, Steuerklasse IV, Bruttoarbeitslohn	28000,— DM
Zinsen aus Sparguthaben des Ehemannes	6080,— DM
Zinsen aus Sparguthaben der Ehefrau	7050,— DM

Die Voraussetzungen für eine Zusammenveranlagung sind gegeben und die zulässigen Pauschbeträge für Werbungskosten und Sonderausgaben werden nicht überschritten. Ermitteln Sie das zu versteuernde Einkommen.

5. Ein Ehepaar, die Eheleute sind 48 und 45 Jahre alt, hat im Kalenderjahr 1993 folgende Einnahmen:

Bruttoarbeitslohn des Ehemannes	63100,— DM
Honorareinnahmen für Vorträge	600,— DM
(die Ausgaben hierfür werden mit 25% angenommen)	
Zinsgutschriften für Sparguthaben	12450,— DM

Die tatsächlichen Werbungskosten und Sonderausgaben übersteigen die Pauschbeträge nicht. Die Voraussetzungen für eine Zusammenveranlagung sind gegeben. Stellen Sie fest, ob eine Veranlagung zur Einkommensteuer vorzunehmen und wie hoch gegebenenfalls das zu versteuernde Einkommen ist.

6. Ein pensionierter Beamter, 66 Jahre alt, seine Ehefrau ist 59 Jahre alt, legt Ihnen folgende Zahlen vor, aus denen Sie das zu versteuernde Einkommen für 1993 unter Berücksichtigung der Zusammenveranlagung ermitteln sollen:

	Ehemann	**Ehefrau**
Versorgungsbezüge	19700,— DM	—
Bruttoarbeitslohn aus gegenwärtigem Dienstverhältnis	12200,— DM	14750,— DM
Honorareinnahmen	1400,— DM	—
Zinsen aus Sparguthaben	6250,— DM	7480,— DM
Einkünfte aus Vermietung und Verpachtung	—	./. 1500,— DM

Die Ausgaben zur Erzielung der Honorareinnahmen können auf 25% geschätzt werden. Die tatsächlichen Werbungskosten und Sonderausgaben übersteigen die Pauschbeträge nicht.

7. Ein Arbeitnehmer, der das 64. Lebensjahr überschritten hat, bezog im Kalenderjahr folgende Einnahmen/Einkünfte:

Versorgungsbezüge	11000,— DM
Arbeitslohn aus einem aktiven Dienstverhältnis	7500,— DM
Einkünfte aus Kapitalvermögen	800,— DM

Ermitteln Sie den freibleibenden Betrag nach § 46 EStG.

8. Ein Steuerpflichtiger, der zu Beginn des VZ das 64. Lebensjahr vollendet hatte, bezog im Kalenderjahr folgende Einnahmen/Einkünfte:

Arbeitslohn aus einem aktiven Dienstverhältnis	8000,— DM
Einkünfte aus Kapitalvermögen	1900,— DM
Einkünfte aus Vermietung und Verpachtung	./. 800,— DM

a) Ermitteln Sie den freibleibenden Betrag nach § 46 EStG/§ 70 EStDV.

b) Ermitteln Sie den freibleibenden Betrag unter der veränderten Voraussetzung, daß der Arbeitslohn 8850,— DM statt 8000,— DM beträgt, bei Gleichheit aller übrigen Bezüge und Einkünfte.

17.8 Zusammenveranlagung, getrennte Veranlagung oder besondere Veranlagung von Ehegatten (§§ 26, 26a, 26b, 26c EStG)

17.8.1 Zusammenveranlagung von Ehegatten

Bei der Zusammenveranlagung der Ehegatten sind nur die **Einkünfte** getrennt zu ermitteln. Die Ermittlung des **Einkommens** erfolgt einheitlich. Das bedeutet, daß die Sonderausgaben und alle Freibeträge zusammenzurechnen sind.

Beispiel

Herr Braun, geb. am 21. 11. 1928, und seine Ehefrau, geb. am 17. 10. 1929, machen für ihre Einkommensteuererklärung 1993 folgende Angaben:

	Ehemann	Ehefrau
Gewinn aus Gewerbebetrieb	64400,— DM	—
Einkünfte aus Vermietung und Verpachtung	—	26000,— DM
Versicherungsbeiträge	12400,— DM	3100,— DM
gezahlte Kirchensteuer aus der letzten Zusammenveranlagung	2100,— DM	
Aufwendungen für eine Hausgehilfin	8400,— DM	

Die Eheleute beantragen die Zusammenveranlagung.

Berechnung	Ehemann	Ehefrau
Einkünfte aus Gewerbebetrieb	64400,— DM	
Einkünfte aus Vermietung und Verpachtung	—	26000,— DM
	64400,— DM	26000,— DM
Altersentlastungsbetrag 40% von 64400,— DM, höchstens	3720,— DM	
	60680,— DM	26000,— DM

Gesamtbetrag der Einkünfte			86680,— DM
Sonderausgaben (Kirchensteuer)		2100,— DM	
Vorsorgeaufwendungen:			
Versicherungen	15500,— DM		
Höchstbetrag			
a) Vorwegabzug (s. 17.5.2)	12000,— DM	12000,— DM	
verbleiben	3500,— DM		
b) persönlicher Höchstbetrag 2·2610,—DM, höchstens	3500,— DM	3500,— DM	
zusammen		17600,— DM	
außergewöhnliche Belastungen (§ 33a EStG)		1200,— DM	18800,— DM
Einkommen			67880,— DM
zu versteuerndes Einkommen			**67880,— DM**

17.8.2 Getrennte Veranlagung von Ehegatten

Bei **getrennter Veranlagung** von Ehegatten sind jedem Ehegatten **die von ihm bezogenen Einkünfte** nur bei ihm zu ermitteln und anzusetzen. Sonderausgaben können nur bei der Veranlagung des Ehegatten abgezogen werden, der sie geleistet hat. Außergewöhnliche Belastungen (§§ 33–33b) werden in Höhe des bei einer Zusammenveranlagung der Ehegatten möglichen Betrages bei beiden Veranlagungen jeweils zur Hälfte abgezogen, wenn die Ehegatten nicht **gemeinsam** eine andere Aufteilung beantragen.

Beispiel

Ein unbeschränkt steuerpflichtiges Ehepaar ohne Kinder, beide Ehegatten sind unter 64 Jahre alt, möchte für 1993 die **getrennte Veranlagung** durchführen lassen. Es macht folgende Angaben:

	Ehemann	Ehefrau
Gewinn aus Gewerbebetrieb	84000,— DM	—
Einkünfte aus nichtselbständiger Arbeit (brutto 14100,— DM)	—	12100,— DM
Einkünfte aus Vermietung und Verpachtung	—	1160,— DM
Sonderausgaben:		
a) Sozialversicherung der Ehefrau		1996,— DM
b) Lebensversicherung	8300,— DM	
c) freiwillige Krankenversicherung	2140,— DM	
d) Kirchensteuer	3400,— DM	100,— DM
Krankheitskosten als außergewöhnliche Belastungen gemäß § 33 EStG		8600,— DM

Berechnung bei Durchführung der getrennten Veranlagung

		Ehemann	Ehefrau
Einkünfte aus Gewerbebetrieb	84000,— DM		—
Einkünfte aus nichtselbständiger Arbeit	—		12100,— DM
Einkünfte aus Vermietung und Verpachtung	—		1160,— DM
Gesamtbetrag der Einkünfte	84000,— DM		13260,— DM
Sonderausgaben			
Kirchensteuer		3400,— DM	
Pauschbetrag gem. § 10c Abs. 1 EStG			108,— DM
Vorsorgepauschale Ehefrau 18% von 14100,— DM			2538,— DM
Vorsorgeaufwendungen Ehemann			
Versicherungen	10440,— DM		
·/. Vorwegabzug	6000,— DM	6000,— DM	
verbleiben	4440,— DM		
·/. Grundhöchstbetrag	2610,— DM	2610,— DM	
verbleiben	1830,— DM		
davon die Hälfte		915,— DM	
		71075,— DM	10614,— DM
·/. außergewöhnliche Belastungen gem. § 33 EStG	8600,— DM		
·/. zumutbare Belastung 5% von 97260,— DM	4863,— DM		
verbleiben	3737,— DM		
davon beiden Ehegatten je die Hälfte		1869,— DM	1869,— DM
Einkommen		69206,— DM	8745,— DM
·/. Härteausgleich gem. § 70 EStDV (1600,— bis 1160,— DM)			440,— DM
zu versteuerndes Einkommen		**69206,— DM**	**8305,— DM**

17.8.3 Besondere Veranlagung nach § 26c EStG

Für das **Jahr der Eheschließung** können Ehegatten statt der Zusammenveranlagung oder der getrennten Veranlagung die besondere Veranlagung wählen. Bei der besonderen Veranlagung werden Ehegatten so behandelt, als wären sie unverheiratet.

Aufgaben

1. Rechtsanwalt Hans Braun, Bochum, geb. am 6. 12. 1933, und Anita Braun, geb. am 29. 7. 1936, machen ihrem Berater zur Aufstellung der Steuererklärung 1993 folgende Angaben:

Einnahmen des Ehemannes aus der Anwaltspraxis	124000,— DM
Betriebsausgaben des Ehemannes aus der Anwaltspraxis	66000,— DM
Gewinnanteil der Ehefrau aus der Beteiligung als Kommanditistin der Grün KG	24000,— DM

Sonderausgaben:	**Ehemann**	**Ehefrau**
Lebensversicherung	8950,— DM	—
Krankenversicherung	4000,— DM	7340,— DM
Kirchensteuer	3400,— DM	—
Außergewöhnliche Belastung:		
Krankheitskosten	12400,— DM	
Erstattung der Versicherung	2000,— DM	

Das Ehepaar Braun bittet, das zu versteuernde Einkommen im Rahmen
a) der Zusammenveranlagung und
b) bei einer getrennten Veranlagung
zu ermitteln. Die Sonderausgaben und die außergewöhnliche Belastung sollen nach den gesetzlichen Bestimmungen verteilt werden.

2. Kurt Schmidt, Gewerbetreibender, geb. am 4.7.1928, und seine Ehefrau Irmgard, Sekretärin, geb. am 29.11.1935, legen ihrem Steuerberater folgende Zahlen vor, aus denen er die Steuererklärung für 1990 aufstellen soll:

	Ehemann	**Ehefrau**
Einkünfte aus Gewerbebetrieb	75600,— DM	—
Einkünfte aus nichtselbständiger Arbeit (brutto 20200,— DM)	—	18200,— DM
Zinsgutschriften für Sparguthaben	6350,— DM	6850,— DM
Einkünfte aus Vermietung und Verpachtung	⁒ 4200,— DM	12500,— DM
Lebensversicherungsprämien	6350,— DM	
private Krankenversicherung	4500,— DM	
Sozialversicherungsbeiträge	—	3540,— DM
gezahlte Kirchensteuer	4000,— DM	900,— DM
private Steuerberatungskosten	1200,— DM	—
Außergewöhnliche Belastungen:		
Krankheitskosten, Ehefrau		8900,— DM
Erstattung durch die Versicherung		2200,— DM

Ermitteln Sie das zu versteuernde Einkommen bei
a) Zusammenveranlagung,
b) getrennter Veranlagung.

Komplexe Aufgaben zur Ermittlung des zu versteuernden Einkommens

1. Die Eheleute Adam und Eva Butler in Münster sind beide unter 64 Jahre alt und haben zwei Kinder unter 16 Jahren. Sie machen für die Aufstellung ihrer Einkommensteuererklärung folgende Angaben:

Ehemann:	Einnahmen aus Arztpraxis	300000,— DM
	Betriebsausgaben	110000,— DM

	Überschuß	190000,— DM
Ehefrau:	Bruttolohn als angestellte Apothekerin	68200,— DM
	Ausgaben a) für Fachliteratur	420,— DM
	b) für Fahrten zwischen Wohnung und Arbeitsstätte, die Entfernung beträgt 11 km, Kosten für eigenen Pkw an 220 Arbeitstagen	

Die Herstellungskosten des Hauses, das am 1.11.1993 bezugsfertig und von diesem Tag an selbstgenutzt worden ist, betrugen 680000,— DM, der Grund und Boden kostete 100000,— DM. Im Veranlagungszeitraum sind 36000,— DM Hypothekenzinsen gezahlt worden, davon entfallen 30000,— DM auf die Zeit bis zum 31.10.1993. Die übrigen Ausgaben für das Haus entstanden erst nach dem 31.10.1993. Sie betrugen 2100,— DM und lassen sich nach den Nutzflächenanteilen zuordnen. In den Betriebskosten der Arztpraxis sind keine Hauskosten enthalten. Vom Bruttolohn der Ehefrau sind 8918,— DM Lohnsteuer und 802,— DM Kirchensteuer einbehalten worden. Außerdem sind 60000,— DM Einkommensteuer und 5400,— DM Kirchensteuer vorausgezahlt worden.

a) Berechnen Sie das zu versteuernde Einkommen der Eheleute, die sich beide für eine Zusammenveranlagung entschieden haben, und die Einkommensteuer- und Kirchensteuererstattung bzw. -nachzahlung.
b) Wie würde sich das Ergebnis bei gleicher Aufgabenstellung verändern, wenn die Einnahmen aus der Arztpraxis 380000,— DM betragen würden?

2. Der ledige Steuerpflichtige Otto Stumm in München, geb. am 22.5.1923, ist Gesellschafter der Maschinenfabrik Bomker GmbH. Für das Jahr 1993 werden ihm am 2.4.1994 nach Abzug von 25% Kapitalertragsteuer 36144,— DM gutgeschrieben. Seit dem 1.6.1988 bezieht er eine Rente aus der Sozialversicherung von monatlich 1500,— DM. Seine Sonderausgaben betragen:

Sterbeversicherung, jährlich	600,— DM
Haftpflichtversicherung, jährlich	140,— DM
Kirchensteuer	800,— DM

Im Jahre 1993 hatte er 4000,— DM Krankheitskosten selbst zu tragen.
Berechnen Sie das zu versteuernde Einkommen 1993.

3. Der ledige Hausbesitzer Emil Stein in Recklinghausen, geb. am 18.4.1935, ist Eigentümer eines Mietwohnhauses, das im Jahre 1934 erbaut worden ist und das er im Jahre 1974 für 220000,— DM gekauft hat. Der Wert des im Kaufpreis enthaltenen Grund und Bodens beträgt 44000,— DM. Die Nebenkosten einschließlich der Grunderwerbsteuer betrugen 15000,— DM. Im Jahre 1986 hat er für insgesamt 50000,— DM erstmals Badezimmer in diesem Hause eingerichtet.

Die Mieteinnahmen aus diesem Hause einschließlich des Mietwertes der eigengenutzten Wohnung betrugen 1993	36000,— DM
die Ausgaben für Reparaturen, Grundsteuer u.a.	7000,— DM
Stein hat im Jahre 1993 aus einem Sparguthaben Zinseinnahmen von	6450,— DM

Er macht folgende Sonderausgaben geltend:

Beiträge zur Lebensversicherung	5670,— DM
Beiträge zur Krankenversicherung	3850,— DM
Beiträge zur Haftpflichtversicherung	650,— DM
Kirchensteuer	200,— DM

Berechnen Sie das zu versteuernde Einkommen 1993.

4. Der in Bochum wohnende Steuerpflichtige Anton Schneider, geb. am 10.8.1927, ist verheiratet mit Else, geb. Müller, geboren am 25.4.1930. Die Eheleute haben zwei Kinder. Der 25jährige Sohn Willi ist kaufmännischer Angestellter, die 28jährige Tochter Erna studiert noch. Die Eheleute beantragen für den Veranlagungszeitraum 1993 die Zusammenveranlagung und machen folgende Angaben zur Einkommensteuererklärung:

Gewinn aus dem Gewerbebetrieb des Ehemannes	76500,— DM
Bruttoarbeitslohn der Ehefrau	18600,— DM
nachgewiesene Werbungskosten	2030,— DM
Zinsgutschriften der Stadtsparkasse Bochum für Ehemann	12750,— DM
Zinsgutschriften der Stadtsparkasse Bochum für Ehefrau	1390,— DM

Die Ehefrau besitzt ein Einfamilienhaus, für das der Bauantrag nach dem 30.9.1991 gestellt worden ist und das 1992 erstmals bezogen wurde. Gesamtkosten 270000,— DM, davon 40000,— DM Grund- und Bodenanteil. Die Ehefrau macht Aufwendungen im Sinne des §10e EStG geltend. An Schuldzinsen (Hypothekenzinsen) sind 1993 9600,— DM gezahlt worden. Die sonstigen Hauskosten betrugen 3125,— DM. Die Eheleute haben ihre Tochter, die in München studiert, mit

5800,— DM unterstützt. Die Tochter selbst hat in den Semesterferien noch 2500,— DM brutto als Verkäuferin in einer Boutique hinzuverdient. Außerdem machen die Eheleute für 1993 folgende Angaben:

Lebensversicherungsbeiträge	5800,— DM
Krankenkassenbeiträge	3420,— DM
gezahlte Bausparbeiträge	6500,— DM
Zinsgutschrift der Bausparkasse	250,— DM
im Jahre 1993 gezahlte Kirchensteuer	960,— DM
für das Jahr 1992 erstattete Kirchensteuer	180,— DM
Spenden für mildtätige Zwecke	800,— DM
Spenden für wissenschaftliche Zwecke	650,— DM
Kosten für einen Krankenhausaufenthalt	6700,— DM
Erstattung durch die Krankenkasse	2300,— DM
Kosten für die Beschäftigung einer Hausgehilfin (12 · 700,— DM)	8400,— DM

Ermitteln Sie das zu versteuernde Einkommen für 1993.

5. Der 56jährige Franz Obermoser und seine 49jährige Ehefrau Zenzi, wohnhaft in Tuttlingen, beantragen für das Jahr 1993 die gemeinsame Veranlagung zur Einkommensteuer. Sie haben drei Kinder, den 19jährigen Sepp, der in einem Münchner Internat lebt und 1994 das Abitur machen will, Toni, der am 3. Mai 1993 sein 18. Lebensjahr vollendete und als Mechaniker in einer Maschinenbaufirma arbeitet, die 22jährige Traudl, die mit Josef Gotthilf verheiratet ist und ebenso wie ihr Ehemann an der PH in München studiert und von ihrem Vater unterhalten wird.
Franz Obermoser ist Inhaber eines Fuhrgeschäfts und hat im Jahre 1993 einen Gewinn von 54950,— DM erzielt. Seine Ehefrau Zenzi hat 1978 den elterlichen Bauernhof geerbt und daraus im Wirtschaftsjahr 1992/93 9600,— DM, im Wirtschaftsjahr 1993/94 10000,— DM Gewinn erzielt. Darüber hinaus erhalten die Eheleute aus einem gemeinsamen Mehrfamilienhaus in Tuttlingen jährliche Mieteinnahmen von 28600,— DM. Die Hauskosten und Grundbesitzabgaben betragen 1993 9650,— DM, 1988 entstanden 9000,— DM Renovierungskosten im Sinne des § 82a EStG. Die Ehefrau besitzt außerdem ein Einfamilienhaus, das im Jahre 1987 für 240000,— DM Herstellungskosten erbaut worden ist. Der Grund- und Bodenwert beträgt 50000,— DM. Sie will für 1993 die Vergünstigung des § 10e EStG in Anspruch nehmen. Für 1993 zahlte sie 8800,— DM Hypothekenzinsen, die sonstigen Hauskosten betrugen 1785,— DM. Für Sparguthaben erhielt der Ehemann 7680,— DM, die Ehefrau 9660,— DM Zinsen. Zudem erhielt der Ehemann eine Dividendengutschrift von 750,— DM auf sein Bankkonto.

Sonstige Angaben:

Lebensversicherungsbeiträge	9600,— DM
gezahlte Bausparbeiträge	5800,— DM
Zinsgutschrift der Bausparkasse	250,— DM
Krankenkassenbeiträge	5640,— DM
private Haftpflichtversicherung	150,— DM
Hausratversicherung	120,— DM
im Jahre 1993 gezahlte Kirchensteuer	1400,— DM
für das Jahr 1992 erstattete Kirchensteuer	300,— DM
Spenden für kirchliche Zwecke	1200,— DM
Kosten für den Internatsaufenthalt des Sohnes Sepp	7200,— DM
Unterstützung der Tochter in München	5000,— DM
eigene Einkünfte und Bezüge der Tochter	4500,— DM
Kosten für eine Hausgehilfin (12 · 500,— DM)	6000,— DM
Obermoser weilte 1993 auf ärztliche Anweisung vier Wochen zur Kur in Bad Gastein, Kurkosten abzüglich Haushaltsersparnis	5800,— DM
Erstattung durch die Krankenkasse	1500,— DM

Wegen seiner angegriffenen Gesundheit verkaufte Obermoser 1993 einen Zweigbetrieb seines Fuhrgeschäfts in Augsburg, der 30% seines Gesamtbetriebes ausmachte, Verkaufserlös 950000,— DM, Buchwert 800000,— DM, Verkaufskosten 5000,— DM.

Ermitteln Sie das zu versteuernde Einkommen 1993.

6. Die Eheleute Karl und Luise Altmaier in Passau beantragen für den Veranlagungszeitraum 1993 die Zusammenveranlagung. Sie haben zwei Kinder, Rudolf, 26 Jahre alt, verheiratet, Kraftfahrzeugmechaniker, und Hans, 31 Jahre alt, ledig. Hans wohnt im Elternhaus und ist erwerbsunfähig, weil er seit seinem 7. Lebensjahr an Kinderlähmung leidet. Die Bescheinigung des Versorgungsamtes über 100%ige Erwerbsminderung und Hilfslosigkeit liegt vor. Er hatte im Jahre 1993 auch keine eigenen Einkünfte. Die Eheleute machen folgende Angaben zur Einkommensteuererklärung 1993:

   Der 65jährige Karl Altmaier bezieht seit seinem 63. Lebensjahr eine Altersrente, deren Ertragsanteil 26% beträgt. Er erhielt 1993 monatlich 1 850,— DM. Der Bruttoarbeitslohn seiner 58jährigen Ehefrau belief sich 1993 auf 18800,— DM. Sie macht 1 250,— DM Werbungskosten geltend. Die Bayerische Vereinsbank in Passau schrieb dem Ehemann 8030,— DM, der Ehefrau 6450,— DM Zinsen gut. Karl und Luise Altmaier besitzen ein eigenes Einfamilienhaus, dessen Einheitswert nach den Wertverhältnissen zum 1.1.1964 auf 80000,— DM festgestellt ist. Auf dem Haus lastet eine Hypothek, für die 1993 1 300,— DM Zinsen gezahlt worden sind.

   Seitdem er Rentner ist, betätigt sich Karl Altmaier als Landschaftsmaler und hat sich als Vertreter der naiven Kunst auf mehreren Ausstellungen in Stadt und Region Passau einen Namen gemacht. So konnte er 1993 acht Bilder zum Preis von insgesamt 3800,— DM verkaufen. Hierauf macht er pauschal 25% Betriebsausgaben geltend.

   Sonstige Angaben:

einbehaltene Sozialversicherungsabgaben der Ehefrau	2860,— DM
Lebensversicherungsbeiträge zugunsten des Sohnes Hans	6850,— DM
private Haftpflichtversicherung	120,— DM
im Jahre 1993 gezahlte Kirchensteuer	480,— DM
für das Jahr 1992 erstattete Kirchensteuer	130,— DM
Beschäftigung einer Hausgehilfin	8400,— DM
Arznei- und Behandlungskosten für den Sohn Hans	2500,— DM

   Ermitteln Sie das zu versteuernde Einkommen.

7. Alwine Rodenstock, geb. am 19.11.1942, geschieden seit dem 15.8.1987, hat zwei Kinder im Alter von 9 und 13 Jahren, mit denen sie zusammen in Freiburg lebt. Sie macht folgende Angaben zur Einkommensteuererklärung 1993.

   Vom 1. Januar bis zum 30. September 1993 war sie als verantwortliche Mitarbeiterin des Feuilletons bei einer Zeitung angestellt. Sie bezog ein festes Monatsgehalt von 3580,— DM brutto. In ihrer Freizeit betätigte sie sich erfolgreich als Kinderbuchautorin und widmete sich vom 1. Oktober 1993 an fast ausschließlich dieser schriftstellerischen Arbeit. Gleichzeitig löste sie ihr Anstellungsverhältnis und war nur noch als freiberufliche Mitarbeiterin für die Zeitung tätig, wofür sie in der Zeit vom 1.10. bis 31.12.1993 Vergütungen von 3500,— DM bezog. Die Ausgaben betrugen 875,— DM. Ihre Einnahmen als Kinderbuchautorin beliefen sich 1993 auf 28600,— DM, an Ausgaben macht sie 7150,— DM geltend. Darüber hinaus kann sie aus der Zeit als angestellte Journalistin Werbungskosten in Höhe von 2660,— DM nachweisen. Zur Betreuung ihrer beiden Kinder beschäftigte sie bis zum 30.9.1993 eine Haushaltshilfe und bezahlte an sie 6500,— DM.

   Sonstige Angaben:

Zinsen aus Sparguthaben	6350,— DM
einbehaltene Sozialversicherungsbeiträge	4480,— DM
private Krankenversicherung	540,— DM
Lebensversicherungsbeiträge	1800,— DM
private Haftpflichtversicherung	90,— DM
im Jahre 1993 gezahlte Kirchensteuer	240,— DM
für das Jahr 1992 erstattete Kirchensteuer	65,— DM
Spenden für politische Parteien	150,— DM
1993 einbehaltene Lohnsteuer	2140,— DM
1993 geleistete ESt-Vorauszahlung	1520,— DM

   Ermitteln Sie das zu versteuernde Einkommen 1993.
   Berechnen Sie die ESt- und KiSt-Nachzahlung bzw. -erstattung.

18 Berechnungen aus dem Gebiet der Lohnsteuer

18.1 Ermittlung der Lohnsteuer bei Anwendung der Lohnsteuerklassen und -tabellen

18.1.1 Lohnzahlungszeitraum

Grundsatz: Der Arbeitgeber hat die Lohnsteuer für Rechnung des Arbeitnehmers bei der Lohnzahlung einzubehalten. Anzuwenden ist jeweils die Lohnsteuertabelle des **Lohnzahlungszeitraums.** Lohnzahlungszeitraum ist der Zeitraum, für den Arbeitslohn gezahlt wird. Auf die Art der Berechnung des Arbeitslohns (z. B. nach Stunden oder Stückzahlen oder Leistung) kommt es nicht an. Maßgebend ist, wie zwischen Arbeitgeber und Arbeitnehmer abgerechnet wird. Es ist nicht erforderlich, daß stets nach gleichmäßigen Zeitabständen abgerechnet wird, z. B. täglich, wöchentlich oder monatlich. Solange das Dienstverhältnis fortbesteht, sind auch solche in den Lohnzahlungszeitraum fallende Arbeitstage mitzuzählen, für die der Arbeitnehmer keinen Lohn bezogen hat. Es sind anzuwenden:

1. die Monatslohnsteuertabelle bei monatlicher Abrechnung,
2. die Wochen- oder Tageslohnsteuertabelle bei wöchentlicher bzw. täglicher Abrechnung.

Bei anderen Lohnzahlungszeiträumen ergeben sich die Lohnstufen und die Lohnsteuer aus der mit der Zahl der Arbeitstage oder -wochen oder -monate vervielfachten Tages-, Wochen- oder Monatsbeträge der entsprechenden Tabellen.
Abschlagszahlungen können innerhalb des Lohnzahlungszeitraums gezahlt werden, ohne daß Lohnsteuer einbehalten wird. Der Abrechnungszeitraum darf im Falle von Abschlagszahlungen nicht über einen Zeitraum von fünf Wochen hinausgehen.

Beispiele

1. Der kaufmännische Angestellte Alfons Maurer erhält am 15. eines jeden Monats sein Gehalt für den zurückliegenden Monat. Lohnzahlungszeitraum und Abrechnungszeitraum ist der Monat. Anzuwenden ist die Monatslohnsteuertabelle.
2. Der Maurer Alfred Loder erhält regelmäßig am 5., 15. und 25. eines Monats Abschlagszahlungen. Am 30. des Monats erhält er seinen Restlohn.
   Abrechnungszeitraum ist hier der Monat. Anzuwenden ist die Monatslohnsteuertabelle.
3. Die Messeleitung in Düsseldorf stellt für die Dauer von zehn Tagen eine Angestellte ein und vereinbart eine Vergütung von 1 000,— DM mit ihr.
   Zur Berechnung der Lohnsteuer ist die Tageslohnsteuertabelle anzuwenden. Der Betrag von 1 000,— DM ist zu diesem Zweck durch 10 zu teilen. Der Tageslohnsatz beträgt dann 100,— DM. Die sich daraus ergebende Steuer ist dann mit 10 wieder zu vervielfachen.

18.1.2 Lohnsteuerklassen und -tabellen

Auf der Steuerkarte werden durch die jeweilige Gemeinde folgende Steuerklassen eingetragen:

I 1. für Ledige oder Geschiedene
2. für Verwitwete ohne Kinder
3. für dauernd getrennt Lebende

II für Ledige, Verwitwete, Geschiedene oder dauernd getrennt Lebende, wenn bei ihnen der Haushaltsfreibetrag zu berücksichtigen ist.

III und die Zahl der Kinder

1. bei verheirateten und nicht dauernd getrennt lebenden unbeschränkt Steuerpflichtigen, wenn der Ehegatte keinen Arbeitslohn bezieht oder der Ehegatte auf Antrag beider Eheleute in die Steuerklasse V eingereiht wird.
2. bei Verwitweten für das dem Todesjahr des Ehegatten folgende Jahr.
3. bei Geschiedenen für das Jahr der Eheauflösung, wenn der andere Partner im selben Jahr wieder geheiratet hat.

IV und die Zahl der Kinder, wenn beide Ehegatten im Kalenderjahr Arbeitslohn beziehen. (Anstelle der Steuerklasse IV kann auf der Lohnsteuerkarte des einen Ehegatten die Steuerklasse III und die Zahl der Kinder und auf der Lohnsteuerkarte des anderen Ehegatten die Steuerklasse V bescheinigt werden. Der Antrag kann bei der Gemeinde gestellt werden).

V tritt für einen der Ehegatte an die Stelle der Steuerklasse IV, wenn der andere Ehegatte in die Steuerklasse III eingereiht wird.

VI auf der zweiten und jeder weiteren Steuerkarte.

Aufgaben zum Lohnabrechnungszeitraum und zu Lohnsteuerklassen und -tabellen

1. Der Angestellte Anton Holweg, Stkl. III/1, bezieht ein festes Bruttogehalt von 3503,— DM, das am Monatsletzten ausgezahlt wird. Aufgrund von mehrfach vorgekommenen Unregelmäßigkeiten wird er am 12. Mai fristlos entlassen.
   a) Wieviel Arbeitslohn steht ihm für diesen Monat noch zu?
   b) Wieviel Lohnsteuer muß der Arbeitgeber einbehalten, und welche Tabelle legt er dabei zugrunde?
2. Der Gelegenheitsarbeiter August Sorglos, Stkl. I, wird während der Urlaubszeit für 24 Tage als Aushilfe in einem Betrieb beschäftigt und verdient in dieser Zeit 2100,— DM brutto. Dieser Lohn wird ihm am 25. Juni ausgezahlt. Berechnen Sie die Lohnsteuer.
3. Am 10. April tritt der Arbeiter Franz Kaiser, Stkl. III/2, eine neue Arbeitsstelle in einer Maschinenfabrik an und verdient für den Rest des Monats April noch 2919,— DM brutto. Berechnen Sie die einzubehaltende Lohnsteuer.
4. Der Angestellte Heinz Fleißig, Stkl. III/0, Bruttogehalt 3550,— DM, wird am 15. Juni Vater eines Sohnes. Im Laufe des Monats Juli läßt er die Steuerklasse berichtigen und legt seinem Arbeitgeber die mit Wirkung vom 15. Juni berichtigte Lohnsteuerkarte am 2. August wieder vor. Für die Monate Juni und Juli wurde die Lohnsteuer noch nach der Stkl. III/0 errechnet. Wieviel Lohnsteuer ist am Ende des Monats August einzubehalten?
5. Der Arbeiter Alfred Schluder, verheiratet, keine Kinder, hat es trotz mehrmaliger Aufforderung bisher versäumt, dem Arbeitgeber seine Lohnsteuerkarte vorzulegen. Sein Monatsbruttoeinkommen beträgt 2150,— DM. Berechnen Sie die Lohnsteuer.
6. Der kaufmännische Angestellte Fritz Ungetreu wird am 15.10. von seiner Ehefrau Erika geschieden. Das gemeinsame Kind Marita wird der Mutter zugesprochen. Am 10.12. legt Fritz Ungetreu seinem Arbeitgeber die berichtigte Lohnsteuerkarte mit Lohnsteuerklasse I wieder vor. Sein Monatsbruttoeinkommen beträgt im Durchschnitt 2650,— DM. Für die Monate Oktober und November wurde die Lohnsteuer noch nach der alten Steuerklasse III/1 einbehalten. Stellen Sie die Lohnsteuerberechnungen für Dezember an.
7. Die kaufmännische Angestellte Anita Frenzer und der Schreiner Johann Holz haben am 10. 5. geheiratet. Beide waren und sind auch weiterhin berufstätig. Sie lassen ihre Steuerklassen in III/0 und V ändern und legen die berichtigten Lohnsteuerkarten ihren Arbeitgebern am 6. 7. wieder vor. Im Mai und Juni sind die Lohnsteuerabzugsbeträge nach der alten Steuerklasse I von den Bruttoarbeitslöhnen des Mannes (2750,— DM) und der Frau (1970,— DM) einbehalten worden.
   a) Führen Sie die Lohnsteuerberechnungen für den Monat Juli für beide Ehepartner durch.
   b) Hätte sich für die Eheleute bei Steuerklasse IV auf den Steuerkarten nicht ein günstigeres Ergebnis erzielen lassen?

8. Der Angestellte Konrad Maurer, Stkl. I, hat ein Monatsgehalt von 2790,— DM brutto, das jeweils am 30. eines Monats ausgezahlt wird. Maurer hat gekündigt und verläßt am 15. 6. die Firma.
   a) Aus welcher Tabelle ist die Lohnsteuer zu berechnen?
   b) Wieviel Lohnsteuer ist einzubehalten?
9. Der Maurer Hans Adam, Steuerklasse III/0, hat einen Stundenlohn von 15,50 DM brutto. Die Aufzeichnungen über seine Arbeitsstunden ergeben für einen Monat folgende Werte:
   vom 1.– 5. 44 Stunden vom 16.–21. 41 Stunden
   vom 8.–13. 42 Stunden vom 24.–29. 40 Stunden
   Adam hat am 5. Juni eine Abschlagszahlung von 415,— DM, am 13. eine Abschlagszahlung von 300,— DM und am 25. eine Abschlagszahlung von 320,— DM erhalten.
   a) Welche Lohnsteuer ist unter Anwendung der Lohnsteuertabellen 1991 zu ermitteln?
   b) Welche Restzahlung hat Adam nach Abzug der Sozialversicherungsbeiträge lt. Tabelle noch zu erhalten, wenn ein Krankenversicherungssatz von 6,15% unterstellt wird?
10. Die kaufmännische Angestellte Gisela Frisch, Steuerklasse I, hat ein Monatsgehalt von 1 950,— DM brutto. Fräulein Frisch erkrankt und erhält für den Monat Mai noch ein Gehalt von 975,— DM brutto. Ab 16. Mai bekommt sie Krankengeld. Welche Lohnsteuertabelle ist auf das Gehalt von 975,— DM anzuwenden?
11. Der Arbeiter Victor Lorentz, Lohnsteuerklasse I, wird für 20 Tage im Monat Juli 1991 als Aushilfe beschäftigt. Er hat in dieser Zeit 2400,— DM brutto verdient; sein Verdienst wird ihm am 20. Juli ausgezahlt. Wie ist die Lohnsteuer von diesem Verdienst zu berechnen?
12. Die Lohnsteuerkarte des Angestellten Axel Huber ist mit Wirkung vom 15. 6. 1991 von Steuerklasse III/0 in Steuerklasse III/1 geändert worden. Das Bruttogehalt des Angestellten Huber beträgt 2840,— DM und wird jeweils am 30. eines Monats für den zurückliegenden Monat gezahlt. Nach der Monatslohnsteuertabelle betrug die Lohnsteuer bei 2840,— DM und Steuerklasse III/0 234,83 DM, bei Steuerklasse III/1 166,— DM. Welche Lohnsteuer ist einzuhalten?
13. Der Angestellte Max Kraft hat am 1. 4. 1991 geheiratet. Im Laufe des Monats Mai läßt er seine Steuerkarte berichtigen. Am 5. 6. 1991 legt er seinem Arbeitgeber die berichtigte Lohnsteuerkarte, die nun die Steuerklasse III/0 mit Wirkung vom 1. 4. 1991 ausweist, wieder vor. Krafts Monatsgehalt beträgt 3250,— DM brutto und ist bereits für die Monate April und Mai nach Berechnung der Lohnsteuer aus Steuerklasse I ausgezahlt worden. Die Lohnsteuer betrug für beide Monate je 520,33 DM. Die Lohnsteuer für das Juni-Gehalt beträgt aus Steuerklasse III/0 303,83 DM.
    Welche Berechnungen sind am Ende des Monats Juni durchzuführen?

18.1.3 Besteuerung der sonstigen Bezüge

Die sonstigen Bezüge unterscheiden sich vom laufenden Arbeitslohn, der stets nach dem Lohnabrechnungszeitraum entsprechenden Tabelle zu versteuern ist, dadurch, daß sie als Sonderzahlungen aus den verschiedensten Gründen geleistet werden. Als sonstige Bezüge kommen nur Bezüge über 300,— DM in Betracht. Zu den sonstigen Bezügen gehören z. B.:

1. dreizehnte und vierzehnte Monatsgehälter
2. einmalige Abfindungen und Entschädigungen
3. Gratifikationen und Tantiemen, die nicht fortlaufend gezahlt werden
4. Jubiläumszuwendungen, soweit sie nicht steuerfrei sind
5. Urlaubsgelder, die nicht fortlaufend gezahlt werden, und Entschädigungen zur Abgeltung nicht genommenen Urlaubs
6. Erfindervergütungen
7. Weihnachtszuwendungen
8. Nachzahlungen und Vorauszahlungen, wenn sich der Gesamtbetrag oder ein Teilbetrag der Nachzahlung oder Vorauszahlung auf Lohnzahlungszeiträume bezieht, die in einem anderen Jahr als dem der Zahlung enden.

Von dem sonstigen Bezug ist die Lohnsteuer mit dem Unterschiedsbetrag zu erheben, der sich ergibt, wenn die Jahreslohnsteuertabelle auf den voraussichtlichen Jahresarbeitslohn ohne den sonstigen Bezug und unter Einbeziehung des sonstigen Bezugs angewandt wird.

Beispiel 1

Ein verheirateter Arbeitnehmer, auf dessen Lohnsteuerkarte, die Steuerklasse III/2 eingetragen ist, erhält am 30.11. eine Weihnachtsgratifikation von 2000,— DM. Sein Arbeitslohn war im Laufe des Jahres ungleichmäßig. Sein Bruttolohn betrug im November 3800,— DM; der durchschnittliche Jahresarbeitslohn wird mit 46000,— DM ermittelt.

Berechnung

Jahresarbeitslohn		46000,— DM
Lohnsteuer lt. Jahrestabelle	3262,— DM	
Jahreslohn einschließlich Weihnachtsgeld		48000,— DM
Lohnsteuer lt. Jahrestabelle	3646,— DM	
auf das Weihnachtsgeld entfallende Lohnsteuer	**384,— DM**	

Sonstige Bezüge, die die Vergütung für eine mehrjährige Tätigkeit im Sinne des § 34 Abs. 3 EStG (s. o. Nr. 8 der Aufzählung) darstellen, werden in der Weise besteuert, daß dem Jahresarbeitslohn im 2. Schritt nur ein Drittel des sonstigen Bezuges zugerechnet wird und der Unterschiedsbetrag sodann verdreifacht wird.

Beispiel 2

Ein Arbeitnehmer, der Lohnsteuer nach Klasse II/1 zahlt, erhält im Dezember eine Nachzahlung von 15000,— DM für zwei zurückliegende Jahre. Sein Jahresarbeitslohn wird mit 72000,— DM errechnet. Die auf die Nachzahlung entfallende Lohnsteuer ist zu ermitteln.

Berechnung

Jahresarbeitslohn		72000,— DM
Jahreslohnsteuer davon	13276,— DM	
Jahresarbeitslohn		72000,— DM
+ 1/3 sonstiger Bezug gem. § 34 (3) EStG		5000,— DM
zusammen		77000,— DM
Lohnsteuer lt. Jahrestabelle	14990,— DM	
Differenz	1714,— DM	
Differenz · 3	**5142,— DM**	

Für die Nachzahlung sind 5142,— DM Lohnsteuer zu berechnen.

Aufgaben zur Besteuerung der sonstigen Bezüge

1. Ein Arbeitnehmer, Stkl. I, erhält am 30.11. eine Weihnachtsgratifikation von 2400,— DM. Sein Bruttoarbeitslohn im November betrug ebenfalls 2400,— DM, der voraussichtliche Jahresarbeitslohn wird 28800,— DM betragen. Wieviel DM Lohnsteuer entfällt auf die Weihnachtsgratifikation?

2. Karl Evers ist verheiratet und hat drei Kinder unter 16 Jahren. Anläßlich seines 25jährigen Arbeitsjubiläums erhält er von seiner Firma ein Farbfernsehgerät im Wert von 2400,— DM geschenkt. Sein Bruttogehalt beträgt monatlich 3950,— DM. Der Arbeitgeber übernimmt die Lohn- und Kirchensteuer, die auf die Jubiläumszuwendung entfallen. Wieviel DM muß der Arbeitgeber zusätzlich an Lohn- und Kirchensteuer abführen?

3. Die Verkäufer Schulze, Steuerklasse III/2, Maier, Steuerklasse I, und Schmitz, Steuerklasse IV/1, werden finanziell am Erfolg ihrer Firma beteiligt. Für das abgelaufene Geschäftsjahr wird eine Prämie von 8200,— DM brutto ausgezahlt, die im Verhältnis zu den Arbeitslöhnen auf die Verkäufer verteilt wird.
   Die voraussichtlichen Bruttoarbeitslöhne betragen: für Schulze 34000,— DM, für Maier 22000,— DM, für Schmitz 26000,— DM. Wieviel DM Lohn- und Kirchensteuer wird der Arbeitgeber von jeder der drei Erfolgsprämien einbehalten?

4. Der Arbeitnehmer Otto Richter, Steuerklasse III/1, erhält für den Monat Juli folgende Gehaltsabrechnung: Bruttoarbeitslohn 2750,— DM und Urlaubsgeld 650,— DM = insgesamt 3400,— DM brutto. Wieviel DM Lohn- und Kirchensteuer hat der Arbeitgeber einbehalten, wenn unterstellt wird, daß der Bruttoarbeitslohn für Juli der durchschnittliche Arbeitslohn ist?

5. Der Prokurist Hermann Müller, Steuerklasse III/1, bezieht ein festes Monatsgehalt von 5850,— DM brutto. Mit dem Dezembergehalt erhält er eine Weihnachtsgratifikation von 4000,— DM. Die Lohnbuchhalterin berechnete 20% Lohnsteuer von der Weihnachtsgratifikation. Welche Berechnung war durchzuführen?

6. Dem Oberingenieur Bernhard Stark, Steuerklasse III/1, wird Ende Dezember ein 13. Monatsgehalt in Höhe von 5480,— DM gezahlt. Die Lohnsteuer soll nicht vom Arbeitgeber übernommen werden. Herrn Starks Monatsgehälter betrugen im betreffenden Jahre brutto:

Januar	4600,— DM	Mai	5100,— DM	September	5200,— DM
Februar	4820,— DM	Juni	5100,— DM	Oktober	5200,— DM
März	4930,— DM	Juli	5150,— DM	November	5350,— DM
April	4930,— DM	August	5150,— DM	Dezember	5480,— DM

Welche Lohnsteuer ist für das 13. Monatsgehalt zu berechnen?

18.1.4 Pauschalierung der Lohnsteuer in besonderen Fällen

Auf Antrag des Arbeitgebers kann das Betriebsstättenfinanzamt zulassen, daß die Lohnsteuer mit einem vom Arbeitgeber zu ermittelnden Pauschsteuersatz erhoben wird, und zwar in folgenden Fällen:

1. soweit vom Arbeitgeber sonstige Bezüge in einer größeren Zahl von Fällen gewährt werden oder
2. in einer größeren Zahl von Fällen Lohnsteuer nachzuerheben ist, weil der Arbeitgeber die Lohnsteuer nicht vorschriftsmäßig einbehalten hat.

Der durchschnittliche Steuersatz ist unter Zugrundelegung der durchschnittlichen Jahresarbeitslöhne und der durchschnittlichen Jahreslohnsteuer in jeder Steuerklasse für die Arbeitnehmer zu ermitteln, denen die zu versteuernden Bezüge gewährt werden sollen oder gewährt worden sind.

Die Pauschalierung ist ausgeschlossen, soweit der Arbeitgeber einem Arbeitnehmer sonstige Bezüge von mehr als 2000,— DM gewährt. Bei der Ermittlung des Pauschsteuersatzes ist zu berücksichtigen, daß bei der Pauschbesteuerung der Arbeitgeber die ermittelte pauschale Lohnsteuer übernimmt und diese Überahme eine in Geldeswert bestehende Einnahme für den Arbeitnehmer darstellt (Nettosteuersatz).

Der durchschnittliche Steuersatz kann folgendermaßen ermittelt werden. Zunächst werden ermittelt:

1. der Durchschnittsbetrag der pauschal zu versteuernden Bezüge
2. die Zahl der betroffenen Arbeitnehmer nach Steuerklassen getrennt in folgenden drei Gruppen:
   a) Arbeitnehmer in den Steuerklassen I, II und IV
   b) Arbeitnehmer in der Steuerklasse III
   c) Arbeitnehmer in den Steuerklassen V und VI
3. die Summe der Jahresarbeitslöhne der betroffenen Arbeitnehmer, gemindert um eventuelle Freibeträge.

Aus dem nach Nr. 3 ermittelten Betrag hat der Arbeitgeber sodann den durchschnittlichen Jahresarbeitslohn der erfaßten Arbeitnehmer zu berechnen. Danach ist für jede der bezeichneten Gruppen der Steuerbetrag für den Durchschnittsbetrag der pauschal zu versteuernden Bezüge zu berechnen, wenn der Durchschnittsbetrag dem durchschnittlichen Jahresarbeitslohn hinzugerechnet wird. Der Durchschnittsbetrag ist dabei auf den nächsten durch 324 teilbaren DM-Betrag aufzurunden. Durch Multiplikation der Steuerbeträge mit der Zahl der in der entsprechenden Gruppe erfaßten Arbeitnehmer und Division der sich hiernach ergebenden Summe der Steuerbeträge durch das Produkt aus der Gesamtzahl der Arbeitnehmer und dem gerundeten Durchschnittsbetrag der pauschal zu besteuernden Bezüge ist hiernach die durchschnittliche Steuerbelastung zu errechnen, der die gesamten pauschal zu besteuernden Bezüge unterliegen. Der daraus zu errechnende Pauschsteuersatz hat die Übernahme der pauschalen Lohnsteuer durch den Arbeitgeber zu berücksichtigen.

Beispiel

Ein Arbeitgeber ermittelt für seine rentenversicherungspflichtigen Arbeitnehmer:

1. den durchschnittlichen Betrag der pauschal zu versteuernden Bezüge mit 550,— DM.
2. die Zahl der betroffenen Arbeitnehmer
   a) in den Steuerklassen I, II, IV mit 20
   b) in der Steuerklasse III mit 12 und
   c) in den Steuerklassen V und VI mit 3.
3. die Summe der Jahresarbeitslöhne der betroffenen Arbeitnehmer nach Abzug aller Freibeträge (auch der Kinderfreibeträge) mit 1 199 800,— DM; dies ergibt einen durchschnittlichen Jahresarbeitslohn von 1 199 800 : 35 = 34 280,— DM.

Die Erhöhung des durchschnittlichen Jahresarbeitslohns um den auf 648,— DM (durch 324 teilbar) aufgerundeten Durchschnittsbetrag der pauschal zu besteuernden Bezüge ergibt für diesen Betrag folgende Steuerbeträge:

Arbeitslöhne	Steuerkl. I	Steuerkl. III/0	Steuerkl. V
280,— DM 928,— DM	5010,— DM 5174,— DM	2840,— DM 2950,— DM	8490,— DM 8724,— DM
+ 648,— DM	+ 164,— DM	+ 110,— DM	+ 234,— DM

Die durchschnittliche Steuerbelastung der pauschal zu besteuernden Bezüge ist hiernach folgendermaßen zu berechnen:

$$\frac{20 \cdot 164 + 12 \cdot 110 + 3 \cdot 234}{35 \cdot 648} = 0{,}2338 = \mathbf{23{,}38\,\%}$$

Der Pauschsteuersatz beträgt demnach unter Berücksichtigung der Übernahme der Steuer durch den Arbeitgeber

$$\frac{100 \cdot 23{,}38}{100 - 23{,}38} = \mathbf{30{,}51\,\%}$$

Aufgabe

Ein Arbeitgeber hat 62 Arbeitnehmer, denen er aus besonderem Anlaß eine Gratifikation von 700,— DM je Person zukommen lassen möchte. Die darauf entfallende Steuer wird er selbst übernehmen. Die Jahreslohnsumme der Arbeitnehmer beträgt 2 980 000,— DM. Von den 62 Arbeitnehmern sind 10 in der Steuerklasse III/1, 25 in der Steuerklasse III/0, die übrigen in der Steuerklasse I.
Der Arbeitgeber will den Pauschsteuersatz gem. § 40 EStG anwenden. Berechnen Sie den maßgebenden Steuersatz für den sonstigen Bezug.

18.1.5 Nettolohnversteuerung

Will der Arbeitgeber die auf den Arbeitslohn entfallende Lohnsteuer übernehmen, so sind die von ihm übernommenen Abzugsbeträge Teile des Arbeitslohns, die dem Nettolohn zur Steuerermittlung hinzugerechnet werden müssen. Die Lohnsteuer ist aus dem Bruttoarbeitslohn zu berechnen, der nach Abzug der Lohnsteuer den ausgezahlten Nettobetrag ergibt. Der Arbeitgeber hat durch Abtasten in der Lohnsteuertabelle den Bruttoarbeitslohn zu ermitteln, der, vermindert um die Lohnsteuer, den ausgezahlten Nettobetrag ergibt.

Beispiel

Ein rentenversicherungspflichtiger Arbeitnehmer, der Lohnsteuerklasse I zugeordnet, hat einen Nettolohn von 2500,— DM monatlich. Der Arbeitgeber übernimmt die Lohnsteuer.

Die Lohnsteuer würde ohne Übernahme durch den Arbeitgeber 322,58 DM betragen. Der zu ermittelnde Bruttoarbeitslohn liegt aber unter Berücksichtigung der übernommenen Lohnsteuer über 2822,58 DM. Der genaue Betrag ist im Wege des Abtastens anhand der Tabelle wie folgt zu ermitteln: Bei einem Bruttoarbeitslohn von 2938,65 DM (Stufengrenze) beträgt die Lohnsteuer 438,08 DM. Nach Abzug dieses Betrages verbleibt ein Nettolohn von 2500,57 DM, der nur um 0,57 DM über dem vereinbarten Nettolohn liegt. Zieht man nun vom Bruttoarbeitslohn von 2938,65 DM den Betrag von 0,57 DM ab (= 2938,08 DM) und berechnet von diesem Betrag die tarifmäßige Lohnsteuer – es ist die gleiche wie bei 2938,65 DM – so hat man den gesuchten Bruttoarbeitslohn von 2938,08 DM gefunden, der nach Abzug der tarifmäßigen Lohnsteuer von 438,08 DM den vereinbarten Nettolohn von 2500,— DM ergibt.

Auch die auf einen sonstigen Bezug entfallende Lohnsteuer kann vom Arbeitgeber übernommen werden.

Beispiel

Ein Arbeitnehmer, dessen Jahresbruttolohn 41280,— DM beträgt, zahlt Lohnsteuer nach Klasse III/0. Im Dezember erhält er eine Nettogratifikation von 4600,— DM. Der Arbeitgeber übernimmt die Lohnsteuer und die Kirchensteuer.

Berechnung

Maßgebender Jahresarbeitslohn	41280,— DM
hinzuzurechnender sonstiger Bezug	4600,— DM
Lohnsteuer aus dem Jahresarbeitslohn zuzüglich sonstigem Bezug (41280,— DM + 4600,— DM = 45880,— DM)	4994,— DM
Lohnsteuer aus maßgebendem Jahresarbeitslohn	4058,— DM
Lohnsteuer, die sich vor dem Abtasten ergibt	936,— DM

Die einmal hinzuzurechnende Kirchensteuer (angenommen 8%) beträgt 74,88 DM, d. h. der hinzuzurechnende sonstige Bezug von 4600,— DM erhöht sich um 74,88 DM. Hierfür (45880 DM + 74,88 = 45954,88 DM) ergibt sich ein Steuerbetrag von ebenfalls (4994,— DM - 4058,— DM) 936,— DM. Von diesen Beträgen ausgehend, ist die auf den sonstigen Bezug entfallende Lohnsteuer nach folgendem Verfahren zu ermitteln:

	1. Berechnung DM	2. Berechnung DM	3. Berechnung DM
maßgebender Jahresarbeitslohn zuzüglich sonstigem Bezug	45954,88	45954,88	45954,88
Lohnsteuer für den sonstigen Bezug	936,—	1152,—	1200,—
zusammen	46890,88	47106,88	47154,88
Jahreslohnsteuer hierfür	5210,—		
Jahreslohnsteuer für den maßgebenden Jahresarbeitslohn	4058,—	4058,—	4058,—
Lohnsteuer für den sonstigen Bezug	1152,—	1200,—	1200,—

Durch weitere Berechnungen würde sich eine höhere Lohnsteuer nicht mehr ergeben. Die auf den sonstigen Bezug von 4600,— DM entfallende Lohnsteuer beträgt demnach 1200,— DM, die Kirchensteuer 8% = 96,— DM, der Bruttobetrag des sonstigen Bezuges addiert sich (aus 4600,— DM + 1200,— DM + 96,,— DM) zu **5896,— DM.**

18.1.6 Steuerfreiheit der Zuschläge für Sonntags-, Feiertags- und Nachtarbeit

Steuerfrei sind gemäß § 3 b EStG Zuschläge, die für tatsächlich geleistete Sonntags-, Feiertags- oder Nachtarbeit neben dem Grundlohn gezahlt werden bis zu folgender Höhe:

1. für Nachtarbeit bis 25% des Grundlohns,
2. für Sonntagsarbeit bis 50% des Grundlohns,
3. für Arbeit am 31.12. und an den gesetzlichen Feiertagen bis 125% des Grundlohns,
4. für Arbeit am 24.12. ab 14.00 Uhr, am 25. und 26.12. sowie am 1.5. 150% des Grundlohns.

Grundlohn ist der laufende Arbeitslohn, der dem Arbeitnehmer bei der für ihn maßgebenden regelmäßigen Arbeitszeit für den jeweiligen Lohnzahlungszeitraum zusteht; er ist in einen **Stundenlohn** umzurechnen.
Nachtarbeit ist die Arbeit in der Zeit von 20.00 Uhr bis 6.00 Uhr. Sonntagsarbeit und Feiertagsarbeit ist die Arbeit in der Zeit von 0.00 Uhr bis 24.00 Uhr des jeweiligen Tages.

Besonderheiten

1. Für Nachtarbeit in der Zeit von 0.00 Uhr bis 4.00 Uhr erhöht sich der Zuschlag auf 40%, wenn die Nachtarbeit vor 0.00 Uhr aufgenommen wird.
2. Als Sonntags- und Feiertagsarbeit gilt auch die Arbeit in der Zeit von 0.00 Uhr bis 4.00 Uhr des auf den Sonntag oder Feiertag folgenden Tages.

Aufgaben zur Steuerfreiheit der Zuschläge für Sonntags-, Feiertags- und Nachtarbeit

---

1. Der Elektriker Friedrich Müller, Stkl. I, hat im Monat April lt. Lohnzettel 195 Stunden gearbeitet. Sein Stundenlohn beträgt 18,50 DM brutto lt. freier Vereinbarung. Die 195 Stunden teilen sich folgendermaßen auf:

160 Std. Normalarbeitszeit	zu 18,50 DM/Std.
15 Std. Mehrarbeit	zu 20,50 DM/Std.
10 Std. Nachtarbeit	zu 23,13 DM/Std.
6 Std. Sonntagsarbeit	zu 27,75 DM/Std.
4 Std. Feiertagsarbeit	zu 41,63 DM/Std.

Berechnen Sie den steuerpflichtigen Lohn und die einzubehaltende Lohnsteuer.

2. Der Kundendienstmonteur einer Radio- und Fernsehhandlung hat im Monat Dezember lt. Lohnzetteln 187 Stunden gearbeitet. Sein Stundenlohn beträgt 19,30 DM brutto lt. freier Vereinbarung, auf seiner Lohnsteuerkarte ist die Stkl. III/1 eingetragen. Aus den Lohnzetteln ist zu entnehmen:

145 Std. Normalarbeitszeit	zu 19,30 DM/Std.
10 Std. Mehrarbeit	zu 21,23 DM/Std.
6 Std. Mehrarbeit	zu 22,20 DM/Std.
8 Std. Nachtarbeit	zu 33,78 DM/Std.
12 Std. Sonntagsarbeit	zu 57,90 DM/Std.
6 Std. Arbeit an Weihnachtsfeiertagen	zu 28,95 DM/Std.

Bei der Nachtarbeit, die grundsätzlich vor 0^{00} Uhr begann, sind 4 Stunden von 0^{00} bis 4^{00} Uhr zu berücksichtigen. Berechnen Sie den steuerpflichtigen Lohn und die einzubehaltende Lohnsteuer.

3. Der Handwerker Gustav Altmann, Stkl. III/2, hat lt. Stundenbescheinigungen im abgelaufenen Monat 178 Std. gearbeitet. Sein Stundenlohn beträgt 18,80 DM brutto. Zuschläge für Sonntags-, Feiertags- und Nachtarbeit werden im Rahmen der Höchstgrenzen des § 3b EStG gezahlt. Im einzelnen sind folgende Stunden geleistet worden:

160 Std. Normalarbeitszeit	zu 18,80 DM/Std.	5 Std. Sonntagsarbeit	zu 28,20 DM/Std.
10 Std. Nachtarbeit	zu 23,50 DM/Std.	3 Std. Arbeit am 1. Mai	zu 47,— DM/Std.

Berechnen Sie die einzubehaltende Lohnsteuer.

4. Der Elektromonteur Ludwig Krause, geb. am 6.12.33, erhält einen tarifvertraglich festgelegten Stundenlohn von 18,60 DM brutto. Der Lohn wird nach Zahlung von wöchentlichen Abschlägen monatlich abgerechnet. Für den Monat Juli wird ihm folgender Lohn berechnet:

1. Woche:	45 Stunden zu 18,60 DM/Std.	837,— DM	
	+ Überstundenzuschlag lt. Tarifvertrag	14,80 DM	
	Summe	851,80 DM	
	Abschlag		300,— DM
2. Woche:	42 Stunden zu 18,60 DM/Std.	781,20 DM	
	Abschlag		320,— DM
3. Woche:	46 Stunden zu 18,60 DM/Std.	855,60 DM	
	+ Nachtarbeitszuschlag für 8 Std. (25%)	37,20 DM	
	Summe	892,80 DM	
	Abschlag		330,— DM
4. Woche:	42 Stunden zu 18,60 DM/Std.	781,20 DM	
	+ Sonntagsarbeit, 8 Std. zu18,60 DM/Std. einschließlich Zuschlag	223,20 DM	
		1 004,40 DM	

a) Berechnen Sie den steuerpflichtigen Lohn.

b) Geben Sie an, nach welcher Tabelle die Lohnsteuer zu berechnen ist.

5. Der Bauhilfsarbeiter Egon Zimmer, geboren am 1.12. 47, wird nicht nach Tarif bezahlt, sondern erhält einen mit dem Arbeitgeber frei vereinbarten übertariflichen Leistungslohn von 18,— DM brutto pro Stunde. Der Lohn wird monatlich abgerechnet. Im Monat Mai hat Zimmer folgenden Verdienst gehabt:

Normalstundenlohn	2904,— DM
Überstundenlohn mit Zuschlag	168,— DM
2 Sonntagsstunden mit Zuschlag	72,— DM
zusammen	3144,— DM

Berechnen Sie den steuerpflichtigen Lohn.

6. Die Medizinalassistentin Ingeborg Prall, die außer Tarif bezahlt wird, hat im Monat April 1990 ein laufendes Gehalt von 3400,— DM brutto bezogen, ihre regelmäßige Arbeitszeit betrug 176 Stunden. Für Sonntags-, Feiertags- und Nachtarbeit werden ihr zusätzlich vergütet:

a) zwei Sonntagsdienste zu je 8 Stunden einschließlich Zuschlag	483,30 DM
b) zehn Nachtdienste zu je 8 Stunden jeweils von 20^{00} Uhr bis 4^{00} Uhr morgens einschließlich Zuschlag	2193,— DM

Wie hoch ist der steuerpflichtige Lohn anzusetzen?

18.2 Freibetrag beim Lohnsteuerabzug

Der Arbeitnehmer kann bei seinem örtlich zuständigen Finanzamt im Laufe des Kalenderjahres die Eintragung eines Freibetrages auf seiner Lohnsteuerkarte beantragen. Der Antrag kann bis zum 30.11. des jeweiligen Kalenderjahres auf amtlich vorgeschriebenem Vordruck gestellt werden (Lohnsteuerermäßigungsantrag).

Der Freibetrag kann sich aus der Summe folgender Einzelbeträge zusammensetzen:

1. Werbungskosten, soweit sie den Arbeitnehmer-Pauschbetrag von 2000,— DM übersteigen,
2. voll abzugsfähigen Sonderausgaben, und zwar aus
   a) Unterhaltsleistungen an geschiedene Ehegatten, bis 27000,— DM jährlich,
   b) auf besonderen Verpflichtungsgründen beruhenden Renten und dauernden Lasten,
   c) Kirchensteuer,
   d) Zinsen nach den §§ 233a, 234 und 237 AO,
   e) Steuerberatungskosten,
   f) Aufwendungen für die eigene Berufsausbildung, bis 900,— DM jährlich (bei auswärtiger Unterbringung bis 1 200,— DM)

g) Aufwendungen bis zu 12000,— DM für hauswirtschaftliche Beschäftigungsverhältnisse (§10 Abs. 1 Nr. 8 EStG),

h) Spenden nach §10b EStG,

soweit diese Beträge insgesamt den Pauschbetrag von 108,— DM übersteigen.

3. Außergewöhnliche Belastungen nach

§33 EStG Krankheitskosten etc.;

§33a EStG Unterhalt, Ausbildungsfreibetrag, Freibetrag für Haushaltshilfe;

§33b Abs. 6 EStG Aufwendungen für die Pflege einer Person, bis 1800,— DM jährlich;

§33c EStG Kinderbetreuungskosten.

Die unter Nr. 1 und 2. a) bis h) bezeichneten Aufwendungen sowie die Freibeträge nach Nr. 3 müssen den Betrag von 1200,— DM übersteigen, ansonsten ist der Antrag hinsichtlich dieser Aufwendungen unzulässig. Bei der Ermittlung der Antragsgrenze müssen die Werbungskosten (Nr. 1) um den Arbeitnehmer-Pauschbetrag gekürzt werden, die Sonderausgaben (Nr. 2) hingegen nicht um den Sonderausgaben-Pauschbetrag. Darüber hinaus können noch folgende Beträge eingetragen werden:

a) Pauschbeträge für Behinderte und Hinterbliebene nach §33b Abs. 1–5 EStG,

b) die Freibeträge nach §10e, §7b EStG, §15 Berlinförderungsgesetz sowie der Betrag der negativen Einkünfte aus Vermietung und Verpachtung, der sich bei Inanspruchnahme erhöhter Absetzungen nach §7 (5) EStG (Bedingung: mindestens 5% AfA-Ansatz) §7b EStG oder nach §14a oder §15 Berlinförderungsgesetz ergibt.[1] Für jedes Kind, für das der Arbeitnehmer Anspruch auf eine Steuerermäßigung nach §34f EStG hat, ist auf Antrag ein zusätzlicher Betrag von 4000,— DM anzusetzen. Der sich nach Buchstabe b) ergebende Freibetrag darf erst nach Fertigstellung oder Anschaffung des begünstigten Objekts eingetragen werden.

Bei Anträgen von Ehegatten ist die Summe der für beide Ehegatten in Betracht kommenden Aufwendungen und abziehbaren Beträge mit Ausnahme der Werbungskosten zugrunde zu legen. Der Sonderausgabenpauschbetrag von 108,— DM ist auf 216,— DM zu verdoppeln. Die 1200-DM-Grenze ist nicht zu verdoppeln.

Beispiel 1

Ein lediger Arbeitnehmer rechnet mit folgenden Aufwendungen für das laufende Kalenderjahr:

1. Aufwendungen für Fahrten zwischen Wohnung und Arbeitsstätte		2150,— DM
2. Fachliteratur		180,— DM
3. Kirchensteuer		520,— DM
4. Steuerberatungskosten		300,— DM
5. Spenden		180,— DM
Berechnung des Freibetrages		
a) Werbungskosten	2330,— DM	
– Pauschbetrag	2000,— DM	330,— DM
b) Sonderausgaben	1000,— DM	
– Pauschbetrag	108,— DM	892,— DM
Freibetrag		**1222,— DM**

Beispiel 2

Ein verheirateter Arbeitnehmer hat ein Kind über 18 Jahren, das sich in der Berufsausbildung befindet und am auswärtigen Studienort wohnt. Das Versorgungsamt hat eine 40prozentige Körperbehinderung des Arbeitnehmers anerkannt. Der Arbeitnehmer rechnet mit folgenden Aufwendungen für das Kalenderjahr:

[1] Ab 1993 sollen alle Verluste aus Vermietung und Verpachtung als Freibetrag auf die LSt-Karte eingetragen werden können.

Aufwendungen für ein Arbeitszimmer	1 560,— DM
Aufwendungen für Fahrten zwischen Wohnung und Arbeitsstätte	840,— DM
Kirchensteuer	450,— DM

für das Kind beantragt der Arbeitnehmer den Ausbildungsfreibetrag.

Berechnung des Freibetrages

a) Werbungskosten	1 560,— DM	
+	840,— DM	
zusammen	2400,— DM	
– Arbeitnehmer-Pauschbetrag	2000,— DM	400,— DM
b) Sonderausgaben	450,— DM	
– Pauschbetrag	216,— DM	234,— DM
		634,— DM
c) Ausbildungsfreibetrag gem. § 33a Abs. 2 EStG		4200,— DM
Pauschbetrag gem. § 33b Abs. 1–5 EStG		840,— DM
Jahresfreibetrag		**5674,— DM**

Beispiel 3

Ein verheirateter Arbeitnehmer hat ein Einfamilienhaus gebaut, das am 15.12. des Jahres fertiggestellt und auch an diesem Tage von ihm bezogen worden ist. Die Herstellungskosten betragen 350 000,— DM. Die Werbungskosten bei den Einkünften aus nichtselbständiger Arbeit betragen:

a) Aufwendungen für Fahrten zwischen Wohnung und Arbeitsstätte	1 160,— DM
b) Reisekosten	1 450,— DM
c) Aufwendungen für Fachliteratur	180,— DM

Am 15.1. des folgenden Kalenderjahres stellt der Arbeitnehmer einen Lohnsteuerermäßigungsantrag und beantragt die Berücksichtigung des § 10e EStG und die Eintragung eines Freibetrages für seine erhöhten Werbungskosten:

Berechnung des Freibetrages

a) Werbungskosten	1 160,— DM
	+ 1 450,— DM
	+ 180,— DM
	2790,— DM
– Arbeitnehmer-Pauschbetrag	2000,— DM
verbleiben	790,— DM

Dieser Betrag liegt unter 1 200,— DM. Er kann nicht berücksichtigt werden.

b) Freibetrag gem. § 10e EStG, 6% von 330 000,— DM	**19800,— DM**

Der Jahresfreibetrag wird in einen Monatsfreibetrag umgerechnet. Bei späteren Anträgen ist eine Umrechnung auf die der Antragstellung folgenden Monate vorzunehmen.

Aufgaben

1. Ein verheirateter Arbeitnehmer stellt am 30.11. einen Lohnsteuerermäßigungsantrag mit folgenden Angaben:

   a) Werbungskosten:

1. Fahrten mit eigenem Pkw zwischen Wohnung und Arbeitsstätte in 25 km Entfernung an 220 Tagen	
2. Gewerkschaftsbeiträge	330,— DM
3. Reisekosten	1 800,— DM

   b) Sonderausgaben

1. private Krankenversicherungsbeiträge	3800,— DM
2. Spenden	2000,— DM
3. ev. Kirchensteuer	520,— DM

   Berechnen Sie den zu gewährenden Freibetrag.
   Welcher Betrag wird auf der Steuerkarte vermerkt?

2. Ein verheirateter Beamter mit drei Kindern hat 1992 ein Einfamilienhaus für 400000,— DM gebaut, das er mit seiner Familie bewohnt. Er zahlt Lohnsteuer nach Klasse III/3. Am 15.3.1993 stellt er einen Lohnsteuerermäßigungsantrag mit folgenden Angaben:
   a) Werbungskosten . . . . 1640,— DM
   b) Sonderausgaben
      1. Spenden . . . . 400,— DM
      2. rk. Kirchensteuer . . . . 840,— DM
   c) Berücksichtigung des §10e EStG: Herstellungskosten 400000,— DM, Bezugsdatum 1.12.1992, Bauantrag nach dem 30.9.1991, 100prozentige Nutzung zu eigenen Wohnzwecken, drei Kinder.

   Berechnen Sie den Freibetrag. Wie hoch ist der Monatsbetrag? Auf welche Monate wird er verteilt?

3. Eine ledige Arbeitnehmerin mit einem Kind von 4 Jahren, das zu ihrem Haushalt gehört, möchte im Lohnsteuerermäßigungsverfahren einen Freibetrag auf ihrer Lohnsteuerkarte eintragen lassen. Sie legt Ihnen folgende Unterlagen vor:
   1. Anschaffungskosten für eine Schreibmaschine, die sie zu mehr als 90% beruflich nutzt . . . . 620,— DM
   2. Aufwendungen für Fachliteratur . . . . 140,— DM
   3. Anschaffungskosten für einen Schreibtisch im Arbeitszimmer . . . . 700,— DM
   4. Spendenbescheinigung DRK . . . . 150,— DM
      Spendenbescheinigung kath. Kirche . . . . 200,— DM
   5. rk. Kirchensteuer monatlich . . . . 120,— DM
   6. Kosten für Kindergartenbesuch des Kindes, monatlich . . . . . . 35,— DM
   7. Schwerbehindertenausweis des Versorgungsamtes über eine Erwerbsminderung von 60%

   Alle erforderlichen Anträge sind gestellt worden. Berechnen Sie den Jahresfreibetrag.

4. Der verheiratete Heiner Appeldorn hat zwei Kinder unter 18 Jahren. Er zahlt Lohnsteuer nach Klasse III/2. Im April des Jahres 01 stellt er beim Finanzamt einen Antrag auf Lohnsteuerermäßigung. Im Kalenderjahr 01 werden ihm voraussichtlich folgende Aufwendungen entstehen:
   Werbungskosten im Rahmen der Einnahmen aus nichtselbständiger Arbeit . . 2180,— DM
   Kirchensteuer . . . . 1150,— DM
   Beiträge zur gesetzlichen Sozialversicherung . . . . 9400,— DM
   Privathaftpflichtversicherung . . . . 620,— DM

   Im Vorjahr hatte Appeldorn ein Einfamilienhaus fertiggestellt und im selben Jahr bezogen. Für das Jahr der Fertigstellung konnte er erstmals die Wohnraumförderung gem. §10e (1) EStG in Höhe von 19800,— DM beanspruchen.
   a) Berechnen Sie die Antragsgrenze.
   b) Ermitteln Sie den höchstmöglichen Jahresfreibetrag, den das Finanzamt auf der Lohnsteuerkarte eintragen kann.
   c) Teilen Sie den Jahresfreibetrag in Monatsfreibeträge auf.

18.3 Antragsveranlagung

Grundsatz: Bei allen unbeschränkt steuerpflichtigen Arbeitnehmern wird die im Laufe eines Kalenderjahres einbehaltene Lohnsteuer ausgeglichen, soweit sie die Jahreslohnsteuer aus der Jahreslohnsteuertabelle übersteigt, die auf den Arbeitslohn des Ausgleichsjahres entfällt.

Was ist zu beachten?

a) **Maßgebender Arbeitslohn** des Ausgleichsjahres ist der Arbeitslohn (Gehalt), der dem Arbeitnehmer im Ausgleichsjahr **zugeflossen** ist. Auch die sonstigen Bezüge gehören dazu.

   Außer Betracht bleiben:
   1. Bezüge, für die die Lohnsteuer in einem Pauschbetrag erhoben worden ist (Aushilfen),

2. ermäßigt besteuerte Vergütungen für Arbeitnehmererfindungen,
3. sonstige Bezüge für Zeiträume, die zu anderen Kalenderjahren gehören.

b) Von dem maßgebenden Arbeitslohn ist vom Arbeitgeber ein auf der Lohnsteuerkarte des Arbeitnehmers etwa eingetragener steuerfreier Jahresbetrag abzuziehen. Zu erhöhen ist der maßgebende Arbeitslohn um den auf der Lohnsteuerkarte etwa eingetragenen Jahreshinzurechnungsbetrag.

c) Für den so ermittelten Arbeitslohn ist die Jahreslohnsteuer aus der Jahreslohnsteuertabelle festzustellen. Für die dabei anzuwendende Steuerklasse und die Zahl der Kinder sind die Eintragungen auf der Lohnsteuerkarte maßgebend. Waren während des Ausgleichsjahres verschiedene Steuerklassen anzuwenden, so ist beim Lohnsteuerjahresausgleich **die zuletzt eingetragene Steuerklasse** für das ganze Ausgleichsjahr maßgebend.

d) Der Unterschied zwischen der ermittelten Jahreslohnsteuer und der Lohnsteuer, die im Laufe des Jahres einbehalten worden ist, wird ausgeglichen, d. h. in der Regel mit der nächsten Lohnzahlung verrechnet.

Aufgaben zur Lohnsteuererstattung / Antragsveranlagung

1. Der Angestellte Max Lang hat im Kalenderjahr 1993 lt. Gehaltskonto der Firma einen Jahresbruttoverdienst von 42600,— DM gehabt. An Lohnsteuern sind 4795,— DM einbehalten worden. Seiner Lohnsteuerkarte entnehmen wir folgende Angaben:
Max Lang, geboren am 18.4.1945, Steuerklasse I bis 30.9.1993, Steuerklasse III/0 ab 1.10.1993
Der Arbeitgeber führt den Lohnsteuerjahresausgleich durch. Welcher Ausgleichsbetrag wird sich für Lang ergeben?

2. Der Arbeiter Hans Kurz ist seit dem 15.6.01 bei der Firma Reiser beschäftigt. Sein Lohnkonto enthält folgende Eintragungen:
Hans Kurz, geboren am 29. 7. 1942, Steuerklasse III, verh., 2 Kinder, Jahresfreibetrag 2400,— DM.

Lohn Juni	1860,— DM,	einbehaltene Lohnsteuer 104,58 DM,	Lohnsteuer gemildert 104,58 DM
Lohn Juli	3690,— DM,	einbehaltene Lohnsteuer 203,66 DM,	Lohnsteuer gemildert 203,66 DM
Lohn August	4020,— DM,	einbehaltene Lohnsteuer 288,83 DM,	Lohnsteuer gemildert 288,83 DM
Lohn September	3510,— DM,	einbehaltene Lohnsteuer 174,83 DM,	Lohnsteuer gemildert 154,— DM
Lohn Oktober	3780,— DM,	einbehaltene Lohnsteuer 220,16 DM,	Lohnsteuer gemildert 220,16 DM
Lohn November	3410,— DM,	einbehaltene Lohnsteuer 158,83 DM,	Lohnsteuer gemildert 106,— DM
Lohn Dezember	5540,— DM,	einbehaltene Lohnsteuer 613,16 DM,	Lohnsteuer gemildert 610,16 DM

Auf seiner Lohnsteuerkarte hat der letzte Arbeitgeber vermerkt: Bruttolohn für die Zeit vom 1.1.–15.6.01 23130,— DM, einbehaltene Lohnsteuer 1682,— DM. Die Firma Reiser führt den Lohnsteuerjahresausgleich 01 durch. Berechnen Sie den Ausgleichsbetrag.

3. Der bei der Firma Albers & Co beschäftigte Karl Sander hat in der Zeit vom 1.1.–20.5.1993 einen Bruttolohn von 21350,— DM bezogen. Die Krankengeldzuschüsse der Firma betrugen 280,— DM. Der Bruttoverdienst des Angestellten für die Zeit vom 24.7.–31.12.1993 ist mit 26376,— DM im Lohnkonto vermerkt. Die Aufrechnung der Spalte „einbehaltene Lohnsteuer" ergibt einen Betrag von 8075,— DM. Aus den Eintragungen auf der Lohnsteuerkarte ist zu entnehmen:
Karl Sander, geboren am 9.5.46, Stkl. III, verh., keine Kinder, gültig ab 15.12.1993, vorher Steuerklasse I. In der Zeit vom 21.5. bis 23.7.1993 bezog er von der Krankenkasse Krankengeld, das in Höhe von 4200,— DM dem Progressionsvorbehalt unterliegt. Der Arbeitgeber führt den Lohnsteuerjahresausgleich durch. Ermitteln Sie den Ausgleichsbetrag.

4. Der 24jährige, ledige Arbeiter Karl Groß stellt beim Finanzamt einen Antrag auf Veranlagung und macht folgende Angaben:

Bruttoarbeitslohn im Kalenderjahr 1993	34600,— DM	gemäß Lohnsteuerkarte
einbehaltene Lohnsteuer	5092,— DM	

a) Aufwendungen für Berufskleidung lt. Belegen . . . . 350,— DM
b) Beiträge an die IG Metall . . . . 180,— DM

c) Aufwendungen für Fahrten zwischen Wohnung und Arbeitsstätte an 220 Tagen mit eigenem Pkw, einfache Entfernung 19,6 km
d) gezahlte Autohaftpflicht . . . . 540,— DM
e) Fahrtkosten mit eigenem Pkw aus dienstlichem Anlaß (die Kosten wurden nicht erstattet) 356 km

Mit welcher Erstattung durch das Finanzamt kann Groß rechnen?

5. Die Eheleute Hans Schmelzer, 38 Jahre alt, und Erna Schmelzer, 35 Jahre alt, haben zwei Kinder unter 18 Jahren und stellen einen Antrag auf gemeinsame Veranlagung. Sie machen folgende Angaben:

	Ehemann	Ehefrau
Bruttoarbeitslohn 1993	38840,— DM	18300,— DM
einbehaltene Lohnsteuer lt. Lohnsteuerkarte	3301,— DM	3492,— DM

Die Eheleute machen folgende Aufwendungen geltend:

a) Beiträge zu Berufsverbänden
Hans Schmelzer an den DGB . . . . 160,— DM
Erna Schmelzer an die DAG . . . . 56,— DM
b) Aufwendungen für Fahrten zwischen Wohnung und Arbeitsstätte
Hans Schmelzer mit eigenem Pkw an 230 Tagen im Kalenderjahr, einfache Entfernung 19,8 km
Erna Schmelzer mit der Straßenbahn, Monatskarte 45,— DM
c) Kfz-Haftpflicht . . . . 420,— DM
d) Arbeitnehmeranteil zur Sozialversicherung
Hans Schmelzer . . . . 6850,— DM
Erna Schmelzer . . . . 3220,— DM
e) private Krankenversicherung Hans Schmelzer . . . . 720,— DM
f) Bausparkassenbeiträge für einen im selben Jahr abgeschlossenen Bausparvertrag:
Abschlußgebühr . . . . 350,— DM
Beiträge . . . . 4800,— DM
Wohnungsbauprämie wurde nicht beantragt.
g) gezahlte Kirchensteuer . . . . 570,— DM
h) Steuerberatungskosten . . . . 70,— DM

Wie hoch ist der zu versteuernde Jahresarbeitslohn?
Wieviel DM Lohnsteuer werden den Eheleuten erstattet?

6. Die Eheleute Otto Altrogge, 65 Jahre alt, und Franziska Altrogge, 63 Jahre alt, keine Kinder, stellen einen Antrag auf gemeinsame Veranlagung und machen dazu folgende Angaben:

Bruttoarbeitslohn des Ehemannes . . . . 29140,— DM
Pensionsbezüge der Ehefrau . . . . 9600,— DM
einbehaltene Lohnsteuer . . . . 2420,— DM
a) Beiträge an die DAG . . . . 96,— DM
b) Aufwendungen für Fahrten zwischen Wohnung und Arbeitsstätte mit eigenem Pkw an 240 Tagen, einfache Entfernung 18 km
c) Kfz-Haftpflicht . . . . 360,— DM
d) Arbeitnehmeranteil zur Sozialversicherung . . . . 5140,— DM
e) private Krankenversicherung . . . . 2840,— DM
f) Bausparkassenbeiträge (ein Antrag auf Wohnungsbauprämie ist nicht gestellt worden) . . . . 4600,— DM
g) gezahlte Kirchensteuer . . . . 218,— DM
h) Spende an das Rote Kreuz . . . . 250,— DM
Spende an die Welthungerhilfe . . . . 300,— DM

Wie hoch ist das zu versteuernde Arbeitseinkommen?

Mit welcher Einkommensteuererstattung können die Eheleute rechnen?

19 Berechnungen aus dem Gebiet der Gewerbesteuer

19.1 Ermittlung des Gewerbeertrages und des Gewerbekapitals unter Berücksichtigung von Hinzurechnungen und Kürzungen

19.1.1 Gewerbeertrag

Grundlage für die Berechnung des Gewerbeertrages ist der nach den Vorschriften des Einkommensteuergesetzes oder des Körperschaftsteuergesetzes ermittelte **Gewinn aus Gewerbebetrieb** ohne die Veräußerungsgewinne nach §§ 16 und 17 EStG.

Die wichtigsten **Hinzurechnungen** sind:

1. die Hälfte der Entgelte für Dauerschulden,
2. Renten und dauernde Lasten, die mit der Gründung oder dem Erwerb des Betriebes zusammenhängen, mit dem „Ertragsanteil",
3. die Gewinnanteile des stillen Gesellschafters, wenn sie beim Empfänger nicht zur Steuer nach dem Gewerbeertrag heranzuziehen sind,
4. die Hälfte der Miet- und Pachtzinsen für die Benutzung von gemieteten Anlagegütern (außer Grundstücken), soweit die Miet- und Pachtzinsen nicht beim Vermieter selbst der Gewerbesteuer unterliegen.
5. Die Anteile am Verlust einer OHG, einer KG oder einer anderen Gesellschaft, bei der die Gesellschafter als Mitunternehmer anzusehen sind, wenn die Verlustanteile im einkommensteuerlichen Gewinn des Betriebes enthalten sind.

Merke: Kontokorrentschulden bei der Bank sind dann Dauerschulden, wenn ein Mindestkredit über mehr als ein Jahr zur Verfügung gestanden hat. Dabei ist als Mindestkredit der niedrigste Stand des Kontokorrentkredits anzusehen, der **länger als 7 Tage** im Jahr bestanden hat.

Die wichtigsten **Kürzungen** des Gewinns sind:

1. 1,2% des letzten Einheitswertes des nach einkommensteuerlichen Grundsätzen zum notwendigen und gewillkürten Betriebsvermögen gehörenden Grundbesitzes.[1] Wenn im Laufe eines Jahres ein Gewerbebetrieb gegründet oder Grundbesitz erworben wird, entfällt für diesen Erhebungszeitraum eine Kürzung.

   Merke: Der nach den Wertverhältnissen zum 1. 1. 1964 festgestellte Einheitswert ist mit 140% des festgestellten Werts anzusetzen.

2. Die Anteile am Gewinn einer OHG, einer KG oder einer anderen Gesellschaft, bei der die Gesellschafter als Mitunternehmer anzusehen sind, wenn die Gewinnanteile im einkommensteuerlichen Gewinn des Betriebes enthalten sind.
3. Anteile am Gewinn einer (inländischen) Kapitalgesellschaft, wenn die Beteiligung am Grund- oder Stammkapital mindestens 10% ausmacht.
4. Der Teil des Gewerbeertrags eines inländischen Unternehmens, der auf eine ausländische Betriebsstätte entfällt.
5. Spenden soweit sie aus Mitteln des Gewerbebetriebes eines Einzelunternehmers oder einer Personengesellschaft geleistet wurden.

[1] (vgl. Abschn. 14 EStR).

Der maßgebende Gewerbeertrag ist gegebenenfalls um Gewerbeverluste aus den Vorjahren zu kürzen.

Der so ermittelte Betrag ist **auf volle 100,— DM abzurunden** und stellt dann den Gewerbeertrag, die Grundlage für die Ermittlung des Meßbetrages aus dem Gewerbeertrag dar.

Beispiel

Der Möbeleinzelhändler Adolf Hohlkreuz in Bonn weist in der Bilanz zum 31.12.01 und in der Gewinn- und Verlustrechnung 01 einen Gewinn von 166460,— DM aus. Für ein Darlehen sind 24240,— DM an Zinsen zu zahlen gewesen und als Betriebsausgaben verbucht worden. Hohlkreuz betreibt den Einzelhandel im eigenen Hause, das eine Gesamtnutzfläche von 1200 m² hat, wovon 480 m², das sind 40%, eigenbetrieblich genutzt und mit diesem Anteil auch bilanziert sind. Der Einheitswert für das Grundstück zum 1. 1. 1964 beträgt 160000,— DM.

Berechnung des Gewerbeertrages

Gewinn lt. GuV-Rechnung	166460,— DM
+ Zinsen für Darlehn (50% von 24240,— DM)	12120,— DM
Summe	178580,— DM
⁄. 1,2% von 89600,— DM (40% von dem auf 140% hochgerechneten Einheitswert von 160000,— DM)	1075,— DM
verbleiben	177505,— DM
Gewerbeertrag, abgerundet	**177500,— DM**

Merke:

1. Maßgebend ist immer der Gewerbeertrag des Kalenderjahres, für den die Gewerbesteuer erhoben wird.
2. Bei **abweichendem Wirtschaftsjahr** in der Gewinnermittlung gilt der Gewerbeertrag als in dem Kalenderjahr bezogen, in dem das Wirtschaftsjahr endet. **Bei Beginn der Steuerpflicht ist für das erste Kalenderjahr der Gewerbeertrag des ersten Wirtschaftsjahres maßgebend.**

Beispiel

Ein Betrieb eröffnet am 1.10.01 und wählt als Wirtschaftsjahr die Zeit vom 1.10. bis 30.9. nächsten Jahres. Der erste Jahresabschluß zum 30.9.02 ergibt einen Gewinn von 36000,— DM. Für den Erhebungszeitraum 01 sowie für den Erhebungszeitraum 02 ist von einem Gewinn von 36000,— DM auszugehen. Eine Umrechnung des Gewinns ergibt sich nicht (s.o. Nr. 2).

Aufgaben zur Berechnung des Gewerbeertrages

1. Ein Einzelunternehmen erzielte lt. Bilanz einen Gewinn von 124840,— DM. Aus der GuV-Rechnung sind zu erkennen: Pacht an den früheren Besitzer, der nicht mehr unternehmerisch tätig ist: 48000,— DM; davon entfallen 14000,— DM auf die Überlassung des Inventars. Darlehnszinsen: 24200,— DM, Gewinnanteil Großeinkaufsgesellschaft mbH & Co KG: 6800,— DM. Berechnen Sie den maßgebenden Gewerbeertrag.

2. Das Wirtschaftsjahr der Müller GmbH reicht jeweils vom 1.7. eines Jahres bis zum 30.6. des nächsten Jahres. Zum 30.6.02 weist die GmbH einen Gewinn von 84000,— DM aus. Zum Betriebsvermögen der Gesellschaft gehört ein Grundstück mit einem Einheitswert per 1.1.1964 von 75000,— DM. Welches ist der maßgebende Gewerbeertrag für den Erhebungszeitraum 02?

3. Das Einzelunternehmen Johann Bauer stellt seinen Betrieb mit Wirkung vom 15.5. 02 ein. Die Schlußbilanz auf diesen Tag läßt einen Gewinn von 24800,— DM erkennen. Das Wirtschaftsjahr war dem Kalenderjahr gleich. An Darlehnszinsen sind 3300,— DM gezahlt worden, die restlichen 5600,— DM sind als sonstige Verbindlichkeit ausgewiesen. Das Unternehmen wurde in eigenen Räumen betrieben. Die betrieblich genutzte Fläche betrug 120 m^2, die gesamte Nutzfläche des Grundstücks 300 m^2. Der Einheitswert per 1.1.1964 ist auf 84000,— DM festgestellt worden. Berechnen Sie den maßgebenden Gewerbeertrag für den Erhebungszeitraum 02.

4. Der nach einkommensteuerlichen Vorschriften ermittelte Gewinn einer Einzelfirma beträgt im Wirtschaftsjahr 200000,— DM. Im abgelaufenen Wirtschaftsjahr mußten für ein Darlehn von 120000,— DM 9% Zinsen gezahlt werden. Aus einer OHG-Beteiligung floß ein Gewinn von 18000,— DM in das Unternehmen. Die Miete für Geschäftsräume betrug 30000,— DM, für einen im Leasingverfahren gemieteten Computer mußten 36000,— DM aufgebracht werden. Berechnen Sie den Gewerbeertrag.

5. Der einkommensteuerliche Gewinn einer Einzelfirma beträgt 128000,— DM. Der Einheitswert der Betriebsgrundstücke per 1. 1. 64 ist auf 80000,— DM festgesetzt. Eine Kommanditbeteiligung erbrachte einen Verlust von 15000,— DM. Am 1. Juli des abgelaufenen Wirtschaftsjahres trat ein stiller Gesellschafter, der selbst Gewerbetreibender ist, in die Firma ein und erhielt für den Rest des Jahres einen Gewinnanteil von 12000,— DM. Für ein Darlehn wurden 10000,— DM Zinsen gezahlt und als Betriebsausgabe gebucht. Berechnen Sie den Gewerbeertrag.

6. Der einkommensteuerliche Gewinn einer Personengesellschaft beträgt 360000,— DM. Darin enthalten sind 70000,— DM Gewinnanteil von einer GmbH, an der die OHG mit 40% beteiligt ist. Der Einheitswert der Betriebsgrundstücke per 1. 1. 1964 beträgt 35000,— DM. Für Fahrzeuge, die von einer Leasinggesellschaft gemietet wurden, mußten 30000,— DM gezahlt werden. Das wurde gewinnmindernd berücksichtigt. Im Gewinn sind 8000,— DM Erträge aus einer AG enthalten, an der die Gesellschaft mit weniger als 10% beteiligt ist. Berechnen Sie den Gewerbeertrag.

7. Ein Gewerbetreibender hat einen Jahresgewinn von 52000,— DM. Der Einheitswert der Betriebsgrundstücke per 1. 1. 1964 beträgt 45000,— DM. Auf dem Betrieb lastet ein Darlehn von 40000,— DM, das mit 8% verzinst wird. Ein stiller Gesellschafter erhielt eine Gewinnbeteiligung von 8000,— DM, die als Betriebsausgabe gebucht wurde (der stille Gesellschafter unterhält selbst keinen Gewerbebetrieb). Von einem Privatmann wurden Maschinen für 5000,— DM gemietet. Berechnen Sie den Gewerbeertrag.

8. Der einkommensteuerliche Gewinn einer Personengesellschaft ist für das abgelaufene Wirtschaftsjahr mit 850000,— DM ermittelt worden. Dieser Gewinn ist bereits um die Zinsen für ein langfristiges Darlehn über 48000,— DM gekürzt. Der Zinssatz beträgt 8%. Auf Grund der guten Geschäftslage ist ein vollständiger Zweigbetrieb gepachtet worden. Hierfür mußte im abgelaufenen Geschäftsjahr 300000,— DM Pacht, ohne Grundstückspacht, entrichtet werden. Ein zweiter Betrieb wurde am 1.10. des Jahres gegen eine monatliche Rente, die an den ehemaligen Inhaber, der nicht gewerbesteuerpflichtig ist, zu leisten ist und von der 8000,— DM als Betriebsausgabe abzugsfähig sind, aufgekauft. Berechnen Sie den Gewerbeertrag.

9. Der Gewinn einer GmbH beträgt 260000,— DM. Er ist bereits gemindert um das Gehalt für den Geschäftsführer in Höhe von 60000,— DM. Für ein Darlehn wurden 40000,— DM Zinsen gezahlt. Der Einheitswert der Betriebsgrundstücke per 1. 1. 1964 beträgt 140000,— DM. Die gemieteten Lagerräume kosteten im Jahr 18000,— DM. Für die von einem Privatmann zur Verfügung gestellten Maschinen wurden 15000,— DM Pacht gezahlt. Berechnen Sie den Gewerbeertrag.

19.1.2 Gewerbekapital

Als Gewerbekapital gilt der nach den Vorschriften des Bewertungsgesetzes ermittelte **Einheitswert des Betriebsvermögens.** Maßgebend ist der Einheitswert, der auf den letzten Feststellungszeitpunkt vor dem Erhebungszeitraum lautet.

Als wichtigste **Hinzurechnungen** kommen in Betracht:

1. die **Dauerschulden**, soweit sie 50000,— DM übersteigen (im Falle von Kontokorrentschulden als Dauerschulden ist der niedrigste Schuldenstand ein Jahr vor und ein Jahr nach dem Stichtag unter Berücksichtigung der Ausführungen unter 19.1.1 Ziff. 1 anzusetzen); der übersteigende Betrag wird zur Hälfte hinzugerechnet.
2. Renten und dauernde Lasten, die mit der Gründung oder dem Erwerb des Betriebes zusammenhängen,
3. die Beteiligung eines stillen Gesellschafters, wenn dieser nicht der Gewerbesteuerpflicht unterliegt,
4. der Wert der von einem Nichtgewerbetreibenden gemieteten Anlagegüter, soweit sie nicht in Grundbesitz bestehen.

Die wichtigsten **Kürzungen** sind:

1. die Summe der Einheitswerte, mit denen die Betriebsgrundstücke (vgl. §99 BewG) in dem Einheitswert des gewerblichen Betriebes enthalten sind,
2. der Wert einer zum Gewerbekapital gehörenden Beteiligung an einer OHG, einer KG oder einer anderen Gesellschaft, bei der die Gesellschafter als Mitunternehmer anzusehen sind,
3. der Wert einer zum Gewerbekapital gehörenden Beteiligung an einer Kapitalgesellbeträgt. Nicht zu berücksichtigen ist das Gewerbekapital von Betriebsstätten, die das Unternehmen im Ausland unterhält.

Merke: Beim Eintritt in die Steuerpflicht im Laufe eines Jahres wird für diesen Erhebungszeitraum (Rumpfwirtschaftsjahr) kein Gewerbekapital ermittelt, sondern erst für den folgenden Erhebungszeitraum.
Das Gewerbekapital ist stets **auf volle 1000,— DM abzurunden**.

Beispiel

Der Einheitswert des Betriebsvermögens des Einzelunternehmers Max Merker wurde zum 1.1.01 auf 155000,— DM festgestellt. Hierin enthalten ist ein Betriebsgrundstück mit einem Einheitswert von 40000,— DM per 1.1.64. Alle Gegenstände sind mit dem Teilwert bewertet. Auf der Passivseite sind ausgewiesen:

Liefererschulden	8000,— DM
Darlehnsschulden	73400,— DM

Berechnung

Für den Erhebungszeitraum 01 ist folgendes Gewerbekapital zu ermitteln:

Betriebsvermögen	155000,— DM
+ Dauerschulden (73400 ⁒ 50000,— DM): 2	11700,— DM
⁒ 140% vom Einheitswert des Betriebsgrundstücks	56000,— DM
Gewerbekapital	110700,— DM
abgerundet	**110000,— DM**

Aufgaben zur Berechnung des Gewerbekapitals

(Die angegebenen Einheitswerte der Betriebsgrundstücke beziehen sich auf den 1.1.1964)

1. Für die Zänker OHG ist zum 1.1. 01 ein Einheitswert von 480000,— DM festgestellt worden. Bei der Ermittlung des Einheitswerts sind abgezogen worden:

Liefererschulden	124000,— DM
Darlehnsschulden	180000,— DM
Hypotheken	160000,— DM
Rückstellungen	12000,— DM

Im Betriebsvermögen ist der Einheitswert eines Betriebsgrundstücks mit 52000,— DM enthalten. Ermitteln Sie das Gewerbekapital für den Erhebungszeitraum 01.

2. Der Einheitswert des Betriebsvermögens des Bauunternehmers Manfred Speis beträgt zum 1.1. 02 ·/. 74000,— DM. Die Dauerschulden betrugen zum 1.1. und jeweils bis Mitte Januar 01: 250400,— DM, 02: 230800,— DM, 03: 278300,— DM.
Im Betriebsvermögen zum 1.1. 02 ist ein Anteil an der BMF-GmbH und Co. KG mit 5500,— DM enthalten. Welches Gewerbekapital ist für 02 zu ermitteln?

3. Der Einheitswert eines gewerblichen Betriebes wurde bei der letzten Einheitswertfeststellung vom Finanzamt auf 900000,— DM festgesetzt. Am Ende des Geschäftsjahres weist der Betrieb Verbindlichkeiten aus Warenlieferungen in Höhe von 180000,— DM aus. Zum Zeitpunkt der Einheitswertfeststellung lastet auf dem Betrieb ein Darlehn von 250000,— DM; ein stiller Gesellschafter ist mit 70000,— DM beteiligt. Von diesem stillen Gesellschafter, der selbst keinen Gewerbebetrieb unterhält, ist ein Grundstück für 15000,— DM jährlich gepachtet worden. Der Einheitswert des Grundstücks beträgt 300000,— DM. Berechnen Sie das Gewerbekapital.

4. Der Einheitswert eines gewerblichen Betriebes ist mit 250000,— DM festgestellt worden. Darin enthalten sind Betriebsgrundstücke mit einem Einheitswert von 60000,— DM. Zum Anlagevermögen des Betriebes zählt auch eine Beteiligung an einer OHG im Wert von 35000,— DM. Außerdem befindet sich im Betrieb eine Einlage eines stillen Gesellschafters, der selbst Privatmann ist, über 20000,— DM. Berechnen Sie das Gewerbekapital.

5. Der Einheitswert einer Personengesellschaft ist auf 680000,— DM festgesetzt worden. Im Betriebsvermögen befinden sich Beteiligungen an einer OHG über 50000,— DM und an einer GmbH über 45000,— DM (Anteil am Stammkapital 30%). Dem Betrieb dienen mehrere von einem Privatmann gemietete Maschinen im Wert von 45000,— DM. Zur Stärkung der Kapitalbasis ist ein Darlehn über 190000,— DM aufgenommen worden. Stellen Sie das Gewerbekapital fest.

6. Der Einheitswert einer GmbH beträgt nach der Feststellung des Finanzamts 150000,— DM. Zum Betriebsvermögen gehören Betriebsgrundstücke im Einheitswert von 40000,— DM. Außerdem arbeitet im Betrieb eine Computeranlage, die von der Herstellerfirma angemietet wurde. Die gleiche Anlage wird zum Preis von 65000,— DM auch zum Kauf angeboten. Zum Anlagevermögen des Betriebes zählt ferner eine Beteiligung an einer OHG im Wert von 20000,— DM. Die Verbindlichkeiten aus Warenlieferungen betragen am Jahresende 95000,— DM. Außerdem sind langfristige Schulden von 50000,— DM vorhanden. Stellen Sie das Gewerbekapital fest.

7. Der Einheitswert einer Personengesellschaft wurde am letzten Hauptfeststellungszeitpunkt auf 480000,— DM festgesetzt. Darin sind enthalten: Betriebsgrundstücke im Einheitswert von 120000,— DM, Beteiligungen an einer OHG über 30000,— DM und an einer GmbH über 25000,— DM (= 50% Anteil am Stammkapital). Ferner ist ein Nachbargrundstück im Einheitswert von 50000,— DM von einer Firma gepachtet worden. Im Betrieb werden Maschinen genutzt, deren Wert mit 200000,— DM anzunehmen ist und die für 30000,— DM jährlich von einem Privatmann gemietet worden sind. Wie groß ist das Gewerbekapital?

8. Der Einheitswert einer GmbH ist auf 220000,— DM festgesetzt worden. Darin enthalten sind der Einheitswert der Betriebsgrundstücke mit 60000,— DM, eine OHG-Beteiligung von 35000,— DM, der Wert einer Beteiligung an einer ausländischen Kapitalgesellschaft in Höhe von 45000,— DM (= 30%-Anteil am Stammkapital). Zur Stärkung der Finanzkraft ist ein Darlehen von 50000,— DM aufgenommen worden. Die Verbindlichkeiten aus Warenlieferungen betragen 165000,— DM. Von einer Computerfirma ist eine kleine EDV-Anlage im Wert von 75000,— DM gemietet, von einem Privatmann ein Grundstück zum Abstellen der Betriebsfahrzeuge gepachtet worden. Der Einheitswert dieses Grundstücks beträgt 180000,— DM, die Jahrespacht 12000,— DM. Ermitteln Sie das Gewerbekapital.

9. Der Einheitswert eines gewerblichen Betriebes ist zum letzten Einheitswertfeststellungszeitpunkt auf 450000,— DM festgesetzt worden. Dabei wurden 310000,— DM Dauerschulden und eine Beteiligung eines stillen Gesellschafters von 30000,— DM berücksichtigt. Der Betrieb war seinerseits zum Einheitswertfeststellungszeitpunkt an einer KG mit 50000,— DM beteiligt. Das Unternehmen wird auf einem eigenen Grundstück betrieben, das zu 60% dem gewerblichen Betrieb und zu 40% der privaten Wohnungsvermietung dient. Der Einheitswert des Grundstücks betrug zum letzten Hauptfeststellungszeitpunkt 120000,— DM.
Berechnen Sie das Gewerbekapital.

19.2 Ermittlung der Meßbeträge nach dem Gewerbeertrag und dem Gewerbekapital und Ermittlung des einheitlichen Gewerbesteuermeßbetrages

19.2.1 Ermittlung des Meßbetrages nach dem Gewerbeertrag

Der Steuermeßbetrag nach dem Gewerbeertrag ergibt sich durch Anwendung eines Hundertsatzes (Steuermeßzahl) auf den Gewerbeertrag. Der Gewerbeertrag ist auf volle 100,— DM nach unten abzurunden und bei natürlichen Personen und Personengesellschaften um einen **Freibetrag von 48000,— DM**, höchstens jedoch in Höhe des abgerundeten Gewerbeertrages, zu kürzen. Bei juristischen Personen, die in einer **anderen** Rechtsform als AG, GmbH oder KGaA bestehen, z. B. juristische Person des öffentlichen Rechts, ist der Gewerbeertrag um einen Freibetrag von 7500,— DM zu kürzen.

Die **Steuermeßzahl** beträgt bei Gewerbebetrieben von **natürlichen Personen** und **Personengesellschaften** nach Abzug des Freibetrages von 48000,— DM für

die ersten 24000,— DM Gewerbeertrag 1%
die weiteren 24000,— DM Gewerbeertrag 2%
die weiteren 24000,— DM Gewerbeertrag 3%
die weiteren 24000,— DM Gewerbeertrag 4%
alle weiteren Beträge 5%

Die **Steuermeßzahl** beträgt bei **anderen Gewerbebetrieben** (z. B. AG, GmbH) einheitlich **5%**.

Die **Steuermeßzahlen** ermäßigen sich auf die **Hälfte** bei **Hausgewerbetreibenden** und ihnen nach §1 Abs. 2 Buchst. b–d des Heimarbeitgesetzes gleichgestellten Personen.

Beispiel

Der Einzelunternehmer Karl Stolz eröffnet seinen Gewerbebetrieb am 1.3.01. Der in der Bilanz zum 31.12.01 ausgewiesene Gewinn beträgt 78000,— DM. Hinzurechnungen und Kürzungen kommen nicht in Betracht.

Der Meßbetrag nach dem Gewerbeertrag wird folgendermaßen ermittelt:

a) Berechnung des Gewerbeertrages

Gewinn lt. Bilanz	78000,— DM
+/− Hinzurechnungen/Kürzungen	0,— DM
maßgebender Gewerbeertrag	78000,— DM

b) Berechnung des Meßbetrages — **Gewerbeertrag · Meßzahl = Steuermeßbetrag**

Gewerbeertrag	78000,— DM		
·/. Freibetrag	48000,— DM		
verbleiben	30000,— DM		
·/.	24000,— DM	davon 1%	240,— DM
verbleiben	6000,— DM		
·/.	6000,— DM	davon 2%	120,— DM
verbleiben	0,— DM		360,— DM

19.2.2 Ermittlung des Meßbetrages nach dem Gewerbekapital

Von dem auf volle **1000,— DM** nach unten abgerundeten Gewerbekapital ist zunächst ein **Freibetrag von 120000,— DM**, höchstens jedoch in Höhe des abgerundeten Gewerbekapitals, abzuziehen. Der Meßbetrag ergibt sich durch Anwendung einer Steuermeßzahl von 2‰ auf das verbleibende Gewerbekapital.

19.2.3 Ermittlung des einheitlichen Steuermeßbetrages

Durch Zusammenrechnung der Steuermeßbeträge, die sich nach dem Gewerbeertrag und dem Gewerbekapital ergeben, wird ein **einheitlicher Steuermeßbetrag** gebildet.

Aufgaben zur Feststellung des einheitlichen Steuermeßbetrages

1. Ermitteln Sie aus folgenden Angaben den einheitlichen Gewerbesteuermeßbetrag: Der Gewinn eines Einzelunternehmers beträgt lt. Bilanz zum 31.12. 01 52872,— DM, der Einheitswert des eigenbetrieblich genutzten Grundstücksteils per 1.1. 1964 24000,— DM, der Einheitswert des Betriebsvermögens per 1.1. 01 85000,— DM, die Dauerschulden 15280,— DM.

2. Die Raimund KG ermittelt ihren Gewinn nach einem vom Kalenderjahr abweichenden Wirtschaftsjahr, das den Zeitraum vom 1.4. eines Jahres bis zum 31.3. des nächsten Jahres umfaßt. Zum 31.3. 02 hat sie einen Gewinn von 136420,— DM ausgewiesen. Für ein Darlehn hat sie im Wirtschaftsjahr 01/02 12860,— DM Zinsen gezahlt. Der Einheitswert des Betriebsvermögens war auf den 1.1. 01 mit 144000,— DM festgestellt worden.
   Berechnen Sie den einheitlichen Gewerbesteuermeßbetrag für 02.

3. Die Wolf GmbH hat ihren Betrieb am 16.4. 02 eingestellt. Die Schlußbilanz per 16.4. 02 weist einen Gewinn von 14280,— DM aus. Der Einheitswert des Betriebsvermögens per 1.1. 01 war mit ⁒ 15000,— DM festgestellt worden. Dabei waren Dauerschulden von 89600,— DM abgezogen worden.
   Ermitteln Sie den einheitlichen Gewerbesteuermeßbetrag der GmbH für den Erhebungszeitraum 02.

4. Die Firma Heinrich Meyer in Gelsenkirchen weist für das abgelaufene Geschäftsjahr einen Bilanzgewinn von 76500,— DM aus. Der Einheitswert des Betriebes ist mit 190000,— DM festgestellt. Unter den Aktiva befindet sich eine Beteiligung an einer KG von 20000,— DM. Diese Beteiligung erbrachte einen Gewinn von 2500,— DM, der im Bilanzgewinn bereits enthalten ist. Das Unternehmen wird auf einem gemieteten Grundstück betrieben, für das jährlich 12000,— DM Miete zu zahlen ist. Auf dem Betrieb lastet ein Darlehn von 31000,— DM, das mit 7% zu verzinsen ist. Der mit 30000,— DM beteiligte stille Gesellschafter erhielt 3200,— DM Gewinnanteil. Die Warenschulden bei Rohstofflieferern betrugen am Bilanzstichtag 21000,— DM. Im Betrieb wird ein Kleincomputer verwendet, den die Herstellerfirma für 8000,— DM Jahresmiete aufgestellt hat.
   a) Berechnen Sie den Gewerbeertrag.
   b) Berechnen Sie das Gewerbekapital.
   c) Wie hoch ist der einheitliche Gewerbesteuermeßbetrag?

5. Der Einheitswert eines Gewerbebetriebes, der als Einzelfirma geführt wird, wurde bei der letzten Einheitswertfeststellung am 1.1. 01 vom Finanzamt auf 750000,— DM festgestellt. Auf dem Betrieb lastet ein Darlehn von 80000,— DM. Die Verbindlichkeiten aus Warenlieferungen beliefen sich bei der letzten Einheitswertfeststellung auf 150000,— DM. Ein stiller Gesellschafter ist mit 45000,— DM beteiligt. Im Betrieb werden mehrere von einem Privatmann gemietete Maschinen im Wert von 30000,— DM genutzt. Außerdem arbeitet im Betrieb eine von der Herstellerfirma gemietete Computeranlage im Wert von 100000,— DM. Der Einheitswert der Betriebsgrundstücke per 1.1. 64 beläuft sich auf 50000,— DM. Zum Anlagevermögen des Betriebes gehören auch Beteiligungen an zwei Offenen Handelsgesellschaften im Wert von 40000,— DM. Eine Beteiligung von 25% am Gewerbekapital einer holländischen Kapitalgesellschaft ist im Betriebsvermögen mit 70000,— DM angesetzt. Für das abgelaufene Wirtschaftsjahr ist nach einkommensteuerlichen Vorschriften ein Gewinn von 280000,— DM ermittelt worden, der durch einen Verlust von 3000,— DM aus einer OHG-Beteiligung gemindert worden ist. Das Darlehn von 80000,— DM wird mit 8% jährlich verzinst. Die Jahresmiete für die von dem Privatmann gemieteten Maschinen beträgt 5500,— DM, die Computerfirma verlangt 25000,— DM. Der stille Gesellschafter erhält aus dem Jahresgewinn 8000,— DM. Die andere OHG-Beteiligung erbringt einen Gewinn von 5000,— DM. Die holländische Beteiligung erbrachte einen Ertrag von

10000,— DM. Der Einheitswert der Betriebsgrundstücke beträgt 50000,— DM. Aus den Vorjahren steht noch ein Gewerbeverlust von 20000,— DM offen.

a) Wie hoch ist der Gewerbeertrag?

b) Wie hoch ist das Gewerbekapital?

c) Wie hoch ist der einheitliche Gewerbesteuermeßbetrag?

6. Ein Gewerbetreibender weist für den Veranlagungszeitraum 02 einen einkommensteuerlichen Gewinn von 56540,— DM aus. Der Einheitswert des gewerblichen Betriebes wurde am 1.1.01 mit 99000,— DM festgestellt. Der Einheitswert der Betriebsgrundstücke per 1.1.1964 beträgt 25000,— DM. Auf dem Betrieb lastet ein Darlehn von 30000,— DM, das am 2.1.02 aufgenommen wurde und mit $7^1/_2$% zu verzinsen ist. Ein stiller Gesellschafter, der selbst kein Gewerbe ausübt, ist mit 18000,— DM an dem Unternehmen beteiligt und bezieht daraus einen Gewinnanteil von 5000,— DM. Eine zum Betriebsvermögen gehörende Beteiligung an einer KG von 20000,— DM erbringt einen Gewinn von 5000,— DM. Im Betriebsvermögen befinden sich Aktien im Steuerkurswert von 12000,— DM, deren Dividende von 1200,— DM den Bilanzgewinn erhöht hat. Für eine von einem Privatmann gemietete Maschine mußten 6000,— DM Miete entrichtet werden. Die Maschine ist nicht im Einheitswert des Betriebes enthalten, ihr Teilwert wird auf 16500,— DM geschätzt.

   a) Wie hoch ist der Gewerbeertrag?

   b) Wie hoch ist das Gewerbekapital?

   c) Wie hoch ist der einheitliche Gewerbesteuermeßbetrag?

7. Ermitteln Sie aus folgenden Angaben des Einzelhändlers Anton Müller den einheitlichen Gewerbesteuermeßbetrag.

   Bilanzgewinn zum 31.12. des Jahres 84650,— DM. 9% Darlehenszinsen von 112000,— DM; dieses Darlehen wurde erst nach dem letzten Einheitswertfeststellungszeitpunkt aufgenommen. Verzugszinsen für verspätete Bezahlung von Lieferantenrechnungen 350,— DM. Ein stiller Gesellschafter, der mit 60000,— DM Einlage beteiligt ist, bekommt einen Gewinnanteil von 8000,— DM. Aus einer KG-Beteiligung von 50000,— DM ergibt sich ein Verlust von 7500,— DM. Für den Einsatz von Computerkassen, deren Teilwert 120000,— DM beträgt, berechnet die Herstellerfirma 12000,— DM Jahresmiete. Das Einzelhandelsunternehmen wird auf eigenem Grundstück betrieben, dessen betrieblicher Teil 40% beträgt, bei 60% privater Nutzung. Der Einheitswert des Grundstücks wurde zum letzten Hauptfeststellungszeitpunkt auf 150000,— DM festgesetzt, der Einheitswert des Betriebsvermögens betrug zum letzten Einheitswertfeststellungszeitpunkt 220000,— DM.

8. Der Händler Bruno Brause betreibt in Münster drei Getränke-Abhohlmärkte auf den Grundstücken Weseler Straße 57, Steinfurter Straße 98 und Warendorfer Straße 148. Der nach einkommensteuerlichen Vorschriften ermittelte Gewinn für das Wirtschaftsjahr 01.10.01 bis 30.09.02 beträgt 110000,— DM.

   Der letzte festgestellte Einheitswert des Betriebsvermögens beträgt 420000,— DM.

   Das Grundstück Weseler Straße 57 gehört Bruno Brause und dient zu 100% eigenen betrieblichen Zwecken. Der Einheitswert beträgt 80000,— DM.

   Das Grundstück Steinfurter Straße 98 gehört zu gleichen Teilen Bruno Brause und seinem Bruder Berthold. Das Grundstück wird zu 80% von Bruno Brause zu betrieblichen Zwecken genutzt, der Rest dient Wohnzwecken. Bruno Brause hat den zu eigengewerblichen Zwecken genutzten Grundstücksteil in seiner ESt-Bilanz erfaßt. Der Einheitswert des Grundstücks beträgt 98000,— DM. Das Grundstück Warendorfer Straße 148 ist von dem Privatmann Hugo Stein gepachtet, der dort früher selbst einen Getränkemarkt betrieben hatte. Das Grundstück wird zu 100% betrieblich genutzt. Die monatliche Pacht beträgt 3000,— DM, der Einheitswert des Grundstücks 80000,— DM. Brause hat von Stein die frühere Geschäftseinrichtung, Teilwert 40000,— DM, für monatlich 1000,— DM gepachtet.

   Zur Finanzierung größerer Umbaumaßnahmen am Grundstück Weseler Straße hat Brause im Laufe des Jahres 02 ein Darlehn von 80000,— DM aufgenommen. Bis zum 30.9.02 sind 4000,— DM Zinsen entstanden, vom 1.10. bis 31.12.02 wurden 2000,— DM berechnet.

   a) Ermitteln Sie den einheitlichen Gewerbesteuermeßbetrag für den Erhebungszeitraum 02.

   b) Welche Änderungen würden sich ergeben, wenn Bruno Brause zu 70% am Grundstück Steinfurter Straße beteiligt wäre?

   c) Welche Änderungen würden sich gegenüber a) ergeben, wenn die Getränke-Märkte in der Rechtsform einer GmbH betrieben würden und die GmbH auch Eigen- bzw. Teileigentümerin der Grundstücke Weseler Straße und Steinfurter Straße wäre?

19.3 Ermittlung der Gewerbesteuerschuld und der Gewerbesteuerrückstellung

19.3.1 Gewerbesteuerschuld

Die Gewerbesteuerschuld wird mit einem Hundertsatz **(Hebesatz)** vom einheitlichen Steuermeßbetrag berechnet. Der Hebesatz wird von der jeweiligen Gemeinde festgesetzt und kann von Gemeinde zu Gemeinde verschieden sein. Hebesatz 240 bedeutet: Die Steuer beträgt 240% des durch das Finanzamt festgesetzten einheitlichen Steuermeßbetrages.

Beispiel

Einheitlicher Steuermeßbetrag 1 102,— DM, Hebesatz 260. Gewerbesteuerschuld = **2865,20 DM.**

19.3.2 Berechnung der Gewerbesteuerrückstellung

19.3.2.1 Die $^{9}/_{10}$-Methode [1]

Die Berechnung der Gewerbesteuerrückstellung setzt die richtige Ermittlung der Gewerbesteuerschuld voraus. Bei dieser Berechnung ist zu beachten, daß **Vorauszahlungen auf die Gewerbesteuerschuld,** die im Laufe des Wirtschaftsjahres als Betriebsausgabe gebucht worden sind, dem Gewerbeertrag hinzugerechnet werden. Die dann ermittelte Gewerbesteuerschuld ist um $^{1}/_{10}$ zu kürzen und um die bereits entrichteten und gebuchten Vorauszahlungen. Der dann noch verbleibende Betrag ist als Rückstellung anzusehen.

Beispiel

Der Gewinn eines Einzelunternehmers beträgt nach der Bilanz vor Bildung der Rückstellungen 78630,— DM. Das Gewerbekapital liegt unter 120000,— DM. An Gewerbesteuervorauszahlungen sind 360,— DM gebucht worden. Der Hebesatz der Gemeinde beträgt 320%.

Berechnung	**Gewerbeertrag**	**· Meßzahl**	**= Meßbetrag**
Gewinn lt. vorläufiger Bilanz	78630,— DM		
+ Gewerbesteuervorauszahlungen	360,— DM		
Gewerbeertrag	78990,— DM		
abgerundet	78900,— DM		
·/. Freibetrag	48000,— DM		
verbleiben	30900,— DM		
·/.	24000,— DM	davon 1%	240,— DM
verbleiben	6900,— DM		
·/.	6900,— DM	davon 2%	138,— DM
verbleiben	0,— DM		378,— DM

Meßbetrag nach Gewerbeertrag	378,— DM
Meßbetrag nach Gewerbekapital (2‰ von 0,— DM)	0,— DM
einheitlicher Gewerbesteuermeßbetrag	378,— DM
Hebesatz 320% (320% von 378,— DM)	1 209,60 DM
davon 9/10	1 088,64 DM
abzüglich geleisteter Vorauszahlungen	360,— DM
Gewerbesteuerrückstellung	**728,64 DM**

[1] Die $^{9}/_{10}$-Methode führt nur bei einem Hebesatz von 222% zu zutreffenden Ergebnissen.

19.3.2.2 Der Gewerbesteuerdivisor

Aus der Erkenntnis, daß die Gewerbesteuer als Kostenfaktor von einem Gewerbeertrag berechnet wird, der noch nicht um die zu errechnende Gewerbesteuer gemindert ist, läßt sich

- für **Kapitalgesellschaften** und
- für **Einzelfirmen und Personengesellschaften** (mit einem **endgültigen Gewerbeertrag** ≧ 144 000,— DM)

folgende Formel für die Berechnung der Gewerbesteuerrückstellung ableiten:

$$R = \frac{\left[(vG - FB_1 + V) \cdot \frac{5}{100} + (GK - FB_2) \cdot \frac{2}{1000}\right] \cdot \frac{H}{100}}{1 + \frac{5}{100} \cdot \frac{H}{100}}$$

oder

$$R = \frac{\left[(vG - FB_1 + V) \cdot \frac{5}{100} + (GK - FB_2) \cdot \frac{2}{1000}\right] \cdot \frac{H}{100}}{1 + \frac{0{,}5 \cdot H}{1000}}$$

Dabei bedeuten:

R = Gewerbesteuerrückstellung
vG = vorläufiger Gewerbeertrag (gekürzt um Gewerbesteuervorauszahlung)
FB_1 = Freibetrag, bezogen auf den Gewerbeertrag (96 000,— DM bzw. 7 500,— DM)[1]
V = Gewerbesteuervorauszahlungen
GK = Gewerbekapital
FB_2 = Freibetrag, bezogen auf das Gewerbekapital (120 000,— DM)
H = Hebesatz der Gemeinde

Zur Berechnung der Gewerbesteuerrückstellung sind also drei Rechenschritte notwendig.

1. Zunächst wird die vorläufige Gewerbesteuer, bezogen auf den Gewerbeertrag und das Gewerbekapital, ermittelt.
2. Dann wird die Summe durch den Gewerbesteuer-Divisor $\left(1 + \frac{0{,}5 \cdot H}{1000}\right)$ geteilt.
3. Abschließend wird das Ergebnis der Division um die Gewerbesteuervorauszahlungen gekürzt. Die Differenz stellt die zu bildende Gewerbesteuerrückstellung dar.

Beispiel 1

Die Firma Anton Richter GmbH weist zum letzten Hauptfeststellungszeitpunkt einen Einheitswert des Betriebsvermögens von 355 000,— DM aus. Der hochgerechnete Einheitswert der Betriebsgrundstücke beträgt 80 000,— DM, ein langfristiges Darlehn steht mit 110 000,— DM zu Buche. Außerdem ist ein stiller Gesellschafter mit 20 000,— DM beteiligt. Der Gewinn beträgt 192 000,— DM nach Hinzurechnung der bisher als Betriebsausgaben gebuchten Gewerbesteuer-Vorauszahlungen von 10 000,— DM. Der Gewinn ist bereits geschmälert um Darlehnszinsen von 8 800,— DM und um den Gewinnanteil des stillen Gesellschafters von 2 500,— DM. Der Hebesatz der Gemeinde beträgt 380%. Ermitteln Sie die zu bildende Gewerbesteuerrückstellung.

---

[1] Durch die Staffelung der Steuermeßzahlen bei Einzelfirmen und Personengesellschaften kumuliert der Freibetrag bei endgültigen Gewerbeerträgen ≧ 144 000,— DM auf 96 000,— DM bei gleichzeitiger Anwendung einer einheitlichen Steuermeßzahl von 5%.

Lösung

1. Gewerbe-Ertrag

vorläufiger Gewinn	192000,— DM
·/. 1,2% des Einheitswerts der Betriebsgrundstücke	960,— DM
+ Darlehnszinsen 8800 : 2	4400,— DM
+ Gewinn des stillen Gesellschafters	2500,— DM
vorläufiger Gewerbe-Ertrag	197940,— DM
auf volle Hundert abgerundet	197900,— DM
·/. Freibetrag	0,— DM
maßgebender vorläufiger Gewerbe-Ertrag	197900,— DM
Meßbetrag auf den vorläufigen Gewerbeertrag 5% von 197900,— DM	**9895,— DM**

2. Gewerbe-Kapital

Einheitswert des Betriebsvermögens	355000,— DM
·/. Einheitswert der Betriebsgrundstücke	80000,— DM
+ Darlehn (110000 – 50000) : 2	30000,— DM
+ Beteiligung des stillen Gesellschafters	20000,— DM
Gewerbekapital	325000,— DM
·/. Freibetrag	120000,— DM
maßgebendes Gewerbekapital	205000,— DM
Meßbetrag auf das Gewerbekapital 2‰ von 205000,— DM	**410,— DM**
Meßbetrag auf den vorläufigen Gewerbeertrag	9895,— DM
+ Meßbetrag auf das Gewerbekapital	410,— DM
einheitlicher Gewerbesteuermeßbetrag	10305,— DM
Hebesatz 380% (380% von 10305,— DM)	39159,— DM
$\left(\text{Gewerbesteuerdivisor} = 1 + \frac{0{,}5 \cdot 380}{1000} = 1{,}19\right)$	
Gewerbesteuerschuld (39159,— DM ÷ 1,19)	32906,72 DM
·/. Gewerbesteuervorauszahlungen	10000,— DM
Gewerbesteuerrückstellung	**22906,72 DM**

Probe

1. Gewerbe-Ertrag

vorläufiger Gewerbeertrag	197940,— DM
·/. Gewerbesteuerschuld	32906,72 DM
endgültiger Gewerbeertrag	165033,28 DM
auf volle Hundert abgerundet	165000,— DM
·/. Freibetrag	0,— DM
maßgebender Gewerbeertrag	165000,— DM
Meßbetrag auf den Gewerbeertrag 5% von 165000,— DM	**8250,— DM**

2. Gewerbe-Kapital

Einheitswert des Betriebsvermögens	355000,— DM
·/. Einheitswert der Betriebsgrundstücke	80000,— DM
+ Darlehn (110000 – 50000) : 2	30000,— DM
+ Beteiligung des stillen Gesellschafters	20000,— DM
Gewerbekapital	325000,— DM
·/. Freibetrag	120000,— DM
maßgebendes Gewerbekapital	205000,— DM
Meßbetrag auf das Gewerbekapital 2‰ von 205000,— DM	**410,— DM**

Meßbetrag auf den Gewerbeertrag	8250,— DM
+ Meßbetrag auf das Gewerbekapital	410,— DM
einheitlicher Gewerbesteuermeßbetrag	8660,— DM
Hebesatz 380% (380% von 8660,— DM)	32908,— DM
Gewerbesteuerschuld	32908,— DM
·/. Gewerbesteuer-Vorauszahlungen	10000,— DM
Gewerbesteuer-Rückstellung (endgültig)	**22908,— DM**

Beispiel 2

Die Firma Anton Richter wird in der Rechtsform einer OHG geführt. Im übrigen ist der Sachverhalt der gleiche wir im Beispiel 1.

Lösung

1. Gewerbe-Ertrag

vorläufiger Gewerbe-Ertrag	197940,— DM
auf volle Hundert abgerundet	197900,— DM
·/. Freibetrag	96000,— DM
maßgebender vorläufiger Gewerbe-Ertrag	101900,— DM
Meßbetrag auf den vorläufigen Gewerbe-Ertrag 5% von 101900,— DM	**5095,— DM**

2. Gewerbe-Kapital

Einheitswert des Betriebsvermögens	355000,— DM
·/. Einheitswert der Betriebsgrundstücke	80000,— DM
+ Darlehn (110000 – 50000) : 2	30000,— DM
+ Beteiligung des stillen Gesellschafters	20000,— DM
Gewerbekapital	325000,— DM
·/. Freibetrag	120000,— DM
maßgebendes Gewerbekapital	205000,— DM
Meßbetrag auf das Gewerbekapital 2‰ von 205000,— DM	**410,— DM**
Meßbetrag auf den vorläufigen Gewerbeertrag	5095,— DM
+ Meßbetrag auf das Gewerbekapital	410,— DM
einheitlicher Gewerbesteuermeßbetrag	5505,— DM
Hebesatz 380% (380% von 5505,— DM)	20919,— DM

$$\left(\text{Gewerbesteuer-Divisor} = 1 + \frac{0{,}5 \cdot 380}{1000} = 1{,}19\right)$$

Gewerbesteuer-Schuld (20919 ÷ 1,19)	17578,99 DM
·/. Gewerbesteuer-Vorauszahlungen	10000,— DM
Gewerbesteuer-Rückstellung	**7578,99 DM**

Probe

1. Gewerbe-Ertrag

vorläufiger Gewerbe-Ertrag	197940,— DM
·/. Gewerbesteuer-Schuld	17578,99 DM
	180361,01 DM
auf volle Hundert abgerundet	180300,— DM
·/. Freibetrag	96000,— DM
maßgebender Gewerbe-Ertrag	84300,— DM
Meßbetrag auf den Gewerbe-Ertrag 5% von 84300,— DM	**4215,— DM**

2. Gewerbe-Kapital

Einheitswert des Betriebsvermögens	355000,— DM
·/. Einheitswert der Betriebsgrundstücke	80000,— DM
+ Darlehn (110000 – 50000) : 2	30000,— DM
+ Beteiligung des stillen Gesellschafters	20000,— DM
Gewerbekapital	325000,— DM
·/. Freibetrag	120000,— DM
maßgebendes Gewerbekapital	205000,— DM
Meßbetrag auf das Gewerbekapital 2‰ von 205000,— DM	**410,— DM**
Meßbetrag auf den Gewerbeertrag	4215,— DM
+ Meßbetrag auf das Gewerbekapital	410,— DM
einheitlicher Gewerbesteuermeßbetrag	4625,— DM
Hebesatz 380% (380% von 4625,— DM)	17575,— DM
Gewerbesteuer-Schuld	17575,— DM
·/. Gewerbesteuer-Vorauszahlungen	10000,— DM
Gewerbesteuer-Rückstellung (endgültig)	**7575,— DM**

Für **Einzelfirmen und Personengesellschaften (mit einem endgültigen Gewerbeertrag <144000,— DM)**

Durch die Staffelung der Meßzahlen bei Einzelfirmen und Personengesellschaften steigt der Grundfreibetrag von 48000,— DM – bezogen auf den Gewerbeertrag – bei steigendem Gewerbeertrag auf bis zu 96000,— DM bei einem Gewerbeertrag von 144000,— DM an. Um auch unter diesen Bedingungen eine Gewerbesteuer-Rückstellung ermitteln zu können, ist der bisherige Gewerbesteuer-Divisor zu modifizieren. Folgende vereinfachte Gewerbesteuer-Divisoren bieten sich an:

- bis zu einem vorläufigen Gewerbe-Ertrag von 72000,— DM: $1 + \frac{0{,}1 \cdot H}{1000}$
- bis zu einem vorläufigen Gewerbe-Ertrag von 96000,— DM: $1 + \frac{0{,}15 \cdot H}{1000}$
- bis zu einem vorläufigen Gewerbe-Ertrag von 120000,— DM: $1 + \frac{0{,}2 \cdot H}{1000}$
- bis zu einem vorläufigen Gewerbe-Ertrag von 144000,— DM: $1 + \frac{0{,}25 \cdot H}{1000}$

Die endgültige Gewerbesteuerschuld und damit auch die zu bildende Gewerbesteuer-Rückstellung lassen sich mit Hilfe dieser Gewerbesteuer-Divisoren allerdings nur in Näherungsverfahren ermitteln und bedingen Kontrollrechnungen. Diese lassen sich reduzieren, wenn der vorläufige Gewerbe-Ertrag vorab um die Steuer auf das Gewerbe-Kapital gekürzt wird.

Beispiel 3

(Der Sachverhalt entspricht dem des 2. Beispiels mit dem Unterschied, daß der vorläufige einkommensteuerliche Gewinn 132000,— DM beträgt).

Lösung

1. Gewerbe-Kapital

Einheitswert des Betriebsvermögens	355000,— DM
·/. Einheitswert der Betriebsgrundstücke	80000,— DM
+ Darlehn (110000 – 50000) : 2	30000,— DM
+ Beteiligung des Gesellschafters	20000,— DM
Gewerbekapital	325000,— DM
./. Freibetrag	120000,— DM
maßgebendes Gewerbekapital	205000,— DM
Meßbetrag auf das Gewerbekapital 2‰ von 205000,— DM	410,— DM
Hebesatz 380% (380% von 410,— DM)	**1558,— DM**

2. Gewerbe-Ertrag

vorläufiger einkommensteuerlicher Gewinn	132000,— DM
+/– Hinzurechnungen/Kürzungen (vgl. Beispiel 2)	5940,— DM
vorläufiger Gewerbe-Ertrag	137940,— DM
·/. Steuer auf das Gewerbe-Kapital	1558,— DM
	136382,— DM
auf volle Hundert abgerundet	136300,— DM
·/. Freibetrag	48000,— DM

		Meßzahl	Meßbetrag
maßgeblicher vorläufiger Gewerbe-Ertrag	88300,— DM		
·/.	24000,— DM	davon 1%	240,— DM
verbleiben	64300,— DM		
·/.	24000,— DM	davon 2%	480,— DM
verbleiben	40300,— DM		
·/.	24000,— DM	davon 3%	720,— DM
verbleiben	16300,— DM		
·/.	16300,— DM	davon 4%	652,— DM
verbleiben	0,— DM		**2092,— DM**
Hebesatz 380% (380% von 2092,— DM)			**7949,60 DM**

$$\left(\text{Gewerbesteuer-Divisor} = 1 + \frac{0{,}25 \cdot 380}{1000} = 1{,}095\right)$$

Gewerbesteuer-Schuld (auf Gewerbeertrag) (7949 ÷ 1,095)	**7259,91 DM**

1. Probe

vorläufiger Gewerbeertrag ./. Gewerbekapitalsteuer	136382,— DM
·/. Gewerbesteuerschuld (auf Gewerbe-Ertrag)	7259,91 DM
endgültiger Gewerbeertrag	129122,09 DM
auf volle Hundert abgerundet	129100,— DM
·/. Freibetrag	48000,— DM

		Meßzahl	Meßbetrag
maßgebender Gewerbeertrag	81100,— DM		
·/.	24000,— DM	davon 1%	240,— DM
verbleiben	57100,— DM		
·/.	24000,— DM	davon 2%	480,— DM
verbleiben	33100,— DM		
·/.	24000,— DM	davon 3%	720,— DM
verbleiben	9100,— DM		
·/.	9100,— DM	davon 4%	364,— DM
verbleiben	0,— DM		**1804,— DM**
Hebesatz 380% (380% von 1804,— DM)			**6855,20 DM**

2. Probe

vorläufiger Gewerbe-Ertrag ./. Gewerbekapitalsteuer	136382,— DM
·/. Gewerbesteuerschuld (auf Gewerbe-Ertrag)	6855,20 DM
endgültiger Gewerbeertrag	129526,80 DM
auf volle Hundert abgerundet	129500,— DM
·/. Freibetrag	48000,— DM

		Meßzahl	Meßbetrag
maßgebender Gewerbeertrag	81500,— DM		
·/.	24000,— DM	davon 1%	240,— DM
verbleiben	57500,— DM		
·/.	24000,— DM	davon 2%	480,— DM
verbleiben	33500,— DM		
·/.	24000,— DM	davon 3%	720,— DM
verbleiben	9500,— DM		
·/.	9500,— DM	davon 4%	380,— DM
verbleiben	0,— DM		**1820,— DM**
Hebesatz 380% (380% von 1820,— DM)			**6916,— DM**

3. Probe

vorläufiger Gewerbe-Ertrag ·/. Gewerbekapitalsteuer	136382,— DM
·/. Gewerbesteuerschuld (auf Gewerbe-Ertrag)	6916,— DM
endgültiger Gewerbeertrag	129466,— DM
auf volle Hundert abgerundet	129400,— DM
·/. Freibetrag	48000,— DM

		Meßzahl	Meßbetrag
maßgebender Gewerbeertrag	81400,— DM		
·/.	24000,— DM	davon 1%	240,— DM
verbleiben	57400,— DM		
·/.	24000,— DM	davon 2%	480,— DM
verbleiben	33400,— DM		
·/.	24000,— DM	davon 3%	720,— DM
verbleiben	9400,— DM		
·/.	9400,— DM	davon 4%	376,— DM
verbleiben	0,— DM		**1816,— DM**
Hebesatz 380% (380% von 1816,— DM)			**6900,80 DM**

(weitere Proben würden zu keinem anderen Ergebnis führen)

einheitlicher Gewerbesteuer-Meßbetrag	1816,— DM
+ Meßbetrag auf das Gewerbekapital	410,— DM
	2226,— DM
Hebesatz 380% (380% von 2226,— DM)	8458,80 DM
·/. Gewerbesteuervorauszahlungen	10000,— DM
Gewerbesteuer-Erstattungsanspruch	**1541,20 DM**

19.3.2.3 Die Gewerbeertragssteuerformel

Der im dritten Berechnungsbeispiel dargestellte Gewerbesteuerdivisor für Einzelfirmen und Personengesellschaften mit Gewerbeerträgen > 48000,— DM und < 144000,— DM ähnelt dem bisher bekannten und für Kapitalgesellschaften noch gültigen Gewerbesteuerdivisor. Er führt aber, da sich durch die Staffelung der Meßzahlen die Freibeträge bezüglich des Meßbetrages auf den Gewerbeertrag erhöhen, zunächst zu sehr ungenauen Ergebnissen, die mindestens eine Proberechnung bedingen.
Diese Fehlerquellen lassen sich durch Anwendung einer **speziellen Gewerbeertragsteuerformel**[1] ausschließen.
Zunächst ist der einkommensteuerliche Gewinn um die Steuer auf das Gewerbekapital zu kürzen. Die Steuer auf den Gewerbeertrag ergibt sich bei Anwendung einer **einheitlichen** Meßzahl aus:[2]

$$GESt = GE \cdot m_E \cdot H.$$

Da die Steuer auf den Gewerbeertrag als Kostenfaktor den Gewinn mindert, ergibt sich folgende veränderte Gleichung.

$$GESt = (GE_v - GESt)\, m_E \cdot H$$

oder

$$GESt = \frac{m_E \cdot H}{1 + m_E \cdot H} \cdot GE_v.$$

Da die Gewerbesteuermeßzahlen gestaffelt sind, ist jedoch, wenn eine einheitliche Gewerbesteuermeßzahl angewandt wird, der Gewerbesteuermeßbetrag um die sich kumulierenden Freibeträge über einen Abzugsbetrag (A) zu berichtigen. Den Meßzahlen entsprechend sind fünf Tarifzonen zu bilden, nämlich für Gewerbeertrage (**nach** Abzug des Freibetrages von 48000,— DM)

	≦ 24000,— DM	GESt = (0,01 · GE) · H,
> 24000,— DM	≦ 48000,— DM	GESt = (0,02 · GE − 240) · H,
> 48000,— DM	≦ 72000,— DM	GESt = (0,03 · GE − 720) · H,
> 72000,— DM	≦ 96000,— DM	GESt = (0,04 · GE − 1440) · H,
> 96000,— DM		GESt = (0,05 · GE − 2400) · H.

Daraus ergibt sich folgende Gewerbeertragssteuerformel:

$$GESt = [(GE_v - GESt) \cdot m_E - A] \cdot H$$

oder

$$GESt = \frac{(GE_v \cdot m_E - A) \cdot H}{1 + m_E \cdot H}$$

Entsprechend den Steuermeßzahlen lassen sich fünf verschiedene Gewerbeertragsteuerformeln aufstellen. Welche Formel anzuwenden ist, hängt davon ab, welcher Tarifzone der jeweilige vorläufige Gewerbeertrag zuzuordnen ist. Da die im Gesetz aufgeführten Staffelungen von jeweils 24000,— DM die Tarifzonenbegrenzung für die endgültige Gewerbeertragsteuer darstellen, müssen, da in der Berechnung von einem **vorläufigen** Gewerbeertrag ausgegangen wird, die Tarifzonen zunächst um die darauf entfallende Gewerbeertragsteuer verändert werden, bevor die endgültige Gewerbeertragsteuer berechnet werden kann.

---

[1] Beránek, A.: Zur Berechnung der effektiven Gewerbeertragsteuer nach dem neuen Staffeltarif des §11 Abs. 2 Nr. 1 GewStG, in: Betriebs-Berater 1992, Heft 26, S. 1832f.

[2] GESt = Steuer auf den Gewerbeertrag
GE = Gewerbeertrag (endgültig), m_E = Meßzahl
GE_v = Gewerbeertrag (vorläufig), H = Hebesatz

Das bedeutet für die Tarifzonengrenzen $T_1 - T_5$:

$T_1 = 24000 + 240 \cdot H$ ($\hat{=}$ Steuermeßzahl 1%)
$T_2 = 48000 + 720 \cdot H$ ($\hat{=}$ Steuermeßzahl 2%)
$T_3 = 72000 + 1440 \cdot H$ ($\hat{=}$ Steuermeßzahl 3%)
$T_4 = 96000 + 2400 \cdot H$ ($\hat{=}$ Steuermeßzahl 4%)
$T_5 = 96000 + 2400 \cdot H$ ($\hat{=}$ Steuermeßzahl 5%)

Beispiel

Ein Gewerbetreibender hat im abgelaufenen Erhebungszeitraum nach Abzug der Gewerbekapitalsteuer aber **vor** Abzug der Gewerbeertragsteuer einen Gewerbeertrag von 124000,— DM erzielt. Der Hebesatz der Gemeinde beträgt 430%.

Lösung

Gewerbeertrag 124000,— DM ./. Freibetrag 48000,— DM = 76000,— DM.

1. Ermittlung der Tarifzonengrenzen

$T_1 = 24000 + 240 \cdot 430\% = 25032$,— DM $T_3 = 72000 + 1440 \cdot 430\% = 78192$,— DM
$T_2 = 48000 + 720 \cdot 430\% = 51096$,— DM $T_4 = 96000 + 2400 \cdot 430\% = 106320$,— DM

2. Ermittlung der Gewerbeertragsteuer

$$\text{GESt} = \frac{(76000 \cdot 0{,}03 - 720) \cdot 430\%}{1 + 0{,}03 \cdot 430\%} = \mathbf{5941{,}54\ DM}$$

1. Probe

vorläufiger Gewerbeertrag	124000,— DM		
·/. Gewerbeertragsteuer	5941,54 DM		
endgültiger Gewerbeertrag	118058,46 DM		
gerundet auf volle Hundert	118000,— DM		
·/. Freibetrag	48000,— DM		
	70000,— DM		
		Meßzahl	**Meßbetrag**
·/.	24000,— DM	davon 1%	240,— DM
	46000,— DM		
·/.	24000,— DM	davon 2%	480,— DM
	22000,— DM		
·/.	22000,— DM	davon 3%	660,— DM
	0,— DM		**1380,— DM**
Hebesatz 430% (430% von 1380,— DM) = Gewerbeertragsteuer			**5934,— DM**

2. Probe

vorläufiger Gewerbeertrag	124000,— DM
·/. Gewerbeertragsteuer	5934,— DM
endgültiger Gewerbeertrag	118066,— DM
gerundet auf volle Hundert	**118000,— DM**

Aufgaben zur Gewerbesteuerrückstellung

1. Der Schreiner Alfons Nagel hat seinen Betrieb am 3.3.01 eröffnet. Die festgesetzten Vorauszahlungen zur Gewerbesteuer von vierteljährlich 50,— DM hat er nicht gezahlt. Beim Jahresabschluß errechnet sein Berater einen vorläufigen Gewinn von 63460,— DM. Das Betriebsvermögen betrug in der Eröffnungsbilanz per 3.3.01 10000,— DM und bestand allein aus Bargeld.
Berechnen Sie die Gewerbesteuerrückstellung bei einem Hebesatz von 440. Wenden Sie die drei Berechnungsmethoden an.

2. In dem Einzelunternehmen Bruno Müller betrugen die Gewinne vor Bildung der Gewerbesteuer-Rückstellung 03 48230,— DM, 04 66360,— DM. Der Einheitswert des Betriebsvermögens per 1.1.

01 ist mit 100000,— DM und per 1. 1. 04 mit 140000,— DM festgestellt worden. Die gebuchten Gewerbesteuervorauszahlungen betrugen 03 und 04 je 400,— DM. Herr Müller hat 03 irrtümlich keine Gewerbesteuerrückstellung gebildet. Der Gewerbesteuerbescheid 03 liegt auch beim Abschluß 04 noch nicht vor.
Welcher Betrag ist bei einem Hebesatz von 430 als Gewerbesteuerrückstellung in die Bilanz zum 31. 12. 04 einzustellen? Wenden Sie die drei Berechnungsmethoden an.

3. Die einheitlichen Gewerbesteuermeßbeträge einer GmbH betragen 01: 870,— DM, 02: 975,— DM, 03: 1 780,— DM.
Die Hebesätze haben sich folgendermaßen entwickelt: 01 380, 02 und 03 je 440.
Auf die Gewerbesteuer sind als Vorauszahlungen geleistet und als Betriebsausgaben verbucht worden: 01: 600,— DM, 02: 850,— DM, 03: 900,— DM.
   a) Welche Gewerbesteuerrückstellungen ergeben sich für die einzelnen Jahre nach der $^9/_{10}$-Methode und bei Anwendung des Gewerbesteuer-Divisors?
   b) Wie hoch ist die Gewerbesteuerrückstellung zum 31. 12. 03 anzusetzen, wenn die Gewerbesteuerbescheide sämtlich noch nicht vorliegen?

4. Der nach einkommensteuerlichen Vorschriften ermittelte Gewinn einer Einzelfirma beträgt 87500,— DM. Der Einheitswert des Betriebes wurde zum letzten Hauptfeststellungszeitpunkt mit 215000,— DM festgestellt. Bei der Gewinnermittlung sind 6 200,— DM Gewerbesteuervorauszahlung gewinnmindernd berücksichtigt worden. Ferner sind 2800,— DM Zinsen für ein Darlehn über 40000,— DM, das zum letzten Hauptfeststellungszeitpunkt in gleicher Höhe bestand, als Betriebsausgabe gebucht worden. Der Einheitswert der Betriebsgrundstücke per 1.1.1964 beträgt 36000,— DM. Außerdem ist der Gewinn um einen Verlust von 3000,— DM aus einer KG-Beteiligung von 25000,— DM gemindert worden. Einem stillen Gesellschafter, der selbst Privatmann ist, wurde für seine Kapitalbeteiligung von 10000,— DM ein Gewinnanteil von 1 500,— DM ausbezahlt. Der Hebesatz beträgt 440.
   a) Berechnen Sie die zu bildende Gewerbesteuerrückstellung nach der $^9/_{10}$-Methode.
   b) Ermitteln Sie die Gewerbesteuerrückstellung mit Hilfe des Gewerbesteuer-Divisors.
   c) Ermitteln Sie die Gewerbesteuer nach der Gewerbeertragsteuerformel.

5. Eine GmbH erzielt einen einkommensteuerlichen Gewinn von 88960,— DM. Der Einheitswert des Betriebes wurde auf 245000,— DM festgestellt. Bisher sind 8500,— DM an Gewerbesteuervorauszahlungen geleistet worden, die den Gewinn gemindert haben. Aus den Geschäftsunterlagen geht hervor, daß im abgelaufenen Geschäftsjahr für Dauerschulden von 60000,— DM, die zum letzten Hauptfeststellungszeitpunkt in gleicher Höhe bestanden, 9% Zinsen gezahlt worden sind. Einige der im Betrieb genutzten Maschinen sind von einem Privatmann für jährlich 15000,— DM gepachtet worden, geschätzter Teilwert dieser Geräte: 80000,— DM. Die Betriebsgrundstücke sind Eigentum der GmbH und haben lt. Feststellungsbescheid einen Einheitswert per 1.1.1964 von 45000,— DM. Zur Betriebserweiterung ist ein Nachbargrundstück gepachtet worden, für das 9600,— DM Jahrespacht zu zahlen ist. Der Einheitswert des Grundstücks wird auf 80000,— DM geschätzt.
   a) Berechnen Sie die Gewerbesteuerschuld bei einem Hebesatz von 450 nach der $^9/_{10}$-Methode.
   b) Ermitteln Sie die Gewerbesteuerrückstellung mit Hilfe des Gewerbesteuer-Divisors.

6. Eine Personengesellschaft erzielt einen einkommensteuerlichen Gewinn von 306580,— DM. Der Einheitswert des Betriebsvermögens beträgt lt. letzter Hauptfeststellung 936000,— DM. An Gewerbesteuervorauszahlungen sind bisher 25500,— DM geleistet worden, die gewinnmindernd berücksichtigt worden sind. Außerdem haben Zinsen für ein Darlehen von 110000,— DM, das zum letzten Hauptfeststellungszeitpunkt in gleicher Höhe bestand und mit 7% verzinst wird, den Gewinn gemindert. An einen privaten stillen Gesellschafter, der mit 100000,— DM an dem Unternehmen beteiligt ist, sind 15000,— DM Gewinnanteil gezahlt worden. Ferner mußten 65000,— DM Pachtzinsen für eine vollständig eingerichtete Maschinenhalle bezahlt werden, die wegen der guten Geschäftslage angepachtet worden war. Von der Pacht entfallen 70% auf die Maschinenbenutzung, 30% auf die Nutzung des Grundstücks und Gebäudes. Der Teilwert der Maschineneinrichtung beträgt 250000,— DM, der Einheitswert des Grundstücks und Gebäudes 120000,— DM. Der Eigentümer hatte seinen gesamten Betrieb an die Personengesellschaft verpachtet und sich aus Altersgründen zur Ruhe gesetzt.
Eine OHG-Beteiligung von 40000,— DM erbrachte 7500,— DM Gewinn. Der Einheitswert der eigengewerblich genutzten Grundstücke beträgt per 1. 1. 64 110000,— DM.
   a) Berechnen Sie die Gewerbesteuerschuld bei einem Hebesatz von 430 nach der $^9/_{10}$-Methode.
   b) Ermitteln Sie die Gewerbesteuerrückstellung mit Hilfe des Gewerbesteuer-Divisors.

19.4 Zerlegung des einheitlichen Gewerbesteuermeßbetrages

Sind im Erhebungszeitraum Betriebsstätten in mehreren Gemeinden unterhalten worden, so ist der einheitliche Steuermeßbetrag in die Anteile zu zerlegen, die auf die einzelnen Gemeinden entfallen.

19.4.1 Zerlegungsmaßstab

Maßstab für die Zerlegung ist grundsätzlich das Verhältnis, in dem die Summe der Arbeitslöhne aller im Betrieb beschäftigten Arbeitnehmer zu der Summe der Arbeitslöhne der in der jeweiligen Betriebsstätte beschäftigten Arbeitnehmer steht. Die Arbeitslöhne sind dabei auf volle 1 000,— DM abzurunden.
Bei der Berechnung verfährt man zweckmäßigerweise so, daß zunächst der auf 1 000,— DM Arbeitslöhne entfallende Steuermeßbetragsanteil berechnet und mit dem in 1 000,— DM ausgedrückten Betrag der Arbeitslöhne der Betriebsstätte multipliziert wird.

Beispiel

Der einheitliche Steuermeßbetrag eines Gewerbebetriebes beträgt 4480,— DM, die Summe der Arbeitslöhne 128480,— DM. In der Betriebsstätte A sind 45000,— DM, in der Betriebsstätte B 83480,— DM gezahlt worden.

Berechnung

$$\frac{\text{einheitlicher Steuermeßbetrag} \cdot 1\,000}{\text{Summe der Arbeitslöhne}} \qquad \frac{4480 \cdot 1\,000}{128\,000} = 35,\text{— DM}$$

Auf 1 000,— DM Arbeitslöhne entfallen 35,— DM Meßbetrag.

Die Gemeinde A erhält: 45 · 35,— = 1 575,— DM
Die Gemeinde B erhält: 83 · 35,— = 2 905,— DM

Bei Wareneinzelhandelsunternehmen wird der einheitliche Meßbetrag zur Hälfte nach dem Verhältnis der Arbeitslöhne und zur Hälfte nach dem Verhältnis aufgeteilt, in dem die Summe der in allen Betriebsstätten erzielten Betriebseinnahmen zu den in den Betriebsstätten der einzelnen Gemeinden erzielten Betriebseinnahmen steht.

Beispiel

Der einheitliche Gewerbesteuermeßbetrag eines Wareneinzelhandelsunternehmens beträgt 5400,— DM. Es betragen:

1. die gesamten Betriebseinnahmen . . . . 980 000,— DM
2. die gesamten Arbeitslöhne . . . . 160 000,— DM
3. die in der Gemeinde A erzielten Betriebseinnahmen . . . . 345 000,— DM
4. die in der Gemeinde A gezahlten Arbeitslöhne . . . . 55 000,— DM
5. die in der Gemeinde B erzielten Betriebseinnahmen . . . . 635 000,— DM
6. die in der Gemeinde B gezahlten Arbeitslöhne . . . . 105 000,— DM

Berechnung

1. $$\frac{\text{einheitlicher Steuermeßbetrag} \cdot 1\,000}{\text{Summe der Betriebseinnahmen}} \qquad \frac{5400 \cdot 1\,000}{980\,000} = 5{,}51 \text{ DM}$$

   Auf 1 000,— DM Betriebseinnahmen entfallen 5,51 DM Meßbetrag. Nach dem Verhältnis der Betriebseinnahmen erhält

   die Gemeinde A: 345 · 5,51 = 1 900,95 DM
   die Gemeinde B: 635 · 5,51 = 3 498,85 DM (+ Rundungsdifferenz 0,20)

2. $$\frac{\text{einheitlicher Steuermeßbetrag} \cdot 1\,000}{\text{Summe der Arbeitslöhne}} \qquad \frac{5400 \cdot 1\,000}{160\,000} = 33{,}75 \text{ DM}$$

   Auf 1 000,— DM Arbeitslöhne entfallen 33,75 DM Meßbetrag. Nach dem Verhältnis Arbeitslöhne erhält

   die Gemeinde A: 55 · 33,75 = 1 856,25 DM
   die Gemeinde B: 105 · 33,75 = 3 543,75 DM

Sowohl bei der Aufteilung nach der Formel zu 1. als auch bei der Aufteilung nach der Formel zu 2. sind die Beträge auf volle Pfennige nach unten abzurunden. Der verbleibende Rest des Steuerbetrages ist dem Anteil der Geschäftsleitungsgemeinde zuzurechnen. Demnach haben zu erhalten:

die Gemeinden A:	
1. den Betrag nach dem Verhältnis der Betriebseinnahmen	1 900,95 DM
2. den Betrag nach dem Verhältnis der Arbeitslöhne	1 856,25 DM
zusammen	3 757,20 DM
die Hälfte dieser Summe	**1 878,60 DM**
die Gemeinde B:	
1. den Betrag nach dem Verhältnis der Betriebseinnahmen	3 499,05 DM
2. den Betrag nach dem Verhältnis der Arbeitslöhne	3 543,75 DM
zusammen	7 042,80 DM
die Hälfte dieser Summe	**3 521,40 DM**

Merke: Bei der Ermittlung der Verhältniszahlen sind die Betriebseinnahmen und Arbeitslöhne auf volle 1 000,— DM abzurunden.

19.4.2 Begriff der Arbeitslöhne

Arbeitslöhne, das ist die Summe der gezahlten Bruttolöhne. Dazu gehören auch Zuschläge für Sonntags-, Feiertags- und Nachtarbeit.

Nicht zu den Arbeitslöhnen gehören die Vergütungen, die an Auszubildende gezahlt werden, die auf Grund eines schriftlichen Ausbildungsvertrages eine ordnungsmäßige Ausbildung erfahren.

Bei Unternehmen, die nicht von einer juristischen Person betrieben werden, sind für die im Betrieb tätigen Unternehmer (Mitunternehmer) insgesamt 50 000,— DM der Lohnsumme hinzurechnen. Dieser Betrag ist nach dem Anteil der Tätigkeit der Unternehmer in den einzelnen Betriebsstätten auf die Gemeinden zu verteilen.

19.4.3 Kleinbeträge

1. Übersteigt der einheitliche Steuermeßbetrag den Betrag von 20,— DM nicht, so ist er in voller Höhe der Gemeinde zuzuweisen, in der sich die Geschäftsleitung des Unternehmens befindet.
2. Wäre bei einer Zerlegung des einheitlichen Steuermeßbetrages einer Gemeinde ein Zerlegungsanteil von nicht mehr als 20,— DM zuzuweisen, so ist dieser Anteil der Gemeinde der Geschäftsleitung zuzuweisen.

Aufgaben

1. Der Bauunternehmer Max Maurer, dessen Unternehmen in A beheimatet ist, hat im Erhebungszeitraum neben Baustellen in A auch Baustellen in B und C gehabt, die jeweils länger als sechs Monate bestanden haben. Die Buchführung weist folgende Bruttolöhne (ohne Vergütungen an Auszubildende) aus:
   Löhne für A 245 780,— DM, Löhne für B 220 345,— DM, Löhne für C 230 184,— DM. Die Baustellen in B und C sind ausschließlich von den angestellten Bauführern geleitet worden. Der Meßbetrag nach dem Gewerbeertrag beträgt im Erhebungszeitraum 16 200,— DM, der Meßbetrag nach dem Gewerbekapital 1600,— DM. Welche Anteile am einheitlichen Meßbetrag haben die Gemeinden A, B und C zu erhalten?

2. Das Großhandelshaus A. Dühr GmbH mit Sitz in Essen hat Niederlassungen in Köln, Krefeld und Frankfurt. Die einzelnen Betriebsstätten haben im Erhebungszeitraum folgende Umsätze erwirtschaftet:

Essen	1680000,— DM	Krefeld	640000,— DM
Köln	2500000,— DM	Frankfurt	863000,— DM

An Gehältern und Vergütungen sind gezahlt worden in

Essen:	Gehälter 130470,— DM, Aushilfslöhne 15860,— DM, Vergütungen für Auszubildende 25640,— DM.
Köln:	Gehälter 250760,— DM, Aushilfslöhne 40360,— DM, Vergütungen für Auszubildende 16820,— DM.
Krefeld:	Gehälter 85340,— DM, Aushilfslöhne 35470,— DM.
Frankfurt:	Gehälter 110660,— DM, Aushilfslöhne 23300,— DM, Vergütungen an Auszubildende 22340,— DM.

Bei den Gehältern, Löhnen und Vergütungen handelt es sich um Bruttobeträge. Der einheitliche Gewerbesteuermeßbetrag für den Erhebungszeitraum ist mit 36300,— DM ermittelt worden und soll auf die Städte Essen, Köln, Krefeld und Frankfurt aufgeteilt werden.

3. Der Lebensmitteleinzelhändler Helmut Käsemann, dessen Hauptgeschäft sich in A befindet, hat Filialen in B, C und seit dem 1.12. des Erhebungszeitraums auch in D. Aus der Buchführung des Unternehmens gehen folgende Werte hervor:

Bruttolöhne (ohne Vergütungen für Auszubildende)		Betriebseinnahmen
A	90430,— DM	640265,— DM
B	72840,— DM	430267,— DM
C	43680,— DM	221380,— DM
D	1680,— DM	6442,— DM

Der Unternehmer war zu 95% in A und zu 5% in D beschäftigt. Der einheitliche Gewerbesteuermeßbetrag betrug 1800,— DM und ist auf die verschiedenen Gemeinden aufzuteilen.

4. Die Maschinenbau AG mit Produktionsstätten in den Gemeinden A, B und C erhält für das Jahr 01 einen Gewerbesteuermeßbescheid, der einen einheitlichen Gewerbesteuermeßbetrag von 75000,— DM ausweist. Im Jahre 01 wurden insgesamt 5 Millionen DM an Löhnen und Gehältern gezahlt. Davon entfielen auf die Produktionsstätte in der Gemeinde A 2,5 Millionen DM, in der Gemeinde B 1,5 Millionen DM und in der Gemeinde C 1,0 Millionen DM.
Welche Gewerbesteuermeßbeträge entfallen auf die einzelnen Gemeinden?

5. Das Lebensmitteleinzelhandelsunternehmen Super-Discont GmbH unterhält Filialen in den Gemeinden A, B, C, D, E und F. Im abgelaufenen Veranlagungszeitraum wurden insgesamt 1,5 Millionen DM an Arbeitslöhnen gezahlt. Davon entfielen auf A 300000,— DM, B 225000,— DM, C 210000,— DM, D 180000,— DM, E 270000,— DM und F 315000,— DM. Die Betriebseinnahmen in Höhe von 20 Millionen DM verteilen sich im gleichen Zeitraum folgendermaßen auf die einzelnen Filialen: A 4 Millionen, B 3 Millionen, C 2,5 Millionen, D 2 Millionen, E 3,5 Millionen und F 5 Millionen. Der Gewerbesteuermeßbescheid für diesen Veranlagungszeitraum weist einen einheitlichen Gewerbesteuermeßbetrag von 60000,— DM auf.
Welche Gewerbesteuermeßbeträge entfallen auf die einzelnen Gemeinden?

6. Der Steuerpflichtige Albert Frohwein betreibt in den drei Gemeinden A, B und C je einen Getränke-Abholmarkt. Im abgelaufenen Veranlagungszeitraum konnte er folgende Betriebseinnahmen verbuchen: Getränkemarkt in A 850000,— DM, in B 680000,— DM und in C 470000,— DM. Im selben Jahr zahlte er in A 48000,— DM, in B 33000,— DM und in C 20000,— DM an Arbeitslöhnen. Der Gewerbesteuerbescheid für diesen Veranlagungszeitraum weist einen einheitlichen Gewerbesteuermeßbetrag von 18000,— DM aus. Der Unternehmer ist in allen drei Betriebsstätten gleichmäßig tätig. Zerlegen Sie den einheitlichen Meßbetrag auf die einzelnen Gemeinden.

Aufgabe zur Gewerbesteuer (komplex)

Die Firma Schnitt & Lauch OHG betreibt in Gelsenkirchen eine Obst- und Gemüsegroßhandlung mit einer weiteren Niederlassung in Düsseldorf. Die OHG führt den Betrieb in Gelsenkirchen in eigenen Gebäuden, während sie in Düsseldorf Räume gemietet hat. Der vorläufige Gewinn für 1993 beträgt 410000,— DM, der Einheitswert des Betriebsvermögens der OHG wurde zum 1.1.1989 auf 540000,— DM festgestellt. Eine Wertfortschreibung auf den 1.1.1993 fand nicht statt. Für die Gewerbesteuererklärung 1993 sind gegebenenfalls noch folgende Angaben zu verwerten:

- Die private Nutzung der Betriebskraftfahrzeuge durch die Gesellschafter Schnitt und Lauch wurde steuerlich noch nicht berücksichtigt, anteilige Kosten 6000,— DM.
- Als Betriebsausgaben wurden unter anderem verbucht:
  Gewerbesteuervorauszahlung 1993 . . . . 45000,— DM,
  Gewerbesteuernachzahlung 1992 . . . . 10000,— DM.
- Darlehen der Commerzbank AG Gelsenkirchen vom 1.6.1984 in Höhe von 100000,— DM, Darlehensstand am 1.1.1989 20000,— DM, am 1.1.1990 und 1.1.1993 10000,— DM. Dieser Betrag wurde am 30.6.1993 einschließlich 9% Zinsen getilgt.
- Darlehn der Stadtsparkasse Gelsenkirchen vom 1.7.1990 in Höhe von 70000,— DM, Auszahlung 100% boi 8% Zinsen. Das Darlehn wurde bisher nicht getilgt.
- Darlehen der Deutschen Bank AG Düsseldorf, Stand am 1.1.1989 30000,— DM bei 8,5% Zinssatz, getilgt am 30.8.1989.
- Kontokorrentkredit der Volksbank eG Gelsenkirchen-Buer, Zinssatz 9,5%. Die niedrigsten Schuldenstände in den Jahren 1988 und 1989 betrugen: 40000,— DM vom 1.4. bis 5.4.1988, 45000,— DM vom 15.8. bis 20.8.1988, 50000,— DM vom 1.3. bis 4.3.1989, 55000,— DM vom 17.7. bis 20.7.1989, sonst schwankte der Schuldsaldo zwischen 80000,— DM und 100000,— DM.
  Die niedrigsten Schuldenstände betrugen 1993 35000,— DM vom 3.2. bis 4.2., 40000,— DM vom 11.7. bis 13.7., 42000,— DM vom 8.9. bis 9.9., 38000,— DM am 11.11., 48000,— DM vom 25.11. bis 30.11.
- Am 1.4.1993 tritt ein Privatmann mit 50000,— DM Einlage als typischer stiller Gesellschafter in die OHG ein. Für 1993 bekommt er 4000,— DM als Gewinnanteil.
- Außerdem sind seit 1985 zwei weitere typische stille Gesellschafter vorhanden: ein Privatmann mit 40000,— DM Einlage, 5000,— DM Gewinnanteil 1993, die Frucht GmbH mit 30000,— DM Einlage, 3500,— DM Gewinnanteil 1993.
- Für die von einer GmbH in Düsseldorf gemieteten Räume mußten 30000,— DM Miete bezahlt werden.
- Vom 1.1.1990 an konnten ehemalige Geschäftsräume einschließlich Geschäfts- und Büroeinrichtung angepachtet werden, deren Eigentümer aus Altergründen seinen Betrieb aufgelöst hatte. Die Pacht für 1993 betrug 70000,— DM, der Anteil der Geschäfts- und Büroeinrichtung daran 30000,— DM, der Teilwert betrug insgesamt 200000,— DM, anteilig für die Geschäfts- und Büroeinrichtung 80000,— DM.
- Von einer Computerfirma wird seit 1985 eine EDV-Anlage gemietet, deren Teilwert 160000,— DM beträgt, während die Miete 3500,— DM monatlich kostet.
- Aus einer Beteiligung von 20000,— DM an der Sunshine KG mußte 1993 ein Verlust von 3000,— DM übernommen werden. Das Beteiligungsverhältnis besteht seit dem 1.10.1989.
- Der Einheitswert des Betriebsgrundstücks in Gelsenkirchen beträgt per 1.1.1964 120000,— DM. Es ist mit dem eigenbetrieblichen Zwecken dienenden Anteil von 60% in der ESt-Bilanz erfaßt, der Rest wird zu Wohnzwecken genutzt.
- Für wissenschaftliche Zwecke wurden 1500,— DM gespendet und vom Geschäftskonto abgebucht.
- Der Hebesatz der Stadt Gelsenkirchen beträgt 420%, derjenige der Stadt Düsseldorf 450%.
- Die Summe der Löhne und Gehälter belief sich im Gelsenkirchener Betrieb auf 583000,— DM einschließlich 20000,— DM Ausbildungsbeihilfen. In der Düsseldorfer Filiale wurden 196000,— DM einschließlich 8000,— DM Ausbildungsbeihilfen gezahlt. Gesellschafter Schnitt ist ausschließlich in Gelsenkirchen tätig, Gesellschafter Lauch arbeitet jeweils zur Hälfte in Gelsenkirchen und Düsseldorf.

  a) Ermitteln Sie den Gewerbeertrag und das Gewerbekapital.
  b) Ermitteln Sie den einheitlichen Gewerbesteuermeßbetrag.
  c) Ermitteln Sie die Gewerbesteuerschuld und ggf. die Gewerbesteuerrückstellungen für die Städte Gelsenkirchen und Düsseldorf. – Die Gewerbesteuervorauszahlung von 45000,— DM entfällt mit 30000,— DM auf Gelsenkirchen und mit 15000,— DM auf Düsseldorf.

20 Berechnungen aus dem Gebiet der Vermögensteuer

20.1 Ermittlung des sonstigen Vermögens

Der Umfang des sonstigen Vermögens ergibt sich aus § 110 Abs. 1 Nrn. 1–12 BewG. Für die Bewertung der Wirtschaftsgüter des sonstigen Vermögens gilt, soweit nicht andere Werte besonders vorgeschrieben sind, **der gemeine Wert.** Der gemeine Wert wird durch den Preis bestimmt, der im gewöhnlichen Geschäftsverkehr für das zu bewertende Wirtschaftsgut zu erzielen wäre (Verkehrswert).

Für den Ansatz von **Kapitalforderungen, Wertpapieren, Rentenrechten** und **Ansprüchen aus Lebensversicherungen** sind besondere Werte vorgeschrieben, die nachstehend erläutert werden sollen.

20.1.1 Verzinsliche und unverzinsliche Kapitalforderungen (Darlehn, Hypotheken)

Grundsatz: Normal verzinsliche Forderungen sind mit ihrem Nennwert, unverzinsliche oder niedrig verzinsliche Forderungen sind mit einem Wert unter dem Nennwert anzusetzen.

Nennwert ist der Wert, über den die Forderung lautet.

Der unter dem Nennwert liegende Betrag einer unverzinslichen Forderung, auch **Gegenwartswert** genannt, ist der Betrag, der nach Abzug von Zwischenzinsen unter Berücksichtigung von Zinseszinsen von der Forderung verbleibt. Dabei ist von einem Zinssatz von 5,5% auszugehen.

Zur Ermittlung des Gegenwartswertes einer unverzinslichen auf bestimmte Zeit befristeten Forderung bedient man sich der **Hilfstafel 1** (Anlage 6).

Beispiel

Ein unverzinsliches Darlehn von 50000,— DM hat am 1. 1. 01 noch eine Laufzeit von 20 Jahren. Nach der Hilfstafel 1 beträgt der Gegenwartswert 34,273% von 50000,— DM = **17136,— DM.**

Die **Hilfstafel 1 a** (Anlage 7) ist anzuwenden, wenn eine unverzinsliche Forderung **in gleichen Jahresbeträgen** zu tilgen ist.

Beispiel

Die unverzinsliche Forderung von 50000,— DM soll in 20 Jahren in jährlich gleichen Raten von je 2500,— DM getilgt werden. Gegenwartswert der Forderung von 50000,— DM ist nach Hilfstafel 1 a 59,752% von 50000,— DM = **29876,— DM.**

Eine niedrig verzinsliche Forderung, die ebenfalls unter dem Nennwert angesetzt werden kann, ist dann anzunehmen, wenn die Verzinsung unter 3% liegt und die Forderung für längere Zeit unkündbar ist.

Beispiel

Ein Hypothekendarlehn von 200000,— DM, das mit 1% verzinst wird und dessen Zinsen jährlich nachschüssig zu zahlen sind, soll erst zum 1. 1. 2012 kündbar sein. Der Gegenwartswert zum 1. 1. 1992 soll berechnet werden.

Der Zinsverlust entspricht dem Differenzbetrag zwischen dem Zinssatz von 3% und dem darunter liegenden Satz, hier 2%. Der Zinsverlust beträgt hier 2% von 200000,— DM = 4000,— DM bei einer Laufzeit von 20 Jahren.
Der Kapitalwert des Zinsverlustes, der vom Nennwert der Forderung zu kürzen ist, ist aus der **Hilfstafel 2** (Anlage 8) zu berechnen.
Er beträgt bei einer Laufzeit von 20 Jahren (Vervielfältiger 21 Jahre 12,950 ⁒ 1 = 11,950)
4000,— DM. 11,950 = 47800,— DM.

Gegenwartswert der Forderung von 200000,— DM	200000,— DM
	47800,— DM
	152200,— DM

Eine hoch verzinsliche Forderung, die für längere Zeit unkündbar ist, ist mit einem Wert über dem Nennwert anzusetzen.
Eine hoch verzinsliche Forderung kann angenommen werden, wenn die Verzinsung über 8% liegt. Der Gegenwartswert einer solchen Forderung wird in der Weise berechnet, daß dem Nennwert der Forderung der Kapitalwert der über den Zinssatz von 8% hinausgehenden Jahreszinsen hinzugerechnet wird. Bezüglich der Berechnung wird auf die obigen Ausführungen zur niedrig verzinslichen Forderung verwiesen.

Aufgaben

1. Karl-Heinz Erblich, geb. 18.4. 1940, hat aus einer Erbauseinandersetzung eine Forderung von 150000,— DM, die bis zum 1.1. 2005 unkündbar sein soll. Wie hoch ist ihr Gegenwartswert zum 1.1.1992?
2. Heinz Peter hat seinem Bruder zum Bau seines Hauses im Jahre 1978 eine unverzinsliche Hypothek von 50000,— DM zur Verfügung gestellt. Die Hypothek war zehn Jahre unkündbar. Ab 1.1.1988 wird sie mit jährlich 5000,— DM zurückgezahlt. Mit welchem Wert hat Peter die Forderung am 1.1.1992 noch zu bewerten?
3. Eine unverzinsliche Darlehnsforderung von 8000,— DM hat eine Laufzeit von zwölf Jahren. Berechnen Sie den Gegenwartswert.
4. Die Brüder Hans und Walter Steiner erben zu gleichen Teilen das väterliche Unternehmen im Wert von 150000,— DM. Hans Steiner hat an dem Unternehmen kein Interesse und ist damit einverstanden, daß Walter ihm in fünf gleichen Jahresraten seinen Anteil auszahlt. Berechnen Sie den Gegenwartswert dieses Anteils.
5. Der Erwerber eines Hauses verpflichtet sich, zwanzig Jahre lang jährlich 12000,— DM an den Veräußerer oder dessen Erben zu zahlen. Berechnen Sie den Gegenwartswert der Kaufpreisforderung.

20.1.2 Wertpapiere

Nach § 11 Abs. 1 BewG werden Wertpapiere, die am Stichtag an einer deutschen Börse zum amtlichen Handel zugelassen sind, mit dem niedrigsten für sie im amtlichen Handel notierten Kurs angesetzt. Diese Kurse werden regelmäßig vom Bundesminister der Finanzen gem. § 113 BewG in einer Liste veröffentlicht. Man nennt sie die **Steuerkurswerte.**

Anleitung zum Gebrauch der Kurswerttabelle

a) **Öffentliche Anleihen, Pfandbriefe** und ähnliche Schuldverschreibungen, Industrieobligationen: Der Kurs dieser Wertpapiere ist in **Prozenten vom Nennwert** angegeben.

Beispiel

5000,— DM 6% Pfandbriefe der Allgemeinen Hypothekenbank AG Frankfurt a.M. haben am Stichtag einen Kurs von 94. Der am Stichtag anzusetzende Wert beträgt 94% von 5000,— DM = 4700,— DM.

b) **Aktien** (Industrie-Aktien, Bank-Aktien, Verkehrs-Aktien, Versicherungs-Aktien, Investment-Zertifikate): Der Steuerkurs ist in der Regel in **DM pro Stück** angegeben. Bei Aktien, deren Nennwert auf 100,— DM lautet, entspricht der Stückkurs einem Prozentsatz.

Beispiel

100 Aktien der Löwen-Bräu AG München haben einen Steuerstückkurs von 2980,— DM. Der Nennwert der Aktien beträgt 10000,— DM. Die Aktien sind am Stichtag mit 298000,— DM anzusetzen.

20.1.3 Kapitalwert von Renten

a) **Leibrenten**

Der Wert von Renten, die auf die Lebenszeit einer Person beschränkt sind, wird nach dem Lebensalter dieser Person am Stichtag berechnet. Grundlage für die Berechnung ist der **Jahreswert** der Rente. Dieser Wert ist mit dem Vervielfältiger aus der Tabelle in Anlage 9 zu vervielfachen.

Beispiel

Der Steuerpflichtige Heinrich Geruhsam, geb. am 21. 5. 1928, bezieht aus dem Verkauf seines Hauses eine jährliche Rente von 12000,— DM. Wie hoch ist der Kapitalwert am 1. 1. 1993 anzusetzen?

Berechnung

Alter des Steuerpflichtigen am 1.1.1993 64 Jahre, 7 Monate, 9 Tage. Vervielfältiger gemäß Anlage 9: 8,607.
Folglich ist anzusetzen 12000,— DM · 8,607 = **103284,— DM.**

Merke: Nach §111 Nr. 9 BewG bleibt ein Kapitalwert einer Rente, die nicht als Rente aus einer gesetzlichen Kasse anzusehen ist, in Höhe von **100000,— DM** steuerfrei, wenn der Rentenberechtigte das 60. Lebensjahr überschritten hat oder voraussichtlich für mindestens 3 Jahre behindert im Sinne des Schwerbehindertengesetzes mit einem Grad der Behinderung von 100 ist.

In obigem Beispiel bliebe also von dem Kapitalwert von 103284,— DM ein Betrag von 100000,— DM steuerfrei.

b) **Zeitrenten**

Der Kapitalwert von Nutzungen und Leistungen, die auf bestimmte Zeit beschränkt sind, ist mit dem aus **Anlage 8** zu entnehmenden Vielfachen des **Jahreswerts** anzusetzen.

Beispiel

Herr Egon Unrast, geb. am 18.4.1937, hat sein Haus am 31.12.88 gegen eine monatliche Rente von 1000,— DM (Jahreswert 12000,— DM), die für die Dauer von 30 Jahren zu zahlen sein soll, verkauft. Welchen Kapitalwert hat Unrast in seiner Vermögenssteuererklärung am 1.1.1993 anzusetzen?

Berechnung

Laufzeit der Rente am 1.1.1993 noch 26 Jahre.
Vervielfältiger lt. Tabelle gemäß Anlage 8 14,038.
Kapitalwert: 12000 · 14,038 = 168456,— DM.

20.1.4 Noch nicht fällige Ansprüche aus Lebensversicherungen

Gemäß § 12 Abs. 4 BewG sind die noch nicht fälligen Ansprüche aus einer Lebensversicherung mit **zwei Dritteln** der in Deutscher Mark oder in einer ausländischen Währung eingezahlten Prämien anzusetzen. Dieser Betrag ist jedoch um alle Beträge zu kürzen, über die der Steuerpflichtige schon vorher verfügen konnte (z. B. vorher ausgeschüttete Gewinnanteile).

Beispiel

Der Steuerpflichtige Karl Bär, geb. am 9. 5. 1930, hat am 1. 6. 1965 eine Lebensversicherung über 50000,— DM, fällig beim Tode oder bei Erreichung des 65. Lebensjahres, abgeschlossen. Bis zum 1. 1. 1992 sind insgesamt 30000,— DM an Prämien eingezahlt worden. Zwei Drittel von 30000,— DM = **20000,— DM.**

Merke: Lebensversicherungen sind steuerfrei, soweit ihr Wert **10000,— DM**, bei Verheirateten, die zusammenveranlagt werden, **20000,— DM** nicht übersteigt.

20.1.5 Sachliche Freibeträge

a) Bei Spareinlagen und Bankguthaben, die auf Deutsche Mark lauten, ist ein Freibetrag von **1000,— DM** abzuziehen.

b) Bei dem Ansatz von
   1. Kapitalforderungen,
   2. Spareinlagen und Bankguthaben,
   3. Aktien und anderen Wertpapieren und Anteilen

   ist ein Freibetrag von insgesamt 10000,— DM zu berücksichtigen.

20.1.6 Freigrenzen

a) für Schmuckgegenstände und Gegenstände aus edlem Metall beträgt die Freigrenze . . . . 10000,— DM

b) für Edelmetalle, Edelsteine, Perlen, Münzen und Medaillen beträgt die Freigrenze . . . . 1000,— DM

c) für Kunstgegenstände und Sammlungen beträgt die Freigrenze . . 20000,— DM

Merke: Die Freibeträge und Freigrenzen werden mit der Zahl vervielfacht, die der Anzahl der zusammen veranlagten Personen entspricht, z. B. bei Ehegatten Verdoppelung der Beträge.

Aufgaben zur Ermittlung des sonstigen Vermögens

1. Ein verheirateter Steuerpflichtiger, der mit seiner Ehefrau zusammenveranlagt wird, legt seinem Berater folgende Aufstellung über sein Vermögen vor:
   a) 10 Hypothekenpfandbriefe der Deutschen Centralbodenkreditbank Berlin/Köln 5%, Em. 34, Nennwert 5000,— DM, Kurs 98 am 1.1.1992.
   b) Sparguthaben 60000,— DM,
   c) 26 Aktien der Mannesmann AG, Kurs 278,— DM/50,— DM Nennwert.

   Mit welchen Werten hat der Berater dieses Vermögen in die Vermögenserklärung einzusetzen?

2. Für einen ledigen Steuerpflichtigen, geboren am 17. 10. 1937, ist folgendes Vermögen nach dem BewG zu berechnen. Stichtag 1. 1. 1993.
   a) Noch nicht fällige Lebensversicherung, die seit dem 1. 1. 1965 läuft und für die monatlich 80,— DM zu zahlen waren,
   b) ein Darlehn von 50000,— DM an die Müller GmbH, Zinssatz 7%, Laufzeit des Darlehns am 1. 1. 1993: 20 Jahre,
   c) eine Briefmarkensammlung, geschätzter Verkaufswert 18000,— DM.

3. Ein verheirateter Steuerpflichtiger, geb. am 22. 5. 1921, hat am 31. 12. 1987 sein Grundstück gegen Zahlung eines festen Kaufpreises von 100000,— DM und einer lebenslänglichen an ihn zu zahlenden Rente von jährlich 6000,— DM verkauft. Von den 100000,— DM waren am 1. 1. 1993 auf einem Sparkonto noch 67000,— DM vorhanden.
   Ermitteln Sie den Wertansatz des sonstigen Vermögens per 1. 1. 1993.

4. Der kaufmännische Angestellte Heinz Flach ist 38 Jahre alt, seine Ehefrau Hildegard ist 36 Jahre alt. Das Ehepaar hat zwei Kinder im Alter von 9 und 12 Jahren. Es legt seinem Steuerberater folgende Angaben vor, aus denen das sonstige Vermögen zu ermitteln ist:
   a) Bargeld, Sparguthaben . . . . 86400,— DM
   b) 75 Stück A-Aktien, Nennwert 7500,— DM, Kurswert 285,— DM / Stück
   c) noch nicht fällige Ansprüche aus einer Lebensversicherung, eingezahlte Beiträge . . . . 48000,— DM
   d) Wert einer Münzsammlung . . . . 5000,— DM
   e) Schmuck der Ehefrau . . . . 22500,— DM
   f) Gemälde . . . . 35000,— DM

5. Das Rentnerehepaar Fritz und Anna Köller, 67 und 66 Jahre alt, kinderlos, hat folgendes Vermögen:
   a) Spareinlagen und Bargeld . . . . 75000,— DM
   b) 7%ige A-Obligationen, Nennwert 50000,— DM, Kurswert 95%
   c) 200 Stück B-Aktien, Nennwert 10000,— DM, Kurswert 379,— DM/Stück
   d) Leibrente des Ehemannes aus dem Verkauf eines Hauses monatlich . . . 2200,— DM
   e) Wert einer Münzsammlung . . . . 6000,— DM
   f) Schmuck der Ehefrau . . . . 18000,— DM
   g) Gemälde . . . . 53000,— DM
   Berechnen Sie den Wert des sonstigen Vermögens.

20.2 Ermittlung des Einheitswerts des Betriebsvermögens

Merke: Alle Wirtschaftsgüter, die überwiegend einem Betrieb (Gewerbebetrieb oder freier Beruf) dienen und dem Betriebsinhaber gehören, rechnen zur **wirtschaftlichen Einheit** Betriebsvermögen. Der zusammengerechnete Wert aller **Besitzposten** nach Abzug der Schuldposten ergibt den Einheitswert des Betriebsvermögens.

20.2.1 Vermögensaufstellung

a) Der Einheitswert des Betriebsvermögens wird allgemein alle drei Jahre auf den Beginn eines Kalenderjahres festgestellt (Hauptfeststellungszeitpunkt). Dabei sind die Verhältnisse zu Beginn des Kalenderjahres zugrundezulegen.
   Für Betriebe, die regelmäßig Abschlüsse auf den Schluß eines Kalenderjahres machen, ist für den Bestand und die Bewertung der Wirtschaftsgüter zum Feststellungszeitpunkt der Abschlußtag des Wirtschaftsjahres maßgebend. Für Betriebe, die jährliche Abschlüsse auf einen anderen Tag machen, kann **auf Antrag** zugelassen werden, daß

der Schluß des Wirtschaftsjahres zugrundegelegt wird, das dem Feststellungszeitpunkt vorangeht. An diesen Antrag bleibt der Betrieb auch für künftige Feststellungen der Einheitswerte insofern gebunden, als stets der Schluß des letzten regelmäßigen Wirtschaftsjahres zugrundezulegen ist.

b) Bestandsveränderungen bei den Betriebsgrundstücken zwischen Abschlußtag und Feststellungszeitpunkt sind folgendermaßen zu berücksichtigen:

   Ist ein Betriebsgrundstück aus dem Betriebsvermögen ausgeschieden und der Gegenwert dem Betrieb zugeführt worden, so wird der Gegenwert dem Betriebsvermögen zum Feststellungszeitpunkt zugerechnet. Der Einheitswert des Betriebsgrundstücks ist dann nicht mehr anzusetzen.

   Ist ein Betriebsgrundstück dem Betriebsvermögen zugeführt und der Gegenwert dem Betrieb entnommen worden, so wird der Gegenwert vom Betriebsvermögen abgezogen. Der Einheitswert des Betriebsgrundstücks ist beim Betriebsvermögen zum Feststellungszeitpunkt anzusetzen.

c) Für die Bewertung der einzelnen Wirtschaftsgüter sind, mit Ausnahme der unten genannten, grundsätzlich die **Werte in der Steuerbilanz** maßgebend. Ist keine Steuerbilanz aufgestellt worden, so sind die Werte nach einkommensteuerlichen Grundsätzen (§6 EStG) zu ermitteln. Das gilt nicht für die folgenden Wirtschaftsgüter:

   1) Betriebsgrundstücke sind mit ihrem Einheitswert anzusetzen.
   2) Wertpapiere sind mit dem Kurswert im Feststellungszeitpunkt anzusetzen.
   3) GmbH-Anteile sind mit dem vom Finanzamt festgestellten gemeinen Wert anzusetzen.
   4) Beteiligungen an Personengesellschaften sind mit dem anteiligen Einheitswert anzusetzen.

20.2.2 Abrundung

Der festzustellende Einheitswert ist auf volle 1000,— DM nach unten abzurunden.

Beispiele

1. Wert vor der Abrundung positiv	12360,— DM
Einheitswert positiv	**12000,— DM**
2. Wert vor der Abrundung negativ	60140,— DM
Einheitswert negativ	**61000,— DM**

Berechnungsbeispiel

Für einen Gewerbetreibenden, der jeweils am 31. 12. eines Jahres bilanziert, ist auf den 1. 1. 1993 eine Vermögensaufstellung einzureichen. Die zum 31. 12. 1992 erstellte Steuerbilanz weist folgende Werte aus:

Aktiva — Bilanz — Passiva

Aktiva		Passiva	
Grund und Boden	2300,—	Kapital	367190,—
Betriebsgebäude	66460,—	Hypotheken	225000,—
Einrichtung	110180,—	Delkredere	11000,—
Kraftfahrzeuge	36470,—	Lieferanten	88000,—
Warenbestand	330400,—	Umsatzsteuer	16400,—
Forderungen	114100,—		
Bankguthaben	27000,—		
Anteile	20000,—		
Kasse	680,—		
	707590,—		707590,—

Der Steuerberater trifft zusätzlich folgende Feststellungen:

1. Der Einheitswert des Betriebsgrundstücks beträgt per 1.1.1964 50000,— DM.
2. Der gemeinsame Wert der GmbH-Anteile ist zum 31.12.1992 mit 215 für 100,— DM festgestellt worden.
3. Das Delkredere ist richtig gebildet.

Die **Vermögensaufstellung** hat danach folgendes Aussehen:

Besitzposten

Betriebsgrundstück 140% von 50000,— DM (§121a BewG 1974)		70000,— DM
Einrichtung		110180,— DM
Kraftfahrzeuge		36470,— DM
Warenbestand		330400,— DM
Forderungen	114100,— DM	
·/. Delkredere	11000,— DM	103100,— DM
Bankguthaben		27000,— DM
GmbH-Anteile 215% von 20000,— DM		43000,— DM
Kassenbestand		680,— DM
Summe der Besitzposten		720830,— DM

Schuldposten

Hypotheken	225000,— DM
Lieferanten	88000,— DM
Passive Rechnungsabgrenzungsposten, Umsatzsteuer	16400,— DM
Summe der Schuldposten	329400,— DM

Ergebnis

Summe der Besitzposten	720830,— DM
·/. Summe der Schuldposten	329400,— DM
Reinvermögen	391430,— DM
Einheitswert	391000,— DM

20.2.3 Aufteilung des Einheitswerts

Bei Personengesellschaften (OHG, KG, GbR) wird der für den Betrieb der Gesellschaft festgestellte Einheitswert auf die Gesellschafter aufgeteilt. Das hat grundsätzlich in der Weise zu geschehen, daß zunächst jedem Gesellschafter das auf seinem Kapitalkonto ausgewiesene Vermögen nach dem Stand vom Bewertungsstichtag zugerechnet wird. Ergibt sich zwischen der Summe der Kapitalkonten der Gesellschafter und dem Einheitswert ein Unterschiedsbetrag, so ist dieser Betrag nach dem Gewinnverteilungsschlüssel den Kapitalkonten zuzurechnen oder davon abzuziehen.

Beispiel 1

Kapital Gesellschafter A	15000,— DM
Kapital Gesellschafter B	30000,— DM
Kapital Gesellschafter C	40000,— DM
Summe der Kapitalkonten	85000,— DM
Festgestellter Einheitswert	106000,— DM
Unterschiedsbetrag	21000,— DM

Gewinnverteilungsschlüssel A, B und C je $^1/_3$.

Der Einheitswert ist folgendermaßen aufzuteilen:

A Kapital 15000,— DM + $^1/_3$ von 21000,— DM	22000,— DM
B Kapital 30000,— DM + $^1/_3$ von 21000,— DM	37000,— DM
C Kapital 40000,— DM + $^1/_3$ von 21000,— DM	47000,— DM

Beispiel 2

Kapital Gesellschafter A	120000,— DM
Kapital Gesellschafter B	./. 10000,— DM
Kapital Gesellschafter C	80000,— DM
Summe der Kapitalkonten	190000,— DM
Festgestellter Einheitswert	150000,— DM
Unterschiedsbetrag	40000,— DM

Gewinnverteilungsschlüssel A $^3/_5$, B und C je $^1/_5$.

Der Einheitswert ist folgendermaßen aufzuteilen:

A Kapital	120000,— DM ./. $^3/_5$ von 40000,— DM	96000,— DM
B Kapital	./. 10000,— DM ./. $^1/_5$ von 40000,— DM	./.18000,— DM
C Kapital	80000,— DM ./. $^1/_5$ von 40000,— DM	72000,— DM

Aufgaben zur Ermittlung des Einheitswerts des Betriebsvermögens

1. Der Möbelhändler Anton Kiste hat zum 1. 1. 1993 eine Vermögensaufstellung einzureichen. Nach der Bilanz zum 31. 12. 1992 ergibt sich folgendes Betriebsvermögen:

Aktiva	Bilanz		Passiva
Grund und Boden	4000,—	Lieferantenschulden	286000,—
Gebäude	24860,—	Rückstellungen	
Inventar	81470,—	(sonstige Verbindlichkeiten)	72000,—
Fuhrpark	140380,—	Umsatzsteuer	6410,—
Warenbestand	360500,—	Delkredere	12400,—
Forderungen	170800,—	Kapital	426400,—
Bank	6100,—		
Anteile an Mögro GmbH	6000,—		
Aktien, Möbel Walther AG	8400,—		
Kasse	700,—		
	803210,—		803210,—

Erläuterungen zu den Bilanzpositionen

a) Der Einheitswert des Grundstücks per 1. 1. 64 beträgt 81000,— DM. Es wird aber lediglich zu 30% eigengewerblich genutzt, und nur dieser Anteil ist bilanziert worden. Das Grundstück ist nicht als Betriebsgrundstück bewertet worden.

b) Der gemeinsame Wert der Mögro GmbH-Anteile ist zum 31.12.1992 mit 110 für 100,— DM festgestellt worden.

c) Der Kurswert der Walther Aktien am Bilanzstichtag betrug 475,— DM/Stück. Anton Kiste besitzt 84 Aktien im Nennwert von 50,— DM.

Fertigen Sie die Vermögensaufstellung zum 1. 1. 1992 für Anton Kiste an, und ermitteln Sie den Einheitswert des Betriebsvermögens.

2. Sie haben für die August Fleißig OHG einen Einheitswert per 1. 1. 1993 von 280000,— DM festgestellt. An der OHG sind beteiligt:

August Fleißig, Stand des Kapitalkontos am 31. 12. 1992	54000,— DM
Otto Fleißig, Stand des Kapitalkontos am 31. 12. 1992	165640,— DM
Heinrich Emsig, Stand des Kapitalkontos am 31. 12. 1992	186800,— DM

Vom Gewinn erhält August Fleißig $^2/_3$, Otto Fleißig und Heinrich Emsig je $^1/_6$.
Welcher Anteil des Einheitswerts entfällt auf jeden Gesellschafter?

3. Das Wirtschaftsjahr der A. Weber GmbH dauert vom 1. April bis zum 31. März. Die Bilanz zum 31. März 1992 weist folgende Werte aus:

Aktiva	Bilanz		Passiva
Anlagevermögen	550 000,—	Stammkapital	50 000,—
Umlaufvermögen	820 000,—	Rücklagen	270 000,—
		Bankverbindlichkeiten	280 000,—
		Gewinnvorträge (EK 1)	770 000,—
	1 370 000,—		1 370 000,—

Das Anlagevermögen besteht ausschließlich aus abnutzbaren Einrichtungen. Am 30.9.1992 erwirbt die GmbH ein Grundstück, das sie als Lagerplatz nutzen will. Die Anschaffungskosten betragen 345 000,— DM. Das Grundstück hatte per 1.1.1981 einen Einheitswert von 164 000,— DM. Ermitteln Sie den Einheitswert des Betriebsvermögens zum 1.1.1993!

20.3 Wertfortschreibung des Einheitswerts des Betriebsvermögens

Der Einheitswert des Betriebsvermögens wird grundsätzlich für drei Jahre festgestellt. Eine Neufeststellung findet nur statt, wenn sich die Wertverhältnisse wesentlich verändern. Diese Neufeststellung nennt man Wertfortschreibung.

Merke: Eine Wertfortschreibung des Betriebsvermögens ist durchzuführen, wenn der abgerundete Wert, der sich für den Beginn eines Kalenderjahres ergibt, entweder um mehr als ein Fünftel, mindestens aber um 5 000,— DM, oder um mehr als 100 000,— DM vom Einheitswert des letzten Feststellungszeitpunkts abweicht.

Beispiel

Für einen Gewerbebetrieb ist auf den 1.1.01 ein Einheitswert von 180 000,— DM festgestellt. Für den 1.1.02 ergibt sich ein Wert von 210 000,— DM und für den 1.1.03 ein Wert von 220 000,— DM. Die Wertabweichung vom 1.1.01 zum 1.1.02 betrug 30 000,— DM. Ein Fünftel des Einheitswerts von 180 000,— DM sind jedoch 36 000,— DM. Auf den 1.1.02 kommt eine Wertfortschreibung nicht in Betracht.

Die Wertabweichung zum 1.1.03 übersteigt jedoch die Grenze von einem Fünftel = 36 000,— DM, so daß auf den 1.1.03 ein neuer Einheitswert mit 220 000,— DM festzustellen ist.

Aufgaben

1. Der Einheitswert für die Fertig GmbH betrug zum 1.1.01 48 000,— DM. Für den 1.1.02 wird ein Vermögen von 57 000,— DM und für den 1.1.03 ein Vermögen von 35 000,— DM ermittelt. Ist hier eine Wertfortschreibung durchzuführen?
2. Für den Möbeleinzelhändler F. Leisten ist auf den 1.1.01 ein Einheitswert von 560 000,— DM festgestellt worden. Auf den 1.1.02 berechnet der Berater einen Wert von 450 000,— DM und auf den 1.1.03 einen Wert von 585 000,— DM. Prüfen Sie die Frage der Wertfortschreibung.
3. Der Einheitswert des Betriebsvermögens des Lebensmitteleinzelhändlers Sauer zum 1.1.01 ist mit 12 000,— DM festgestellt worden. Für den 1.1.02 ergibt sich ein Wert von 16 000,— DM, für den 1.1.03 ergibt sich ein Wert von 7 000,— DM. Sind Wertfortschreibungen durchzuführen?

20.4 Ermittlung der Vermögensteuerschuld

Bemessungsgrundlage für unbeschränkt Steuerpflichtige ist das **Gesamtvermögen.** Vom Gesamtvermögen sind die Freibeträge für natürliche Personen abzuziehen. Dann verbleibt das **steuerpflichtige Vermögen.** Auf dieses steuerpflichtige Vermögen ist der Steuersatz anzuwenden.

20.4.1 Gesamtvermögen

Das Gesamtvermögen wird ermittelt aus dem Rohvermögen = Summe des land- und forstwirtschaftlichen Vermögens, des Grundvermögens, des Betriebsvermögens und des sonstigen Vermögens abzüglich der privaten Schulden. Es ist auf volle 1 000,— DM nach unten abzurunden.

Ist das Betriebsvermögen, für das ein Einheitswert für Zwecke der Vermögensteuer festgestellt ist, insgesamt positiv, bleibt es bei der Ermittlung des Gesamtvermögens bis zu einem Betrag von 500 000,— DM außer Ansatz. Der übersteigende Teil ist mit 75% seines Wertes anzusetzen (§117a BewG).

Beispiel

Eine Veranlagungsgemeinschaft (Ehemann, Ehefrau und ein Kind) erklärt Betriebsvermögen von insgesamt 790 000,— DM.

Das Betriebsvermögen setzt sich folgendermaßen zusammen:

	Ehemann	**Ehefrau**	**Kind**	**Gesamt**
Einzelunternehmen	270 000,— DM	–	–	270 000,— DM
Beteiligung OHG I	500 000,— DM	150 000,— DM	50 000,— DM	700 000,— DM
Beteiligung OHG II	·/. 60 000,— DM	·/. 60 000,— DM	·/. 60 000,— DM	·/. 180 000,— DM
Summe	710 000,— DM	90 000,— DM	·/. 10 000,— DM	790 000,— DM
Freibetrag gem. §117a BewG	500 000,— DM	90 000,— DM	0,— DM	590 000,— DM
verbleiben	210 000,— DM	0,— DM	·/. 10 000,— DM	200 000,— DM
·/. 25%	52 500,— DM	0,— DM	0,— DM	52 500,— DM
zu versteuern	157 500,— DM	0,— DM	·/. 10 000,— DM	**147 500,— DM**

20.4.2 Steuerpflichtiges Vermögen

Vom Gesamtvermögen sind zur Ermittlung des steuerpflichtigen Vermögens folgende Freibeträge abzuziehen:

a) Bei Veranlagung einer unbeschränkt steuerpflichtigen Person beträgt der Freibetrag . . . . 70 000,— DM

b) Im Falle der Zusammenveranlagung mit dem Ehegatten erhöht sich der Freibetrag auf . . . . 140 000,— DM

c) Für jedes Kind, das mit dem Steuerpflichtigen oder dem Ehegatten zusammen veranlagt wird, sind weiter abzuziehen . . . . 70 000,— DM

d) Weitere **50 000,— DM** sind steuerfrei, wenn der Steuerpflichtige das 60. Lebensjahr vollendet hat oder voraussichtlich für mindestens drei Jahre behindert im Sinne des Schwerbehindertengesetzes mit einem Grad der Behinderung von 100 ist.
Werden mehrere Steuerpflichtige zusammenveranlagt, so wird der Freibetrag mit der Zahl der zusammenveranlagten Personen über 60 Jahre vervielfacht.

20.4.3 Steuerpflichtiges Vermögen bei Körperschaften

Das steuerpflichtige Vermögen bei Körperschaften entspricht dem Gesamtvermögen. Die **Freigrenze** beträgt hier **20000,— DM**, d. h. ein Gesamtvermögen bis 20000,— DM bleibt steuerfrei.

20.4.4 Steuersatz

Der Steuersatz für natürliche Personen beträgt 0,5%, für Körperschaften 0,6%.

Aufgaben

1. August Otto, geb. am 29.7.1938, seine Ehefrau ist am 6.12.1948 geboren, hat zwei Kinder unter 27 Jahren, die noch in der Berufsausbildung stehen.
   Für den 1.1.1993 gibt er in seiner Vermögenserklärung folgendes Vermögen an:
   Einfamilienhaus, Einheitswert per 1.1.1964 . . . . 42500,— DM
   Sparguthaben der Kinder . . . . 22000,— DM
   Industrie-Obligationen, Nennwert 114000,— DM, Kurs 198.
   Schulden:
   Hypothek auf Einfamilienhaus . . . . 100000,— DM
   mit 7% verzinslich,
   Bankschulden auf privatem Kontokorrentkonto . . . . 16440,— DM
   Prüfen Sie, ob Otto Vermögensteuer zu zahlen hat.

2. Ein Steuerpflichtiger, geb. am 16.11.1922, verwitwet, macht folgende Angaben über sein Vermögen:

   Vermögen:
   1. Mietwohngrundstück, Einheitswert per 1.1.1964 . . . . 67800,— DM
   2. gemischt genutztes Grundstück, Einheitswert per 1.1.1964 . . . . . 88000,— DM
   3. Einfamilienhaus, Einheitswert per 1.1.1964 . . . . 54000,— DM
   4. Anteil an der Emsig KG . . . . 565000,— DM
   5. 50 Aktien, Nennwert 5000,— DM, Kurs 312
   6. Bankguthaben . . . . 46000,— DM

   Schulden:
   1. Hypotheken der Grundstücke . . . . 120000,— DM
      alle mit 7% verzinslich
   2. Einkommensteuerschulden 1992 . . . . 15400,— DM

   Berechnen Sie: a) das Gesamtvermögen,
   b) das steuerpflichtige Vermögen,
   c) die zu zahlende Vermögensteuer für 1993

3. Ein lediger Steuerpflichtiger, geb. am 14.11.1959, hat am 28.12.1992 im Lotto 500000,— DM gewonnen. Davon gibt er seiner Schwester sofort ein unverzinsliches, auf 20 Jahre befristetes Darlehn von 100000,— DM. Für 250000,— DM kauft er am 2.1.1993 ein Einfamilienhaus. Im Mai 1994 fordert ihn das Finanzamt zur Abgabe einer Vermögensteuererklärung zum Stichtag 1.1.1993 auf. Stellen Sie die Vermögensteuererklärung auf, und errechnen Sie die zu zahlende Vermögensteuer.

4. Die Eheleute Günther und Irmgard Schöne, 45 und 41 Jahre alt, zwei Kinder, machen folgende Angaben zur Vermögenserklärung:
   a) Mietwohngrundstück, Einheitswert per 1. 1. 1964 . . . . 75000,— DM
   b) gemischt genutztes Grundstück, EW per 1. 1. 1964 . . . . 60000,— DM
   c) Einheitswert des Betriebsvermögens per 1. 1. 1993 . . . . 685000,— DM
   d) 130 Aktien der Südstahl AG, Nennwert 13000,— DM, Kurs 189,— DM / St.
   e) 8%ige DB-Anleihe, Nennwert 10000,— DM, Kurs 101%.
   f) noch nicht fällige Ansprüche aus einer Lebensversicherung, eingezahlte Beträge . . . . 36000,— DM
   g) unverzinsliche Darlehnsforderung gegen den Bruder des Ehemannes, fällig in 6 Jahren . . . . 20000,— DM
   h) Bargeld, Sparguthaben . . . . 3800,— DM
   i) 40000,— US-Dollar, Kurs am 31. 12. 1,52 DM . . . .
   j) Hypothekenschulden, die auf den Grundstücken lasten, Zinssatz 7% . . . 95000,— DM

   Berechnen Sie das Gesamtvermögen und das steuerpflichtige Vermögen.

5. Das Rentnerehepaar Bruno und Martha Gottlieb, 67 und 63 Jahre alt, hat einen 26jährigen Sohn, der noch in der Berufsausbildung steht. Die Eheleute machen folgende Angaben zur Vermögenserklärung:
   a) Mietwohngrundstück, Einheitswert per 1. 1. 1964 . . . . 80000,— DM
   b) Leibrente des Ehemannes aus dem Verkauf seines gewerblichen Betriebes jährlich . . . . 25000,— DM
   c) 7%ige Anleihe der Bundesrepublik Deutschland, Nennwert 30000,— DM, Kurs 99,5%
   d) Bargeld, Sparguthaben . . . . 53500,— DM
   e) Wert einer Münzsammlung . . . . 6000,— DM
   f) Hypothekenschulden, die auf dem Mietwohngrundstück lasten, Zinssatz $6^1/_2$% . . . . 45000,— DM
   g) die Ehefrau bezieht eine steuerfreie Altersrente von monatlich . . . . . 600,— DM

   Berechnen Sie das Gesamtvermögen und das steuerpflichtige Vermögen.

6. Das kinderlose Ehepaar Karl und Maria Weber, 68 und 66 Jahre alt, macht folgende Angaben zur Vermögenserklärung:
   a) Zinslose Forderung des Ehemannes aus dem Verkauf seines gewerblichen Betriebes an den Käufer . . . . 120000,— DM
      zahlbar in fünf gleichen Jahresraten
   b) Leibrente des Ehemannes aus dem Verkauf eines Zweifamilienhauses jährlich 9600,— DM
   c) Einheitswert des eigenen Einfamilienhauses per 1. 1. 1964 . . . . . . 50000,— DM
   d) Bargeld, Sparguthaben . . . . 68700,— DM
   e) Briefmarkensammlung des Ehemannes, geschätzter Verkaufswert . . . 12000,— DM
   f) auf dem Einfamilienhaus lastende Hypotheken . . . . 35000,— DM
   g) der Ehemann bezieht eine steuerfreie Altersrente von monatlich 550,— DM, die Ehefrau eine steuerfreie Altersrente von monatlich 380,— DM

   Berechnen Sie das Gesamtvermögen und das steuerpflichtige Vermögen.

7. Zahnarzt Dr. Hermann Strauch und seine Ehefrau Ingeborg machen folgende Angaben zur Vermögensteuererklärung:
   – Der Einheitswert der Praxis beträgt per 1.1.01 . . . . 580000,— DM
   – Frau Strauch hat einen landwirtschaftlichen Betrieb geerbt, dessen Einheitswert beträgt . . . . 95000,— DM
   – Dr. Strauch ist Gesellschafter der Labor-Technik GmbH. Der gemeine Wert seines Geschäftsanteils beträgt . . . . 160000,— DM
   – Frau Strauch ist Kommanditistin der Pharma KG. Ihr Anteil am Betriebsvermögen beträgt 30% = ... 270000,— DM
   – Frau Strauch ist außerdem Kommanditistin der Labor-Geräte KG. Ihr Anteil am Betriebsvermögen beträgt 40% . . . . 320000,— DM

– Dr. Strauch ist Eigentümer des bebauten Grundstücks, in dem sich die Praxis befindet. Der zu Praxiszwecken genutzte Grundstücksanteil macht 60% aus. Der Einheitswert des gesamten Grundstücks beträgt per 1.1.64 . . . . 90000,— DM
– Frau Strauch ist Alleineigentümerin eines Mehrfamilienhauses. Der Einheitswert zum 1.1.64 beträgt . . . . 140000,— DM
– Sparvermögen der Eheleute Strauch . . . . 180000,— DM

Die Schulden betragen zum 1.1.01:

– Hypothekendarlehn auf dem Mehrfamilienhaus . . . . 200000,— DM
– Steuerschulden aus dem letzten Einkommensteuerbescheid . . . . 50000,— DM
– Schulden aus dem Kauf eines neuen Behandlungsstuhls für die Praxis . . 20000,— DM

Ermitteln Sie das Gesamtvermögen der Eheleute Strauch.

20.4.5 Ermittlung der Wertgrenzen bei der Neuveranlagung zur Vermögensteuer

Grundsätzlich wird die Vermögensteuer für drei Jahre veranlagt. Innerhalb dieser drei Jahre kann jedoch eine Neuveranlagung erforderlich werden, wenn bestimmte Wertgrenzen im **Gesamtvermögen** überschritten werden.

Merke: Wertgrenze für eine Neuveranlagung ist entweder mehr als $^1/_5$ oder mehr als 150000,— DM.
Bei einer Wertabweichung **nach oben** beträgt die Mindestgrenze 50000,— DM.
Bei einer Wertabweichung **nach unten** beträgt die Mindestgrenze 10000,— DM.

Beispiel

Das auf den 1.1.01 ermittelte Gesamtvermögen eines Steuerpflichtigen betrug 200000,— DM. Auf den 1.1.02 wird ein Vermögen von 248000,— DM, auf den 1.1.03 wird ein Vermögen von 197000,— DM ermittelt.
In keinem Fall kommt eine Neuveranlagung in Betracht, da die Vermögensabweichung zum 1.1.02 zwar mehr als $^1/_5$, aber nicht mehr als 50000,— DM betrug, während zum 1.1.03 die Vermögensabweichung nicht mehr als $^1/_5$ betrug, so daß die Mindestgrenze nicht zu prüfen war.

Aufgaben

1. Folgendes Gesamtvermögen ist bekannt:
   1. 1. 01 . . . . 85000,— DM
   1. 1. 02 . . . . 96000,— DM
   1. 1. 03 . . . . 78000,— DM
   Prüfen Sie die Frage der Neuveranlagung.
2. Das Gesamtvermögen eines ledigen Steuerpflichtigen ist am 1.1.01 mit 25000,— DM festgestellt worden. Für den 1.1.02 ergibt sich ein Gesamtvermögen von 72000,— DM und für den 1.1.03 ein Gesamtvermögen von 75000,— DM. Ist eine Neuveranlagung durchzuführen?
3. Eine natürliche Person, verheiratet, ohne Kinder, beide Eheleute sind unter 60 Jahre, ist am 1.1.01 mit einem Gesamtvermögen von 874000,— DM zur Vermögensteuer veranlagt worden. Für den 1.1.02 wird ein Gesamtvermögen von 1029000,— DM ermittelt. Ist eine Neuveranlagung durchzuführen?

Anhang

Anlage 1

Pauschbeträge für den Eigenverbrauch (Sachentnahmen) ab 01.01.1993

Jahreswert für eine Person ohne Umsatzsteuer*

Gewerbezweig	zu 7 v. H. DM	zu 15 v. H. DM	insgesamt DM	für Einkommensteuerzwecke DM
Bäckerei	1164,—	300,—	1464,—	1584,—
Fleischerei	1620,—	360,—	1980,—	2136,—
Gast- und Speisewirtschaften				
a) mit Abgabe von kalten Speisen	2112,—	576,—	2688,—	2916,—
b) Mit Abgabe von kalten und warmen Speisen	3660,—	576,—	4236,—	4572,—
Konditorei und Cafe	1452,—	504,—	1956,—	2124,—
Milch, Milcherzeugnisse, Fettwaren und Eier, Einzelhandel	780,—	60,—	840,—	900,—
Nahrungs- und Genußmittel (Einzelhandel)	1932,—	744,—	2676,—	2916,—
wird Frischfleich geführt, so ist der Pauschbetrag zu erhöhen um	396,—		396,—	420,—
Obst, Gemüse, Südfrüchte und Kartoffeln, Einzelhandel	444,—	156,—	600,—	648,—

Für Kinder von über 2 bis 12 Jahren ist die Hälfte des jeweiligen Wertes anzusetzen. Tabakwaren sind in den Pauschbeträgen nicht enthalten. Soweit Tabakwaren entnommen werden, sind die Pauschbeträge entsprechend zu erhöhen.

Anlage 2

Reisekosten

1. Verpflegungsmehraufwendungen

a) Verpflegungsmehraufwendungen bei Geschäftsreisen von Steuerpflichtigen mit Einkünften aus Land- und Forstwirtschaft, Gewerbebetrieb oder selbständiger Arbeit und bei Dienstreisen von Arbeitnehmern,
(Eine Dienstreise liegt vor, wenn ein Arbeitnehmer mindestens 20 km von seiner Wohnung **und** seiner regelmäßigen Arbeitsstätte vorübergehend – nicht länger als 3 Monate – auswärts tätig wird.)

- Einzelnachweis: Kosten in nachgewiesener Höhe, gekürzt um eine Haushaltsersparnis von 20%, max. 64,— DM/Tag im Inland
- Pauschbeträge: jeweils in Abhängigkeit von der Dauer der Abwesenheit (eine Kürzung um eine Haushaltsersparnis ist hier nicht mehr vorzunehmen).

---

* Die Ordnungsmäßigkeit der Buchführung wird durch die monatliche pauschale Verbuchung nicht berührt (vgl. Abschnitt 29 Abs. 2 Nr. 5 EStR). Sind die Pauschbeträge im Einzelfall offensichtlich zu hoch oder zu niedrig (z.B. bei einem Sortiment, das dem branchentypischen Zuschnitt nicht entspricht), so sind im Einzelfall angepaßte Sätze zu berücksichtigen.

Dauer der Abwesenheit	Einzelnachweis Höchstbetrag	pauschal	
		eintägig	mehrtägig
> 12 Std.	64,— DM	35,— DM	46,— DM
> 10 Std.	51,— DM	28,— DM	36,— DM
> 8 Std.	32,— DM	17,— DM	23,— DM
> 6 Std.	19,— DM	10,— DM	13,— DM

Die o.g. Beträge sind zu kürzen, wenn Verpflegung ganz oder teilweise unentgeltlich gestellt wird (– 15% für das Frühstück, jeweils – 30% für das Mittag- und Abendessen, maximale Kürzung 75%).

Wenn eine Dienstreise nicht mehr als 6 Stunden gedauert hat, können nur **nachgewiesene** Verpflegungsmehraufwendungen bis zum Höchstbetrag von 19,— DM anerkannt werden. Als Reisetag ist jeweils der einzelne Kalendertag anzusehen. Bei mehreren Geschäfts-/Dienstreisen an einem Kalendertag ist jede Reise für sich zu berechnen; es wird jedoch insgesamt höchstens der volle Pauschbetrag anerkannt. Wird eine Dienstreise nach 18.00 Uhr angetreten und vor 6.00 Uhr am nachfolgenden Kalendertag beendet, ohne daß eine Übernachtung stattfindet, so ist diese Dienstreise als eintägige Dienstreise zu behandeln. Der Steuerpflichtige kann bei einer mehrtägigen Reise die Mehraufwendungen für Verpflegung für sämtliche Reisetage nur einheitlich im einzelnen nachweisen bzw. glaubhaft machen oder sie ohne Einzelnachweis bis zur Höhe der Pauschbeträge ansetzen. Er ist jedoch nicht für alle Reisen, die in einen Veranlagungszeitraum fallen, an dasselbe Verfahren gebunden.

b) Verpflegungsmehraufwendungen bei Dienstgängen

Ein Dienstgang liegt vor, wenn ein Arbeitnehmer in weniger als 20 km Entfernung von der regelmäßigen Arbeitsstätte **und** Wohnung vorübergehend – nicht länger als 3 Monate – auswärts tätig wird.)

- Einzelnachweis: Kosten in nachgewiesener Höhe, gekürzt um eine Haushaltsersparnis von 20%, maximal 19,— DM/Tag
- Pauschbeträge: 8,— DM, aber nur, wenn der Dienstgang länger als 6 Stunden dauert.

2. Übernachtungskosten

Übernachtungskosten bei Geschäfts- und Dienstreisen können **nur** über **Einzelnachweise** geltend gemacht werden. Wird durch den Zahlungsbeleg nur ein **Gesamtpreis** für Unterkunft und Frühstück nachgewiesen und läßt sich der Preis für das Frühstück nicht feststellen, so ist der Gesamtpreis zur Ermittlung der Übernachtungskosten um 7,— DM (= Verpflegungsmehraufwand) zu kürzen.
Beachte: Der Arbeitgeber kann seinen Arbeitnehmern Übernachtungskosten anläßlich einer Dienstreise im Inland lohnsteuerfrei **ohne Einzelnachweis** in Höhe von 39,— DM/Übernachtung ersetzen, sofern der Arbeitgeber die Unterkunft nicht unentgeltlich gestellt hat.

3. Fahrtkosten bei Benutzung eines eigenen Fahrzeugs bei Dienstreisen und Dienstgängen

Folgende Beträge können von Arbeitgebern lohnsteuerfrei ersetzt bzw. von Arbeitnehmern höchstens als Werbungskosten geltend gemacht werden (soweit nicht ganz oder teilweise ein Fahrtkostenersatz durch den Arbeitgeber erfolgt):

- pauschal: 0,52 DM/km mit eigenem Pkw
  0,23 DM/km mit eigenem Motorrad /-roller
  0,14 DM/km mit eigenem Moped / Mofa
  0,07 DM/km mit eigenem Fahrrad
  0,03 DM/km für jede mitgenommene Person
- tatsächliche Kosten: (z. B. des eigenen Pkw's, dabei ist die AfA vor dem Hintergrund einer Gesamtfahrleistung von 120000 km entsprechend der Jahresfahrleistung zu verteilen, d.h. bei einer Jahresfahrleistung von 15000 km 12,5% AfA (≙ 8 Jahre Nutzungsdauer).

4. Mehraufwendungen bei doppelter Haushaltsführung

Bei doppelter Haushaltsführung werden anerkannt:

a) die notwendigen Mehraufwendungen für Verpflegung
   - für die ersten zwei Wochen seit Beginn der Tätigkeit am inländischen Beschäftigungsort
     - bei Einzelnachweis: die tatsächlichen Aufwendungen abzüglich 20% Haushaltsersparnis, maximal 64,— DM/Tag
     - ohne Einzelnachweis: 46,— DM/Tag
   - für die Folgezeit
     - bei Einzelnachweis: die tatsächlichen Aufwendungen abzüglich 20% Haushaltsersparnis, maximal 22,— DM/Tag
     - ohne Einzelnachweis: 16,— DM/Tag

b) die notwendigen Fahrkosten
   - für die erste Fahrt zum neuen Beschäftigungsort und die letzte Fahrt am Ende der doppelten Haushaltsführung: die tatsächlichen Aufwendungen (bei Inanspruchnahme öffentlicher Verkehrsmittel) oder 0,42,— DM/km bei Fahrt mit dem eigenen Pkw
   - danach die Kosten einer tatsächlich durchgeführten Familienheimfahrt pro Woche: die tatsächlichen Aufwendungen oder 0,50,— DM/Entfernungs-km bei Fahrt mit dem eigenen Pkw. (Statt einer Familienheimfahrt können auch die Gebühren für ein Telefongespräch von maximal 15 Minuten Dauer geltend gemacht werden.)

c) die notwendigen Aufwendungen für die Zweitwohnung am inländischen Beschäftigungsort. Grundsätzlich werden nur die tatsächlichen (nachgewiesenen) Kosten anerkannt, soweit sie nicht überhöht sind (Angemessenheit).
   Bei Eigentumswohnungen gehören zu den Kosten der Zweitwohnung auch die AfA, Hypothekenzinsen, Reparaturen usw.
   Der Arbeitgeber kann die Aufwendungen für die Zweitwohnung lohnsteuerfrei ersetzen.
   - in der Übergangszeit (2 Wochen) bis zu 39,— DM/Tag,
   - in der Folgezeit bis zu 8,— DM/Tag.

Anlage 3

Auszug aus der amtlichen AfA-Tabelle

	Nutzungsdauer (ND) in Jahren	Linearer AfA-Satz vom Hundert
I. Fahrzeuge aller Art		
1. Schienenfahrzeuge		
a) Lokomotiven und Waggons	20	5
b) Kessel- und Spezialwagen	15	7
c) Loren	5	20
2. Straßenfahrzeuge		
a) Personenkraftwagen und Kombiwagen	4	25
b) Lastkraftwagen, Sattelschlepper	4	25
c) Elektrolastwagen	5	20
d) Traktoren und Raupenschlepper	4	25
e) Lastkraftwagenanhänger	6	17
II. Betriebsanlagen allgemeiner Art		
1. Beleuchtungskörper		
a) innen	8	12
b) außen (einschließlich Lichtreklame)	3	33
2. Be- und Entlüftungsanlagen (Klimaanlagen)	8	12
3. Fuhrwerk-, Brücken- und Waggonwaagen	20	5
4. Laderampen, freistehend		
a) aus Beton, Eisen	25	4
b) aus Holz	10	10
5. Schornsteine aus Mauerwerk	33	3

	Nutzungsdauer (ND) in Jahren	Linearer AfA-Satz vom Hundert
6. Schornsteine für Ölfeuerungsanlagen		
a) Schornsteine herkömmlicher Art, die heute der Abführung von Ölgasen dienen	25	4
b) neuerbaute Schornsteine	33	3
7. Schornsteine aus Blech	10	10
8. Silobauten		
a) Beton Stahl	33	3
b) Mauerwerk	20	5
9 Tank- und Zapfanlagen für Treib- und Schmierstoffe	10	10
10. Im Freien stehende, nicht überdachte Tankbehälter für Flüssiggasversorgung	15	7
11. Transformatoren- und Schalthäuser	20	5
III. Maschinen folgender Grundarten		
Abrichtemaschinen Bohrmaschinen Drehbänke Fräsmaschinen Hobelmaschinen Kombinationsmaschinen Poliermaschinen Pressen und Stanzen Sägen Schleifmaschinen Schneidemaschinen Schweiß- und Lötgeräte	10	10
IV. Betriebs- und Geschäftsausstattung		
1. Werkstätten-, Laborausstattungen und Lagereinrichtungen	10	10
2. Ladeneinrichtungen	8	12
3. Kühlmöbel	5	20
4. Ausstattung für Belegschaftsbetreuung	8	12
5. Ausstattung für Werksicherheit	8	12
6. Geräte des Nachrichtenwesens	8	12
7. Büromaschinen und Organisationsmittel zum Beispiel:		
Adressiermaschinen Buchungsmaschinen Diktier- und Tonbandgeräte Elektronenrechner Foto- und Filmgeräte Fotokopiergeräte Frankiermaschinen Lochkartenanlagen Rechenmaschinen Registrierkassen Schreibmaschinen Vervielfältigungsapparate Zeitstempler (Stechuhren)	5	20
8. Büroeinrichtungen		
Büromöbel	10	10
Panzerschränke	20	5

Anlage 4

Ermittlung der degressiven AfA

Betriebsgewöhnliche Nutzungsdauer in Jahren	Prozentsatz nach § 7 Abs. 2 Satz 2 EStG	Betriebsgewöhnliche Nutzungsdauer in Jahren	Prozentsatz nach § 7 Abs. 2 Satz 2 EStG
4–10	30	26	11,54
11	27,27	27	11,11
12	25	28	10,71
13	23,08	29	10,34
14	21,43	30	10
15	20	31	9,68
16	18,75	32	9,38
17	17,65	33	9,09
18	16,67	34	8,82
19	15,79	35	8,57
20	15	36	8,33
21	14,29	37	8,11
22	13,64	38	7,90
23	13,04	39	7,69
24	12,50	40	7,50
25	12		

Anlage 5

Die zumutbare Belastung beträgt

bei einem Gesamtbetrag der Einkünfte	bis 30 000 DM	über 30 000 DM bis 100 000 DM	über 100 000 DM
1. bei Steuerpflichtigen, die keine Kinder haben und bei denen die Einkommensteuer			
a) nach § 32 a Abs. 1,	5	6	7
b) nach § 32 a Abs. 5 oder 6 (Splitting-Verfahren)	4	5	6
zu berechnen ist;			
2. bei Steuerpflichtigen mit			
a) einem Kind oder zwei Kindern,	2	3	4
b) drei oder mehr Kindern	1	1	2
	vom Hundert des Gesamtbetrags der Einkünfte.		

Anlage 6

Hilfstafel 1 für die Berechnung des Gegenwartswerts einer unverzinslichen, befristeten Forderung oder Schuld im Kapitalwert von 100 DM

Der Gegenwartswert ist der Nennbetrag nach Abzug von Zwischenzinsen unter Berücksichtigung von Zinseszinsen (§ 12 Abs. 3 BewG 1965).

Bei der Aufstellung der Hilfstafel sind die Zwischenzinsen und die Zinseszinsen mit $5^1/_2$ vom Hundert angesetzt worden.

Anzahl der Jahre	Gegenwartswert DM	Anzahl der Jahre	Gegenwartswert DM
1	94,787	26	24,856
2	89,845	27	23,560
3	85,161	28	22,332
4	80,722	29	21,168
5	76,513	30	20,064
6	72,525	31	19,018
7	68,744	32	18,027
8	65,160	33	17,087
9	61,763	34	16,196
10	58,543	35	15,352
11	55,491	36	14,552
12	52,598	37	13,793
13	49,856	38	13,074
14	47,257	39	12,392
15	44,793	40	11,746
16	42,458	41	11,134
17	40,245	42	10,554
18	38,147	43	10,003
19	36,158	44	9,482
20	34,273	45	8,988
21	32,486	46	8,519
22	30,793	47	8,075
23	29,187	48	7,654
24	27,666	49	7,255
25	26,223	50	6,877

Anlage 7

Hilfstafel 1a: Aufstellung der Vervielfältiger zur unmittelbaren Ermittlung des Gegenwartswertes einer zinslosen in gleichen Jahresraten zu tilgenden Forderung oder Schuld im Kapitalwert von 100 DM mit einer Laufzeit bis zu 100 Jahren

Bei der Aufstellung der Hilfstafel sind die Zinsen und Zinseszinsen mit 5,5 v. H. angesetzt.

Anzahl der Jahre	Gegenwartswert in DM	Anzahl der Jahre	Gegenwartswert in DM	Anzahl der Jahre	Gegenwartswert in DM
1	94,787	36	43,156	71	25,037
2	92,316	37	42,362	72	24,718
3	89,931	38	41,591	73	24,407
4	87,629	39	40,843	74	24,103
5	85,406	40	40,115	75	23,805
6	83,259	41	39,408	76	23,515
7	81,185	42	38,721	77	23,230
8	79,182	43	38,053	78	22,953
9	77,247	44	37,404	79	22,679
10	75,376	45	36,773	80	22,414
11	73,568	46	36,158	81	22,154
12	71,821	47	35,561	82	21,898
13	70,131	48	34,979	83	21,648
14	68,497	49	34,414	84	21,404
15	66,917	50	33,863	85	21,165
16	65,388	51	33,327	86	20,930
17	63,909	52	32,805	87	20,700
18	62,478	53	32,296	88	20,476
19	61,093	54	31,802	89	20,255
20	59,752	55	31,319	90	20,039
21	58,453	56	30,848	91	19,827
22	57,196	57	30,390	92	19,620
23	55,978	58	29,943	93	19,416
24	54,799	59	29,507	94	19,216
25	53,656	60	29,084	95	19,020
26	52,548	61	28,668	96	18,829
27	51,474	62	28,265	97	18,639
28	50,434	63	27,870	98	18,455
29	49,424	64	27,486	99	18,274
30	48,446	65	27,111	100	18,096
31	47,496	66	26,745		
32	46,575	67	26,385		
33	45,682	68	26,037		
34	44,815	69	25,696		
35	43,973	70	25,362		

Anlage 8

Hilfstafel 2 über den gegenwärtigen Kapitalwert einer Rente, Nutzung oder Leistung im Jahreswert von 1 DM auf eine bestimmte Anzahl von Jahren

Der Kapitalwert ist unter Berücksichtigung von Zwischenzinsen und Zinseszinsen mit 5,5 vom Hundert errechnet worden. Er ist der Mittelwert zwischen dem Kapitalwert für jährlich vorschüssige und jährlich nachschüssige Zahlungsweise.

Laufzeit in Jahren	Kapitalwert in DM	Laufzeit in Jahren	Kapitalwert in DM
1	0,974	46	17,090
2	1,997	47	17,173
3	2,772	48	17,252
4	3,602	49	17,326
5	4,388	50	17,397
6	5,133	51	17,464
7	5,839	52	17,528
8	6,509	53	17,588
9	7,143	54	17,645
10	7,745	55	17,699
11	8,315	56	17,750
12	8,856	57	17,799
13	9,368	58	17,845
14	9,853	59	17,888
15	10,314	60	17,930
16	10,750	61	17,969
17	11,163	62	18,006
18	11,555	63	18,041
19	11,927	64	18,075
20	12,279	65	18,106
21	12,613	66	18,136
22	12,929	67	18,165
23	13,229	68	18,192
24	13,513	69	18,217
25	13,783	70	18,242
26	14,038	71	18,264
27	14,280	72	18,286
28	14,510	73	18,307
29	14,727	74	18,326
30	14,933	75	18,345
31	15,129	76	18,362
32	15,314	77	18,379
33	15,490	78	18,395
34	15,656	79	18,410
35	15,814	80	18,424
36	15,963	81	18,437
37	16,105	82	18,450
38	16,239	83	18,462
39	16,367	84	18,474
40	16,487	85	18,485
41	16,602	86	18,495
42	16,710	87	18,505
43	16,813	88	18,514
44	16,910	89	18,523
45	17,003	90	18,531